Jetzt helfe ich mir selbst

Dieter Korp

Opel Ascona / Manta B
1,3-Liter

Jetzt helfe ich mir selbst

Unter Mitarbeit von
Wolfgang Schmarbeck

Motorbuch Verlag Stuttgart

Umschlagentwurf und Buchgestaltung: Peter Werner / Siegfried Horn
Titelbild: Wolfgang Schmarbeck

ISBN 3-87943-729-7

Auflage Nr. 101181

Die in diesem Buch enthaltenen Ratschläge werden nach bestem Wissen und Gewissen erteilt, jedoch unter Ausschluß jeglicher Haftung.

Idee und Gestaltung des Störungsfahrplanes in der vorderen Buchklappe: Verfasser.
Fotos: Opel 6, Schmarbeck 100, Archiv Verfasser 1.
Werkszeichnungen: Bosch 1, Opel 13, Schmarbeck 1, Solex 1.
Den Schaltplan in der hinteren Buchklappe fertigte Raimund Schmarbeck nach Werksunterlagen.
Satz und Druck: Staib & Mayer, Vereinigte Druckereien, 7000 Stuttgart 1.
Bindung: Verlagsbuchbinderei Wilhelm Nething, 7315 Weilheim/Teck.
Printed in Germany.

Sie finden in diesem Buch

Antrieb und Fahrwerk

Die elektrische Anlage

Dies und jenes

Vorwort

So bleibt Ihr Auto mobil

Der Autobesitzer leidet unter der ständigen Teuerung ganz besonders. Dennoch gibt es Möglichkeiten der Kostensenkung und Einsparung, wie die inzwischen weit verbreitete Selbsthilfe am Auto beweist.
Auch wer Tankstellen mit Selbstbedienung aufsucht, kann nicht damit rechnen, daß sich dort jemand um Reifendruck, Ölstand und Kühlwasser kümmert. Im eigenen Interesse müssen Sie das und manches andere prüfen, etwa wie es mit der Bremsflüssigkeit steht und ob alle Leuchten funktionieren.
Als weiterer Grund sind die gegenüber früher erweiterten Inspektionsintervalle zu nennen. Destilliertes Wasser ist vielleicht schon eher als nach einem halben Jahr (oder nach 10 000 km Fahrtstrecke) in die Batterie nachzufüllen, und die Handbremse hat am Ende von 20 000 km (= Wartungsintervall) in ihrer Wirkung meistens erheblich nachgelassen.
Diese Beispiele zeigen die Dringlichkeit zu eigener Initiative, wobei selbstverständlich Fragen der Verkehrssicherheit berücksichtigt werden müssen. Alles kann man nicht selbst tun, manches bleibt der Werkstatt überlassen. Entscheidungshilfe dazu bietet dieser Band der Buchreihe »Jetzt helfe ich mir selbst«.
Hier wird für jedermann verständlich erklärt, was der Sicherheit dient, aber auch, wie sich Kosten sparen lassen. Und falls unterwegs einmal etwas am Auto defekt wird, dann enthält dieses Buch zudem den Schlüssel zum Weiterkommen. Es gehört also in den Wagen und nicht daheim ins Regal, weil es sich hier um eine wesentlich erweiterte Betriebsanleitung handelt, die das Verhältnis zwischen Ihnen und Ihrem Opel vertieft.
Dieses Handbuch behandelt die Opel-Modelle Ascona und Manta mit dem im März 1979 eingeführten neuen 1,3-Liter-Motor. Die Ähnlichkeit beider Typen macht es möglich, Ratschläge und Hinweise für sie gleichzeitig zu geben. Damit schließt sich das Buch den früher erschienenen Bänden über andere Modelle der gleichen Marke an. Sie sind bereits für zahlreiche Opelfahrer zu einer wertvollen Hilfe geworden.
Ein herzlicher Dank sei allen hilfsbereiten Leuten gesagt, die zu diesem Handbuch ihre Kenntnisse und Erfahrungen zur Verfügung stellten.

Die Verfasser

Das Auto ist ein Teil unseres Lebens. Es steht für tägliche Fahrten zur Arbeit bereit, es hilft die Sehnsüchte nach der Fremde erfüllen, es ist Lastesel für Kartoffeln, Bier und Kinderwagen, es bringt das Rentnerpaar ins Grüne und jungen Leuten vermehrt es ihr Gefühl von Unabhängigkeit.
Auch Ihr Opel will solche Erwartungen ständig erfüllen. Wenn er dennoch unverhofft einmal streikt – dieses Handbuch hilft Ihnen dann aus der Klemme.

Sich wappnen

Ein Auto zu besitzen bedeutet nicht, immer und allezeit anstandslos damit fahren zu können. Irgendwann fällt eine Leuchte aus, das Scheibenwaschwasser geht zur Neige, ein Rad muß gewechselt werden, oder der Keilriemen reißt. Manche Leute stehen dann mit ihrem »Unglück« ratlos am Straßenrand.
Um weiterzukommen, muß man in solchen Fällen oft eigene Initiative entwickeln, zumal jeder Handgriff, den man in Auftrag gibt, bezahlt werden muß. Dazu gehört sogar das Einsetzen einer neuen Scheinwerferlampe an fremder Tankstelle. Der gute Vorsatz, sich selbst helfen zu wollen, genügt allerdings wenig, wenn man nicht auf Eventualitäten vorbereitet ist, also z. B. einen Ersatzkeilriemen im Wagen mitführt.
Bevor jedoch solche praktischen Handgriffe zur Sprache kommen, wollen wir versuchen, den Zustand des Autos zu erkunden. Wie Sie gleich feststellen werden, brauchen Sie dazu weder Werkzeug noch Fachkenntnisse. Benutzen Sie nur Ihre gesunde Beobachtungsgabe, über die Sie bestimmt verfügen.

Prüfen im Stand

Das zuverlässigste Urteil über den technischen Zustand Ihres Autos läßt sich bei einer Probefahrt finden. Probefahrten beginnen aber schon im Stand. Nur die gute Verfassung aller Aggregate und Teile garantiert auch während der Fahrt richtige Funktion.
Gehen Sie gelegentlich um Ihren Wagen herum. Bei hellem Tageslicht lassen sich am leichtesten auffällige Veränderungen feststellen:

- Beulen im Blech
- Kratzer im Lack
- Rostansatz
- Zersprungene Gläser der Leuchten
- Abgefahrenes Reifenprofil.

Ob es hell oder dunkel ist, die Beleuchtungsanlage kann man jederzeit prüfen. Sind alle Lichtspender sauber? Schalten Sie der Reihe nach ein:

- Standlicht
- Abblendlicht
- Fernlicht

Funktionieren auch Rückleuchten, Bremsleuchten, Blinkleuchten?
Öffnen Sie die Motorhaube und kontrollieren Sie:

- Ölstand im Motor
- Stand der Kühlflüssigkeit
- Stand der Bremsflüssigkeit
- Scheibenwaschbehälter.

Im gleichen »Arbeitsgang« kann man sich davon überzeugen, ob

- die Keilriemenspannung stimmt
- die Batteriepole sauber sind
- der Vergaser feucht ist
- die Zündkabel locker sind.

Starten Sie jetzt den Motor und nehmen Sie Ihr Gehör zu Hilfe:

- Ungleichmäßiger Leerlauf?
- Ventilgeräusche?
- Sonstige, früher nicht wahrgenommene Geräusche?

Als nächstes sehen Sie sich den Standplatz des Wagens an. Frische Ölflecken?

Wenn ja, woher? Und wie verhält es sich mit der Unterseite des Autos? Nutzen Sie zu dieser Betrachtung den nächsten Ölwechsel bei Ihrer Tankstelle, wenn der Wagen über einer Grube oder auf einer Hebebühne steht. Vielleicht vergeht bis dahin aber noch längere Zeit, deshalb ist es besser, Sie vergewissern sich bald: Schieben Sie Packpapier, alte Zeitungen oder praktischer noch eine öfter verwendbare Kunststoffolie unter das Auto und kriechen Sie so weit wie möglich unter Ihren seitlich angehobenen Wagen. Schauen Sie in Ruhe und der Reihe nach an, ob Sie folgende Mängel entdecken:

- Öl am Kurbelgehäuse, Getriebe?
- Bremsleitungen verrostet?
- Anschlüsse der Bremsleitungen feucht?
- Handbremsseil locker?
- Stoßdämpfer ölverschmiert?
- Auspuff durchgerostet?
- Unterbodenschutz angegriffen?
- Rostansatz?

Sie sollten diese Kontrollen »unten herum« auch von der anderen Seite des Wagens aus vornehmen. So können Sie mehr erkennen und gleichzeitig feststellen, ob alle freihängenden Räder etwa schwergängig sind oder ob die Radlager zu viel Spiel aufweisen.

Wenn Ihre Untersuchung irgendwelche Mängel aufdeckte, können Sie selbst beurteilen, wie Sie Abhilfe schaffen wollen. Suchen Sie im Stichwortverzeichnis dieses Buches den entsprechenden Abschnitt und lesen Sie diesen durch. Welche Möglichkeiten der Eigenhilfe sich bieten oder wie eventuell die Werkstatt vorgehen würde, um einen Schaden zu beheben – die Beschreibung wird Sie zu dem für Sie günstigsten Entschluß führen. Der Sinn dieses Buches ist es ja, Ihnen Ratschläge zu erteilen, wie Sie in möglichst perfekter und zugleich kostengünstigster Art den Zustand Ihres Autos bewahren.

Probefahrt

Pflegearbeit Nr. 14

Im Anschluß an die eben beschriebene Untersuchung muß man natürlich auch beobachten, wie sich das Auto während der Fahrt verhält. Probefahrten, die in den Werkstätten nach Inspektionsdiensten und nach größeren Reparaturen vorgenommen werden, führen dort nicht immer zu echten Aufschlüssen. Zeitmangel im Betrieb und Verkehrsdichte vor dem Werkstattor verhindern oder verfälschen manchmal diese wichtige Kontrolle. Der Fachmann kommt auch zu aufschlußreichen Beobachtungsergebnissen, wenn der Wagen in der Werkstatt auf dem Prüfstand steht.

Eine selbst ausgeführte und mit Umsicht unternommene Probefahrt bietet Sicherheit und läßt rechtzeitig eventuelle Mängel erkennen. Jedermann kann – je nach Erfahrung – eigene Methoden entwickeln, solche Probefahrten mit wirklichen Erkenntnissen über sein Auto zu beenden, ohne irgendwelchen Täuschungen zu unterliegen. Wir schlagen vor, die Reihenfolge der Kontrollen nach folgendem Schema einzuhalten:

Lenkung – Fahrwerk – Bremsen – Motor – Kupplung – Getriebe – Elektrik.

- Wagen mit Gas und ohne Gas fahren und rollen lassen, Hände vom Lenkrad.

Der Wagen darf nicht einseitig wegziehen (die Straße darf nicht gewölbt sein, gilt auch für den Bremsversuch). Lenkung kurz anreißen und loslassen: Kommt der Wagen von selbst in die Geradeausrichtung zurück? Stellt sich die Lenkung nach der Kurve ohne Nachhilfe zurück? Läßt sich das Lenkrad leicht drehen? Kein zu großes Spiel in der Lenkung?

- Rollt der Wagen leicht (Motor im Leerlauf, Schalthebel neutral) weiter?

(Sonst nicht zurückgezogene Bremsbeläge oder zu schwergängige Räder.)

- Bremsen: Siehe Abschnitt »Bremsen prüfen« im Kapitel »Die Bremsen«.
- Läuft der Motor im Leerlauf ruhig und gleichmäßig? Auch nach längerer Fahrt? Sauberer Übergang und ruckfreies Beschleunigen beim Gasgeben?

Mit dem Ascona am Flüela-Paß, 2383 Meter über dem Meeresspiegel. Das ist überhaupt kein Problem, wenn man das Auto vor der Reise planvoll gepflegt hatte. Im gleichen Maße zwingen die harten Beanspruchungen unseres Alltags dazu, den Opel regelmäßig zu warten.

Gaswegnehmen aus höherer Geschwindigkeit: Unübliche Geräusche von Motor, Getriebe, Auspuff? Patschen im Vergaser oder Auspuff?

■ Trennt die Kupplung beim Schalten (kein Kratzen im Getriebe)? Rutscht sie beim scharfen Gasgeben gleich nach dem Schalten und bei entlastetem Kupplungspedal durch (Motor dreht hoch, ohne daß der Wagen schneller wird)? Bei Getriebeautomatik: Reagiert der Wagen in allen Fahrstufen in gewohnter Weise?

■ Funktionieren alle Scheinwerfer, Leuchten und Kontrollampen? Arbeiten die Blinker richtig? Zeigen die Instrumente an? Funktionieren Gebläse und Scheibenwischer?

Prüfen vor der TÜV-Kontrolle

Bestimmt würde die Verkehrssicherheit leiden, wenn nicht die Autos alle zwei Jahre beim Technischen Überwachungsverein vorgeführt werden müßten. Wann der nächste Vorführtermin für Ihren Wagen festgelegt ist, das ersehen Sie aus der farbigen Plakette auf dem hinteren polizeilichen Kennzeichenschild und aus dem entsprechenden Vermerk im Kraftfahrzeugschein.

Zu der oft mit Sorge entgegengesehenen Kontrolle können Sie mit ruhigem Gewissen fahren, wenn Sie Ihren Opel sachverständig anhand dieses Buches gepflegt haben. In Selbsthilfe oder durch die Werkstatt abgestellte Mängel beweisen dem Prüfer Ihr Verantwortungsgefühl und lassen seine Beurteilung bei einer eventuell doch noch bestehenden Beanstandung sachlicher ausfallen, als wenn er ein im ganzen verkommenes Fahrzeug vor sich hätte. Deshalb sollte man auch die Wagenunterseite direkt vor der Fahrt zum TÜV gründlich reinigen lassen. Das bekommt man in jeder Tankstelle gemacht. Die Fahrwerkteile und die Bremsleitungen müssen für den Prüfer mühelos zu erkennen sein. So vorbereitet dürfte die TÜV-Untersuchung nur zu einer Routineinspektion werden.

Freilich müssen Sie vorher Ihren Ascona oder Manta selbst eingehend unter die Lupe nehmen. Der Auspuff ist auf Durchrostung, die Reifen sind auf Profiltiefe zu prüfen. Nicht serienmäßige Anbauteile oder solche, für die weder eine ABE (Allgemeine Betriebserlaubnis) noch eine Werksfreigabe vorliegt – darunter können z. B. fremde Auspuffanlage, Leichtmetallfelgen, »Sport«-Lenkräder fallen –, sind zu entfernen und zu ersetzen.

Man kann auch einer Werkstatt den Auftrag erteilen, den Wagen für die TÜV-Kontrolle vorzubereiten. Aber das wird möglicherweise teuer. Solchen gern gesehenen Kunden könnte manche geschäftstüchtige Werkstatt Ersatzteil- und Reparaturkosten in Rechnung stellen, die mit dem Auftrag recht wenig zu tun haben.

Es gibt Autobesitzer, die führen erst einmal ihren gesäuberten Wagen dem TÜV vor und erklären dabei, daß sie sich über eventuelle Mängel informieren wollen. Nach der Kontrolle überreicht der Prüfer einen schriftlichen Befund, nach dem sich jetzt die Werkstatt richten soll. Der ausdrückliche Hinweis, nur die vermerkten Mängel zu beheben, verhilft zu einer preislich angemessenen Instandsetzung. Kleinere Mängel wird man sogar selbst beheben können. Danach stellt man den Wagen ein zweites Mal dem TÜV vor, möglichst unter Beifügung der detaillierten Werkstatt-Rechnung. Die neue Prüfplakette wird man jetzt ohne Verdruß erhalten. Trotz einer Nachgebühr, die sich in ihrer Höhe danach richtet, ob leichte oder erhebliche Mängel zu beseitigen waren, hat man mit diesem erneuten Besuch doch Geld gespart.
Was es vor dem Besuch beim TÜV im besonderen zu beachten gibt, finden Sie in einzelnen diesbezüglichen Abschnitten des vorliegenden Buches erklärt. Hierzu seien speziell die Seiten 91, 111 und 163 genannt.
Und noch einige Tips: Die Untersuchung braucht nicht bei einer TÜV-Stelle am Wohnort zu erfolgen (man kann sich also eine solche aussuchen, bei der man sich mehr Entgegenkommen verspricht). Ungünstige Prüfzeiten sind die Tage vor den Ferien und vor den Feiertagen, allgemein jedoch das Frühjahr. Eine Anmeldung ist nicht immer möglich, doch man kann mit einzelnen Prüfstellen Termine vereinbaren.

Der Kraftstoffverbrauch

Verkehrsverhältnisse, Belastung des Wagens und Witterungsverhältnisse beeinflussen den Verbrauch eines jeden Autos, insbesondere aber die Fahrweise dessen, der da schaltet und Gas gibt. Fallen die Umstände insgesamt negativ aus, liegt der Benzinverbrauch merklich höher als normal. Wie anschließend zu lesen ist, kann zu hoher Verbrauch natürlich auch andere Ursachen haben. Um aber realistisch beurteilen zu können, wann und warum der Verbrauch eventuell zu hoch ist, beherzigen Sie: Gleichmäßiges und aufmerksames Fahren ist immer rentabler als ein sehr flotter und nervöser Fahrstil. Bei den hohen Benzinpreisen ist es für viele Autofahrer wichtig zu wissen, welche Sparmöglichkeiten gegeben sind. Eine überlegte Fahrweise wirkt sich ökonomisch günstig aus.

Was ist der Normverbrauch?

Zunächst muß der Begriff Normalverbrauch klar sein. Diesen Verbrauch kann man in der eigenen Praxis nur erreichen, wenn man so fährt, wie es die DIN-Vorschrift 70 030 für die Ermittlung des Treibstoffverbrauches vorschreibt. Der Wagen muß mit halber Nutzlast und gleichbleibend bei ¾ seiner Höchstgeschwindigkeit, höchstens jedoch 110 km/h, auf ebener Strecke bei vorschriftsmäßigem Reifendruck gefahren werden. Zu der so ermittelten Verbrauchsmenge wird noch ein Sicherungszuschlag von 10 % gegeben. Der nach diesen Richtlinien ermittelte Normverbrauch der Opel Ascona und Manta auf 100 km Fahrstrecke ist im Kapitel »Technische Daten« auf Seite 218 nachzulesen.
Allgemein muß man aber mit höheren Verbrauchswerten als mit der als »Normverbrauch« bezeichneten Angabe rechnen. Nur wenn sehr günstige Bedingungen vorliegen, wird man unter der Norm bleiben. Der Verbrauch liegt bei allen Modellen gewöhnlich zwischen 9 und 12 Liter/100 km, letztere Angabe auf Stadtbetrieb oder winterliche Bedingungen bezogen, die zudem bei hoher Zuladung schnell erreicht wird. Die Schwankungen im Verbrauch bei einem hubraumstarken Wagen wirken sich stärker aus als bei einem schwächer motorisierten Auto, bei dem eine 50prozentige Verbrauchssteigerung (etwa im Winter) wegen des an sich schon geringen Normverbrauchs weniger ins Geld geht.
Der Verbrauch steigt mit der gefahrenen Geschwindigkeit. Wäre es möglich, ständig ein bestimmtes Tempo einzuhalten, so sähe die Sache noch ganz gut

aus. Aber derart ideal sind die Verkehrsbedingungen selten, und man muß abbremsen und wieder Gas geben, was den Konsum erhöht. Rechnen Sie deshalb beim Wagen mit 13 N-Motor ruhig mit dem gleichen Durchschnitt wie beim Wagen mit 13-S-Motor. Ersterer benötigt zwar nur Normalkraftstoff, verbraucht davon aber etwas mehr als seine stärkeren Brüder, die das Superbenzin besser in Leistung umsetzen können.

Verbrauchsmessung mit Fahrtenbuch

Einzelne Nachtankmessungen (getankte Menge geteilt durch die gefahrenen Kilometer) ergeben allenfalls den Verbrauch für die an jenen Tagen herrschenden Einsatzbedingungen. Einen echten Durchschnittsverbrauch muß man über eine längere Fahrtstrecke bzw. einen längeren Zeitraum beobachten.
Für die laufende Verbrauchsbeobachtung eignet sich am besten ein ordentlich geführtes Fahrtenbuch (kostenlos bei der Tankstelle erhältlich). Die Verbrauchsmessung geht dann so: Jeweils getankte Benzinmengen eintragen, alle paar tausend Kilometer zusätzlich nach dem Volltanken den genauen Kilometerstand eintragen. Alle Nachfüllmengen zwischen zwei km-Eintragungen addieren und den Gesamtverbrauch durch die gefahrenen km (mindestens 1000 km!) teilen und mit 100 multiplizieren – das ergibt den Verbrauch auf 100 km.

Zu hoher Verbrauch

Ihr Kollege oder Nachbar behauptet vermutlich, daß sein Auto weniger Benzin als Ihr Opel braucht. Bei näherer Nachprüfung verschieben sich die angeblichen Verbrauchswerte aber spürbar in Richtung der Tatsachen.
Die heutigen Verkehrsverhältnisse lassen es kaum zu, bewußt sparsam zu fahren. Es ist nicht vertretbar, als rollendes Verkehrshindernis zu erscheinen, dessen Fahrer sich scheut, auf das Gaspedal zu treten. Ständiger, allzu geiziger Blickauf die Kraftstoffanzeige schadet nämlich am Ende. Fortwährend niedrigtourig und lahm gefahrene Motoren erreichen besonders im Kurzstreckenverkehr nicht die günstigste Betriebstemperatur. Trotz scheinbar schonender Fahrweise unterliegen sie einem höheren Verschleiß und leiden unter Rückstandsablagerung aus der unvollkommenen Verbrennung von Kraftstoff und Öl. Sollte also das kostbare Naß nicht aus einem Leck tropfen und auch Ihre Fahrweise Ihrer Ansicht nach benzinsparend sein und der Motor Ihres Opels trotzdem über alle Maßen saufen, dann müssen Sie den Grund dazu in einer der nachstehend aufgeführten Ursachen suchen.

Fahrerursachen

■ Beschleunigen mit voll durchgetretenem Gaspedal. Man spart Benzin durch langsames Niederdrücken des Gaspedals in der Weise zunehmend, wie der Motor Gas annehmen kann.
Der günstigste Verbrauch liegt im Bereich der höchsten Durchzugskraft des Motors (= günstigstes Drehmoment bei bester Zylinderfüllung). Das maximale Drehmoment der 1,3-Liter-Motoren liegt bei folgenden Drehzahlen:
Motor 13 N: 3800/min,
Motor 13 S: 3800 – 4600/min.
Somit ist es im Stadtverkehr angemessener, möglichst im 3. Gang zu fahren, der meist noch ausreichende Beschleunigung ermöglicht. Fahren im 2. Gang bei Tempo 50 bedeutet bis zu 6 l/100 km Mehrverbrauch.
■ »Bleifuß« fahren. Die Differenzgeschwindigkeit zwischen dauerndem Vollgas und leicht zurückgenommenem Gasfuß ist unerheblich. Der Benzinverbrauch sinkt bei besonnener Fahrweise jedoch spürbar.

Wagenursachen

■ Ein vollbesetzter Wagen oder Urlaubsgepäck kosten mehr Verbrauch. Man merke sich: 100 kg Zuladung erfordern ca. 0,5–1 Liter mehr Benzin auf 100 km.

■ Zu niedriger Reifendruck erhöht den Rollwiderstand. Vor Autobahnfahrt Luftdruck prüfen, falls nötig, erhöhen; siehe Seite 157.

■ Zu knappes Radlagerspiel oder schleifende Bremsbeläge machen die Räder schwergängig. Die Handbremse muß richtig eingestellt sein.

■ Radeinstellung der Vorderräder stimmt nicht. Einseitige Abnutzung der Reifen und unsaubere Lenkeigenschaften lassen dies erkennen.

■ Reifenart beeinflußt den Verbrauch. Die ohnehin vorgeschriebenen Gürtelreifen verhelfen zur Sparsamkeit. Winter-Reifen erhöhen den Rollwiderstand und damit den Verbrauch.

Motorursachen

■ Ein neuer Motor braucht ungefähr 5000 km, bei ungünstigen Fahrbedingungen bis zu 8000 km, bis er die vorteilhaftesten Leistungs- und Verbrauchswerte erreicht.

■ Verschmutztes Luftfilter behindert eine optimale Zylinderfüllung.

■ Schwimmer hängt oder Schwimmerventil ist undicht; Startautomatik oder Starterklappe klemmen. Siehe Kapitel »Vergaser«.

■ Zündung nicht in Ordnung. Zündzeitpunkt verstellt. Zündkerzen verschmutzt, locker oder verbraucht. Siehe Kapitel »Die Zündanlage«.

■ Kraftstoffpumpe ohne ordnungsgemäße Förderleistung. Siehe Kapitel »Vom Tank zur Kraftstoffpumpe«.

■ Kraftstoffleitungen gelockert. Kurz nach dem Abstellen des Wagens meist mit einem Blick unter das Fahrzeug festzustellen, wenn Benzin auf den Boden tropft.

■ Starker Motorverschleiß. Schlecht schließende Ventile, verschlissene Kolben und Zylinder ergeben mangelhafte Kompression und führen zu Leistungsverlusten und ansteigendem Benzin-Durst.

Äußere Ursachen

■ Vorwiegend Stadtverkehr. Der Motor dreht zu oft im Leerlauf. Notwendige Betriebstemperatur wird nicht erreicht. Starkes Beschleunigen nach Kreuzungen läßt sich meist nicht vermeiden, steigert aber den Verbrauch erheblich.

■ Niedrige Außentemperaturen lassen den Motor nicht warm werden. Schmierstoffe in Motor, Getriebe und Radlagern bleiben länger steif und leisten Widerstand.

■ Schnee und Matsch, aber auch Kurven und schlechte Straßenoberflächen erhöhen den Rollwiderstand.

■ Gebirgsstrecken zwingen zum vielen Schalten und Beschleunigen. Winterlicher Stadtverkehr kann den Verbrauch bis auf 15 Liter ansteigen lassen.

Die Benzin-Qualität

1972 wurde die Zumischung einer Bleiverbindung als Antiklopfmittel von Gesetzes wegen auf 0,4 Gramm je Liter Kraftstoff begrenzt. Damals gab es kritische Stimmen, die vor möglichen Motorschäden warnten. Die zum Schutz gegen die Umweltverschmutzung eingeleitete Maßnahme, die Anteile des giftigen Bleis im Benzin zu verhindern, hatte aber nur bei sehr wenigen hochverdichteten Motoren zu Schwierigkeiten geführt.
1976 verschärften sich die Bestimmungen über das Verhältnis der Zusätze im Kraftstoff erneut und brachten eine weitere ROZ-Verringerung mit sich, hervorgerufen durch die Reduzierung des Bleigehaltes auf 0,15 g/l. Damit bestehen bei uns die härtesten Bestimmungen innerhalb Europas.
An die Qualitäten des Kraftstoffs sind gemäß Vorschlägen des Mineralölwirtschaftsverbandes und des Verbandes der Deutschen Automobilindustrie Mindestforderungen gestellt worden. Als wichtige Maßstäbe gelten dabei die Begriffe ROZ (Research-Oktanzahl) für das Beschleunigungsklopfen und MOZ (Motor-Oktanzahl) für das Hochdrehzahlklopfen.

In diesem Zusammenhang mag es von Interesse sein, daß in der Praxis die für Normalkraftstoff ausgelegten Motoren mit Super keineswegs sparsamer arbeiten. Mehr Kilometer mit Super sind nur möglich, wenn der Motor – Vergaser, Zündung usw. – nicht in Ordnung ist. Dann kann Super die Mängel überspielen. Das ist aber Fehlerbeseitigung aus der falschen Richtung, man sollte besser den Motor auf einem Prüfstand untersuchen lassen.

Verdichtungsverhältnis bestimmt die Kraftstoffart

Die Opel-Motoren sind nicht so hoch verdichtet, daß man bei der gegenwärtigen Kraftstoffqualität Bedenken aufkommen lassen müßte. Setzt man ab 1976 die offiziell für Superkraftstoff versprochenen Mindestzahlen von 98,0 ROZ und 88,0 MOZ (für Normal entsprechend: 91,0 ROZ und 83,0 MOZ) an, lassen sich die Bedürfnisse aller Ascona- bzw. Manta-Triebwerke erfüllen:

Motor	Verdichtung	Bedarf ROZ	Bedarf MOZ	Kraftstoff
13 N	8,2	91	83	Normal
13 S	9,2	98	88	Super

Was ist Klingeln oder Klopfen?

Zwei Arten dieser für den Motor schädlichen Erscheinungen sind möglich, entweder verursacht durch die Verwendung falschen Kraftstoffes oder durch die Abweichung von der werkseitig festgelegten Zündzeitpunkteinstellung.
Die eine Art, das sogenannte Beschleunigungsklopfen, tritt nur kurzzeitig – beim Beschleunigen – auf. Betroffen sind eher Normalbenzin-Motoren und natürlich der superkraftstoffbedürftige Motor, wenn er fälschlich mit Normalbenzin betrieben wird. Das Klingeln wird dann bei plötzlichem Gasgeben aus niedrigen Drehzahlen heraus hörbar, wenn man beispielsweise im 3. Gang aus 20 bis 30 km/h heraus kräftig beschleunigt oder an einer Steigung schaltfaul fährt. Man muß aber ein aufmerksames Ohr haben, um das Klingeln im Motor zu hören, denn es wird zum Teil von Fahrgeräuschen überdeckt. Es ist besser hörbar, wenn man den zu prüfenden Wagen an sich vorbeifahren läßt. Verantwortlich für das Beschleunigungsklopfen ist die zu niedrige ROZ.
Das Hochdrehzahlklopfen wird durch mangelnde MOZ ausgelöst. Es ist die üblere Art des Klingelns, weil es praktisch nicht wahrnehmbar ist und dazu noch über längere Entfernungen auftritt. Es kommt nicht nur bei hohen Dauergeschwindigkeiten vor, sondern auch bei langsamer Fahrt im kleinen Gang bei Vollgas. Anfällig dafür sind nur die auf Superkraftstoff ausgelegten Motoren. Ein Hinweis für die sich anbahnende Motorschädigung ist eigentlich allein die dann steigende Kühlmitteltemperatur. Wenn unbeachtet, können bei den unnormalen Spitzentemperaturen bis zu 1500° C im Brennraum die Kolbenböden schmelzen, Kolbenklemmer sind dagegen kaum üblich.
Wie andere moderne Motoren auch, sind die Opel-Triebwerke also unter gewissen Umständen für die eine oder andere Art des Klopfens empfänglich. Zur Erklärung dieses Vorganges (der mit »Klingeln« besser umschrieben wird), sei noch angefügt:
Normalerweise verbrennt das Kraftstoff-Luft-Gemisch im Zylinder auf Befehl der Zündkerze. Springt an ihren Elektroden der Funke über, entflammt das Gemisch. Die von dem Zündfunken ausgelöste Flammenfront kann Teile des Kraftstoff-Luft-Gemisches in eine Ecke drängen, wo sie sich separat – nach dem eigentlichen Entzündungsvorgang durch den Funken – entzünden. Dabei bilden sich örtliche Überhitzungsherde und Druckwellen, die den Motor bis in seine Kurbelwellen- und Pleuellager erschüttern. 5-km-Strecken, die unter Klingelerschei-

nungen zurückgelegt werden, können den Motor mehr verschleißen als etwa 150 km normale Fahrstrecke.

Motorschäden durch schlechten Kraftstoff vermeiden

■ An bundesdeutschen Tankstellen rundes Schild mit Aufschrift »DIN-Norm 51 600« beachten.

■ In einigen Ostblockländern wachsam sein und bei Reisen dorthin rechtzeitig Informationen über die dort angebotenen Kraftstoffe einholen. Schwierigkeiten in westlichen Ländern ergeben sich keinesfalls.

■ Vom Übergang von längerem Stadtverkehr, wenn die Verbrennungsräume des Motors durch Rückstandsbildung verkokt sind, auf scharfe Fernfahrt vor der ersten Stunde maximal nur 4500/min. Der Motor braucht dann speziell auf der Autobahn diese Zeit zum Einlaufen bzw. Freibrennen der Brennräume. Im Sommer ist es wichtig, das Warnlicht für mangelhaften Öldruck oder, wenn vorhanden, den Öldruckmesser im Auge zu behalten. Siehe hierzu den Abschnitt »Die Öldruckanzeige« Seite 221.

■ Der Zündzeitpunkt muß richtig eingestellt sein. Vorbeugende Rücknahme des Zündzeitpunktes ist nicht empfehlenswert, da eine solche Verstellung in Richtung Spätzündung verbrannte Auslaßventile und Kühlerkochen zur Folge haben kann. Außerdem wirkt sich diese Maßnahme negativ auf Leistung, Verbrauch und CO-Wert im Abgas aus.

Nachdieseln

Nachdieseln oder Nachlaufen des Motors macht sich manchmal nach dem Abstellen der Zündung bemerkbar. Dieses Weiterlaufen des Motors ohne Fremdzündung ist ein Zeichen örtlicher Überhitzung im Zylinderkopf, hervorgerufen meistens durch glühende Rückstände, manchmal – nach strammer Fahrt – durch überhitzte Auslaßventile. Derartige Glühzündungen sind noch gefährlicher als das Beschleunigungsklopfen. Bei innen sauberen Motoren – solche, die mit einer gut gewarteten Zündanlage, durch richtiges Ventilspiel und durch gelegentlich längere Fernfahrten sich im Betrieb selbst reinigen – kommt es zu keinen Schwierigkeiten. Eigentlich nicht betroffen sind die Motoren der hier besprochenen Wagen, denn ihre Vergaser sind mit einer elektromagnetischen Abschaltdüse bestückt. Aber die Düse kann defekt oder ihr Kabelanschluß unterbrochen sein! Ein nachlaufender Motor wird zum Stehen gebracht, wenn man den 1. Gang einlegt, Fuß- und Handbremse betätigt und langsam einkuppelt. Auf diese Weise würgt man den Motor ab.

Die Höchstgeschwindigkeit

Die tatsächliche Höchstgeschwindigkeit eines Autos ist immer einmal von Interesse. In Autofahrergesprächen spielt die »Spitze« (gemeint ist die Spitzengeschwindigkeit) stets eine wichtige Rolle, aber kaum jemand berücksichtigt, daß sie in der Praxis selten erreicht wird. Nur sachliche Beobachtungen können Aufschluß über die wirklich erreichbare Höchstgeschwindigkeit vermitteln.
Der Opel-Fahrer muß allerdings nicht fürchten, daß seine Tachometeranzeige über Gebühr schwindelt. Üblicherweise ist nämlich die auch bei anderen Fabrikaten anzutreffende Voreilung vergleichsweise gering: Im Durchschnitt werden bis zu 3 Prozent zuviel angezeigt. Das liegt erheblich unter der Toleranzgrenze, denn in den oberen beiden Dritteln des Anzeigenbereichs darf das Tachometer bis zu 7 Prozent zuviel anzeigen.
Die Tachometervoreilung hängt nicht immer mit einer »Fehlkonstruktion« des Instruments zusammen, sie kann auch auf äußeren Umständen basieren: Vor allem die Reifengröße und mit ihr der Abrollumfang sowie der Reifendruck haben auf die Geschwindigkeitsanzeige Einfluß, in geringerem Maße auch Fertigungstoleranzen innerhalb der mechanischen Übertragung der Anzeige. Die amtliche

Tendenz, Geschwindigkeitsbegrenzungen immer mehr pauschal zu verfügen, läßt es daher ratsam erscheinen, sich von der Differenz zwischen tatsächlich gefahrener Geschwindigkeit und Anzeige zu überzeugen.
Sie können die Voreilung auf einer ebenen, mäßig befahrenen Autobahnstrecke nachprüfen. Voraussetzungen: Beifahrer(in) mit Stoppuhr, notfalls Armbanduhr mit Sekundenzeiger. Bei Vollgas die Zeit für einen Kilometer messen lassen. Die Tachonadel darf dabei während der Messung nicht mehr ansteigen, was einen kilometerlangen Anlauf bedingt (Fenster schließen).
Die Geschwindigkeit in Kilometer pro Stunde (3600 Sekunden) ergibt sich, wenn Sie 3600 durch die gestoppte Zeit (in Sekunden) dividieren.
Übrigens läßt sich ähnlich auch der Tacho eichen: 3600 geteilt durch die zwischen zwei km-Markierungen auf der Autobahn gestoppte Zeit, während man genau nach dem Tacho ein bestimmtes Tempo fuhr. So sind beispielsweise 3600 : 38 sec ≙ 95 km/h (Tacho zeigte 100 km/h).
Die Höchstgeschwindigkeit wird bei Gegen- und Seitenwind nicht erreicht, und sie wird durch Rückenwind oder abgefahrene Reifen gleichfalls verfälscht.
Nun zur Sache: Ascona- und Manta-Typen erreichen mindestens die Geschwindigkeiten, die in diesem Buch auf Seite 218 aufgezählt sind. Opel ist bei der Angabe von Höchstgeschwindigkeiten eher zurückhaltend. Gut eingefahrene Wagen bringen es gewöhnlich auf 2–3 km/h mehr als angeführt. Herstellungstoleranzen bei der Fertigung, Einfahrbedingungen und Alter des Wagens sind natürlich Kriterien, die sich auf die Spitzengeschwindigkeit auswirken können. Wenn man vollbeladen fährt, ist an die Höchstgeschwindigkeit sowieso nicht zu denken, sie verringert sich sogar um 10 km/h bis maximal 25 km/h, wenn sperrige Dachlast mitgeführt wird.

Vertrauensbasis

Es gibt Reparaturen, die man auch mit sehr praktischer Veranlagung nicht ausführen kann. Für manche Arbeiten sind besondere Werkzeuge und teure Meßinstrumente nötig, doch es lohnt sich nicht, dafür Geld auszugeben, denn als Heimwerker würde man sie nur ganz selten benutzen. Aber die Werkstatt besitzt sie, und dort geht damit die einmal fällig werdende Reparatur rasch vonstatten. Außerdem kommen am Auto notwendige Instandsetzungen vor, für die man bestimmte Kenntnisse braucht und die nur mit Umsicht ausgeführt werden dürfen, wie etwa Arbeiten an der Bremsanlage und an der Lenkung. Irgendwann muß also jeder Autobesitzer einmal die Hilfe der Werkstatt in Anspruch nehmen. Damit der Werkstattbesuch nicht zum Ärgernis wird, sollten Sie einige Regeln beachten, die wir hier nachfolgend für Sie zusammengestellt haben.

Umgang mit der Werkstatt

Opel-Kundendienst-Betriebe sind keineswegs dünn gesät – in der Bundesrepublik gibt es immerhin rund 2200 Service-Plätze und anerkannte Opel-Dienste. Vermutlich wurde Ihr Wagen durch einen Händler ausgeliefert, der eine jener Werkstätten betreibt. Zweckmäßig war der Kauf dort, wo man danach noch gerne gesehen und solide bedient wird. Gute Werkstätten sind aber oft überlastet, und Wartezeiten lassen sich aus mancherlei Gründen nicht vermeiden. Zur Entschärfung dieses Problems hier ein paar Ratschläge:

■ Wartungsdienste und voraussehbare Reparaturen möglichst rechtzeitig persönlich oder telefonisch anmelden und Termin vereinbaren (Fristen von einer Woche sind nicht ungewöhnlich).

■ Möglichst morgens zwischen 7 und 8 Uhr vorfahren; dann werden die Arbeiten für den Tag eingeteilt. Notfalls den Wagen am Vorabend hinbringen. Falls Sie zeitlich nicht unter Druck stehen oder Sonderwünsche haben, hat man an der Reparaturannahme aber nach 10 Uhr mehr Ruhe für eine Unterhaltung.

■ Wagen möglichst nicht kurz vor Feierabend oder großen Schulferien in die Werkstatt bringen – man ist dann oft überlastet.

■ Ganz klaren Reparaturauftrag geben (dieses Buch soll dazu helfen). Zum Beispiel Ölwechsel: ja oder nein? Wollen Sie das teuerste Öl? Es wird oft ungefragt beim Ölwechsel aufgefüllt. Zündkerzen austauschen: ja oder nein?

■ Schriftlichen Kostenvoranschlag ausstellen lassen (er ist drei Wochen für die Werkstatt verbindlich). Wird ein schriftlich zugesagter Termin um mehr als 24 Stunden überzogen, muß die Werkstatt ein gleichwertiges Ersatzfahrzeug stellen oder 80 % der Mietwagenkosten tragen.

■ Kleinere Werkstätten fern der Großstadt haben oft mehr Zeit und arbeiten preiswerter, sind aber mit Ersatzteilen nicht so eingedeckt wie größere Betriebe.

■ Ausgetauschte oder ersetzte Teile wandern auf den Schrotthaufen (Rückgabe-Austauschteile natürlich ausgenommen). Lassen Sie auf dem Auftrag vermerken, daß man die defekten Teile in den Kofferraum legt oder zur Hand hält. Dadurch haben Sie eine gewisse Kontrolle über die Werkstattarbeit.

■ Wenn Sie anderer Meinung als die Leute von der Werkstatt sind, suchen Sie nicht durch Streit Ihr vermeintliches Recht zu erzwingen, sondern sprechen Sie sachlich und ruhig mit dem zuständigen Mann. Lassen Sie sich seine Gründe so erklären, daß Sie sie als Laie verstehen können.
■ Ein nettes Wort hellt auch verärgerte ölige Gesichter wieder auf; eine freundliche Stimmung der Leute, die an Ihrem Wagen arbeiten, überträgt sich auf die Qualität ihrer Arbeit.
■ Bei Uneinigkeiten mit der Werkstatt wende man sich an eine der über die BRD verteilten Schiedsstellen. Ein Anschriftenverzeichnis ist vom Zentralverband des Kraftfahrzeughandwerks, Franz-Lohe-Straße 21, 5300 Bonn 1, von der Kfz-Innung, von der Handwerkskammer, von den Automobilclubs oder von der DAT erhältlich. Die Schiedsstellen können aber nur bei den Betrieben etwas ausrichten, die auch der Innung angehören; erkennbar am weißen Schild »Meisterbetrieb des Kfz-Handwerks«.
■ Bei Reparaturen haben Sie Garantieansprüche, wenn die Arbeit unsachlich erledigt wurde oder sich ein Materialfehler herausstellt. Branchenüblich für die Werkstätten ist eine Reparaturgarantie von 6 Monaten. Bei der Nachreparatur haben Sie dann allenfalls das zu bezahlen, was sich als zusätzlich erforderliche Instandsetzung herausstellt, aber nicht mehr den ganzen Reparaturumfang! Bei großer Fahrlässigkeit der Werkstatt haben Sie sogar Anspruch auf Schadenersatz, falls Ihnen etwa kurz nach Verlassen der Werkstatt ein nachlässig montiertes Rad verlorengeht und dadurch ein Unfall passiert.
■ Bei Abnahme des reparierten Wagens sollten Sie noch auf dem Werkstatthof möglichst viele Funktionen Ihres Wagens überprüfen und auch versuchen, ein kleines Stück hin und her zu fahren. Solange Sie noch im Bereich der Werkstatt sind, lassen sich den Wagen betreffende Beanstandungen besser und überzeugender anbringen.

Neuwagen-Garantie

Beim Erwerb Ihres Opel unterschrieben Sie im Kaufvertrag eine Menge Kleinigkeiten. Hatten Sie sich das alles genau durchgelesen? Falls Ihr Wagen noch recht taufrisch ist, müssen Sie wissen, was der Begriff »Gewährleistung« bedeutet.

Gewährleistung

Ersatzleistungen werden vom Herstellerwerk nach dem jeweiligen Stand der Technik, wie es so dehnbar heißt, vorgenommen. Natürlich nur, wenn die Garantiezeit von zwölf Monaten noch nicht überschritten ist.
Diese Gewährleistung kann sich auf Instandsetzungsarbeiten oder auf Ersatzlieferung von Teilen erstrecken, allerdings nur dann, wenn Fehler oder Schäden im Material oder in der Herstellung aufgetreten sind. Doch es wird Ihnen zum Verhängnis, wenn man Ihnen unsachgemäße Behandlung Ihres Wagens vorwirft; ob mit Recht, werden Sie nicht in jedem Fall widerlegen können. Solche Klippen zu umgehen, erfordert Verhandlungsgeschick. Man kann aber (berechtigte!) Forderungen diplomatisch formulieren, daß sich das Lieferwerk schon moralisch verpflichtet fühlt, einen Schaden innerhalb der Garantiezeit zu beseitigen. Dazu gehören Arbeitskosten, Porto und Fracht.
Nicht unter die Garantie fallen sogenannte »Verschleißteile« wie etwa Zündkerzen, Reifen oder Batterie. Bei auftretenden Mängeln an diesen Teilen muß man sich an die entsprechenden Erzeuger wenden. Ausgenommen davon sind die Opel-Starter-Batterien, für die eine Garantie über zwei Jahre gegeben wird. Aber es gibt auch Teile in Ihrem Auto, die nicht bei Opel hergestellt wurden und dennoch in den Rahmen der Gewährleistung fallen. Unabhängig davon gewährt z. B. Bosch auf seine Erzeugnisse eine Garantie von 12 Monaten.

Garantie-Ausschlüsse

Der erste Service, der beim km-Stand 1000 vorgenommen werden soll, darf in keinem Fall ausgelassen werden. Andernfalls erlischt der Garantieanspruch. Des weiteren sollen innerhalb der Garantiezeit die »gemäß den Kundendienst-Scheckheften vorgeschriebenen Überprüfungen« – selbstverständlich nur durch die Opel-Dienste – ausgeführt werden. Ferner erlischt jeder Garantieanspruch, wenn man die Betriebsanleitung nicht beachtet und das Auto unsachgemäß behandelt.

Falls nachträglich fremde Teile eingebaut wurden oder wenn eine nicht durch Opel autorisierte Werkstatt Veränderungen vornahm, die mit dem reklamierten Defekt in Zusammenhang stehen, sieht es böse aus. Sie dürfen mit Ihrem Opel auch keine Rallye fahren – dann ist die Gewährleistung dahin. Aber als Zweitbesitzer haben Sie innerhalb der Garantiefrist Ansprüche ebenso wie der Erstbesitzer.

Schadenersatz

Sie können aber ausgesprochenes Pech haben und in einen Unfall verwickelt werden, weil ein Teil am Opel brach. Dann wird Ihnen nur dieses Teil ersetzt. Für den angerichteten Schaden kommt die Haftpflichtversicherung auf. Die Ihnen anderweitig entstehenden Kosten (Abschleppen, Unterbrechung der Geschäfts- oder Urlaubsreise usw.) können Sie jedoch vom Hersteller nicht zurückverlangen.

In jedem Fall wird die Opel-Dienststelle nach Schadenbehebung von Ihnen Geld verlangen, als hätten Sie überhaupt keinen Anspruch. Über diesen entscheidet allein das Werk, und in der Regel wird Ihnen erst danach der entsprechende Betrag gutgeschrieben oder erstattet.

Kulanz als Bonbon

Immerhin werden jene klar formulierten Bestimmungen, mit denen sich das Werk vor unberechtigten Forderungen schützen will, etwas milder ausgelegt, wenn es sich um eindeutige Ansprüche handelt. Kein Automobilwerk freut sich über die Verbreitung des schlechten Rufes, daß man ohne eigenes Verschulden draufzahlen mußte. Bei einem klaren Fall wird dann auch die obere Grenze von einem Jahr nicht so genau genommen. Oft kommt es freilich auf das persönliche Verhandlungsgeschick an.

Großzügigkeit bei Garantieleistungen wird bei Opel wie bei anderen Autoherstellern so lange geübt, bis die Kinderkrankheiten des betreffenden Modells abgeklungen sind. Abgesehen von ihren Motoren sind die Ascona- und Manta-B-Modelle keine Neuschöpfungen, sondern die in ihnen vereinte Technik stützt sich auf Erprobtes, und von Kinderkrankheiten kann man bei ihnen nicht sprechen. Man sollte die Garantiezusage also nicht als selbstverständliche Gefälligkeit betrachten. Nur im äußersten Fall kann man noch bei einem etwas höheren Wagenalter als ein Jahr mit folgender Basis rechnen: Teilekosten zu Lasten von Opel, Arbeitskosten zu Lasten des Besitzers. Es lohnt sich daneben immer, auf eine schriftliche Vermerkung der Reklamation zu bestehen, wenn ein Schaden noch innerhalb der Garantiezeit geschieht, aber nicht gleich behoben werden kann oder noch eine Weile zu beobachten ist.

Was wird es wohl kosten?

Viele Autofahrer haben eine große Scheu vor den Fragen nach den Reparaturkosten. Niemand will seine Unkenntnis zugeben. Leute, die mit diplomatischer Unbekümmertheit erklären, daß sie so gut wie nichts vom Auto verstehen (obwohl sie vielleicht recht gut Bescheid wissen) und daher keine Ahnung hätten, wieviel Geld sie zum Abholen des Wagens in die Tasche stecken müßten, sind oft besser dran. Machen Sie es wie letztere; diese oder jene eifrig angebotene Arbeit können Sie so abweisen und dabei manche Mark sparen.

Bei größeren Reparaturen sollten Sie sich – möglichst von verschiedenen Werkstätten – einen Kostenvoranschlag machen lassen. Dies kann durchaus in Form des Reparaturauftrages geschehen, auf dem zu den einzelnen Posten die Preise eingesetzt sind. Solche vorher im Auftrag festgelegten Preise dürfen bei Gesamtkosten unter 500 Mark um 20 % und bei höheren Kosten um höchstens 15 % überschritten werden. Entstehen jedoch höhere Kosten, muß die Werkstatt beim Auftraggeber rückfragen, ehe die Arbeiten ausgeführt und in Rechnung gestellt werden. Deshalb ist es wichtig, die eigene Telefonnummer oder Anschrift anzugeben.

Schriftlicher Kostenvoranschlag

Sie müssen auch wissen, daß es in der Reparaturbranche allgemein übliche »Geschäftsbedingungen für die Ausführung von Arbeiten an Kraftfahrzeugen« gibt. Sie hängen entweder irgendwo an der Wand, wo sie der Kunde lesen kann, oder sie stehen auf der Rückseite des Reparaturauftrages.

Offiziell keine Austauschteile

Für Aggregate, die erfahrungsgemäß nicht das ganze Autoleben aushalten, wie Motor, Getriebe, Kupplung, Hinterachse und dergleichen, hat Opel kein offizielles Austauschsystem. Es werden vom Werk nur neue Ersatzteile geliefert, die jeweils der neuesten Produktion entstammen. Dadurch können inzwischen eventuell vorgenommene Verbesserungen mit übernommen werden. Ähnlich wie bei Ford ist man im Haus Opel der Meinung, daß es bei den heutigen rationellen Produktionsverfahren preiswerter ist, Neuteile herzustellen.

Das machen sich Spezialbetriebe zunutze (z. B. die darin führende Firma »Kolben-Motor«, Magstadt bei Stuttgart), die auf ihre Weise die ausrangierten Aggregate generalüberholen, und so kann es durchaus vorkommen, daß Ihnen Ihre Opel-Werkstatt, die mit solch einem Betrieb zusammenarbeitet – oder gar selbst Gebrauchtteile aufarbeitet –, bei Bedarf einen »Austausch-Motor« anbietet. Dagegen ist an sich nichts einzuwenden, nur muß man sich darüber klar sein, daß bei vorzeitig auftretenden Schäden nicht die Firma Opel in Rüsselsheim, sondern die betreffende Opel-Werkstatt bzw. deren Anlieferer Garantie leisten muß.

Der Teile-Motor

Mit dem Opel-Teile-Motor bietet sich eine weitere Besonderheit. Dabei handelt es sich um einen neuen, aber nur teile-weisen Motor. Ein solcher Motor besteht aus dem Zylinderblock mit kompletten Kolben, Pleuelstangen, Kurbel- und Nockenwelle einschließlich sämtlicher Lager, Ölpumpe, Kurbel- und Nockenwellenrad mit einem Satz Dichtungen. Der Teile-Motor wird von der Werkstatt durch Teile aus dem Alt-Motor wie Zylinderkopf, Ölwanne, Vergaser usw. ergänzt.

Stellt sich bei der Motor-Überholung bzw. dem Umbau vom Alt- auf den neuen Teile-Motor heraus, daß etwa die Lichtmaschine überholt oder gar durch eine neue ersetzt werden muß, dann werden die betreffenden Arbeiten und die benötigten Teile extra berechnet. Man kann also beim Opel im voraus den Preis für eine Motor-Überholung nur nach genauer Prüfung der Anbauteile bestimmen.

Diese kann (einschließlich des neuen Teile-Motors) um 1000 Mark kosten, aber auch noch mehr, je nach dem Zustand der Anbauteile des Altmotors. Natürlich ist beim Opel auch nach herkömmlicher Art eine spezielle Reparatur des betreffenden Aggregates möglich, also beispielsweise Zylinder schleifen, Ventile einschleifen, Kurbelwelle neu lagern, neue Kolben einbauen usw. Solche Arbeiten sind zwar billiger, rentieren sich aber tatsächlich nur, wenn der Motor noch keine zu hohe Kilometerleistung hinter sich hat. Sind auf dem Tacho vielleicht schon 80 000 km abzulesen, wird eine solche Reparatur nur noch selten sinnvoll sein, denn auch die anderen Motorteile sind inzwischen wahrscheinlich so weit abgenutzt, daß sie bald nach dem reparierten Teil den Geist aufgeben und die vorhergegangene Reparatur sinnlos machen.

Ersatzteile

Die Anzahl der Ersatzteile füllt einen dicken Katalog. Deshalb und wegen des ständigen Preisanstiegs hätte es wenig Sinn, hier eine Preisliste zusammenzustellen. Auch ist es mit dem einfachen Preis allein zumeist nicht getan. Sehr oft müssen neben dem defekten Teil noch die anschließenden oder mit diesem im Zusammenhang stehenden Teile ausgewechselt (und bezahlt) werden. Das gilt nicht nur für die Dichtungen, Schrauben und dergleichen, auch einzelne Bremsbeläge lassen sich nicht ersetzen, sondern es müssen alle Bremsbeläge zumindest einer Achse ausgewechselt werden. Ebenso kann man Zahnräder nur paarweise ersetzen. Wenn Sie beim Opel-Dienst Ersatzteile zum Selbsteinbau kaufen, müssen Sie sich erkundigen, ob auch irgendwelche Nachbarteile zu ersetzen sind. Man braucht keineswegs Hemmungen zu haben, in der Werkstatt nur einzelne Ersatzteile zu besorgen – man geht auch schnell mal zum Schuhmacher und holt ein paar Schnürsenkel, ohne gleich auch die Absätze der Schuhe erneuern zu lassen.

Gebrauchte, gut erhaltene Teile kann man wesentlich billiger vom seriös geführten Autofriedhof erstehen. Sie werden auch von Autowerkstätten, wenn mitgebracht, eingebaut, doch erstreckt sich auf sie natürlich keinerlei Garantie.

Für Ersatzteile und Zubehör, an der Autobahn gekauft, muß man gewöhnlich mehr bezahlen als an den Tankstellen in der Stadt oder auf dem Land. Der ADAC stellte einmal Preisaufschläge bis zu 22,2 % bei Autobahn-Tankstellen fest. Dagegen bezahlt man für Ersatzteile bei der in Not herbeigerufenen ADAC-Straßenwacht in jedem Fall Originalpreise.

Verschleißteile

Ölfilter, Luftfilter, Glühlampen, Zündkerzen, Unterbrecherkontakte, Auspuffanlagen, Bremsbeläge und Stoßdämpfer kann man auch im Zubehörhandel, Großmarkt und Waren- oder Versandhaus erwerben, wobei die Preise bis zu 50 % unter dem jeweiligen Werkstattpreis liegen können. Falls Sie günstige Einkaufsquellen nutzen wollen, dann mit zwei Einschränkungen: Nur Bremsbeläge aus der Vertragswerkstatt sind entsprechend getestet worden und versprechen bestmögliche Bremsverzögerung; Eigenversuche mit Billigware können lebensgefährlich werden.

Preisgünstige Stoßdämpfer sollten Sie auch nur von bekannten Herstellern kaufen, wobei allerdings die großen Versand- und Warenhäuser auch unter eigenem Namen Markenfabrikate vertreiben. Billige Auspuffanlagen passen bisweilen nicht so exakt wie Originalteile, auch kann es mit der Lebensdauer Enttäuschungen geben. Im ersten Jahr sollten Sie mit Rücksicht auf den Garantieverlust keine Fremdteile einbauen.

Werkstattkosten

Außer den Preisen klettern auch Löhne und Gehälter, was sich auf den Stundenlohn in Reparaturwerkstätten niederschlägt. Werkstattpreise setzen sich zu fast einem Drittel aus dem Arbeitslohn des Mechanikers und zu knapp einem Viertel aus Lohnanteilen und Gehältern für die Beschäftigten in dem Betrieb zusammen, der Rest errechnet sich aus festen Kosten (Miete, Strom, Heizung usw.), Buchhaltung, Porto, Telefon, Abschreibungen, Steuern, Versicherungen und aus genau 10 % gesetzlich vorgeschriebenen sozialen Aufwendungen.

Die demnach von Werkstatt zu Werkstatt differierenden Arbeitskosten kommen zu den Ersatzteil- und Materialpreisen hinzu. Somit besteht eine Basis für die Kalkulation der Reparaturpreise, zumal Opel für alle vorkommenden Werkstattarbeiten sogenannte »Arbeitswerte« in einem Katalog festgelegt hat. Ein solcher Arbeitswert entspricht fünf Minuten Arbeitszeit, d. h. eine Reparatur, für die 12 Arbeitswerte ermittelt wurden, soll von einer ordentlichen Werkstatt in einer Stunde erledigt sein. Wenn sie länger braucht, ist es ihr Schaden und umgekehrt

ihr Gewinn. Insofern ist die Reparaturberechnung – wenigstens Opel-offiziell – überall gleich.
Ein Arbeitswert (abgekürzt: AW) kann in der einen Opel-Werkstatt 2,90 DM, in der anderen 3,20 DM kosten. Vergessen Sie aber bei der Auftragserteilung nicht – falls möglich – Ihre Telefonnummer anzugeben und zu erklären, man müsse Sie bei weiterreichenden Reparaturen zuvor fragen. Dann brauchen Sie keine Furcht vor umwerfend hohen Reparaturrechnungen zu haben. Reparaturen, die im Interesse der Verkehrssicherheit erforderlich sind – etwa ausgeleierte Lenkungsteile –, können Sie allerdings nicht ablehnen, wenn sie die Werkstatt gelegentlich anderer Arbeiten als dringend notwendig feststellt.
Zusätzlich wird man seit 1973 über das Kostengefüge mit Hilfe der Preisauszeichnung orientiert. Alle Handwerksbetriebe – und so auch Autoreparaturwerkstätten – müssen über die am häufigsten vorkommenden Arbeiten eine Preisliste in ihren Geschäftsräumen offenliegen haben. Man kann sich also ohne viel Fragerei über gewisse Kosten ein vergleichendes Bild machen und die Entscheidung, welchen Betrieb man aufsuchen will, fällt leichter. Wo allerdings qualitativ besser gearbeitet wird, das läßt sich aus solchen Preisauszeichnungen nicht entnehmen.

Unterschiede bei Preisen und Reparaturen

Erhebliche Preisunterschiede ergeben sich aus dem lokalen Sitz der Werkstätten. Während die Werkstattpreise ohnehin von Jahr zu Jahr klettern, wird man allein innerhalb einer Großstadt Preisschwankungen um 20 % feststellen können. Wesentlich billiger ist es in kleineren Städten und auf dem Land. Fallen am Auto größere Arbeiten an, so lohnt es sich immer, in die Provinz zu gehen, wo die Werkstatt wegen geringerer Unkosten weniger Geld fordert.
Es läßt sich nicht immer verhindern, eine überhöhte Rechnung präsentiert zu bekommen. In der Regel ist das Kraftfahrzeughandwerk aber um Seriosität bemüht. Die sinkende Inanspruchnahme der Werkstätten in den letzten Jahren, deren Gründe in der allgemeinen finanziellen Belastung des Autobesitzers zu suchen sind, führten dazu, daß auch Werkstätten um ihre Kundschaft werben.
Man kann andererseits nicht erwarten, in allen Reparaturwerkstätten eine gleich gute Arbeitsqualität vorzufinden. Was in Betrieb X vielleicht im Handumdrehen und sachkundig von geschultem Werkstattpersonal erledigt wird, nimmt womöglich im Betrieb Y mehrere Stunden in Anspruch, muß mit verhältnismäßig viel Geld bezahlt werden und hält dann gerade bis zum Abend.
Derartige Unwägbarkeiten bestehen natürlich kaum bei der Werkstatt, zu der man einen guten Kontakt unterhält. Dagegen birgt der Besuch eines fremden Reparaturbetriebes eine Reihe von Unsicherheitsfaktoren, die mit den Stichworten »Preiswürdigkeit« und »Arbeitsqualität« ganz einfach zu benennen sind. Werkstätten haften schließlich für Folgeschäden, die sich aus falsch oder unsachgemäß erfolgten Reparaturen ergeben. Ein genereller Ausschluß der Haftung würde den Kunden rechtlos machen. (Urteil des Landesgerichts München I: 8 0 617/71.)
Von autorisierten Werkstätten kann auch die im Zweijahres-Turnus erfolgende TÜV-Prüfung vorgenommen werden. Nur sollte man bei entsprechendem Auftrag bedenken, daß die Werkstatt kein Wohltätigkeitsinstitut ist, sondern Geld verdienen will. Ein Blanko-Auftrag könnte also mit Arbeiten ausgenutzt werden, die mit der TÜV-Kontrolle wenig zu tun haben.

Die Kunst der Spezialisten

Selbstverständlich sind Opel-Werkstätten für alle an Ihrem Wagen einmal anfallenden Arbeiten zuständig. Deshalb gehört auch ein Anschriftenverzeichnis der Opel-Kundendienstbetriebe in das Handschuhfach Ihres Ascona oder Manta.

Ebenso müssen Sie wissen, wohin Sie sich bei einem Defekt des Vergasers wenden können, wenn Sie glauben, die Sache läßt sich ohne die Mithilfe von Opel schneller bereinigen. Die Liste der Solex-Dienste, die für Vergaser und Benzinpumpen zuständig sind, schickt die Pierburg GmbH & Co. KG, Postfach 838, 4040 Neuss 13 (früher: Deutsche Vergasergesellschaft), auf Anforderung. Meistens verfügen Solex-Dienste auch über Motorprüfstände zur optimalen Einstellung der Vergaser- und Zündanlage.
Das gleiche trifft auf die Elektrowerkstätten zu, innerhalb dieser den Bosch-Diensten eine besondere Bedeutung zukommt. Diese im ganzen Bundesgebiet anzutreffenden Vertretungen können nicht nur Ersatzteile wie Zündkerzen, Glühlampen, Unterbrecherkontakte oder größere Aggregate sofort liefern, sondern sie verfügen auch über Motortestgeräte und Fachkräfte, die mit Einstellarbeiten an Zündung und Vergaser vertraut sind. Ein Adressenverzeichnis dieser Betriebe erhalten Sie über die Robert Bosch GmbH, Robert-Bosch-Platz 1, 7016 Gerlingen-Schillerhöhe.
Manchmal ist eine Spezialwerkstatt in der Lage, gezielter zu helfen. Einer Karosserie- oder Reifenwerkstatt, einer Autolackiererei oder -polsterei z. B. ist es gleichgültig, welches Markenzeichen der Wagen trägt. Auf ihrem Spezialgebiet sind solche Betriebe mit jedem Wagen vertraut und können zumeist besondere Wünsche leichter erfüllen.

Eigene Geschicklichkeit wird belohnt

Was man sich durch eigene Erfahrungen an handwerklichen Fähigkeiten beigebracht hat, darf einem niemand streitig machen. Keiner hindert Sie daran, Reparaturen am Auto selbst auszuführen.
Diesen Standpunkt muß man auch manchmal gegenüber Versicherungen vertreten. Wurde etwa das Auto durch einen unverschuldeten Unfall beschädigt, muß der Schädiger bzw. dessen Versicherung dem Eigentümer die Kosten für die von ihm selbst durchgeführte Reparatur in voller Höhe ersetzen. Maßgeblich für die Erstattung ist der Kostensatz, der in einer gewerblichen Werkstatt angefallen wäre. Der Anspruch umfaßt auch die Mehrwertsteuer. Einen derartigen Grundsatz stellte der Bundesgerichtshof im Urteil VI ZR 46/72 auf.
Erfahrene Autopraktiker – von denen es viele auch in anderen Berufen außerhalb des Kraftfahrzeughandwerks gibt – können sich natürlich noch mehr selbst helfen. Dazu muß allerdings der Werkzeugschrank schon recht gut ausgestattet sein. Unser Buch ist auf diese »Hohe Schule« der Eigenhilfe abgestimmt, wobei nicht verschwiegen wird, was Sache der Werkstatt bleiben muß. In erster Linie denken wir dabei an Bremsanlage und Lenkung, also an die für die Verkehrssicherheit des Fahrzeugs verantwortliche Teile.
Der gute Kontakt zu einer Stammtankstelle ist schon im Hinblick auf die Wagenpflege von Vorteil. Neben Wartungsmöglichkeiten gibt es dort auch Prüfgeräte für Motor und Elektrik.

Selbsthilfe in der Mietwerkstatt

Vor allem in Großstädten haben sich etliche Autohobby-Mietwerkstätten angesiedelt, in welchen man gegen entsprechende Arbeitsplatzstandmiete (oft einschließlich Werkzeugbenutzung) selbst an seinem Wagen bauen und basteln kann. Dort gibt es Hebebühnen, Montagegruben, Schweißgeräte, Schließwinkeltester und Stroboskoplampen, und einige Betriebe haben sogar Lackierkammern und einen hauptberuflichen Lackierer. Allerdings muß man diese Werkstätten oft mühsam im Branchenverzeichnis des Telefonbuchs oder im Anzeigenteil von Tageszeitungen suchen, da es immer wieder Wechsel gibt, bekannte Werkstätten aufgeben und neue hinzukommen. Hier einige Adressen, die sich bisher als beständig erwiesen haben:

Anschrift	Name	Telefon	Arbeits-plätze
Mariendorfer Damm 148 1000 Berlin 42 (Mariendorf)	Auto-Hobby-Werkstatt Janasik & Schiffmann	7 06 13 86	15
Ruhrstraße 48–56 2000 Hamburg 50 (Altona)	Auto-Selbsthilfe Fibier & Co.	8 50 11 51	25
Bornkampweg 6 2000 Hamburg 50 (Altona)	Mach-es-selbst-Station Shell-Station F. Hofer	89 43 42	5
Fössestraße 105 a 3000 Hannover	SB-Autohobby-Center Siegfried Jetzkewitz	4 58 87 86	30
Halterner Straße 42 a 4370 Marl-Sinsen	Autoverwertung Fr. Schmidt	8 14 60	4
Genter Straße 13–15 5000 Köln	Autohobby-Mietwerkstatt	52 48 74	70
Niederer Kirchweg 113 6000 Frankfurt-Nied	Autohobby-Mietwerkstatt	39 92 92	65
Industriestraße 5 6500 Mainz-Mombach	Autohobby-Mietwerkstatt	68 20 66	35
Waldstraße 172 6800 Mannheim-Waldhof	Shell-Station Albrecht	75 31 28	2
Knorrstraße 135 8000 München 45	Shell-Hobby-Station Adolf Höhl	3 51 43 90	8

Für Hinweise auf Adressenänderungen und neue Mietwerkstätten sind wir auch im Interesse anderer Leser dankbar.

Pannenhilfe

Neben der schon erwähnten Zusammenstellung der Opel-Werkstätten kann man auch ein Heft mit Anschriften von Opel-Kundendienstbetrieben in Autobahnnähe erhalten, die außerhalb der üblichen Geschäftszeiten mit erweiterter Dienstbereitschaft aufwarten. Dieses Heft »Euroservice« enthält daneben sämtliche Opel-/GM-Werkstätten in Europa. Falls Sie also unterwegs mit Ihrem Wagen unverhofft in Not geraten, können Sie eine jener rund 6500 Telefonnummern anwählen, die Ihrem Standort am nächsten ist, um Hilfe oder Rat zu erbitten. Bei überraschenden Pannen finden Sie in diesem Handbuch eine Reihe von Hinweisen zur planmäßigen Störungssuche. Der »Entstörungs-Fahrplan« in der vorderen Buchklappe ist daher besonders wichtig. Hilflosigkeit unterwegs kann teuer werden. Mit einiger Umsicht wird man fast immer einen Weg finden, die nächste Werkstatt mit eigener Kraft anzusteuern, falls nicht gerade ein Unfall solche improvisierte Fortbewegung unmöglich macht.
Schließlich noch ein Tip zum Umgang mit diesem Buch: Der Rand der einzelnen Seiten bietet Platz für Notizen. Eigene und anderer Leute Erfahrungen auf einem bestimmten Sachgebiet sollten manchmal festgehalten werden. Gleiches gilt für Neuerungen und technische Änderungen am Wagen. An den Kapitelenden bietet sich meistens Raum dazu an, dort Wissenswertes über Veränderungen in der Serienproduktion nachzutragen, wie auch in den laufenden Neuauflagen zu diesem Buch dort Hinweise auf eventuell vorgenommene Verbesserungen an Ihrem Opel gegeben werden.

Handwerksgerät

Schlechtes Werkzeug taugt nichts. Das müssen Sie bedenken, wenn Sie vorhaben, an Ihrem Opel selbst Wartungsarbeiten oder anfallende kleinere Reparaturen vorzunehmen. Aber auch unterwegs können einmal einige Handgriffe nötig werden, die ohne das passende Werkzeug nicht möglich sind. Dann müssen Sie vielleicht das Vielfache der Kosten an Arbeitslohn ausgeben, die der fehlende Schraubenschlüssel wert ist, abgesehen vom Zeitverlust, den ein Werkstattaufenthalt mit sich bringen kann.
Wahrscheinlich müssen Sie einiges Werkzeug erst einmal anschaffen. Dieses Kapitel dient dazu, Ihnen eine Vorstellung davon zu geben, welches »Instrumentarium« Sie beim Umgang mit Ihrem Opel überhaupt benutzen können und welche Hilfsmittel überdies noch nützlich sind.

Empfehlenswerte Grundausrüstung

Gutes Werkzeug ist nicht billig, und Sie sollten aus diesem Grunde bestrebt sein, Ihr Geld zweckmäßig anzulegen. Es wäre ungeschickt, gleich ins nächste Kaufhaus zu laufen und zu besorgen, was man sieht. Deshalb soll Ihnen hier geholfen werden, sich zunächst das wichtigste und richtige Werkzeug anzuschaffen. Kaufen Sie kein minderwertiges Werkzeug. Damit kann zur Not einmal ein Werkmeister hantieren – er weiß sich zu helfen. Aber ein Heimwerker, der damit nur nebenbei und ungelernt umgeht, ist mit schlechten Schraubenschlüsseln und verbogenen Schraubenziehern schnell mit seiner Kunst am Ende.
Wesentliche Arbeiten am Ascona wie auch am Manta kann man durchführen, wenn man den heimischen Werkzeugschrank mit einer Ausrüstung auffüllt, wie sie sich aus der folgenden Liste ergibt. Anschließend ist die Verwendungsmöglichkeit einzelner Werkzeuge erläutert, wonach entschieden werden kann, welche Arbeiten man selbst ausführen möchte.

2 Doppel-Gabelschlüssel 9 × 10, 12 × 13
4 Gabel-Ringschlüssel SW 10, 11, 13, 17, 19
2 Rohrsteckschlüssel SW 10
2 Inbusschlüssel SW 8, 10
2 Schraubenzieher Größe 2 und 6 für Querschlitzschrauben
2 Schraubenzieher für Kreuzschlitzschrauben, verschiedene Größen
1 Vergaser-Schraubenzieher, kurze Form, für Querschlitzschrauben
1 Rohrzange, 240 mm lang
1 Kombizange, isolierter Griff
1 Seitenschneider
1 Schlosserhammer, 300 Gramm
1 Fühlerblattlehre, darin mindestens 0,05, 0,10, 0,20, 0,30, 0,40 mm
1 Flachmeißel und 1 Kreuzmeißel
1 Körner
1 Durchschläger, 3 mm
1 Zündkerzenschlüssel SW 21

Der kleine Mann betrachtet verdutzt das Bordwerkzeug des Opel, denn sein Papi hat viel mehr Werkzeug, mit dem dieser oft hantiert. Im Opel-Werk erwartet man aber gar nicht, daß der Autobesitzer sich nur mit Radmutterschlüssel und Schraubenzieher zufriedengibt. Was an Werkzeug mitgeführt werden soll und was weniger dringend gelegentlich gebraucht wird, darüber geben die nachfolgenden Seiten Aufschluß.

Bedeutung der Größenangaben

In Deutschland werden Maschinenteile und Werkzeuge nach dem metrischen Maßsystem gemessen. Vielleicht wissen Sie, daß es Wagen gibt (vor allem englische und amerikanische), bei denen man mit unserem Werkzeug nicht viel ausrichten kann, weil in jenen Ländern bislang ein Maßsystem in Zoll üblich war. Allmählich bessert sich dieses Durcheinander: General Motors in Amerika beispielsweise hat seit Herbst 1976 alle Maße auf das metrische System umgestellt. Die Bedeutung dieses im ersten Augenblick vielleicht unerheblich erscheinenden Unterschiedes liegt für Sie als Opel-Besitzer einfach darin, daß Sie keine »englischen« Schraubenschlüssel verwenden dürfen, die nicht genau auf die Schrauben passen. Man beschädigt mit ihnen nur die Flanken von Schraubenköpfen und Muttern. Richtig passende Schraubenschlüssel lassen sich dann nicht mehr effektvoll ansetzen.
Bei Schraubenmuttern und Schrauben mit Sechskantkopf mißt man den Abstand der sich gegenüberliegenden Flanken in Millimeter oder Zoll und schreibt auf den passenden Schraubenschlüssel die entsprechende Schlüsselweite (Kurzbezeichnung SW). Ein Doppelgabelschlüssel – man nennt ihn auch vielfach Maulschlüssel – mit der Bezeichnung 9 × 10 hat also eine Gabel für eine 9 mm breite und am anderen Ende für eine 10 mm breite Schraube oder Mutter. Keine Maßangabe in Millimetern oder Zoll haben die für Opel typischen Vielzahnsteckschlüssel für die aus Platzersparnis verwendeten Innenzwölfkantschrauben, mit denen verschiedene Motorteile befestigt sind. Die Größen der innenverzahnten Einstecköffnungen richten sich nach der Größe des Schraubengewindes. Das Gewinde dieser sogenannten XZN-Schrauben ist metrisch, wird also auch in Millimetern gemessen und trägt vor der Maßzahl dementsprechend die Bezeichnung »MW«.

Welches Werkzeug zu welchem Zweck?

Am Opel findet man zum Glück Schrauben und Muttern in geringer Größenwahl. Verschiedene davon sind ohne Umstände zu betätigen, andere weniger bequem, weil sie an schlecht zugänglicher Stelle sitzen. Davon hängt es ab, ob Maul- oder Ringschlüssel vernünftiger sind oder ob gar Rohrsteckschlüssel verlangt werden. Ringschlüssel sind den Maul-(Gabel-)Schlüsseln vorzuziehen, weil sie auf alle sechs Kanten einer Schraube gleichmäßigen Druck ausüben und dadurch wirkungsvoller und öfter umgesetzt werden können. Ringschlüssel sollen hochgekröpft und nicht zu lang sein, um auch bei engem Raum mit ihnen hantieren zu können. Bei Bedarf verlängert man sie (und vergrößert dadurch die Hebelwirkung), indem man ein zweites Werkzeug durch die Ringöffnung des anderen Endes hindurchsteckt.

Welches Werkzeug man beim Umgang mit dem Ascona gebrauchen kann, ist auf den voranstehenden Seiten aufgezählt. Dieses Bild zeigt eine etwas geänderte Zusammenstellung und enthält Inbus- und Rohrschlüssel, verschiedene Schraubenschlüssel, Prüflampe, Hammer, diverse Zangen und Schraubenzieher, Meißel und Körner. In der Mitte liegt ein Radkreuzschlüssel, den man mit beiden Händen bedienen kann.

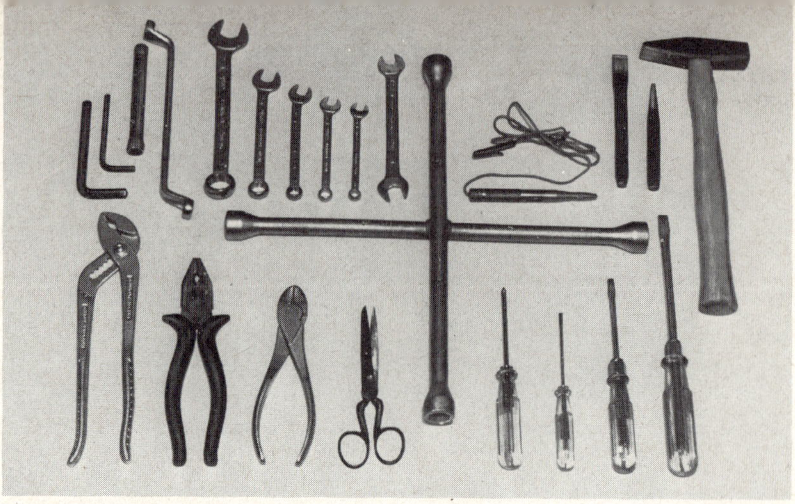

Lassen wir einige Beispiele der unterschiedlichen Schraubengröße folgen: Will man den Ventilkammerdeckel abnehmen, so braucht man dazu einen Rohrsteckschlüssel SW 10 – zur Not gelingt das auch mit einem Gabelschlüssel, aber dieser Behelf ist unpraktisch, weil man diesen Schlüssel zum Drehen der Schrauben dauernd absetzen und neu ansetzen muß. Anders verhält es sich mit den Muttern bei der Lichtmaschine, die man zum Regulieren der Keilriemenspannung drehen muß: Hier mag ein Gabelschlüssel SW 17 praktischer erscheinen, doch gleiche Dienste leistet auch ein Ringschlüssel. Einen Ringschlüssel (SW 19) sollte man unbedingt zum Bewegen der Ölablaßschraube in der Ölwanne benutzen, ebenso zum Einstellen der Trommelbremsen (SW 17)! Hier läuft man sonst Gefahr, bei festsitzender Schraube mit einem Gabelschlüssel abzurutschen und die Flanken des Schraubenkopfes zu beschädigen.
Dagegen genügen durchaus Gabelschlüssel für die Batterieklemmen (SW 10), für das Thermostatgehäuse oder das Schloß der Motorhaube (SW 13) und für die Entlüftungsnippel der Radbremsen (SW 9). Desgleichen braucht man Gabelschlüssel (SW 11 und 12), um das Kupplungsspiel einstellen zu könnnen. Einen Inbusschlüssel SW 8 muß man zum Herausdrehen der Innensechskantschraube zur Kontrolle des Ölstandes in der Hinterachse haben. Die Einstellschrauben für die Regulierung der Scheinwerfer besitzen zwar einen griffigen Rand, zugleich sind sie aber für den Einsatz eines Inbusschlüssels SW 10 vorgesehen.
Statt der verschiedenen Schraubenzieher kann man sich auch einen Einsteckwerkzeugsatz mit entsprechenden Einsteckklingen für Querschlitz- und Kreuzschlitzschrauben zulegen. Mit letzteren sind verschiedene mit der Karosserie verbundene Teile befestigt. Den sogenannten Vergaser-Schraubenzieher, kurz und mit dickem Handgriff, braucht man oft für beengt sitzende oder für widerspenstige Schrauben, da er kräftig zu greifen ist. In gleicher Form gibt es ihn auch für Kreuzschlitzschrauben. Rohrzange, Kombizange (mit isoliertem Griff) und der Seitenschneider zum Abschneiden von Kabeln dienen als allgemeine Hilfswerkzeuge, ebenso Hammer, Meißel, Körner, Durchschläger und die feinen Feilen in verschiedenen Ausführungen. Die Fühlerblattlehre wird sowohl zum Messen des Unterbrecher-Kontaktstandes wie auch des Elektrodenabstandes der Zündkerzen gebraucht.

Ergänzung nach Wunsch

Wer oft an seinem Auto hantiert und vielleicht noch andere handwerkliche Ambitionen hat, kann die Werkzeugausrüstung natürlich noch vervollständigen. So führt die Ergänzung des Ringschlüsselsortiments zu mehr Freude bei der Arbeit. Leichteres Arbeiten ermöglichen in vielen Fällen auch die praktischen Sechs-

kant-Steckschlüssel (sogenannte »Nüsse«). In Verbindung mit einer vielzahnigen Knarre läßt sich mit diesen Steckeinsätzen auch auf engstem Raum arbeiten, ohne daß man gleich mit angeschlagenen Fingern rechnen muß. Die Einsätze haben auf der »Werkseite« (der Schraubenseite) die jeweils angegebene Schlüsselweite, auf der Halteseite ein Vierkantloch von ½″ oder ⅜″ Kantenlänge zum Einstecken der Betätigungswerkzeuge (Gelenkgriff, Knarre usw.).
Hierbei möchten wir noch die praktischen Vorsatzgeräte erwähnen, die sich mit wenigen Handgriffen an eine dazu vorgesehene Bohrmaschine koppeln lassen. Mit solchen Geräten – etwa von Bosch – kann man schleifen, polieren, Karosserieblech sägen, aber auch – mit zusätzlicher Hilfe eines kleinen Kompressors – spritzlackieren und sogar die Reifen mit Luft füllen.
Pflegen Sie Ihr Werkzeug und benutzen Sie es richtig. Ein jedes Werkzeug ist für einen bestimmten Zweck geschaffen. Ein Schraubenschlüssel ist kein Hammer und ein Schraubenzieher ist kein Meißel – mit dem Kamm rührt man auch nicht im Kaffee.
Wenn man mit der Zange einer Schraube oder Mutter zu Leibe rückt, hat man vielleicht die Mutter gelöst, aber die Kanten der Zange haben die Ecken und Flanken der Befestigung derart beschädigt, daß später jeder Schraubenschlüssel abgleiten muß. Eine Zange ist zum Halten da, nur mit der Rohrzange darf, ihrem Namen gemäß, an Rohren und Wellen gedreht werden, aber auch nicht an Schrauben.
Schraubenzieher sollen eine gerade, aber nicht scharf geschliffene Klingenspitze haben, damit sie im Schraubenschlitz festen Halt findet, sich nicht herausdreht und den Schraubenkopf beschädigt. Mit einem Schleifstein kann man manches Werkzeug einsatzbereit halten, z. B. stumpfe Meißel schärfen, und er eignet sich auch zum Bearbeiten mancher Werkstücke.
Nach dem Gebrauch ist verschmutztes Werkzeug bald zu reinigen und leicht einzuölen, damit es durch Rost nicht unansehnlich wird. Man weiß ja nie, ob man es in den nächsten Tagen gleich wieder braucht.
Zusätzliches Werkzeug, das man unterwegs im Wagen dabei haben will, wickelt man in alte Leinentücher und hält dieses Bündel mit einem Gummiring eines Einmachglases zusammen.

Hilfsmittel für die Wagenpflege

Verschiedene Hilfsgeräte, die in der Werkzeug-Grundausrüstung nicht fehlen dürfen, müssen Sie sich noch zusätzlich anschaffen. Immer wieder dienliche Hilfen sind folgende:
Ölspritzkännchen,
Reifendruckprüfer,
Prüflampe,
Fensterleder, 1. Qualität,
Autoschwamm oder Waschhandschuh,
Waschbürste mit Stiel,
Waschpinsel ohne Metallfassung.
Wie und wann diese Hilfsgeräte benutzt werden, das ist in den diesbezüglichen Kapiteln dieses Buches beschrieben.

Flüssige Hilfen

Festgerostete Schrauben und überhaupt starker Rost lassen sich beispielsweise mit »Caramba Super« oder »Ferex Rapid« lösen. Man muß die Flüssigkeit nur lange genug einwirken lassen (für einige Minuten sich anderen Dingen zuwenden), bevor man dann den Ringschraubenschlüssel ansetzt. Damit die auf diese Weise locker gemachten Schrauben nicht wieder anrosten, schabt man entweder vom Bleistift Graphit auf das Gewinde (Graphit ist ein Festschmierstoff) oder sprüht es mit einem graphierten Öl (z. B. von Aral, BP, Pingo, Shell oder Teroson) ein.

Für fettverschmierte Motorteile, für die Innenseiten der Felgen oder für den verschmutzten Motorraum gibt es ebenfalls in Sprühdosen besondere »Motorreiniger« (z. B. von Aral, Caramba, Esso, Shell und Teroson). Damit wird das betreffende Teil eingesprüht und nach wenigen Minuten mit Wasser abgespritzt oder mit dem Pinsel abgewaschen. Selbst die dicksten Fettkrusten lösen die Reiniger und geben dazu den Teilen noch Glanz. Fahrbenzin ist demgegenüber zur Motorreinigung nicht zu empfehlen. Nicht nur, weil die Teile nach dem Trocknen unansehnlich sind, sondern vor allem, weil Benzin gesundheitsschädliche Bestandteile enthält.

Die zahlreichen Lackpflegemittel, Scheibenwaschwasserzusätze, Chromschutzmittel, Plastikreiniger usw. gehören eigentlich auch zu den flüssigen »Hilfen«. Sie sind jedoch in dem Kapitel »Lackpflege« und »Winterschutz« besonders erwähnt. Hier wäre noch wegen eines besonderen Effekts »Intact« von Aral, »Teroson mo« und Mo S_2« zu nennen, weil diese Mittel die Eigenheit haben, Feuchtigkeit auf Metall zu unterwandern. Sie bewirken bei Zündstörungen durch Feuchtigkeit (nach Motorwäsche oder nach taufrischer Nacht im Freien) wieder willige Funktion der damit eingesprühten Zündanlage.

Rostumwandler

Für angerostete Fahrwerksteile, Fahrzeugböden oder rostige Karosserieschäden werden im Fachhandel eine Reihe von sogenannten Rostumwandlern angeboten. Tests und eigene Erfahrungen zeigten, daß sie nicht alle ihrem Namen Ehre machen. Bisweilen entdeckt man schon wenige Wochen nach der Behandlung erneuten Rostbefall. Die besten Ergebnisse erzielten wir mit Rostumwandlern auf Tanninsäurebasis, die den Rost (Eisenoxyd) in eine Tanninsäure-Eisenverbindung umwandeln und dadurch weiteres Rosten verhindern. Bereits nach etwa einer Stunde kann der blauschwarz gefärbte Metallgrund mit Grundierung und Decklack oder Unterbodenschutz weiterbehandelt werden. Vorläufig sind uns nur zwei derartige Erzeugnisse bekannt: »Pingo-Roststop« (Bezugsquellennachweis durch Pingo-Erzeugnisse, Gutenbergstraße 13, 8046 Garching) und das relativ teure »Rostsiegel«, bestehend aus dem eigentlichen Rostumwandler und einem Überzugslack (Vertrieb: Heim + Sport, Schorndorfer Straße 18, 7065 Winterbach).

Damit ein Rostumwandler mit dem Rost eine widerstandsfähige Verbindung eingehen kann, darf nicht zu viel davon und wirklich nur auf Rost aufgetragen werden. Nach der vorgeschriebenen Einwirkzeit ist gründlich mit Wasser nachzuspülen, damit keine aktiven Stoffe übrigbleiben, die das gesunde Blech angrei-

Für den Werterhalt der Autos steht eine Unzahl von Pasten und Tinkturen zur Verfügung. Es ist nicht ganz leicht, das für einen jeweiligen Zweck wirkungsvollste und schonendste Mittel herauszufinden. In diesem Buch erhalten Sie dazu viele wertvolle Ratschläge, und wie die flüssigen Hilfen im einzelnen angewendet werden sollen, ist in den Kapiteln »Wagenwäsche«, »Lackpflege« und »Winterschutz« beschrieben.

fen. Wenn es sich nicht um ausgesprochenen Rostfraß handelt, der eingedämmt werden soll, ist es immer noch am wirkungsvollsten, die Roststelle metallisch blank zu schleifen und das Blech mit Bleimennige zu streichen.

Hilfsmittel für unterwegs

Es gibt Leute, die haben in ihrem Auto weder einen Reservekanister noch ein brauchbares Ersatzrad. Andere dagegen schleppen in ihrem Wagen dauernd ein ganzes Arsenal von Werkzeugen mit sich herum. Der Mittelweg ist hier meist goldene Richtigkeit. Was man mitnehmen sollte, sei hier genannt; vielleicht dient es mit dazu, anderen hilflosen Autofahrern unterwegs zu helfen:

- Reservekanister
- Abschleppseil
- Ersatzglühlampen
- Sicherungen
- Zündkerzen
- Rolle Draht
- Starthilfekabel
- Klebeband, Tesa-Film
- 2 m Elektrokabel (Zündkabel)
- 1–2 m benzinfesten Schlauch
- Alleskleber (UHU-Plus)
- Brettchen zum Unterlegen für Wagenheber
- Ersatzkeilriemen

Dazu sollte man wissen, daß man auch auf der Autobahn (am äußersten rechten Fahrbahnrand) anhalten darf, um einem in Not geratenen Autofahrer zu helfen.

Ersatzteile bei Auslandsreisen

Irgendwann wird Sie der Weg ins Ausland führen. Opel unterhält zwar an vielen Plätzen einen Euroserivice, aber es beruhigt doch, wenn man fern der Heimat einige Dinge bei sich hat, die man vielleicht gebrauchen kann. Sinnvolle Werkzeugwahl und die schon genannten Hilfen vorausgesetzt,wird man noch folgende Ersatzteile in Lappen wickeln und im Kofferraum unterbringen:

- 1 Zündspule
- 1 Satz Unterbrecherkontakte
- 1 Verteilerläufer
- 1 Kondensator
- 1 Benzinpumpe
- Zylinderkopfdichtung
- 1 Reserveschlauch für Reifen
- 2 Reifenmontierhebel
- Reifenflickzeug
- Ventileinsätze für Reifen
- kräftige Fußluftpumpe
- einige Muttern, Schrauben und Sicherungsringe gängiger Größe

Außerdem kann man in Verlegenheit kommen und zusätzlich gebrauchen:

- Motoröl, Menge je nach geplanter Fahrtstrecke
- Flasche mit destilliertem Wasser (Ostblockstaaten!) für Batterie
- Handwaschpaste
- Handlampe

Alle Ersatzteile besitzen genaue Typenbezeichnungen, die Sie zumeist auf den Originalteilen an Ihrem Opel vermerkt finden.

Das sind Kleinteile, die man eigentlich immer im Auto mitführen müßte. Schrauben mit Muttern und Sicherungsringen, Unterlegscheiben, Karosserieschrauben und Dichtungsringe werden sehr schnell einmal benötigt. Ist man mangels dieser »Kleinigkeiten« auf die Werkstatt angewiesen, sind weit mehr Geld und Zeit erforderlich. Einige Ventilkappen und Ventileinsätze gehören ebenfalls ins Ersatzteilkästchen.

Zugmaschine

Zwingt ein unterwegs nicht reparierbarer Defekt dazu, das Auto abschleppen zu müssen, dann lassen sich mit einem eigenen Seil wenigstens die Abschleppkosten sparen. Denn kein Abschleppdienst arbeitet uneigennützig, eher jedoch ein anderer Autofahrer, den man zur Hilfe herangewunken hat. Daneben kann ein Seil einfach auch zum Anschleppen dienen, falls die Batterie alt oder schwach ist und deshalb den Anlasser nicht drehen läßt.

Freunde des Wohnwagens müssen zudem wissen, was man mit dem Ascona oder Manta überhaupt ziehen darf. Sie sollen – wie es beim Betrieb mit anderen Zugwagen ebenfalls wichtig ist – darauf bedacht sein, den Anhänger gewichtsmäßig in gewissen Grenzen zu halten.

Das eigene Seil

Das Leergewicht des Ascona oder Manta beträgt, je nach Ausführung, einen Wert um 900 kg (genaue Angaben im Fahrzeugschein). Zum Abschleppen dieser Autos braucht man also etwas Handfestes und keinen Bindfaden. Handelsübliche Abschleppseile sind unter der Voraussetzung geeignet, daß sie wirklich stabil sind. Hegen Sie dann noch eigene Hilfsabsichten, sollten Sie berücksichtigen, daß es Leistung und Gewicht Ihres Wagens zulassen, auch einmal einen »Straßenkreuzer« aus dem Graben zu ziehen.

Seile aus Perlon, Hanf und Stahl erhält man im Zubehörhandel; jede Sorte hat ihre Vor- und Nachteile. Perlonseile dehnen sich beim Schleppen und verhüten dadurch das beim Losfahren so lästige Anrucken. Aber Perlon ist hitze- und scheuerempfindlich: Karosseriekanten, Stoßstangen und heißer Auspuff machen ein solches Seil rasch wertlos, sofern es keine verschiebbaren Ledermanschetten hat. Haltbarer, preiswerter, aber auch dicker sind Hanfseile. Ein Seil aus Stahl ist spröde zu handhaben, und weil es überhaupt nicht nachgiebig ist, muß es unbedingt einen Rückdämpfer besitzen. Das ist eine Schraubenfeder oder ein Gummistück, das aus der Seilmitte eine dehnbare Schlaufe bildet. Stahlseile können am stärksten strapaziert werden. Siehe aber übernächsten Abschnitt! Die für Neulinge meist verwirrende Eigenschaft der Seile, bei verlangsamender Fahrt des Zugwagens den Abstand zwischen dem Gespann geringer werden zu lassen, kann eigentlich nur durch eine Schleppstange beseitigt werden. Aber erstens hat niemand unterwegs eine solche starre Verbindung für zwei Autos dabei, und zweitens sind Schleppstangen an den vorhandenen Abschleppösen der Wagen schlecht oder gar nicht anzubringen.

Abschleppen nach Gesetz

Das Abschleppen ist eine Notmaßnahme. Der aus eigener Kraft nicht fahrfähige Wagen darf nur bis zur nächsten zumutbaren Werkstatt oder bis an den nahen Heimatort gebracht werden. Die Autobahn ist bei der nächsten Abfahrt zu verlassen. Eine Genehmigung zum Abschleppen eines fahruntüchtigen Wagens ist nicht erforderlich, auch nicht für das Schleppen eines Schrottwagens zum Autofriedhof.

Der Lenker des im Schlepp befindlichen fahruntüchtigen Autos, das in diesem Fall auch nicht vorschriftsmäßig ausgerüstet sein muß (Mängel an Beleuchtung, Bremsen), benötigt keinen Führerschein. Dagegen muß der Lenker eines schleppenden betriebsfähigen Wagens im Besitz des für dieses Fahrzeug zutreffenden Führerscheins sein. Das gilt besonders beim Anschleppen, etwa bei leerer Batterie.

Im Schlepptau

Unterhalb des Vorderbodens, verbunden mit dem Vorderachskörper, befindet sich die vordere Abschleppöse. Diese Öse ist groß genug, um jedes handelsübliche Seil hindurchziehen zu können. Bei einem Seil mit plumpem Verschluß muß man eine Schlaufe des Seils durch das Loch zwängen und das andere Seilende durch diese Schlaufe ziehen.
Keinesfalls darf man, vielleicht aus Bequemlichkeit, das Seil einfach um die Stoßstange schlingen. Nicht umsonst warnt Opel davor, das Abschleppseil an anderen Punkten als an der Öse anzubringen.
Es ist Vorschrift, das Seil zwischen beiden Wagen mit einer roten Fahne zu markieren. Die Warnblinkanlage darf während der Schleppfahrt nicht eingeschaltet sein, deshalb besser Warndreieck ins Rückfenster stellen.
Sich abschleppen lassen ist kein Kinderspiel. Vorsichtige Fahrweise des Ziehenden ist die Grundbedingung der Rücksichtnahme auf sein Anhängsel. Im geschleppten Wagen müssen Sie die Verkehrssituation vor Ihrem Zugwagen beobachten und beinahe vorausahnen: Sie müssen eher bremsen als Ihr Helfer vorn, damit das Seil immer straff bleibt, ihn also praktisch mitbremsen. Jedes Anfahren mit lockerem, über die Straße schleifendem Seil beansprucht die Haltepunkte des Seils an beiden Wagen, denn der Vordermann kann es meist nicht sehen, wenn die Verbindung zu seinem Anhänger nicht stramm spannt. Zieht er dann wieder los, gibt es einen gewaltigen Ruck durch beide Autos.
Um an dem Schleppwagen vorbei gute Sicht voraus zu haben, wird das Seil bei diesem links angeknüpft. So kann die Zugmaschine scharf rechts fahren und der Geschleppte lenkt leicht versetzt zur Fahrbahnmitte hin.
Die hinter diesem Geleitzug fahrenden Verkehrsteilnehmer müssen sehen können, wann Sie bremsen. Also Zündung einschalten, sonst leuchten die Bremslichter nicht auf. Haben Sie jedoch einen längeren Weg in dieser für Sie benzinsparenden Weise des Autofahrens vor sich, dann ist es ratsam, das schwarze Kabel an der Zündspule zu lösen, damit sie sich nicht aufheizt und Schaden nimmt. Eingeschaltete Zündung verhindert zudem das Einrasten des Lenkschlosses, wodurch schon häufig Unfälle passierten. Zumindest also den Schlüssel auf Stellung 0 (Lenkung frei), besser noch auf I (Zündung eingeschaltet).

Fingerzeig: *Die Bremskraftunterstützung funktioniert nur bei laufendem Motor. Zum Abbremsen des geschleppten Wagens ist ein höherer Pedaldruck nötig.*

Einen anderen abschleppen

Hinten verfügt der Opel über zwei Ösen am Fahrzeugunterbau, unterhalb des Abschlusses der Karosserie. Das Seil muß in der gleichen Art wie vorne angebracht werden. Hoffen wir mit Ihnen, daß jener, der da weggezogen werden will, die primitivsten Regeln der Abschleppkunst beherrscht. Verabreden Sie mit ihm Handzeichen und Lichtsignale und denken Sie daran: Er muß bremsen. Bei einer Notbremsung müssen Sie versuchen, aus der alten Fahrspur herauszukommen. Dann reicht vielleicht noch der Bremsweg des Hintermannes, daß er nicht auf Sie auffährt, sondern noch etwas an Ihrem Wagen vorbeilenken kann.
Wenn möglich, läßt man die Beifahrer des abzuschleppenden Fahrzeugs in den Zugwagen umsteigen, weil dann das Anhängegewicht niedriger ist.

In Südtirol kann man Frühlingsblüten und ewigen Schnee beieinander finden. Dorthin mit einem Wohnanhänger zu reisen, muß für den Ascona keine Strapaze bedeuten, wenn man die in der Betriebsanleitung vermerkte, mögliche Anhängelast beachtet und jenen Wert zugleich als zumutbare Höchstgrenze betrachtet. Außerdem ist der Reifenluftdruck gemäß der Empfehlung »bei maximaler Belastung« (Seite 218) einzuhalten.

Anhängerbetrieb

Haben Sie geplant, an Ihrem Opel einen Anhänger mitzuziehen? Zunächst muß der Wagen eine vom TÜV zugelassene und in die Fahrzeugpapiere eingetragene Anhängerkupplung haben. Eine solche ist bereits ab Werk verfügbar.
Dann ist zu beachten, daß die Anhängelast ein bestimmtes Gewicht nicht überschreiten darf. In der Betriebsanleitung ist aufgeführt, wie schwer ein Anhänger im einzelnen Fall für die verschiedenen Ascona- bzw. Manta-Typen höchstens sein darf. Dabei wird unterschieden, ob es sich um einen gebremsten oder ungebremsten Hänger handelt, welche Hinterachsübersetzung der Wagen hat und schließlich, welche Steigungen jeweils erklommen werden dürfen. Lesen Sie diese Tabelle bitte genau, damit Sie später keinen Ärger bekommen.
Es ist nicht ratsam, die erlaubte Anhängelast vollständig auszuschöpfen. Der Wagen wird es Ihnen danken, wenn er auf der Urlaubstour nach Rimini nicht die Puste verliert. In jedem Fall lohnt sich der Einbau von verstärkten Hinterfedern, die Opel vorrätig hat. Sie verhindern das sonst starke Absinken des Wagenhecks durch den Druck auf die Anhängerkupplung. Noch wirkungsvoller ist die auch nachträgliche einzubauende Niveauregulierung, die Opel für die Manta-Modelle anbietet.
Prüfen Sie auch das Alter der Reifen an Ihrem Wohnwagen. Hat er schon jahrelang auf dem Campingplatz gestanden? Dann überstehen seine Reifen die Urlaubsreise bei sommerlicher Hitze nicht mehr, trotz vielleicht noch tadellosen Profils – in ihrer Struktur sind sie brüchig geworden. Der Reifenluftdruck ist vor einer größeren Fahrt unbedingt zu kontrollieren: Geben Sie den Hinterreifen Ihres Autos 0,2 bar mehr als vorgeschrieben, und erhöhen Sie auch beim Anhänger entsprechend den Luftdruck. So lassen sich Querschwingungen beim Anhänger verringern.

Stahlgewand

Der wesentliche Unterschied zwischen den beiden Opel-Modellen Ascona und Manta besteht in ihrer Gestalt. Während ersterer als Limousine konzipiert wurde, vermittelt die Coupé-Form dem Manta eine sportliche Note. Trotz dieser äußerlichen Verschiedenheit besitzen beide Karosserien gewisse Ähnlichkeiten in ihrem Aufbau und sogar einzelne gleiche Bauteile. Deshalb fällt es nicht schwer, diese zwei Autokleider hier in einem Kapitel zu behandeln.

Was ist demontierbar?

Um der Karosserie maximale Stabilität zu verleihen, sind die einzelnen Teile elektrisch punktgeschweißt oder durch andere Schweißtechniken miteinander verbunden. Nur die vorderen Kotflügel machen eine Ausnahme, sie sind in ihrem gesamten Umfang festgeschraubt. Aber schon bezüglich der hinteren Seitenteile muß man bei Blechschäden mit kostspieligen Schweißarbeiten rechnen. Bei beiden Modellen lassen sich ohne übermäßig handwerklichen Aufwand die Türen, die beiden Hauben, die Fenster, die Scheinwerfer sowie die Stoßstangen ausbauen. Daneben können natürlich die Teile der Inneneinrichtung, die nicht zur eigentlichen Karosserie gehören, entfernt werden.

Klappergeräusche

Plötzlich kann es im Auto irgendwo klappern oder rasseln – ohne erkennbaren Einfluß. Das kommt sogar bei neuen Autos vor, wenn eine bei der Montage vergessene Schraube oder Scheibe hinter der Verkleidung herumrollt oder weil ein unbefestigtes Kabel ans Blech schlägt. Da die Karosserie wie ein Resonanzkörper wirkt, in dem sich die Akustik fortpflanzt, weiß man selten mit Sicherheit, wo es überhaupt klappert.
In der Geräuschgegend sind dann freihängende Kabel in ihre Halterung zu drücken oder mit Klebeband zu befestigen. Rasselt etwas herum, ist es vermutlich eine Schraube oder Mutter. Wenn man sie nicht findet, ist nachzuprüfen, wo eine solche Befestigung fehlt; in der Nähe wird sich auch der Klappergeist auf-

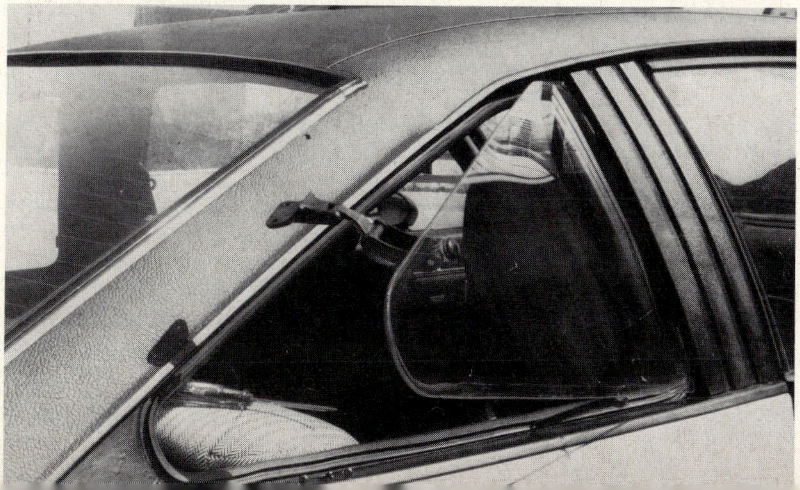

Die Ausstellfenster des Manta sollte man beim abgestellten Wagen nicht vergessen zu schließen. Sonst schraubt es womöglich ein Ganove los und angelt sich aus dem Wagen, was griffbereit herumliegt. Wenn die Fensterabdichtung nicht mehr die Nässe abhält, kann man passend geschnittenen Moosgummi auf die Dichtung kleben.

halten. Vorbeugend gegen Quietschgeräusche (oder versuchsweise) hilft es, alle in der Störgegend erreichbaren gegeneinander scheuernden Teile mit Glyzerin einzureiben oder zu beträufeln. Öl ist in diesem Fall nicht immer ratsam, denn sehr oft sind Gummiteile an der Quietscherei mitbeteiligt, die jedoch gegen Fett allergisch sind.
Gelegentlich einer anderen Arbeit kann man sich davon überzeugen, ob gerade in der Nähe befindliche Schrauben und Muttern fest sitzen. Die Praxis lehrt, daß man bei allen normalen Wartungs- oder Instandsetzungsarbeiten an diesem oder jenem Teil des Wagens ohne große Umstände den jeweils passenden Schraubenschlüssel auf die nächsterreichbaren Schrauben setzen und prüfen kann, ob sich etwas lockerte. Aber man darf keinesfalls die Schrauben mit größter Gewalt nachziehen. Für viele von ihnen sind bestimmte Zugspannungen zum Festdrehen vorgeschrieben, die man nur mit einem Drehmomentschlüssel einhalten kann und nicht überschreiten darf. Etliche Schrauben besitzen Sicherungsscheiben oder andere Arretierungen gegen selbständige Lockerung.

Karosserieschäden

Opel schirmt die Karosserie gegen Witterungseinflüsse für eine geraume Zeit ab. Die Oberfläche des Bleches ist phosphatiert, grundiert und erst danach mit Lack überzogen. Im Bereich des Unterbaus und der Einstiegträger werden verzinkte Bleche verwendet, und die Einstiegträger besitzen eine zusätzliche Rostschutzgrundierung und einen Wachsfilm. Letzteren findet man auch im Motorraum. Im Schleuderbereich der Räder hat man als Schutz für die Radkästen eine Schicht aus Bitumen- und Kautschukbasis aufgetragen und als Unterbodenschutz einen solchen auf Wachsbasis. Diese Vorkehrungen machen die Karosserie aber nicht unverwundbar.
Hauben- und Türkanten sind immer besonders empfindlich, und dort eingetretene Lackschädigungen setzen sie der Korrosion aus. Wie bei fast allen anderen Wagen, ist das Karosserieblech unterhalb des vorderen Stoßfängers dem Aufprall hochgewirbelter Steine preisgegeben. Hierbei handelt es sich um direkt von außen einwirkende Schädigungen, die man bei rechtzeitigem Erkennen leicht beseitigen kann.
Gegen die Durchrostung von innen schützt eine rechtzeitig vorgenommene Hohlraumversiegelung am wirkungsvollsten (siehe Seite 60). Damit werden zugleich die Karosserienähte versorgt, die sich nach einigen Jahren Korrosionserscheinungen anfällig zeigen. Äußere Schönheitsreparaturen helfen kaum noch, wenn der Lack von innen erst einmal hochgedrückt wurde. Unzugängliche Rostnester können nur in einer Fachwerkstatt ausfindig gemacht, repariert und gegen neuen Befall behandelt werden.
In diesem Zusammenhang sind ein paar Angaben über Blechstärken von Interesse. Opel verwendet für die Karosserien Bleche zwischen 0,7 und 3,0 mm Stärke, bei Gewinde- und Verstärkungsplatten kommt man auf 10 mm. Wichtige Rahmenteile weisen Stärkenvon 1 bis 2 mm auf. Stirnwand, Boden und andere tragende Teile wie Radgehäuse sowie die tragenden Partien der Außenhaut haben Blechstärken von 0,8 bis 0,9 mm.
Die Reparaturen von Unfallschäden an mehreren, sich berührenden Karosserieteilen liegen hoch im Preis. Nicht jede Autowerkstatt ist immer in der Lage, größere Lack- und Karosserieschäden bestens zu beseitigen. Da bei einer Kollision gewöhnlich auch benachbarte Partien der direkt betroffenen Teile etwas abbekommen (oft nicht ohne weiteres erkennbar, sondern erst nach genauem Vermessen festzustellen), lohnen sich hausbackene Klempnerarbeiten eigentlich nur nach leichten Beschädigungen. Opel schreibt entsprechend der notwendig werdenden Arbeiten unterschiedliche Schweißoperationen vor, der Kor-

rosionsschutz muß erneuert werden und Dämpfungs- sowie Dichtungsmasse sind anzubringen. Die Kundendienstwerkstätten von Opel sind demnach für derartige Reparaturen prädestiniert.
Die Versicherungsunternehmen suchen in enger Zusammenarbeit mit den Autofirmen nach Wegen der Rationalisierung, um die Regulierung von Schadensfällen kostengünstiger zu gestalten. Sogenannte Abschnittsreparaturen führen zu Material- und Zeiteinsparungen und somit zu günstigeren Preisen. So werden nicht »großzügig« ganze Karosserieteile ersetzt, sondern nur Teile derselben: Wenn etwa bei einer Tür nur das Außenblech verbeult ist, wird sie deswegen nicht komplett ausgetauscht. Derartige Arbeiten – vor allem an tragenden Teilen – müssen natürlich stets im Hinblick auf Betriebssicherheit und Werterhalt ausgeführt werden.

Reparaturen am Unterbau

Die Karosserieteile erfüllen ihre stabilisierende Aufgabe nur gemeinsam mit dem Unterbau. Instandsetzungen am beschädigten Unterbau müssen unter allen Umständen sorgfältig erledigt und können nur von einem darauf eingerichteten Betrieb vorgenommen werden. Dort rettet man auch die computerberechneten Knautschzonen der Karosserie. Solche Opel-Dienste sind mit den dazu notwendigen Geräten ausgestattet, und man richtet sich bei diesen Arbeiten nach internen Anweisungen.
Besteht bei stark verunfallten Wagen der Verdacht auf Beschädigung der Bodengruppe, wird grundsätzlich eine Rahmenlehre in Anspruch genommen, um Abweichungen von vorgeschriebenen Maßen und Formen festzustellen. Träger und Rahmenteile werden nur mit Hilfe bestimmter Prüf- und Schweißarbeiten ersetzt. Träger sollen nur an den Original-Trennstellen ersetzt werden. Die Verbindungen sind punktzuschweißen. Neue Teile dürfen nicht stumpf angesetzt und autogen geschweißt werden, sondern sie sind mit U-Laschen an der Stoßstelle einzupunkten und unter Verwendung eines Lichtbogenschweißapparates zu befestigen. Es sollen Punktschweißelektroden mit möglichst kleiner Ausladung verwendet werden, um dadurch den Anpreßdruck so hoch wie möglich zu halten.
Diese für den Autobesitzer üblicherweise wenig verständliche Anleitung soll Ihnen nahebringen, daß nach einer Beschädigung der Bodengruppe die Reparatur sehr gewissenhaft ausgeführt werden muß. Das muß nicht zuletzt im Hinblick auf ihre eigene Sicherheit beim später wieder aufgenommenen Betrieb geschehen – auch der TÜV erkennt bei der nächsten Untersuchung sehr schnell, ob die Arbeit fachmännisch ausgeführt wurde.
In jedem Fall soll man bei einem größeren Schaden einen Fachbetrieb aufsuchen und nicht die »billige« Hilfe der nächsten Hinterhofwerkstatt in Anspruch nehmen.

Das Ziergitter zwischen den Scheinwerfern läßt sich beim Ascona leicht abnehmen. Dazu zieht man die oberen vier Halteklemmen aus dem Karosserieblech (Pfeile) und hebt das Gitter dann aus den unteren drei Stützlöchern. Diese Demontage wird beispielsweise nötig, wenn man die Lamellen des Kühlers von Insekten und grober Verschmutzung reinigen will.

Die Teile der Motorraumverriegelung sind in regelmäßigen Abständen auf ihre gute Funktion zu untersuchen. Es muß sichergestellt sein, daß sich die Motorhaube niemals während der Fahrt selbständig öffnen kann.

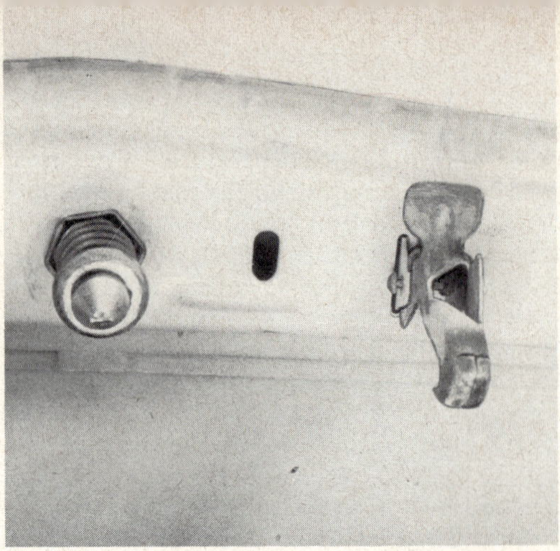

Motorhaubenschloß überprüfen

Teil der Pflegearbeit Nr. 36

Die Haube über dem Motorraum ist hinten mit zwei Scharnieren angelenkt. Diese Art der Anbringung birgt die Gefahr, daß die Haube sich während der Fahrt öffnet, falls sie nicht richtig geschlossen wurde. Daher soll der Schloßmechanismus der Haube und ihre ordentliche Stellung gelegentlich kontrolliert werden, um einerseits stets des korrekten Verschlusses sicher zu sein, andererseits zu jeder Zeit die Haube umstandslos öffnen zu können.
Sollte der Haubenverschluß nicht richtig einrasten, müssen die Sechskantschrauben des Schlosses etwas gelockert werden, damit es sich entsprechend verschieben läßt. Danach sind die Schrauben wieder gut anzuziehen.
Das Haubenschloß muß leichtgängig bedienbar sein. Im Kapitel »Schmieren – was und wie« ist als Wartungsarbeit das Schmieren der Schlösser und Scharniere erwähnt, die mit der hier erwähnten Überprüfung verbunden werden sollte. Die beweglichen Teile des Schlosses sind mit Fett zu versorgen. Der Bowdenzug zur Schloßbetätigung bleibt auch ohne Schmierung beweglich; damit seine Hülle nicht zurückrutscht (und dann das Öffnen verhindert), ist auf festen Sitz der Halteschraube links vom Haubenschloß zu achten.

Die Kofferraumhaube

Die Scharniere der Kofferraumhaube sind ganz ähnlich wie bei der Motorraumhaube gestaltet: Das Scharnier dreht sich um einen Niet, der bei Austausch der Haube ausgebohrt und von einer Bundschraube mit Scheiben, Federring und Mutter ersetzt werden muß. Zwei Scharnierfedern heben beim Öffnen des Schlosses die Haube an.
Das Schloß im Kofferraumdeckel ist mit zwei Kreuzschlitzschrauben befestigt.

Schließt die Motorhaube nicht richtig, läßt sich ihr Schloß seitlich und in der Höhe verschieben, wenn man die beiden Schrauben SW 13 lockert. Die beweglichen Schloßteile sind gut mit Fett zu versorgen, und ebenfalls sollte man ab und zu etwas Öl an die Führung des Haubenzuges träufeln, der vom Bedienungshebel unter der Ablage am Armaturenbrett links heranführt.

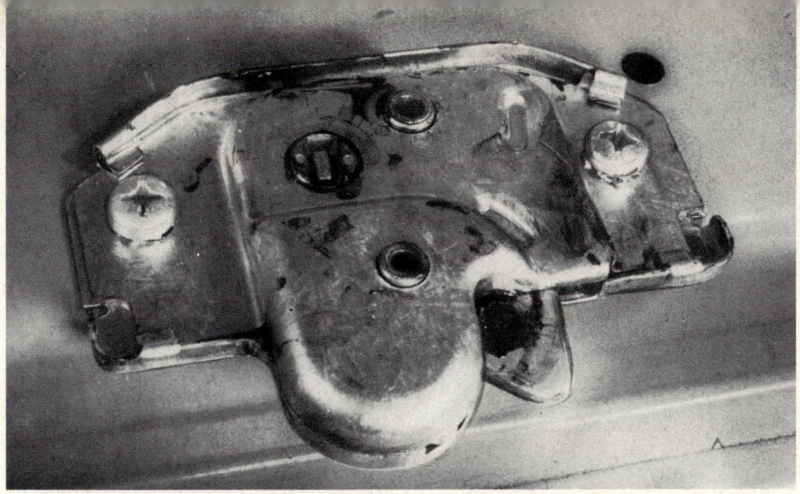

Das Schloß desKofferraumdeckels ist mit zwei Kreuzschlitzschrauben befestigt. Die Öffnung zu den Schraubenlöchern ist weiter gestaltet und erlaubt ein Verschieben der Falle, wenn das Schloß nicht richtig schließen sollte. Außerdem kann man noch die Befestigungsschrauben an den Scharnieren der Haube lösen und die gesamte Haube somit justieren.

Sein Gegenstück, die Schloßfalle, wird von einer Sechskantschraube gehalten. Dieses an der hinteren Innenwand des Kofferraums sitzende Schloßteil kann nach Lockern der Schraube in Höhe und Seite versetzt werden, falls der Kofferdeckel nicht exakt schließen sollte.
Die Auflagekante des Kofferraumdeckelausschnittes ist rundum mit einer Gummidichtung versehen, die das Eindringen von Staub und Wasser sowie das Klappern der Kofferraumhaube verhindern soll. Ist diese Gummidichtung beschädigt, muß sie ersetzt werden, sonst verschmutzt das Gepäck im Kofferraum. Dazu alte Dichtungen herausreißen und Auflagefläche gut mit Gummilösungsmittel säubern, bis alle Klebstoffreste beseitigt sind. Die neue Dichtung und die Kofferraumdeckelkante werden auf ihren Auflageflächen mit Gummikleber eingestrichen. Nach entsprechender Trockenzeit Klebefläche flüchtig mit benzingetränktem Lappen überwischen und Gummidichtung rasch andrücken. Die beiden Enden der Gummidichtung sind ebenfalls zusammenzukleben. Kofferdeckel erst nach völliger Antrocknung schließen.

Die Stoßfänger

Die Stoßfänger, auch Stoßstangen genannt, sind aus einem Stück gefertigt, und sie besitzen in ihrer gesamten Länge eine Gummiauflage. Zum lösen der Befestigungsschrauben braucht man einen Schraubenschlüssel SW 13, besser jedoch ist man mit einer Stecknuß bedient, die man mittels Ratsche bewegt. Vor dem Abschrauben des hinteren Stoßfängers muß zuerst die Kennzeichenleuchte ausgebaut werden, und dann löst man die Schrauben – ähnlich wie vorne – und mit ihnen die Halter.

Die Schloßfalle des Kofferraumdeckels ist mit einer Sechskantschraube befestigt. Die Öffnung des Schraubenloches ist größer gestaltet und erlaubt ein Verschieben der Falle, wenn das Schloß nicht richtig schließen sollte. Außerdem kann man noch die Befestigungsschrauben an den Scharnieren der Haube lösen und die gesamte Haube somit justieren.

Die linke Tür des Manta ohne Innenverkleidung, die Regenschutzfolie ist nach oben geklappt. Mit den durchbrochenen Pfeilen wird auf die Befestigungsschrauben des Scherenhebers für das Fenster gezeigt, der weiße Pfeil deutet auf die Schraube der Fassungsschiene und die beiden schwarzen Pfeile zeigen auf die Schrauben der Anschlagkeile.

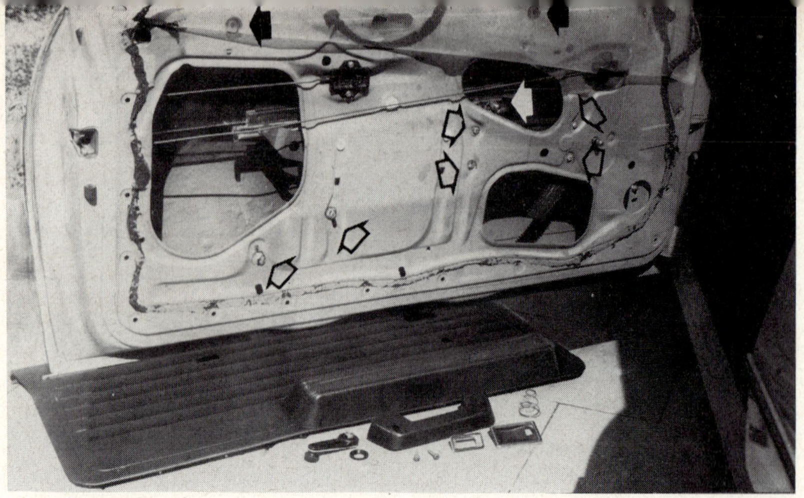

Beim Lösen der letzten Halteschraube muß man aufpassen, daß der Stoßfänger nicht herunterfällt und womöglich die Karosserie zerkratzt. Beim Anbringen eines neuen Stoßfängers läßt man sich zweckmäßigerweise von einer zweiten Person unterstützen.
Wie die Kennzeichenleuchte im hinteren Stoßfänger untergebracht ist, macht das Bild Seite 200 oben deutlich.

Die Türen

Wenn eine Tür beschädigt wurde, muß man sie ausbauen. Diese Arbeit erfordert aber besondere Werkzeuge und handwerkliche Erfahrung. Die Türscharnier-Spannhülsen müssen ausgebaut werden, und eventuell sind die Türscharniere zu richten. Der Niet der Türbremse ist abzuschleifen und später durch einen Halbrundniet zu ersetzen. Beim Tausch gegen eine sogenannte Rohbautür müssen alle (noch verwertbaren) Teile der alten Tür für die neue Tür übernommen werden, außer der Verkleidung also auch der Schließzylinder, die Türgriffe, Fensterheber und -scheibe, Fensterführungsschienen, Türbremse, Anschlagpuffer usw.
Vor Beginn dieser Arbeit sollte man den eigenen Ehrgeiz abwägen und den zeitlichen Vorteil berücksichtigen, der sich ergibt, wenn man die Werkstatt dazu beauftragt. Vielleicht findet man auch auf einem Autofriedhof eine passende Tür, die sich komplett leichter auswechseln läßt und dann nur noch lackiert werden muß.
Hat die Tür durch Anprall nur eine Beule abbekommen, kann ein geschickter Handwerker das Blech ohne ihren Ausbau glätten.

Soll die Fensterkurbel von ihrem verzahnten Sitz abgenommen werden, kann der findige Bastler auch ohne spezielle Federzange auskommen. Das Federende, das nur um 1 mm aus dem Führungsspalt herausragt, kann mit einem schmalen Schraubenzieher seitlich abgehebelt und nach oben gedrückt werden. Beim Aufsetzen ist die Feder mit ihren Einschnürungen auf die oberen Spaltenenden zu klemmen und wird erst heruntergedrückt, wenn die Kurbel richtig auf der Welle sitzt.

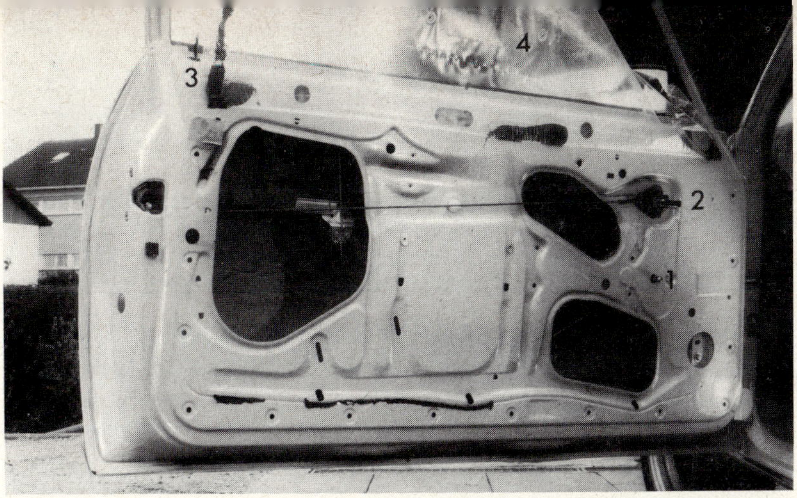

Von der linken Vordertür des Ascona ist die Innenverkleidung abgenommen und die Wasserabweisfolie nach oben geschlagen.
1 – Welle der Fensterkurbel, 2 – Türgriff zur Schloßbetätigung, 3 – Verriegelungsstift des Türschlosses, 4 – Wasserabweisfolie.

Tür justieren

Liegt eine Tür nach dem Einbau nicht flächenglatt zum Seitenteil oder zur unteren oder oberen Türleiste, dann müssen die Scharnierschrauben noch einmal etwas gelockert werden und in ihren Bohrungen so weit verschoben werden, bis die geschlossene Tür flächenglatt anliegt. Dieses Heimwerker-Justieren wird allerdings nicht ausreichen, wenn beispielsweise die Tür beim Öffnen auf den Bürgersteig gerammt wurde und durch den Anprall verkantet im Türausschnitt sitzt. Hierfür sind spezielle Richtwerkzeuge notwendig. Nach Reparatur und Einbau der Tür muß man noch die Einstellung der Gabelfallenschlösser überprüfen.

Türverkleidung ausbauen

Meistens lassen sich Arbeiten an einer Tür nur durchführen, nachdem ihre Innenverkleidung abgenommen wurde. Dieser Vorgang beginnt mit dem Ausbau der Fensterdrehkurbel. Dazu ist eine flache Türfederzange zwischen den Kurbelfuß und die darunterliegende Kunststoffscheibe zu zwängen und die Sicherungsfeder herauszudrücken. Mit etwas Geschick läßt sich diese offene Ringfeder an einem ihrer Enden auch mit einem sehr schmalen Schraubenzieher herausdrücken.
Beim Ascona schraubt man als nächstes den Kopf der Innenverriegelung ab. An der Hintertür der viertürigen Version ist der Halter für den Aschenbecher abzuschrauben. Weiter bei Ascona und Manta: Man löst mit einem Schraubenzieher die Griffschale der Türschloßbetätigung. Beide Schrauben der Armstütze werden herausgedreht. Danach ist es möglich, die Verkleidung abzunehmen, die mit Klammern an drei Seiten (links, rechts und unten) auf dem Innenblech festgehalten ist. Bei noch gut erhaltenen Wagen genügt es dazu, seit-

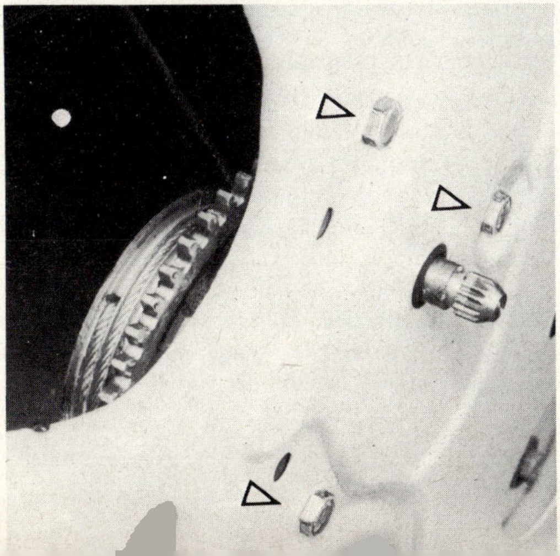

Kurbelapparat für die Fensterbetätigung mit Wellenzapfen, auf dem die Fensterkurbel ihren Sitz hat. Die Pfeile zeigen auf die drei Befestigungsschrauben des Kurbelapparates.

lich hinter der Verkleidung dieselbe mit der Hand abzudrücken und aus ihrem oberen Halt herauszuziehen.
Bei älteren Autos können die Halteklammern verrottet sein und widersetzen sich der vorsichtigen Behandlung. Dann nimmt man einen Schraubenzieher zu Hilfe, den man zwischen Türverkleidung und Türblech schiebt und in der Nähe der Klammern das Werkzeug als Hebel benutzt. Um den Lack der Tür nicht zu zerkratzen, hält man gegen das Türblech noch ein Stückchen Karton als Schutz. Hinter der Türverkleidung ist das Innenblech mit Kunststoffolie als Schutz gegen Feuchtigkeit verklebt. Man kann sie abziehen, denn die Klebemasse ist dauerplastisch. Beim Zusammenbau darf diese Folie (man kann als Ersatz auch jede Art wasserfeste Plastikfolie nehmen) auf keinen Fall vergessen werden, sonst dringt Regenwasser auf die Rückseite der Türverkleidung und läßt deren Material wellig werden. Wenn der dauerplastische Klebstoff beim Wiederankleben der Wasserabweisfolie nicht mehr hält, nimmt man einfach Gummikleber.

Fallfenster ersetzen

Der Austausch eines neuen Seitenfensters geschieht – nach Entfernen der Türinnenverkleidung – wie folgt:
Bei der Ascona-Vordertür in den Montagelöchern die zwei Befestigungsschrauben beider Seitenklemmen herausdrehen, die Klemmplatten werden entnommen. Dann läßt sich bereits das Fenster aus dem Fensterschacht herausheben, wobei man es seiner gewölbten Form wegen leicht drehend nach oben zieht. Zum Einbau ist die Fensterbetätigung bis zum Anschlag nach oben zu drehen. Dann setzt man die Kurbel mit 45° nach vorn geneigt auf und dreht sie 2½ Umdrehungen zurück. In dieser Stellung ist die vordere Seilklemme in der Mitte des oberen Teils des Montageloches anzuschrauben. Die Fensteroberkante muß parallel zum oberen Türrahmen ausgerichtet werden, dann kann man die hintere Seilklemme festschrauben.
Bei der hinteren Seitentür sind die drei Befestigungsschrauben des Scherenhebers herauszudrehen. Die Rolle des Hebers wird aus der Fensterfassungsschiene gezogen, dann kann der komplette Heber durch das Montageloch entnommen werden. Die Fensterschachtabdichtung ist unten vom Fassungssteg abzuziehen. Oben auf dem Türrahmen werden die Befestigungsschrauben der Schiene losgedreht. Innen am Türgerippe müssen die Kontermutter der Schieneneinstellschraube sowie die Einstellschraube am Schienenende unten abgeschraubt werden. Durch Schwenken des oberen Schienenendes nach vorn kann man jetzt die Führungsschiene aus dem Schacht heben. Danach läßt sich das Fenster nach oben entnehmen, indem man es schräg nach vorn dreht.
Das feststehende Seitenfenster der Hintertür kann nur ausgewechselt werden, wenn auch das Fallfenster ausgebaut wurde. Das kleine Fenster läßt sich dann in Fahrtrichtung aus dem Rahmen herausziehen.
Beim Manta sind am Türinnenblech, in den kleinen Montagelöchern, die beiden Befestigungsschrauben für die Ausschlagkeile herauszudrehen und die Keile zu entnehmen. Durch die vordere obere Montageöffnung wird die Befestigungsschraube der Fassungsschiene abgeschraubt. Danach dreht man die sechs Schrauben zur Befestigung des Scherenhebers heraus, dieser läßt sich anschließend durch die große Montageöffnung herausziehen. Jetzt kann man das Fenster aus dem Türschacht herausnehmen.
Der Einbau erfolgt in umgekehrter Reihenfolge. Bevor man die Anschlagkeile festschraubt, muß man das Fenster bei geschlossener Tür so weit hochkurbeln, bis die Fensteroberkante am Wulst der Fensterdichtung anliegt. In dieser Stellung sind beide Anschlagkeile auszurichten. Die Laufrollen in der Fassungsschiene sollen geschmiert werden.

Front- und Heckscheibe

Das Einsetzen einer neuen Windschutz- oder Heckscheibe erfordert viel Geschicklichkeit und eine zweite Hilfskraft. Lassen Sie die Hände davon, ohne entsprechende Übung gelingt diese Arbeit nicht. Die Scheiben sind teurer als die Montage in der Werkstatt, und wenn sie dem Mann in der Werkstatt zerbrechen, muß er dafür aufkommen. Nach dem Einbau einer Windschutz- oder Heckscheibe muß Dichtungsmasse mit einer besonderen Druckpresse zwischen Gummifassung und Karosserierand gedrückt werden. Das kann auch nötig sein, wenn das Regenwasser am Rand der Windschutzscheibe ins Innere dringt.
Anstelle der Windschutzscheibe aus Einscheiben-Sicherheitsglas erhält man für die Wagen auch eine solche aus Verbundglas. Auf Wunsch gibt es diese schon ab Werk ohne Aufpreis. Verbundglasscheiben sind gegen hochgeschleuderte Steine weniger empfindlich, während das vorgespannte Einscheibenglas bei Aufprall in zahllose Krümel zerfällt. Für diese Möglichkeit gibt es im Zubehörhandel aufblasbare Windschutzscheiben, die am Fensterrahmen festzukleben sind. Solche Notscheiben ermöglichen eine Weiterfahrt bei mäßigem Tempo und erlauben sogar die Tätigkeit der Scheibenwischer.

Rückwandklappe beim Manta CC

Die groß dimensionierte Rückwandklappe des Manta CC ist mit der Hecktür eines Kombiwagens vergleichbar. Vor ihrem Ausbau trennt man die elektrische Zuleitung für die heizbare Heckscheibe vom Anschluß am linken Rand der Klappe. Die Seilzüge für die Laderaumabdeckung werden oben ausgehängt. Um auch die beiden Gasdruckheber aushängen zu können, müssen zuvor die Plastikbefestigungskeile an der oberen Anbringung der Gasfedern mit einem Schraubenzieher herausgehebelt werden. Dann schließt man die Klappe, drückt im Wageninnern die beiden Plastikkappen über den Scharnieren im Dachhimmel aus ihren Sitzen und schraubt die Scharnierlager ab (Rohrschlüssel SW 13). Jetzt kann die Klappe herausgehoben werden. Der Einbau geschieht in umgekehrter Arbeitsfolge.
Sollte die Scheibe in der Rückwandklappe ersetzt werden müssen, kommt man aus Gründen, die im vorangegangenen Abschnitt erwähnt sind, um einen Besuch in der Werkstatt nicht herum.

Das Schiebedach

Falls der Wagen mit einem Stahlschiebedach ausgestattet ist, wie es ab Werk eingebaut sein kann, dürfte dessen Bedienung bekannt sein. Zum Öffnen dient ein ausklappbarer Griff, der über Schubstangen und Führungswellen mit Stützhebeln das Dach entriegelt. Der Dachdeckel läßt sich nach hinten schieben, wenn man den Griff nach unten klappt, und zum Feststellen in jeder beliebigen Stellung drückt man den Griff in die Griffschale zurück.
Zum Ausbau des Dachdeckels bringt man den Griff in die nach unten gerichtete Stellung und schiebt das Dach zurück. Die Griffschale wird abgeschraubt und den Schiebedachhimmel klappt man an den Haltefedern nach unten. Der Himmel ist an beiden Dachseiten nach innen zu ziehen, um die darunter befindlichen hinteren Führungsplatten abschrauben zu können. Ebenso die vorderen Führungsplatten abschrauben, dann den Dachhimmel an den Haltefedern vorn wieder spannen. Der Deckel ist nun so weit nach vorne zu ziehen, daß die Vorderkante der seitlichen Gleitstücke sich auf gleicher Höhe mit der hinteren Rundung des Führungswulstes befinden. Aus dieser Stellung wird der Deckel von außen aus der Dachöffnung entnommen, wobei er in geeigneter Weise zur einen Seite geschwenkt werden muß.
Den Einbau nimmt man in umgekehrter Reihenfolge vor. Die Gleitschienen im Dachrahmen müssen seitlich mit Wälzlagerfett leicht geschmiert werden. Im Betrieb ist jegliches Fetten zu unterlassen.

Rechts: Hier wurde der Fahrersitz herausgenommen. Dazu muß man die zwei Schrauben beider Haltebügel aus dem Bodenblech herausdrehen, wodurch die vordere Sitzstütze frei wird. Zudem ist die Sitzarretierung auszuhaken.

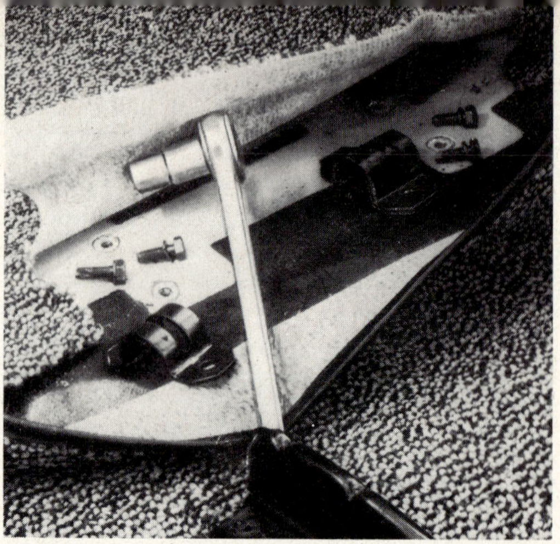

Die Sitze

Schon ab Beginn der B-Serie (1975) haben die Modelle neue Sitze, die breiter als bei den A-Modellen sind und eine Polsterung mit Vollschaummatierial besitzen. Beschädigung oder starke Verunreinigung des Bezugs können dazu zwingen, einen Sitz ausbauen zu müssen. Das wird auch der Fall sein, wenn man einmal einen sperrigen Gegenstand transportieren will.
Einen Vordersitz baut man aus, indem man die Befestigungsschrauben der beiden Haltebügel vom Wagenboden abschraubt. Dazu sind die hier teilweise übereinanderlappenden Teppichränder hochzuklappen. Danach wird der Arretierungshaken an der äußeren Sitzführungsschiene ausgehängt und gleichzeitig der Sitz nach außen gedreht.
Die hintere Sitzbank ist an zwei Stellen vorne mit einem Formdraht in hakenförmigen Halterungen fixiert. Um das Sitzpolster zu lösen, drückt man die Vorderkante der Sitzauflage links und rechts außen kräftig nach unten. Zugleich ist das Polster nach hinten zu schieben. Dabei kann es abgehoben werden. An den Radkästen ist je eine Haltezunge angebracht, die der Rücklehne unten Halt geben. Diese Blechlaschen sind aufzubiegen, dann kann man die Lehne nach oben drücken und aus den (in dieser Position noch nicht sichtbaren) Halterungen oberhalb der Radkästen aushängen. Der Einbau geschieht später in umgekehrter Arbeitsfolge.

Rechts: Bei dem ausgebauten Vordersitz ist ebenfalls zu erkennen, wie er befestigt wird. Wenn der Bezug des Sitzes eingerissen ist, muß man nicht gleich zum Sattler gehen: Eine geübte Frauenhand ist sicher in der Nähe und flickt den Schaden.

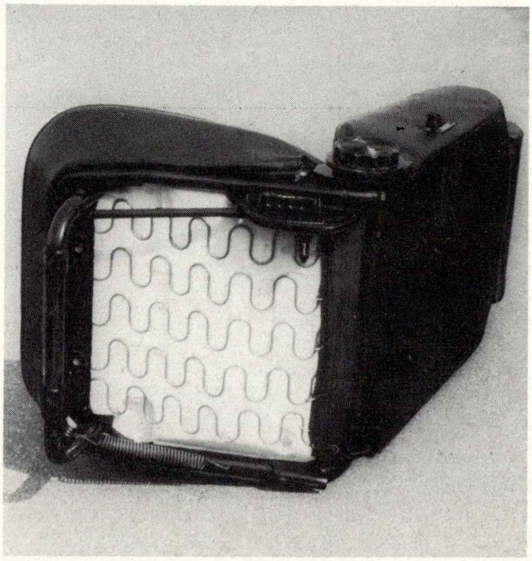

Wagenwäsche

Wasser marsch

Wie oft man sein Auto wäscht, hängt von der Einstellung ab, die man zu seinem Auto hat. Der eine wienert ständig an seinem Wagen und der andere bequemt sich vielleicht nur vor irgendwelchen Feiertagen zur längst fälligen Autowäsche. Was der erste übertreibt, vernachlässigt der zweite.
Dieses und das nächste Kapitel sollen Ihnen helfen, die äußere Erscheinung Ihres Opel so lange wie möglich jugendfrisch zu erhalten. Groß muß der Aufwand dafür nicht zu sein.

Waschen zur rechten Zeit

Das Auto im strahlenden Sonnenschein zu säubern, ist der erste Fehler, den man begehen kann. So schnell, wie das Wasser durch die Sonnenstrahlen verdunstet, kann man es gar nicht trockenwischen. Zurück bleiben Kalk- und Wasserflecken, die gleichzeitig zu Verfärbungen des Lackes führen, denn Wassertropfen wirken in der Sonne wie ein Brennglas. Solche Flecken im Lack können dann nur noch durch fleißiges Polieren entfernt werden.
Genauso verkehrt ist es, seinen Wagen bei Frostwetter zu waschen. Das Wasser verkriecht sich hinter Zierleisten und Karosseriespalten, wo es nicht trocknet. Hat die Außentemperatur den Gefrierpunkt unterschritten, löst das dann zu Eis gewordene Wasser verheerende Wirkungen aus. Da Eis mehr Platz braucht als Wasser, bekommt den so unterwanderten Karosserieteilen jene zerstörerische Kraft nicht gut. Das beginnt schon mit dem Angriff auf sonst harmlose Lackschäden, die sich unter der frostigen Einwirkung in ärgerliche Reparaturfälle verwandeln.
Wir wollen keineswegs vorschlagen, daß Sie den ganzen Winter mit einem schmutzigen Auto durch die Lande ziehen müssen. Gerade dann, wenn die Zeit der Auftausalze eingetreten ist, müssen Sie Ihrem treuen Freund einen Badetag gönnen. Jene Salze, die dem Verkehrsfluß dienen sollen, haben die Eigenschaften, an den Fahrzeugen anzutrocknen und Feuchtigkeit anzuziehen. Dabei greifen sie das Metall an und fördern die Rostbildung. Sorgen Sie nach der Reinigung im Winter für ein warmes Plätzchen, damit der Wagen gut trocknet: Er wird es Ihnen danken.

Viel Wasser

Zum Waschen brauchen Sie viel – sehr viel – Wasser. Haben Sie nicht genügend Wasser zur Verfügung, ist es vernünftiger, Sie lassen es sein.
Das Wasser muß den Schmutz aufweichen. Je mehr Wasser nachfließt, desto besser können Straßenstaub und Schmutz aufgeweicht werden. Benutzen Sie genügend Wasser, das die gröbsten Verunreinigungen abspült, sonst entstehen – durch die Schmutzpartikel – Schleifspuren, die wir ja vermeiden wollen. Anschließend ist nur noch wenig Mühe nötig, um den schon vorgeweichten Dreck restlos zu entfernen.
Nur der ununterbrochene Wasserfluß weicht den Schmutz auf, schwemmt ihn schon teilweise weg, ohne den Lack zu beschädigen. Reibt man dagegen den

Schmutz mit wenig Wasser weg, werden zugleich Staub- und Sandkörnchen über den Lack geschmirgelt, die ihn zerkratzen und schließlich zerstören. Anfangs wird noch nicht sichtbar, was sich nach einer Reihe solcher Torturen offenbart: Bei schräg auffallendem Licht werden in Streifen und Kreisen verlaufende Schleifspuren erkennbar, Beweis für eine angegriffene Lackoberfläche.
Neuer Lack ist noch sehr weich und gering widerstandsfähig. Er sollte am besten nur mit klarem Wasser, ohne irgendwelche Reinigungsmittel behandelt werden. Automatische Waschanlagen sind möglichst vom jungen Lack fernzuhalten, auch wenn sie noch so bequem sind.
Auch die sommerlichen Insektenfriedhöfe können Sie mit klarem Wasser entfernen. Drücken Sie nasses Zeitungspapier auf die besonders hartnäckigen Fliegenleichen und lassen Sie die ganze Sache eine Weile weichen, später kann man die verunzierten Flächen mühelos reinigen. Insektenreste auf der Karosserie lassen sich mit Natron (für 20 Pfennig aus der Drogerie) entfernen. Es wird in einem viertel Liter Wasser aufgelöst. Ein damit befeuchteter Schwamm oder Lappen läßt die Insektenleichen verschwinden. Der Laugenvorrat reicht für ein Jahr.

Mit Schlauch oder Eimer

Am vorteilhaftesten und bequemsten ist es, die Wagenwäsche mittels Schlauch auszuführen. Damit kann man die nötige Menge Wasser herbeischaffen. Vorsicht aber, daß der Wasserstrahl nicht zu hart herausgeschossen kommt. Er preßt Staub und Schmutz über den Lack, und Schleifspuren wären der Erfolg. Ist kein Wasserhahn in der Nähe, wo ein Schlauch angeschlossen werden kann, muß das Naß in Eimern herbeigeschafft werden. Zwei Eimer sind besser als einer, weil das Wasser schneller verschmutzt, als dem Wagen und Ihnen lieb ist. Lassen Sie den Schwamm sich stets vollsaugen, aber wischen Sie damit nicht zu kräftig auf dem Lack herum. Festsitzender Dreck an Stoßstangen und Felgen kann man mit einer Bürste entfernen.

Automatische Waschanlagen

Während der Wäsche in einer automatischen Waschanlage rieseln 200 bis 250 Liter Wasser auf das Auto hernieder. Die rotierenden Waschbürsten sind zwar ziemlich weich, doch der Automat behandelt das verschmutzte Kraftfahrzeug ohne Gefühl. Die Zeit ist zu kurz, um den Schmutz weichen zu lassen, besonders wenn am Wochenende viele Wagen auf Abfertigung warten. Das beigemischte »konservierende« Wachs verhilft dann eher zum schnelleren Trocknen nach der Wäsche. Wenigstens ein frisch lackierter Wagen sollte vor solchen Prozeduren verschont bleiben.
In Tankstellen werden manchmal billige und scharfe Auto-Shampoos benutzt, da es schnell gehen soll und nicht viel kosten darf. Das bekommt dem Lack auf die Dauer nicht gut.
Bei häufiger Benutzung von Schnellwaschstraßen empfiehlt sich konservierende Lackpflege mit Lackkonservierer.
Nach der Wäsche kontrolliere man Außenspiegel und Antenne. Möglicherweise angebrachte Zusatzscheinwerfer haben manchmal ebenfalls ihre ursprüngliche Einstellung verloren.

Motorwäsche mit Vorsicht

Da der Motor nicht total von der Außenwelt abgeschlossen ist (zwecks Kühlung und besserer Zugänglichkeit bei Reparaturen), bleibt auch er nicht von Staub und Straßenmatsch frei. Mit Öl und Fett vermischt bilden sich bald fest anhaftende Krusten. Die schmierige Schicht läßt sich mit klarem Wasser nicht entfernen. Bedenken Sie: Unterwegs kann einmal ein kleiner Handgriff nötig werden und Sie müssen im weißen Hemd in der Schmiere hantieren.

Motorreiniger erhalten Sie an Tankstellen, in Kaufhäusern und in Zubehörgeschäften. Diese »Kaltreiniger« gibt es in größeren Gebinden zum Auftragen mit dem Waschpinsel und auch in Sprühdosen. Nach einiger Zeit läßt sich der gelöste Schmutz mit einem schwachen Wasserstrahl abspülen. Vorher sollten aber wichtige elektrische Teile, wie Zündverteiler und Kerzenstecker, mit Kappen oder Plastikfolie abgedeckt werden, sonst treten Schwierigkeiten beim nachfolgenden Starten auf. Wasser ist für die Funktion elektrischer Anlagen unverträglich. Gern dringt Feuchtigkeit in einen Zündverteilerdeckel, wo sich infolgedessen der Zündfunke sehr unkorrekt verhält. Wohl besitzen die Verteiler bei Opel eine Schutzkappe, aber sicher ist sicher. Hat das Wasser sich dennoch einen unerlaubten Weg gebahnt, helfen Kontakt-Sprühmittel, die die notwendigen Funkenbahnen trotz Nässe fördern. Sogar Chromschutzspray hilft bei solchen Miseren.
Wenn der Motorraum nicht übermäßig verschmutzt ist, gelingt die Motorreinigung auch ganz einfach mit einem in Petroleum getränkten Lappen. Mit einer Kunststoffolie unter dem Wagen vermeidet man unschöne Flecke durch abgetropften öligen Dreck, die beim Behandeln der Ölschmiere den Standort des Autos verunzieren. Sie lassen sich allerdings ebenso wie alte Ölflecke auf dem Garagenboden mit dem Ölbinder K 2 der Firma TA-KE Ölschadendienst GmbH, Trumppstraße 2, 8000 München 50, überraschend gut entfernen.

Innenraumpflege

Ihre von daheim gewöhnte Reinlichkeit wollen Sie bestimmt auf Ihr Auto übertragen. Deshalb gehört es zu jeder Wagenwäsche, daß etwa eingelegte Fußmatten herausgenommen, abgewaschen oder ausgeklopft werden und der zum Wagen gehörende Bodenteppich mit einem feuchten Schwamm abgewaschen wird.
Weder für die Teppiche noch für die Polstergewebe dürfen irgendwelche chemische Reinigungsmittel verwendet werden. Flecken entfernt man mit dem Innenraumreiniger, Opel-Katalog-Nr. 1 790 873, der auch für Kunstleder geeignet ist. Cordpolster sind abzubürsten oder mit einem sparsam angefeuchteten Schwamm abzureiben. Verschmutztes Kunstleder kann man mit lauwarmem Wasser oder mit einem milden Shampoo reinigen, Benzin oder Fleckenwasser ist grundsätzlich zu vermeiden. Für die Behandlung des perforierten Kunstleders untersagt die Betriebsanleitung sogar den Gebrauch eines wassergetränkten Schwammes, vielmehr soll dieses nur mit einem angefeuchteten Lappen abgewischt werden. Für Kunstleder ist das Pflegemittel Katalog-Nr. 1 760 040 geeignet, aber beispielsweise auch Pyrmofix Plastoclean, womit gleichermaßen die Seitenverkleidungen gereinigt werden können.
Auch die Scheiben müssen von innen gesäubert werden. Die Ausdünstungen der Kunststoffteile schlagen sich auf den Fenstergläsern nieder, Dieselabgase dringen durch die Luftschlitze und hinterlassen ebenso wie Zigarettenrauch einen trüben Belag. Mit klarem Wasser ist dem oft nicht beizukommen. Aber Sidol hilft bestimmt; dieses alte Hausmittel schafft glasklare Verhältnisse.

Glanzpunkte

Wenn zur Lackpflege falsche Pflegemittel verwendet werden, kann man viel Schaden anrichten. Neben der richtigen Auswahl der zahllosen Kosmetikartikel für das Auto gehört aber auch die sachgemäße Anwendung zur Voraussetzung für den gewünschten Erfolg.
So lange das Auto noch jung und sein Lack noch weich und widerstandslos ist, kann man nicht vorsichtig genug sein. Nahezu jedes Pflegemittel wirkt dann schädigend, ausgenommen reine Wachsprodukte. Dem später auf natürliche Weise gealterten Lack läßt sich zu neuer Frische verhelfen, wenn man die nachfolgend erwähnten strengen Maßstäbe an die Mittel anlegt, die man anwenden möchte.

Den Lack behüten

Auch daheim pflegt man die Möbel nicht mit Scheuerpulver. Ebenso muß man die Behandlung des Lackes mit Bedacht ausüben, obgleich die Lackierung im Werk sehr sorgfältig aufgebaut worden ist.
Die Ansprüche an den Lack sind gewaltig. Temperaturwechsel, Schmutz und Hagelkörner, »gesalzener« Schneematsch und Sonnenglut sollen keinerlei Spuren hinterlassen. Solche Strapazen macht kein Lack ewig mit.
Im Laufe des Autolebens verliert der Lack seine Elastizität, seine Poren erweitern sich, Feuchtigkeit dringt in die Farbschicht und zermürbt sie von innen. Kurz, er »altert«. Der in den heute üblichen Kunstharzlacken enthaltene Weichmacher, der für die Elastizität zuständig ist, verflüchtigt sich allmählich und die einzelnen Farbkörnchen liegen nicht mehr eingebettet im Lack, sondern stehen – mikroskopisch sichtbar – spröde ab. Der Lack ist stumpf geworden.
Erst dann, wenn die Lackoberfläche nach der Wäsche mit klarem Wasser stumpf bleibt, sollte die eigentliche Lackpflege einsetzen. Die Pflegemittel, die man jetzt braucht, müssen mit Überlegung ausgesucht und angewendet werden. Die dauernde Benutzung eines Poliermittels vernichtet die Lackschicht.
Je sparsamer man mit Pflegemitteln umgeht, um so länger hat man an dem Lack seines Autos Freude. Nur das Mittel, das gerade noch die erstrebte Wirkung zeigt, bedeutet Schonung und Erhaltung des Lackes.

Lackpflege stufenweise

Mit welchem Lackpflegemittel man das Auto behandeln soll, hat sich nach dem Zustand und dem Alter des Lackes zu richten. Die Güte eines solchen Mittels ist allein nicht von Ausschlag.

- **Auto-Shampoo.** Nicht zu jeder Wagenwäsche benutzen, da fettlösend und Auslaugen des Lackes möglich.
- **Waschkonservierer und Waschpolitur.** Zuerst mit klarem Wasser waschen, danach Konservierer anwenden und mit Watte nachpolieren. Häufige Anwendung führt zu einer schmierigen Wachsschicht, die mit mildem Lackreiniger entfernt werden kann.
- **Spezialwaschmittel.** Dient zur Beseitigung von Flugrost und Zementstaub.

Soll nur verwendet werden, wenn sehr viel fließendes Wasser zur Verfügung steht. Nie in der Sonne benutzen! Anschließend den Lack konservieren.

■ **Lackkonservierungsmittel.** Schutz für gesunden Lack über geraume Zeit. Probe machen: Wenn beim Blankreiben an der Watte Farbe zurückbleibt, handelt es sich um Poliermittel mit lacklösenden Bestandteilen.

■ **Lackpolitur und Schleifpolierpaste.** Politur nur bei stark verwittertem Lack und sehr sparsam gebrauchen. Greift die Lackschicht an. Praktisch zum Wegpolieren von Schrammen nach Streifberührung mit fremdem Fahrzeug.

■ **Poliermaschine.** Erlaubt keine »gefühlsmäßige« Behandlung des Lackes und kann Kratzer hinterlassen. Manuelle Bearbeitung ist vorzuziehen.

Opel-Pflegemittel für innen und außen

Opel-Dienste bieten ein reichhaltiges Programm mit wirksamen Mitteln an, die für die Wagenpflege bestimmt sind. Wenn sie teilweise auch einige Pfennige mehr kosten als Produkte anderer Hersteller, so kann man doch gewiß sein, mit ihnen keinen Schaden zu stiften. Wir bringen nachstehend eine Zusammenfassung der wichtigsten Opel-Pflegemittel:

Opel-Bezeichnung	Opel-Katalog-Nr.	Anwendungsbereich
Autowachs	1 758 984	Zur vierteljährlichen Lackpflege, Winterschutz
Sprühwachs	1 758 986	Allgemeine Lackpflege, verhindert Anhaften von Teer
Universalpolish mit Silikon	1 758 869	Auffrischen ungepflegten Lackes. Nicht für Metalleffekt-Lack
Schnellreinigungspolish ohne Silikon	1 758 862	Auffrischen ungepflegten Lackes, anschließende Konservierung erforderlich. Nicht für Metalleffekt-Lack
Chrompolierpaste	1 758 923	Reinigen, Polieren und Konservieren von Chromteilen. Darf nicht auf lackierte Flächen geraten
Teerentferner, auch Lackpflege	1 758 900	Beseitigung von Teerflecken, Insekten und Baumausscheidungen
Reinigungs- und Frostschutzmittel	1 758 263	Beseitigung von Insekten und Abgasniederschlägen auf der Windschutzscheibe
Anti-Beschlag- und Entfroster-Spray	1 758 260	Verhindert Beschlagen und Vereisen der Scheiben
Kunstleder-Pflegemittel	1 760 040	Reinigen und Pflegen von Kunstleder
Innenreiniger	1 758 146	Entfernen von Flecken auf Stoffpolster und Kunstleder

Haushaltsspülmittel sind Gift für den Lack

Vollkommen falsch ist es, die Außenhaut des Wagens mit den bekannten (und sonst auch bewährten) Spülmitteln reinigen zu wollen. Das gilt auch dann, wenn sie »nebenbei« zur Autopflege empfohlen werden. Es ist selbstverständlich, daß solche Mittel tadellos reinigen, aber den Lack des Autos laugen sie aus und zermürben ihn bis auf den Grund. Bei Gegenständen mit strukturell undurchlässigen Oberflächen wie etwa Gläser und Kacheln können die alles reinigenden Flüssigkeiten keinen Schaden anrichten – der stets poröse Autolack reagiert auf sie jedoch mit Zerfall.

Lackschäden ausbessern

Schrammen im Lack oder Beulen im Blech sind weder selten noch ein Schicksalsschlag. Nach dem ersten Ärger, der solchem Mißgeschick folgt, sollte man systematisch vorgehen und die Lackschicht wieder in der alten Form aufbauen. Einfach mit der Sprühdose auf die Schadenstelle zu zielen verhieße nur eine oberflächliche Täuschung ohne Erfolg von Dauer.
Zuerst muß die Beule im Blech entfernt werden. Bei einer kleinen reicht ein normaler Hammer, womit man aber nicht wild drauflosschlagen darf. Mit vorsichtigen Schlägen erkundet man, wie das Blech reagiert. Umfangreichere Beschädigungen sind mit Handfaust, Gummihammer und Schlichthammer auszubeulen. Danach wird die Oberfläche gefeilt, und mit grobem Schleifpapier entfernt man alle alten Lack- und Grundierungsreste sowie eventuellen Rost. Praktisch ist dabei eine elektrische Bohrmaschine mit aufgesetzter Schleifscheibe.
Nun beginnt man mit dem Aufbau der Lackierung – und falls gar keine Beule vorhanden war, verfährt man ebenso wie folgt. Nach Entfetten des blanken Blechs wird die Grundierung (mit Pinsel oder per Sprühdose) aufgetragen. Trocknen lassen und vorhandene Unebenheiten mit Spachtel überziehen. Nitrospachtel in Dosen ist haltbarer als in Tuben, worin er schnell eintrocknet, es sei denn, man hebt die Tube in einem Gefäß mit Wasser auf. Außerdem muß sich die Grundierung mit dem Nitrospachtel vertragen können; andernfalls nimmt man Kunstharzspachtel oder den für größere Oberflächenvertiefungen gut geeigneten Plastik-Füller. Die Spachtelmasse zieht man schnell und gleichmäßig mit seinem Spachtelmesser über die Reparaturstelle und läßt sie härten.
Mit Schleifpapier, das über ein planes, handgroßes Brettstück gespannt ist, werden die Unebenheiten nach dem Trocknen glattgeschliffen. Meistens wird man kleinere Stellen nachspachteln müssen, also nochmals spachteln, trocknen lassen, schleifen. Wenn die Oberfläche dieser Ausbesserung zu der alten, angrenzenden Lackierung eine gleichmäßige Einheit bildet, darf immer noch nicht lackiert werden. Jetzt ist mit sehr feinkörnigem, wasserfestem Schleifpapier die ganze Geschichte spiegelblank zu schleifen, damit alle Spuren der vorangegangenen Trockenschleifung verschwinden. Erst danach ist der Lack aufzutragen. Wer es erstklassig ausführen will, schleift nach Trockenzeit mit Wasser und 400er oder 600er Papier nochmals an und lackiert erneut dünn über.
Sogar neue, unlackierte Karosserieteile sind gründlich mit Nitroverdünnung zu entfetten. Bevor man lackiert, soll man auch kleinste Transportschäden mit Grundierung, Füller oder Spachtel beseitigen.
Opel bezieht die Lacke für die Serienmodelle von verschiedenen Firmen (z. B. Bonaval, Lechler, Spieß & Hecker). Von ihnen gibt es Opel-Farben zur Nachlackierung, jeweils mit der gleichen Kennummer. Diese Nummern sind auf den Etiketten der Farbtöpfe und auch auf Farbsprühdosen vermerkt und sie stimmen sogar bei Lacken unterschiedlicher Basis (Kunstharz, Nitro) überein. Dabei muß man wissen, daß eine Nitrolackierung mit Kunstharzlack ausgebessert werden kann, nicht aber umgekehrt, weil die Nitrokonsistenz lösend wirkt.

Lackfarbe ermitteln

Bevor man lackieren kann, muß man den richtigen Lacktyp besorgen. Das ist nicht so einfach, denn nur durch Farbvergleich kann man den passenden Ton kaum herausfinden.
Grundsätzlich ist am Opel der Originalfarbton auf dem Typenschild in der unteren Zeile rechts zu erkennen, das eine ganze Reihe von Zahlengruppen und eine

Buchstabengruppe zeigt. Die gleichen Kennbuchstaben für den Farbton und ihre Entschlüsselung finden Sie in dem Spezialprospekt »Farben und Polster«, den Sie sich wahrscheinlich beim Kauf Ihres neuen Autos vom Opel-Händler geben ließen. Auf dem Typenschild ist auch vermerkt, ob Ihr Wagen eine Acrylic-Lackierung besitzt. Vor der Farbcode steht ein entsprechender Hinweis; wenn statt dessen das Wort »Enamel« oder keine Bezeichnung angegeben ist, weist das auf die unempfindlichere Kunstharzlackierung hin. Nicht alle im Handel vertretenen Pflegemittel eignen sich für die Acrylic-Lackierung, bestimmt jedoch die auf Seite 49 vermerkten Opel-Pflegemittel. Passend zu der Farbe ihres Opels gibt es die Opel-Sprays und Tupffarbe, aber ähnliche Sprühdosen auch von anderen Lackherstellern.
Läßt sich die rechte Farbe überhaupt nicht ermitteln – etwa bei einem gebrauchten, umlackierten Wagen –, muß man die Hilfe eines Fachmannes im Farbengeschäft in Anspruch nehmen. Am sichersten ist ein Sprühversuch oder Probeanstrich auf der Innenseite des Kofferraums, um den Farbton zu vergleichen. Doch ist dabei zu berücksichtigen, daß frischer Lack stets nachdunkelt.

Sprühdose mit Original-Farbton

Jede Ausbesserung der Autolackierungen muß dem Werterhalt des Wagens dienen. Das hat in unserer Zeit der sachlicheren Einstellung den Dingen gegenüber nichts mit der Pflege des einstigen Statussymbols zu tun. Deshalb ist es nicht verkehrt, wenn man Lackschäden in der eben beschriebenen Weise ausbessert. Für die Endlackierung kleinerer Schäden eignen sich die bekannten Farbsprühdosen aus Farbenhandlungen oder Kaufhäusern.
Fünf Lackmarken, von drei verschiedenen Firmen hergestellt, haben sich auf folgend genannte Autolack-Sprühdosen spezialisiert. Zwischen diesen Erzeugnissen bestehen aber Unterschiede:

	Auto-K-Lack	Belton	Ducolux	Dupli-Color	Prestoflux
Lackart	Nitrokombinationslack	Nitrokombinationslack	Kunstharzlack	Acrylharzlack	Acrylharzlack

Die Farben der verschiedenen Fabrikate darf man nicht miteinander vermischen oder kurzzeitig übereinanderlackieren, denn sie vertragen sich nicht untereinander (Ausnahme: Auto-K-Lack und Belton, weil vom gleichen Hersteller).
In der Regel wird man als Heimwerker im Freien arbeiten müssen. Die Verarbeitung der Lacke hängt aber sehr von der Lufttemperatur ab. Nach unseren Erfahrungen empfiehlt sich bei Außentemperaturen zwischen 20 und 35° C der Lack von Ducolux, für Übergangstemperaturen von 15 bis 30° C der Belton- und Auto-K-Lack. Bei tieferen Temperaturen trocknet der Lack zu langsam oder gar nicht, während der Trockenprozeß bei großer Hitze zu schnell vor sich geht und den Lack blind werden läßt, weil er keine Zeit zu verlaufen hat.
Bevor man mit einer Sprühdose auf die Außenseite des Wagens zielt, sollte man auf einem Stück Blech oder auf der Innenseite der Motorhaube ein wenig üben, wie man Fließtropfen vermeidet. So stellt man zugleich fest, ob es sich um den richtigen Farbton handelt.

Fingerzeig: *Das Thema Lackbehandlung wird ausführlich im Band 45 »Die Autokarosserie« dieser Handbuchreihe behandelt.*

Nestwärme

Obwohl heutige Autos dafür geeignet sind, ihren Dienst auch bei klirrendem Frost zu verrichten, kommt es im Winter immer wieder zu Schwierigkeiten. Zugefrorenes Türschloß und müde Batterie verzögern den Start, eingefrorenes Scheibenwaschwasser läßt auf verschmierter Frontscheibe keine klare Sicht aufkommen, falsche oder schlechte Bereifung versetzt den Wagenlenker auf glatter Straße in Angst und Schrecken.
Damit die positiven Eigenschaften Ihres Wagens in der kalten wie in der warmen Jahreszeit zur Geltung kommen, müssen Sie ein paar Kleinigkeiten dazutun. Vorsorge ist hier die wirkungsvollste Maßnahme, und was dabei beachtet werden soll, das sagen die folgenden Seiten.

Frostbeständige Kühlflüssigkeit

Immerhin haftet eine Werkstatt für den Schaden, der dadurch entstand, daß vor der Wintersaison kein Forstschutzmittel der Kühlflüssigkeit zugesetzt wurde. Garantiert keinen Ärger gibt es, wenn man sich rechtzeitig um den frostsicheren Zustand des Kühlwassers selber kümmert.
Klares Wasser sprengt bei Temperaturen unter dem Nullpunkt Kühler und Motorblock, denn Eis benötigt mehr Raum als Wasser, aus dem es sich bildet. Um das Freiwerden solcher Kräfte zu verhindern, muß man dem Kühlwasser ein Gefrierschutzmittel beimischen.
Das Kühlwassersystem des 1,3-Liter-Motors hat ein Fassungsvermögen von 5,8 Liter. Damit diese Menge auch Temperaturen bis zu –20° C ohne einzufrieren übersteht, müssen zwei Fünftel davon durch handelsübliches Frostschutzmittel ersetzt werden. Eine Mischung im Verhältnis 1 : 1 gestattet es sogar, den Wagen bis zu in unseren Breiten seltenen –35° C draußen stehen zu lassen. Zur Aufbereitung des Frostschutzes genügt es aber nicht, etwa die entsprechende Menge Wasser aus dem Kühler abzulassen, oben das Gefriermittel einzufüllen und zu glauben, daß alles Nötige getan ist. Das kostbare Frostschutzmittel muß sich nämlich im Kühlsystem gleichmäßig verteilt haben, sonst friert das unvermischte restliche Wasser doch. Man muß den Motor also eine Weile laufen lassen – am besten ist es, das Mittel vor einer Fahrt einzufüllen, während der die Wasserpumpe für Vermischung sorgt.
Opel empfiehlt den hauseigenen Kühlerfrostschutz, Katalog-Nr. 194 0681. Weil dieser (wie andere Markenmittel auch) auf das Kühl- und Heizungssystem schonend einwirkt, soll er das ganze Jahr über in dem Kreislauf verbleiben. Es wird behauptet, daß Frostschutzmittel mit der Zeit »altern« und ihre Schutzeigenschaft gegen Korrosion verlieren. Wir konnten das bislang jedoch nicht beobachten. Tatsächlich verhindert die Schutzfüllung aber die Bildung von Rückständen und Oxydation. An ihrer Stelle ist deshalb möglichst reines Wasser allein nicht zu verwenden.
Wenn man sich über die frostsichere Eigenschaft des Kühlmittels nicht im klaren ist, kann man den Kühlerinhalt an einer Tankstelle ausspindeln lassen. Ähnlich

wie ein Säureheber zum Batterieprüfen (siehe Seite 162) gestaltet, zeigt bei jenem die Spindel an, bei welcher Temperatur das Kühlmittel gefrieren wird. Entsprechend muß Frostschutzmittel eingefüllt werden.
An einigen Tankstellen kann man Frostschutzmittel literweise aus dem Faß bekommen. Das ist etwa halb so teuer wie andere, in Dosen erhältliche Markenfrostschutzmittel. Zur Not mischt man selbst aus einem Teil Glyzerin, einem Teil Spiritus und zwei Teilen Wasser eine bis zu –20° C frostsichere Kühlflüssigkeit, die allerdings den Nachteil hat, daß der Spiritus darin schneller verdunstet und der Kühlmittelstand häufiger kontrolliert werden muß.

Frostschutz für den Scheibenwascher

Im Opel ist der Behälter für das Scheibenwaschwasser im Motorraum hinten links untergebracht. Wenn der Wagen über Nacht in der Kälte stand, dann ist darin klares Wasser garantiert zu Eis geworden.
Frostschutzmittel verhindern solche unliebsamen Überraschungen. An Tankstellen gibt es eine Fülle von Spezialmitteln, die man dem Scheibenwaschwasser auch an warmen Tagen beimischen kann. Einige von denen lösen nämlich sogar den Öldunst vorausgefahrener Qualmer auf der Windschutzscheibe auf. Von Opel gibt es das Reinigungs- und Frostschutzmittel Katalog-Nr. 175 8265, das im Mischungsverhältnis 1 : 10 Temperaturen bis –5° C aushält, beim Verhältnis 1 : 5 bis –9° C, 1 : 3 bis –13° C und 1 : 2 bis –18° C.
Billiger, jedoch von seinem typischen Geruch begleitet, ist Brennspiritus. Er wird im Verhältnis 1 : 1 dem Wasser im Scheibenwaschbehälter durch Schütteln desselben beigemischt und hält noch bei klirrendem Frost die Windschutzscheibe sauber. Entgegen anderslautender Behauptungen: Die Scheibendichtung wird durch den Spiritus nicht angegriffen.
Ungünstige Bedingungen können die Wascherdüsen trotz Frostschutz im Scheibenwaschwasser zufrieren lassen, etwa wenn von der Windschutzscheibe abgetautes Eis auf dem Blech vor der Scheibe wieder festfriert. Dann hilft unterwegs nur warmes Wasser und gleichzeitiges Betätigen der Wascherpumpe.

Reifen im Winter

Die geänderten Straßenverhältnisse im Winter verlangen eine aufmerksame und zurückhaltende Fahrweise. Die Verzögerung, die beim Bremsen auf schneebedeckter Fahrbahn erreicht werden kann, ist um rund das Doppelte geringer als auf nasser Fahrbahn, und auf einer mit Eis bedeckten Straße bietet sich so gut wie keine Haftung. Im Gefälle leidet die Verzögerung unter einer zusätzlichen Verzugsdauer, hervorgerufen von dem kräftiger als in der Ebene schiebenden Wagengewicht. Den Sicherheitsabstand muß man noch ausreichender als sonst üblich einhalten.
Obwohl Ascona und Manta von den Hinterrädern angetrieben werden, sind sie gut wintertauglich. Die Seitenführungskräfte, die zum Schleudern führen können, werden bei dieser Antriebsart zwar nicht wie beim Frontantrieb abgebaut, jedoch wird die Richtungsstabilität (nicht nur bei Glätte!) durch folgende Faktoren verbessert:
- Gleichartige Bereifung auf allen Rädern
- Richtiger Luftdruck
- Gutgängige Bremsen, richtige Qualität der Bremsbeläge
- Nicht scharf kuppeln oder voll beschleunigen
- Beim Bremsen auskuppeln.

Bedeutung und Nützlichkeit der von Opel ab Werk montierten Reifen sind im Kapitel »Räder und Reifen« besprochen. Hier soll neben der Erwähnung der Eigenschaften dieser Reifen im Winter auch das derzeitige Angebot beleuchtet werden, das von der Industrie speziell als Winterreifen entwickelt wurde.

Gürtelreifen besitzen beschränkte Wintereigenschaften

Opel hat die völlig winteruntauglichen Diagonalreifen seit Beginn der Ascona-Manta-B-Produktion glücklicherweise nicht mehr vorgesehen. Gürtelreifen kommen den Anforderungen im Winter um einiges näher. Diese Radialreifen warten auf Schnee mit einer relativ günstigen Griffigkeit auf, die sich durch ihren stabilen Laufgürtel, der die Auflagefläche nicht auf der Fahrbahn walken läßt, erhalten. Freilich ist eine Mindestprofiltiefe von 4 mm für die Wintertauglichkeit – wie auch bei den anschließend besprochenen Haft-Reifen – erforderlich. Schwierigkeiten an Steigungen lassen sich mildern, wenn man Unterlegmatten oder Sand zu Hilfe nimmt.

Falls Sie nicht gerade im Hochgebirge wohnen und den Opel zumeist im Stadtverkehr benutzen, müßten Sie den Winter eigentlich ohne spezielle Bereifung überstehen. Recht gute Eigenschaften besitzen die teilweise ab Werk montierten Stahlgürtelreifen Michelin zX, die bei besonnener Fahrweise sogar auf glattgefahrenem Schnee das Ziel erreichen lassen.

Hoher lockerer Schnee – so selten solcher überhaupt zu bezwingen sein muß – stellt natürlich erhöhte Anforderungen. Dann kommt es oft nur auf die eigene Fahrkunst an, mit den Gegebenheiten fertig zu werden. Für extreme Fälle, zu denen auch das Bewältigen häufig auftretender »Eisbahnen« zählen mag, hält die Reifenindustrie Alternativen bereit. Man muß sich jedoch darüber im klaren sein: Winterreifen können auch nicht alles.

M + S-Haftreifen

Die früher einmal populär gewesenen M + S-Reifen mit grobstolligem Profil sind von der Entwicklung überholt worden. Mit jenen »Matsch- und Schnee-Reifen« konnte sich das Auto zwar in noch nicht hartgefahrenem Schnee vorarbeiten, aber auf nasser und vereister Straße war man mit ihnen noch schlechter dran als mit Sommerreifen.

Eine merkliche Verbesserung bieten die Haftreifen, die zugleich als Entschädigung für die in Verruf geratenen Spikereifen – über die noch anschließend geschrieben ist – dienen müssen. Ersatz dafür sind sie aber nicht, und verantwortungsvolle Reifenhersteller weisen darauf hin, daß diese M + S-Haftreifen auf Eisglätte nicht die Wirkung zeigen können, wie die seit April 1975 in Deutschland verbotenen Nagelreifen. Trotzdem ist es gelungen, durch hydrophile (wasserfreundliche) Laufflächenmischungen den Fahrbahnkontakt bei Glätte zu verbessern. In dem Temperaturbereich um 0° C allerdings befindet sich auf Eis ein dünner Wasserfilm, der ohne mechanische Hilfen (Sand, Spikes) die an sich schon unfreundliche Eigenart von Eis noch weitaus gefährlicher macht. Hier können auch die neuen Gummimischungen nur wenig ausrichten, sie zeigen aber auf Eis unterhalb –5° C Spurtreue und Haftvermögen.

Einige dieser Reifen beweisen ihr Können in lockerem und auf festgefahrenem Schnee. Das verdanken sie ihrer Profilgestaltung, bei der eine grobe Verzahnung der Profilstollen mit relativ breiten Zwischenräumen ihre Eignung für hohen Schnee heraufsetzt und bei Regen die Wasserverdrängung fördert. Zahlreiche lamellenartige Einschnitte dienen der Griffigkeit auf Schnee.

Der Dunlop Ice Grip sowie der Firestone Town + Country, die in der gängigen Größe 165 SR 13 zur Verfügung stehen, seien hier als besonders geeignet erwähnt. Sie kommen den Eigenschaften des Fahrwerks speziell entgegen. Es ist nämlich festgestellt worden, daß Reifen gleicher Hersteller und gleicher Bauart bei verschiedenen Automodellen mit unterschiedlichen Eignungen aufwarten. Das trifft sogar dann zu, wenn man mehrere Reifendimensionen des gleichen Fabrikats gegenüberstellt. Somit ist es nur begrenzt möglich, Empfehlungen für Haftreifen, die sich bei anderen Autos bewährt haben, auf Ascona oder Manta auszudehnen.

Der vorgeschriebene Luftdruck muß bei M + S-Haftreifen um 0,3 bar erhöht werden. Schließlich verhalten sich Haftreifen auf trockener Bahn kaum schlechter als übliche Reifen. Das konnte man von Reifen mit Spikes nicht behaupten.

Spikereifen ohne Zukunft?

Wo die Benutzung von Spikereifen weiterhin gestattet ist, etwa in Österreich und in der Schweiz, muß man sich vor deren Anschaffung einige Für und Wider überlegen. Mit ihren spitzen Stacheln krallen sich diese Reifen in das Glatteis und verkürzen hier den Bremsweg erheblich. Auch auf frischem Schnee und in Matsch sind sie brauchbar. Auf trockener und durch Salz aufgetauter Straße verlängern die Spikes den Bremsweg. Die durch ihre Einwirkung hervorgerufenen Straßenschäden und deren Folgen bei Aquaplaning sind bekannt.
Wer Spikereifen benutzt, soll wissen, daß man – wenn schon – vier gleichwertige Reifen montieren muß. Die Fahreigenschaften dieser Reifen weichen beträchtlich von jenen der anderen Reifen ab. Bei nur zwei Reifen mit Spikes ergeben sich auf der Vorder- und Hinterachse völlig verschiedene Brems- und Führungseigenschaften, die in der Praxis kaum beherrschbar sind. Bei den möglicherweise im Ausland benutzten Spikereifen ist ein höherer Luftdruck – etwa 0,2 bar mehr – als bei üblichen Reifen einzuhalten.

Besondere Felgen im Winter

Beim Kauf besonderer Winterreifen ist es prsktisch, auch gleich die dazu notwendigen zusätzlichen Felgen zu besorgen. Somit erspart man sich das Ummontieren der Reifen. Ohne Schwierigkeiten lassen sich während des Winters auch die ganzen Räder austauschen, wenn eine wochenlang anhaltende milde Witterungsperiode Schnee und Eis fernhält.
Dieses Auswechseln hat nicht nur bei den teuren Reifen mit Spikes – sofern ihre Benutzung nach 1975 noch erlaubt ist – seine Berechtigung, denn auf Straßen ohne typisch winterliche Bedeckung verschleißen sie nur sinnlos. Wegen der weniger abriebfesten Gummimischung nutzen sich auch die Haftreifen auf trokkener oder nur nasser Fahrbahn schneller als Sommerreifen ab.
Die Anschaffung von drei zusätzlichen Felgen genügt bereits, denn als 4. Winterreifenfelge kann ohne weiteres die Felge des Ersatzrades benutzt werden. Da Reifenpannen heutzutage sehr selten sind, kann man als Ersatzreifen einen Winterreifen mit sich führen. Diesen läßt man dann den kurzen Weg bis zur nächsten Tankstelle laufen, was auch im Hochsommer möglich ist.

Reifendruck im Winter

Durch Luftdruckerhöhung von etwa 0,2 bar bei der konventionellen Bereifung wird eine zusätzliche Stabilisierung erreicht. Diese Tatsache sollte man sich im Winter zunutze machen, weil dadurch zugleich die Aufstandsfläche etwas verkleinert wird. Somit wird die Last, die je Quadratzentimeter auf den Boden (auf Schnee und Eis) drückt, erhöht. Die Profilstollen und -kanten können dann besser greifen. Die großen und schmalen Reifen an den alten Autos unserer Väter lieferten den Beweis dafür: Damals gab es weniger Kummer bei winterlichen Fahrten.
Natürlich ist für die Autobahnfahrt im Sommer die empfohlene Luftdruckerhöhung um 0,2 bar in dem eben erteilten Ratschlag schon inbegriffen. Ein Mehr von 0,4 bar im Winter wäre zuviel.

Gleitschutzketten

Es war früher ein guter Tip, sich für Fahrten in schneereiche Gebiete ein komplettes sechstes Rad anzuschaffen und dieses ebenso wie das ohnehin vorhandene Reserverad daheim in Ruhe mit Ketten zu versehen und mitzunehmen. Statt unterwegs umständlich Ketten zu montieren, wurden nur die Räder der Antriebsachse ausgewechselt. In den letzten Jahren haben aber die Kettenher-

Gleitschutzketten sollen stets nur auf den angetriebenen Rädern montiert werden. Hier handelt es sich um eine Spurkreuzkette in symmetrischer Mittelspurausführung aus gehärtetem Stahl. Die Rundstahl-Kettenglieder sorgen für ausreichende Griffigkeit und Spurhaltung. Zu Gleitschutzketten gehört als unvermeidbares Hilfsmittel eine Kombizange und eine Rolle besonders zäher Draht. Denn unterwegs passiert es leicht, daß etwa losgerissene Kettenglieder wieder eingehängt oder ersetzt werden müssen. Allerdings gibt es beispielsweise von Erlau Kettenglieder, -haken und -ringe als Ersatzstücke.

steller praktische und fast narrensichere Montierhilfen entwickelt. Damit ist nun das Kettenauflegen leichter als das Auswechseln von Rädern geworden. Dennoch: Ein probeweises Auflegen der Ketten zu Hause nach der mitgelieferten Anleitung ist zu empfehlen. Im Schnee und mit kalten Fingern geht dann doch alles etwas schwerer und man ist froh, wenn man die Montage schon beherrscht. Die Kette darf nicht zu stramm angezogen werden, sonst wird sie zu sehr belastet und kann reißen oder das Reifenprofil beschädigen. Zwischen Kette und Reifenlauffläche sollte etwa die flache Hand geschoben werden können, dann kann die Kette etwas »wandern«, was sie auch soll.

Das wirksamste Mittel zum Anfahren und Fahren im Schnee ist die stählerne sogenannte Spurkreuzkette. Sie bringt wesentlich mehr »Material« auf den Schnee oder auf das Eis als die zwar billigeren, aber weniger tauglichen Leiter- oder Zickzack-Ketten. Wurden Ketten früher auf trockener Straße gefahren, was ja nicht immer vermeidbar ist, waren sie bald durchgescheuert und rissen. Neuere Ketten mit verstärktem Laufmaterial (z. B. Kantenspurkette von RUD) halten länger. Alle größeren Kettenhersteller (z. B. Erlau, RUD, Pewag) bieten Spitzenprodukte an, die robuster und spurtreuer sind.

Wenn man noch von einem früheren Wagen solche Gleitschutzketten besitzt, die nicht auf die Reifen des gegenwärtigen Autos passen, so kann man sie kürzen oder verlängern lassen. Ebenso nehmen die Hersteller Reparaturen an gebrauchten Ketten vor. Die Lebensdauer der Ketten kann dadurch erhöht werden, daß man sie abwechselnd beidseitig benutzt. Vorläufig nicht benutzte Ketten sollen gesäubert und trocken aufbewahrt werden.

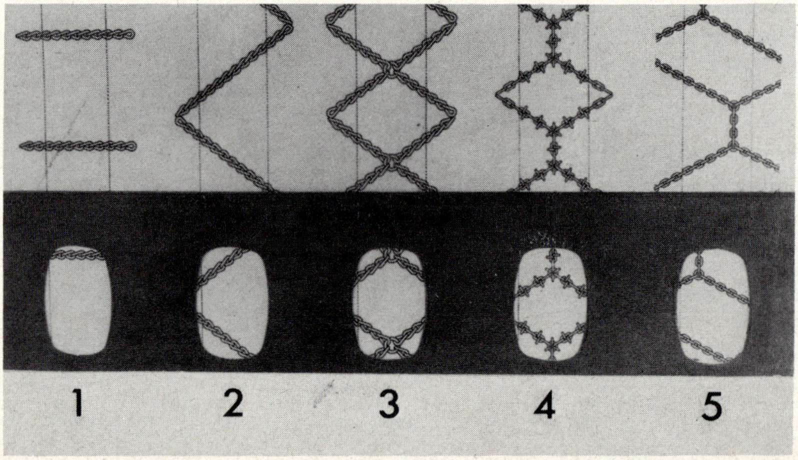

Die ovalen Ausschnitte geben die Aufstandsfläche eines Reifens an und vermitteln eine Vorstellung davon, bei welchen Gleitschutzketten der größte Kontakt mit der Fahrbahn besteht. Von diesen Ketten sind die Leiter- und Zickzack-Ketten (1 und 2) nicht zu empfehlen, dagegen sind die Kreuz-Kette (3) und die Spurkreuz-Ketten (4 und 5) wirkungsvoll genug, um im Schnee besonders gut zu greifen. Diese bieten auch bei Glatteis echte Sicherheit, während die beiden erstgenannten Ketten wegen ihrer ungleichmäßigen und unvollkommenen Auflage den Wagen bei einer Notbremsung unkontrolliert rutschen lassen.

Praktische Hilfen unterwegs

Im Winter braucht man unterwegs manchmal einige der hier genannten Utensilien, die kaum Geld kosten, aber gute Dienste leisten können.

■ Eis-Schaber, um vereiste Scheiben zu reinigen. Er muß aus Kunststoff sein, damit die Scheiben nicht zerkratzt werden. Man kann so ein Ding auch als »Teigschaber« – für die Kuchenteigschüssel – im Haushaltswarengeschäft kaufen.

■ Sandsäckchen, um an vereister Steigung eine Fahrbahn zum Anfahren streuen zu können. Am besten sind dichte Leinen- oder Kunststoffsäckchen mit möglichst scharfem Sand oder feinem Kies.

■ Schneeschaufel, um sich bei stärkerem Schneefall einen Weg bahnen zu können. Damit es ein auch wirklich brauchbares Gerät ist, möglichst eine breite Kohlenschaufel mit kurzem, abnehmbarem Stiel nehmen, damit man sich auch durch eine hohe Schneewehe graben kann. Zur Not kann man Schnee auch mit einer alten Radkappe wegschaufeln.

■ Anti-Beschlagtuch, mit dem die von innen beschlagene Windschutzscheibe und Heckscheibe abgerieben werden können. Die Imprägnierung, die das Beschlagen etwa für eine Woche verhindert, reicht in dem Tuch für eine Saison. Dann wird das Tuch ausgewaschen und als normales Staubtuch verwendet.

■ Zwei alte Teppichstreifen, jeweils einen halben Meter breit und mindestens 1,5 m lang aus einem alten Teppich oder Kokosläufer. Diese Stücke kann man zum Anfahren unter die Hinterräder legen, wenn es auf Glatteis nicht mehr weitergeht. Wichtig ist, daß an beiden Stücken jeweils eine starke Schnur befestigt ist. Damit wird der Teppichstreifen an die hintere Stoßstange angehängt, bevor man ihn vor den antreibenden Hinterrädern ausbreitet.

■ Sprühdose mit Klarsichtmittel gegen vereiste Windschutz- und Seitenscheiben. Man braucht es nur auf die obere Hälfte der Scheibe zu sprühen, weil es abläuft und dann auch den unteren Teil der Scheibe vom Eis befreit. Noch billiger ist Brennspiritus, den man in einer kleinen Plastikflasche mitführt.

Start bei strenger Kälte

Die 1,3-Liter-Motoren springen auch bei Kälte zuverlässig an, egal, wie tief das Thermometer gesunken ist. Wenn aber Feuchtigkeit (Nebel) mit im Spiel ist, kann es zu Schwierigkeiten kommen, falls sich die Teile der Zündanlage in einem vernachlässigten Zustand befinden. Dann hilft nur sorgfältiges Trockenwischen der Zündleitungen und der Innenseite des Verteilerdeckels und das Einsprühen der offenliegenden Teile der Zündanlage mit Kontaktspray. Allein die serienmäßige Schutzkappe über dem Zündverteiler bietet schon einen sehr guten Schutz.

Allgemein sind bei Kälte folgende Ratschläge zu befolgen:

■ Falls Schaltgetriebe, Kupplungspedal treten (steifes Getriebeöl bremst):

Wenn die Batterie den Anlasser nicht mehr dreht, kann man mit Starthilfekabeln die Batteriekraft eines fremden Wagens einsetzen. Plus-Pole beider Batterien mit einem Kabel verbinden. Das zweite Kabel bei der Hilfsbatterie am Minus-Pol, beim zu startenden Wagen mit Masse – z. B. blankes Karosserieteil im Motorraum – verbinden (dadurch ist bei Funkenbildung mögliche Explosionsgefahr durch Knallgas ausgeschlossen). Motor des Hilfswagens auf mittlere Drehzahl bringen, startunwilligen Motor normal starten.

■ Sprühflaschen (z. B. Startpilot) aus dem Zubehörhandel mit besonders leicht vergasbarem Anlaßstoff besorgen. Dieser wird – möglichst von zweiter Person – beim Anlassen in den Vergaserstutzen gespritzt (Luftfilterdeckel abnehmen). Auch Feuerzeugbenzin vergast sehr gut.

■ Um sorgfältige Vergasereinstellung bemüht sein.

■ Zündkerzen-Elektrodenabstand muß stimmen. Es kann helfen, die Kerzen herauszuschrauben und an Flamme oder Ofen zu erwärmen.

■ Zündleitungen, Zündspule und Verteiler peinlich sauber halten. Weißliche Schicht von Streusalz ist elektrisch leitend. Abwaschen und gut trocknen.

■ Batterie in beheiztem Raum aufbewahren und erst zum Start einsetzen.

Dünneres Motoröl bei Frost

Opel empfiehlt allgemein für normalen Winterbetrieb HD-Öl SAE 20 W-20 und bei länger anhaltenden Temperaturen um –20° C das Mehrbereichs-HD-Öl 5 W-30. Wer aus Kostengründen Einbereichsöl vorzieht, kann dafür das Öl SAE 10 W einfüllen. Diese Öle sollen der API-Norm SE oder CC entsprechen (siehe Seite 70). Das Öl 10 W ist im Opel freilich nicht für hohe Dauergeschwindigkeiten geeignet, weil es möglich ist, daß dessen Schmierfähigkeit durch die dann starke Beanspruchung aussetzt.
Dünneres Öl erleichtert das Anlassen und hat bei Kälte eine sofort einsetzende, bessere Schmierwirkung. Im Winter wird das Motoröl stark beansprucht, vor allem bei vielen Stadtfahrten. Man sollte dann rechtzeitig im Frühjahr einen Ölwechsel vornehmen. Im Kapitel »Schmieren – was und wie« können Sie mehr darüber erfahren.

Schutz für die Wagenunterseite

Um die Straßen eisfrei zu halten, greift man zum Streusalz. Die für den Augenblick erfreulich erscheinende Wirkung der Auftaumittel erweist sich für den Bauch der Autos auf die Dauer recht unerfreulich: Natriumsalze, bei tieferen Temperaturen auch nötige Magnesiumflocken oder Kalzium, greifen ungeschütztes Blech an und beginnen ein höchst vernichtendes Werk. Auch angetrocknet schlummern ihre Kräfte nur, denn das nächste Spritzwasser mobilisiert die begonnene Korrosion erneut. Die Folge sind Durchrostungen, auch an für die Verkehrssicherheit wichtigen Stellen.
Gefährlich ist der Rost, der unentdeckt frißt, nämlich an unzugänglichen Stellen oder in Hohlräumen. Rechts am Wagen haben solche Rostnester die größere Chance zu entstehen, weil rechts der Straßenrand oft etwas abfällt und das Kondenswasser im Wagen entsprechend zu dieser Seite läuft. Manche Partien in modernen Autos lassen sich in der Herstellung nicht lackieren und nachträglich nur bedingt schützen, und wenn es sich dabei um Teile mit tragender Funktion handelt, ist ihre sorgfältige Behandlung besonders geboten. Wenn erst einmal Rost von innen nach außen durchgedrungen ist, hilft keine noch so große Anstrengung mehr zur Beseitigung der angerichteten Zerstörung.

Serienmäßiger Unterbodenschutz

Opel verwendet zur Verhinderung von Rost an gefährdeten Stellen der Autos verzinkte Blechteile. Als Schutz für den Unterboden erfolgt eine Behandlung des Unterbaus mit einer Schutzschicht auf Bitumen-Kautschuk-Basis im Schleuderbereich der Räder, die als einmalige Vorkehrung gedacht ist, also während des gesamten Autolebens halten soll. Die übrigen unteren Partien des Opels erhalten eine weit weniger ausdauernde Wachsschicht.
Den Unterboden sollte man vor dem nächsten Winter erneut behandeln. Dieser Opel-Empfehlung können wir hier nur beipflichten. Solch ein Saison-Unterbodenschutz reicht jedoch höchstens für einige Monate und kostet etwa 40 DM. Wenn Sie Ihren Wagen länger als 2 Jahre behalten wollen, wird diese

Methode allerdings ziemlich teuer. Man kann aber auch den Unterbodenschutz regelmäßig kontrollieren und selbst nachbessern. Im Handel gibt es Sprühflaschen (Tectyl von Valvoline, Terotex von Teroson, Bostik M + S), die freilich relativ teuer und nur zum Ausbessern gedacht sind. Es lohnt sich nicht, die ganze Unterseite des Opels damit zu behandeln.
Unterbodenschutzmittel in Sprühdosen enthalten allerdings Lösungsmittel, die den noch vorhandenen Schutz angreifen können. Deshalb nimmt man zum Nacharbeiten besser einen Unterbodenschutz zum Streichen (z. B. Terotex P) oder man läßt die Ausbesserung mit Kompressor und Sprühpistole vornehmen (z. B. Terotex hell).

Unterbodenschutz ausbessern

Wenn Sie einen Gebrauchtwagen erworben haben oder die eben erwähnten Arbeiten nicht in einer Werkstatt ausführen lassen möchten, müssen Sie den Unterbodenschutz vor dem Winter auf Beschädigungen untersuchen und gegebenenfalls nachbehandeln. Der TÜV handelt gnadenlos, wenn der Rost das Blech papierdünn werden ließ und Fahrzeugteile mit ehemals tragender Aufgabe nur noch von der danebenliegenden Metallumgebung festgehalten werden.
Wenn Ihr Wagen einen Vorbesitzer hatte, der sich nicht um die Rostvorsorge gekümmert hat, sollten Sie als erstes überlegen, wie lange Sie den Wagen behalten wollen. Sonst geben Sie Ihr Geld womöglich für den Nachbesitzer aus. (Der Einwand, ein Wagen mit Unterbodenschutz verkauft sich besser, gilt nicht, denn ein Käufer könnte auch vermuten, daß nur Rostschäden verdeckt werden sollen.) Ob sich Unterbodenschutz bei einem gebrauchten Auto überhaupt lohnt anzubringen, kann im Zweifelsfall nur eine qualifizierte Werkstatt feststellen.
Zur Auswahl stehen drei Arten von Unterbodenschutz: Saisonschutz, Langzeitschutz, Dauerschutz. Die beiden erstgenannten kommen in Frage, wenn Sie Ihren Wagen nach ein bis zwei Jahren verkaufen wollen. Der Saisonschutz hält, wie sein Name sagt, höchstens eine Saison, womit die Wintersaison gemeint ist. Unter Umständen genügt schon eine Fahrt auf frisch mit Splitt gestreuter Straße, um den Schutz zu durchlöchern. Dann muß der Saisonschutz an den hart strapazierten Stellen nachgebessert werden. Die Summe solcher regelmäßigen Aufwendungen ist kaum billiger als ein Langzeitschutz. Dieser überdauert im Durchschnitt zwei Winter, wenn auch er gelegentlich ausgebessert werden muß. Allerdings muß vorher der Unterboden sauber entrostet und entfettet sein, sonst haftet der Bitumenschutz nicht. Bei einer stark verschmutzten Unterseite kommen also noch die Kosten für die Reinigung hinzu.
Dauerschutz wird mehrere Millimeter dick aufgesprüht und wirkt zugleich als Antidröhnmasse, er hängt dem Fahrgestell aber ein zusätzliches Gewicht von rund 15 kg an. Diese Behandlung kostet für den Opel etwa 200 Mark. Von Kontrollen nach der Winterperiode und eventuellen Nachbesserungen abgesehen, sind Sie dann aller weiteren Sorgen enthoben. Ein fachlich richtig angebrachter Dauerschutz ist billiger als ständiges Nachsprühen und hält etwa 5 Jahre.
Beim Auftragen jeglichen Unterbodenschutzes müssen Bremsanlage (Leitungen, Radbremsen), Lenkungsteile, Motor, Getriebe und Hinterachse abgedeckt werden. Nach dem Einsprühen ist sofort die Wirkung der Bremsen zu überprüfen und festzustellen, ob Sprühdunst auf die Bremsscheiben oder in die Bremstrommeln geraten ist. Bei mangelhafter Bremswirkung kann man versuchen, die normale Bremskraft wieder zu erreichen, indem man mit betätigten Bremsen und wenig Gas solange »schleicht«. (Das sollte man aber nicht auf öffentlicher Straße tun.) Ist dieses Experiment erfolglos, müssen die Bremsbeläge erneuert werden.
Zur Bearbeitung mit dem Konservierungsmittel darf das Auto nicht eiskalt durch-

gefroren sein. Man bringt es am besten am Abend vor dem Auftragen in die geheizte Werkhalle.

Nachkur der Hohlraumversiegelung

Auch die werksseitig versiegelten Hohlräume sollen alle zwei Jahre erneut konserviert werden, sonst kann der beste Unterbodenschutz den von innen auftretenden Rostfraß nicht verhindern. Kondenswasser und in die Hohlräume der Karosserie eingedrungenes Spritzwasser sammelt sich mit Vorliebe in bereits vorhandenen Schmutzdeponien. Solche »Rostnester« zeigen ihre unliebsamen Auswirkungen eines Tages in Form der vorher erwähnten Durchrostungen.
Bei einem älteren, wenig gepflegten Wagen hat eine erneute Hohlraumversiegelung selbstverständlich kaum noch Zweck: Das Rostverhütungsmittel würde sich nur auf den bereits vorhandenen Rostansätzen ausbreiten und könnte nicht verhindern, daß die Korrosion weiterdringt.
Vom Selbermachen müssen wir abraten, denn außer entsprechenden Kenntnissen braucht man einen starken Kompressor und einen genauen Hohlraumkonservierungsplan. Suchen Sie deshalb einen Spezialbetrieb, der für seine Hohlraumkonservierung einen guten Ruf hat. Meist sind dies Lackier- oder Karosseriewerkstätten. Die Hohlraumversiegelung kostet für Ihren Opel zwischen 200 und 250 Mark. Allzu billige Angebote sind nicht empfehlenswert. Sprühpistole und Bohrmaschine genügen nicht, diese Arbeit fachgerecht auszuführen. Bekannte Firmen wie Dinol, Pingo, Teroson und Valvoline führen Hohlraumversiegelungen für gängige Autos in ihrem Programm. Eine Sonde mit Spreizlamellen, wie sie Teroson entwickelt hat, hält die Sprühdüse in den Hohlräumen in ausreichendem Abstand und ermöglicht eine gleichmäßige Beschichtung.

Lackpflege im Winter

Das Äußere des Wagens muß man in der kalten Jahreszeit besonders schützen. Hierbei gilt es vorzubeugen, denn bei Temperaturen unter Null kommt man mit keinerlei Methode mehr richtig zum Zuge. Einem noch gut erhaltenen Lack ist es am zuträglichsten, ihn vor dem Winter zu konservieren (siehe vorangegangenes Kapitel).
Wagenwäsche im Freien wie an warmen Tagen ist bei Frost nicht möglich, außerdem würden dabei Türen, Schlösser und Hauben zufrieren. Man muß also frostfreies Wetter abwarten und dann den mit den Auftausalzen vermischten Schmutz gründlich und mit viel Wasser abwaschen. Reinigende Mittel sollte man dabei vermeiden, weil sie die Konservierung durchdringen und illusorisch machen. Auch die Anwendung von Poliermitteln hat bis zum Frühjahr zu warten. Besser ist es, ein bei Schneematsch häufig benutztes Auto regelmäßig in einer Waschhalle säubern zu lassen, wo sich auch die Gelegenheit findet, für anschließendes Austrocknen des Wagens zu sorgen.

Pflege der Blankteile

Glänzende Chrom- und Eloxalteile leiden Schaden, wenn man sie nicht pflegt. Das übliche Anlaufen von Chrom ist durch Polieren zu entfernen. Gegen das angriffswütige Streusalz schützt im Winter am einfachsten reine, säurefreie Vaseline. Allerdings bleibt der Schmutz gern daran kleben, und hart anprallendes Spritzwasser verdrängt mit der Zeit die fette Schicht. Besser ist dann ein wachsartiges Unterbodenschutzmittel, etwa Textyl. Möchte man es lieber glänzen lassen, nimmt man Sprühdosen mit glasklarem Chromschutzspray von Polifac oder von BP, Aral, Shell und Teroson.
Opel empfiehlt die farblose Chromschutzfolie, Katolog-Nr. 175 8924, die man mittels Pinsel auftragen muß. Diese Flüssigkeit darf nicht mit dem Lack des Wagens in Berührung kommen. Mit warmem Wasser erwärmt, kann die Folie später wieder von der Chromfläche abgezogen werden.

Fingerzeige: *Die Gummileisten um die Türen reibt man intensiv mit Glyzerin oder man sprüht sie mit einem isolierenden Mittel wie »Türgummischutz« von Pingo ein. Dann können sie nicht einfrieren. Festgefrorene und aufgerissene Dichtleisten müssen in der Regel ersetzt werden.*
Das eingefrorene Türschloß öffnet man mit dem erhitzten Schlüssel, dessen Spitze über die Flamme des Feuerzeugs gehalten wurde. Das Festfrieren der Türschlösser verhindert Frostschutzmittel, das man an einem dünnen Draht hineinlaufen läßt, wenn man keine alte Injektionsspritze vom Hausarzt hat. Gleiche Dienste leistet Knochenöl, das die Sperren des Schlosses nicht verklebt. Bei der winterlichen Wagenwäsche überdeckt man das Schloß mit einem Streifen Tesa-Film.
Bei Frostwetter soll man am abgestellten Wagen nicht die Handbremse anziehen, weil sich Spritzwasser angesammelt haben kann. Ein festgefrorenens Bremsseil kann man nur mit Wärme auftauen (heißes Wasser; in der Garage keinen Elektro-Ofen mit offener Heizspirale benutzen!).

Maßnahmen bei Stillegung

War es früher der Winter, der manchen Wagenbesitzer zum Stillegen seines Autos veranlaßte, sind heute eher Militärdienst oder Führerscheinentzug die Ursache, daß das Auto »eingemottet« und für einige Monate stillgelegt werden soll. Um den Fahrzeugzustand für die Dauer dieser Zwangspause zu erhalten, muß man die Betriebsbereitschaft des Wagens auf nachstehende Weise erhalten:

- Öl wechseln, Tank und Kühler ganz füllen.
- Motor warmlaufen lassen. Etwas Korrosionsschutzöl oder Petroleum in Vergaserstutzen sprühen oder in Kerzenlöcher gießen und Motor ohne Zündung (Verteilerkappe abnehmen) mit Anlasser durchdrehen.
- Motor (mit in Öl getränktem Lappen) luftdicht verschließen: Ansaugöffnung (Vergaserstutzen), Auspuff.
- Handbremse nicht anziehen. Kappe des Bremsflüssigkeitsbehälters mit Klebeband abdichten, da Bremsflüssigkeit wasseranziehend ist.
- Batterie ausbauen. Möglichst alle 4 Wochen aufladen lassen oder dorthin verleihen, wo sie benutzt wird.
- Schlösser mit Gefrierschutzmittel einspritzen.
- Scheibenwischerblätter aushängen.
- Blanke Teile mit Vaseline oder anderem säurefreiem Fett einreiben.
- Reifendruck regelmäßig kontrollieren (lassen).
- Alle 2 Monate Wagen bei eingelegtem großen Gang wenigstens 50 cm vom alten Platz wegschieben, um einseitige Reifenbelastung und Dauerbelastung einzelner Ventilfedern zu vermeiden.
- Bei Stillstand über 6 Monate Wagen hochbocken. Frei hängende Antriebsräder bei eingelegtem Gang gelegentlich gleichzeitig etwas drehen, damit einzelne Ventilfedern regelmäßig entlastet werden.
- Abstellplatz soll trocken sein und muß gelegentlich gelüftet werden. Heizung ist nicht erforderlich. Wagenfenster handbreit geöffnet lassen.

Betreuung

Technische Dinge sind weder endgültig perfekt noch für alle Zeiten gemacht – sie sind Menschenwerk. Deshalb ist es notwendig, daß man sie in gewissen Abständen pflegt und ihre Funktion kontrolliert. Das ist bei der Eisenbahn so und auch bei der Ölheizung, jedoch richtet sich der Umfang der Überprüfungen danach, wie komplex die Technik ist und welche Ansprüche man an sie stellt.

Vorbeugen ist besser als heilen

Die hier am Rande vermerkte Weisheit gilt auch für das Automobil. Die Überprüfungen zur Einsatzbereitschaft des Wagens, die sich aus Funktionskontrollen sowie aus Pflege- und Einstellarbeiten zusammensetzen, sind Beiträge zur Fahrsicherheit und zum Werterhalt Ihres Autos. Folgt man den einzelnen Arbeitsanweisungen mit Sorgfalt, braucht man sich um den verkehrssicheren Zustand seines Autos keine weiteren Sorgen zu machen. Niemand ist aber gezwungen, deswegen festgelegte Termine einzuhalten.
Wie jedes Automobilwerk, hat Opel für seine Autos einen Fahrplan entwickelt, der im Kundendienst-Scheckheft zu Ihrem Wagen enthalten ist. Opel gehörte zu den ersten Autoherstellern, die dieses Scheckheftsystem einführten, um den Kunden in regelmäßigen Kontakt mit der Werkstatt zu bringen.
Auf der Rückseite des jeweiligen »Schecks« sind allerdings die einzelnen Arbeiten nur stichwortartig vermerkt, weil es sich dabei um Anhaltspunkte für die zu erledigenden Arbeiten in der Opelwerkstatt handelt. Diese Aufstellungen weisen in einigen Punkten auch auf Inspektionen hin, die einen anderen Opel-Typ betreffen und bei Ihrem Wagen nicht vorgenommen werden müssen. In anderen, wenigen Punkten sind mehrere Arbeiten versteckt, die wir an den betreffenden Stellen dieses Buches getrennt erläutern.
Bei näherem Blick auf die nachfolgende Pflegeliste werden Sie feststellen, daß viele Dinge mit wenigen Handgriffen zu erledigen sind. Bei etwas routinierter Beziehung zwischen Ihnen und dem Wagen können manche Punkte sogar während des Fahrens ausgeführt werden. In den einzelnen Kapiteln wird daneben noch verständlich erklärt, was über die Pflegearbeiten hinaus an dem Opel getan werden soll. Besondere Anforderungen ergeben sich dabei im Winter, unter dem die Autos am meisten leiden. Bei allen Wartungen gilt es den Zweck der Vorsorge zu erfüllen.

Das Inspektions-System

Die ersten Ascona-Manta-Modelle wurden noch von einem Inspektionsprogramm begleitet, das nach der – auch heute ausgeübten Ablieferungsdurchsicht und kostenlosen 1000-km-Inspektionen – bei km-Stand 5000 eine Sicherheitsinspektion vorsah. Es folgten ab dem folgenden km-Stand 10 000 teils sich überschneidende Wartungsarbeiten.
Im Frühjahr 1976 wurde das Programm zum »Opel-Inspektionssystem '76« verfeinert, bei dem statt der Kilometerintervalle nun Zeitintervalle in den Vordergrund rücken. Das kommt den Wenigfahrern zugute. Fahrern mit hohen Kilome-

terleistungen wird – wie bislang – für alle 10 000 km eine Inspektion empfohlen. In jedem Fall sollen auf diese Weise zwei Inspektionen pro Jahr vorgenommen werden, wobei zugleich der Arbeitsaufwand gegen früher um 25 Prozent verringert ist.
Das Kundendienst-Scheckheft enthält ab 1976 wechselweise einen roten Scheck für die Sicherheitsinspektion und einen grünen für die Jahresinspektion. Jede Kontrolle soll spätestens10 000 km nach der vorangegangenen erfolgen.
Wir haben nachfolgend einen Pflegedienstplan aufgestellt, der sich an die von Opel aufgestellten Richtlinien anlehnt, zugleich aber die im neuen System genannten Intervalle nicht berücksichtigt, wenn es sich um wichtige Überprüfungen handelt, die der Fahrer auch gemäß der Betriebsanleitung in kürzeren Abständen als erst nach jeweils 10 000 km vornehmen soll. Das bezieht sich auf die in unserem Pflegeplan mit den Nummern 1, 2, 4, 5 und 6 versehenen Kontrollen.
Die Wartungsarbeiten bei km-Stand 1000 haben wir in unserem Pflegeplan nicht aufgeführt, denn diese Inspektion sollte man der Opel-Werkstatt überlassen. Eine der wichtigsten Gewährleistungsbedingungen ist sonst nicht erfüllt, wenn Garantieansprüche gestellt werden müssen. Bei fast jedem neuen Wagen ist dann noch einiges zu beanstanden und von der Werkstatt beheben zu lassen.

Was kann man selber machen?

Vor jeder einzelnen Wartungsarbeit unserer Liste finden Sie einen oder mehrere Kennbuchstaben (S, T oder W), die Ihnen andeuten sollen, was Sie selbst machen können, was die Tankstelle erledigen kann und was der Werkstatt überlassen bleiben soll. Im einzelnen erläutert:

S = Selbst machen. Das sind Arbeiten, die man ohne Fachkenntnisse und besonderes Werkzeug selbst ausführen kann, nachdem man den entsprechenden Abschnitt dieses Buches gelesen hat.

S T = Selbst machen oder Tankstelle. Auch hier sind keine besonderen Fachkenntnisse notwendig, aber vielleicht fehlt das entsprechende Gerät zur Ausübung dieser Arbeit. Die Tankstelle besitzt es.

S W = Selbst machen oder Werkstatt. In diesen Fällen sind neben einfachen Fachkenntnissen etwas Geschick, Einfühlungsvermögen und zusätzliches, aber kein aufwendiges Werkzeug Voraussetzung.

T = Tankstelle. Der sparsame Mann überläßt diese Arbeit am besten der Tankstelle, obgleich er sie auch selbst ausführen könnte. Er spart dabei Zeit und Mühe, denn der Warenpreis, der bei dieser Arbeit entsteht, ist gleich, einerlei, ob man die Ware – in der Regel das Öl – selbst verarbeitet oder von der Tankstelle verarbeiten läßt.

W = Werkstatt. Diese Arbeit erfordert spezielle Fachkenntnisse sowie teure Meß- und Arbeitsgeräte, die nur die Fachwerkstatt besitzt.

Mit den aufgeführten Arbeiten ist jeder Opel-Dienst vertraut. Einzelne Arbeiten, die man nicht selber machen will, werden jedoch an einer guten Tankstelle oft schneller (auch samstags) ausgeführt, als dies in Werkstätten manchmal möglich ist. Es gibt allerdings auch einige Pflege- und Inspektionsdienste, die nur mit »W« gekennzeichnet sind. Sie bleiben »übrig«, wenn man selber pflegt oder die Tankstelle einige Wartungen übernehmen läßt. Man braucht sich keineswegs zu scheuen, seiner Werkstatt nur diese Arbeiten gesondert in Auftrag zu geben. Das ist immer noch billiger als ein kompletter Inspektionsdienst.
Ihre Werkstatt wird es schnell herausbringen, wenn Sie mit einem stets gut gepflegten Wagen aufkreuzen und nur vereinzelte Aufträge erteilen, die Sie offensichtlich nicht selbst ausführen können. Man wird Ihre Haltung respektieren und Sie nach dem guten Zustand Ihres Opels einschätzen.

Was muß wann und wo gemacht werden?

				Seite
			Pflegearbeiten alle 500 km	
1.	S		Motorölstand kontrollieren	66
			alle 1000 km oder wöchentlich	
2.	S		Reifendruck messen	157
			bei km-Stand 10 000	
3.	S		Radmuttern auf festen Sitz prüfen	156
			alle 10 000 km	
4.	S		Batteriesäurestand kontrollieren	161
5.	S		Kühlmittelstand kontrollieren	93
6.	S		Bremsflüssigkeitsstand kontrollieren	136
7.	S	T	Motoröl wechseln	67
8.	S	T	Ölfilterelement erneuern	67
9.	S	W	Getriebeölstand kontrollieren	72
10.	S	W	Hinterachsölstand kontrollieren	73
11.	S	W	Belagstärke der Scheibenbremsen prüfen	140
12.	S	W	Fuß- und Handbremse auf Wirkung prüfen	135
13.	S		Reifenzustand prüfen	156
14.	S	W	Probefahrt	10
			alle 20 000 km	
15.	S		Zündkerzen überprüfen	189
16.	S	W	Unterbrecherkontakte nachstellen	182
17.	S	W	Zündzeitpunkt überprüfen	184
18.	S		Keilriemenspannung prüfen	174
19.	S	W	Leerlauf überprüfen	112
20.		W	Abgaskontrolle	111
21.	S		Kraftstoffanlage überprüfen	102
22.	S		Dichtheit des Kühlsystems überprüfen	94
23.	S		Gasgestänge prüfen und ölen	74
24.	S		Schläuche und Schlauchverbindungen prüfen	94
25.	S	T	Auspuffanlage untersuchen	91
26.		W	Bremsflüssigkeit wechseln	136
27.	S	W	Bremsanlage auf Dichtheit prüfen	137
28.	S	W	Bremsleitungen und -schläuche prüfen	137
29.	S	W	Belagstärke der Trommelbremsen prüfen	145
30.	S	W	Zustand des Handbremsseils überprüfen	149
31.	S	W	Handbremseinstellung prüfen	148
32.		W	Vorspur nachmessen	129
33.		W	Stoßdämpfer prüfen	131
34.	S	T	Gummibälge des Lenkgetriebes und der Vorderradgelenke überprüfen	134
35.		W	Traggelenkspiel prüfen	128
36.	S		Scharniere und Schlösser ölen und überprüfen	38, 74
37.	S		Funktion aller Leuchten prüfen	196
38.	S	W	Scheinwerfereinstellung überprüfen	198
39.	S		Funktion des Scheibenwischers überpüfen	212
40.	S		Funktion der Scheibenwaschanlage prüfen	214
			alle 40 000 km	
41.	S		Papierelement des Luftfilters wechseln	109

Innerhalb der Garantiezeit können alle Inspektionsarbeiten auch bei den rund 6500 Service-Stützpunkten in Europa durchgeführt werden, unabhängig davon, wo der Wagen neu gekauft wurde. Das bezieht sich gleichermaßen auf die kostenlose 1000-km-Inspektion. So lassen sich entsprechend Reise- und Urlaubspläne einrichten.

Festsitzende Radmuttern lassen sich in Ermanglung eines Kreuzschlüssels auch lösen, indem man einen Schraubenschlüssel auf die Mutter setzt und mit einem zweiten Schraubenschlüssel den Hebelarm verlängert. Natürlich muß man dabei aufpassen, daß der eine Schlüssel nicht vom anderen abrutscht. Der verlängerte Hebelarm erspart viel Kraftaufwand. Hat man keine weiteren Hilfsmittel zur Verfügung, dann kann man auch mit kräftigem Tritt auf den angesetzten Schlüssel schlagen. Aber Vorsicht, daß man nicht abrutscht und sich verletzt!

Mittlerweile haben Sie vielleicht den Entschluß gefaßt, die Pflege Ihres Opels soweit wie möglich selbst in die Hand zu nehmen. Nun bleibt noch die Frage, wo man diese Veranstaltungen abhalten will. Eine Garage bietet sich wegen der darin meist ungenügenden Raumverhältnisse nicht oder nur bei ungünstiger Witterung als Arbeitsplatz an. Wegen des besseren Lichts ist ein Arbeitsplatz im Freien vorzuziehen, doch nicht jeder Fleck unter dem blauen Himmel erweist sich als brauchbar. Auf dem Rasen hat man wenig Freude: Die versehentlich herabgefallene Schraube bleibt verschwunden. Ähnlich ungeeignet ist die Nähe eines Wasserablaufs: Wie mit Zauberkraft zieht dieser metallene Kleinteile an. Gekiester Boden auf festem Untergrund ist schon eher in die Wahl zu ziehen, wenn vorher der Kies mit einem Drahtbesen geglättet wurde. Am besten ist natürlich ein ebener Zement- oder Asphaltboden. Vor der Beschäftigung mit dem Auto wird er sorgfältig gekehrt, damit man sich nicht im Schmutz herumwälzt und auch einmal darauf niederlassen kann.
Absolut festen Boden unter den Füßen zu haben ist besonders dann wichtig, wenn Sie an die Unterseite Ihres Opel heran wollen. Dann müssen Sie das Auto hochwinden und möglicherweise unterbauen. Hüten Sie sich davor, unter ein Auto zu kriechen, das nur vom Wagenheber hochgehalten wird! Der Wagenheber kann abgleiten oder umknicken. Das ist lebensgefährlich für den, der unter dem Auto liegt. Es ist also erforderlich, Böcke als Fangstützen unter dem Wagen zu plazieren. Das geschieht vorne am besten unter dem Profilachskörper und hinten unter dem Differentialgehäuse, wo man zum Schutz gegen Beschädigungen noch ein Holzbrett zwischen Stütze und Hinterachse schiebt.

Völlig gefahrlos kann man unter dem Auto hantieren, wenn man es mit den Vorder- oder Hinterrädern auf ein Paar Auffahrrampen fährt. Diese stählernen Schienen tragen mehr als das Zweifache an Gewicht des Ascona oder Manta und in unserem Gebrauch haben sie sich als äußerst praktisch erwiesen. Natürlich muß auch hierbei der Untergrund betoniert oder gepflastert sein, damit die Stützen der Rampen nicht im Boden einsinken.

Ölige Geschichte

Fette und Öle gibt es in unzähligen Arten und Qualitäten. Eine solche Vielfalt ist nötig, weil an Schmiermittel unterschiedliche Anforderungen gestellt werden. Beispielsweise müssen Motoröle nicht nur den Reibungswiderstand abbauen, sondern sie sollen auch Wärme ableiten, Verbrennungsrückstände lösen und gegen Gas abdichten – bei allen Betriebsbedingungen, also im Winter beim Kaltstart ebenso wie unter hohen Temperaturen bei Dauervollgas. Fortwährend schafft das auch das beste Öl nicht.
Mit den Fetten verhält es sich ähnlich (Fett ist gleichfalls Öl, durch »Verseifung« in festeren Zustand gebracht). So kann man etwa ein Türschloß notfalls mit irgendeiner Schmiere beweglich halten, aber für die Radlager braucht man wegen ihrer hohen Beanspruchung ein spezielles Fett. Die einzelnen Abschnitte in diesem Kapitel sollen Ihnen helfen, das jeweils richtige Schmiermittel anzuwenden.

Motorölstand kontrollieren

Pflegearbeit Nr. 1

Alle 500 km nachzukontrollieren, ob noch genügend Öl im Motor enthalten ist – das erscheint manchen Leuten unnötig. Zumal wenn sie noch vom letztenmal zu wissen glauben, daß am Ölpeilstab »voll« abzulesen war.
Tun Sie es trotzdem! Irgendwo kann inzwischen eine undichte Stelle am Motor entstanden sein (z. B. durch nachlässig eingedrehte Ölablaßschraube oder durch nicht richtig eingedrückten Ölpeilstab), die den lebenswichtigen Saft langsam entweichen läßt. Dann haben Sie das Nachsehen. Natürlich sind diese Beispiele die Ausnahme, aber eine bewährte Regel sagt: »Vertrauen ist gut – Kontrolle ist besser.«
Morgens vor dem Start ist die genaueste Kontrolle möglich. Dann hat sich über Nacht das Öl vollkommen in der Ölwanne gesammelt. Wird jetzt der Ölpeilstab herausgezogen, läßt sich daran der Ölstand genau ablesen. Dabei behalten Sie sogar saubere Hände.
Für die Kontrolle unterwegs braucht man einen sauberen Lappen, den man am besten hinter dem Scheibenwaschwasserbehälter oder in der Nähe des Bremsflüssigkeitsbehälters festklemmt. Dort ist er dann bei Bedarf zur Hand. Mit ihm wischt man das vom Öl benetzte Ende des Ölpeilstabes ab, drückt den Stab wieder bis zum Anschlag in den Motor und zieht ihn erneut heraus. Bei warmem Motor ist erst dann zu erkennen, wie weit das Öl im Motor reicht.
Am unteren Ende besitzt der Ölstab zwei Einkerbungen: Die untere bedeutet »Nachfüllen«, und die obere zeigt »Voll« an. Wenn das Öl den Stab dazwischen benetzt, stimmt der Ölstand. Erst dann, wenn der Ölpegel bis zur unteren Marke abgesunken ist, muß Öl nachgefüllt werden.
Wenn der Wagen auf schrägem Boden steht, dann hat es keinen Sinn zu versuchen, den Ölstand nachzumessen. Die Ölkontrolle muß bei waagerecht stehendem Fahrzeug vorgenommen werden, weil ein (auch an manchen Tankstellen anzutreffender!) nur wenig abschüssiger Untergrund genügt, das Kontrollresul-

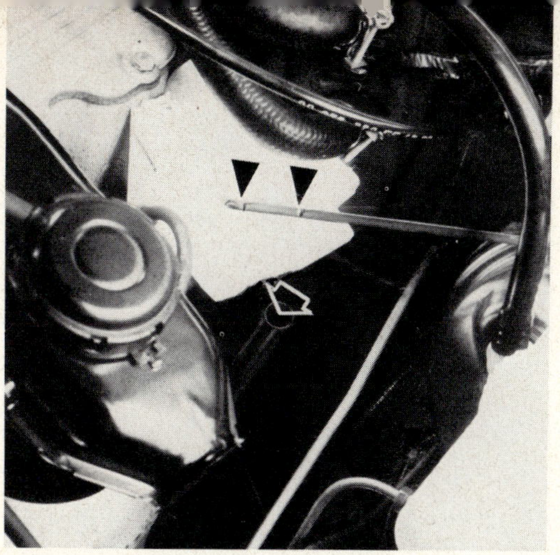

Motoröl soll nachgefüllt werden, wenn der Ölstand bis zur Minimum-Marke abgesunken ist. Die Füllmenge zwischen Minimum- und Maximum-Markierung auf dem Peilstab beträgt 1 Liter Öl.
Zuviel eingefülltes Öl wird außerdem über die Motorentlüftung angesaugt und verklebt die Bohrungen im Vergaser. Ebenso erhöht ständiges Nachfüllen bis zur Maximum-Marke den Ölverbrauch, hat also keinen Sinn und schadet nur dem Geldbeutel. Nach der Ölstandsprüfung muß der Peilstab fest in das Peilstabloch am Motor gedrückt werden, sonst tritt bei laufendem Motor Öl aus. Ergebnis: Ölverlust und ölverschmierter Motorraum.

tat zu verfälschen.
Unterwegs, während einer Reise, soll man den Ölstand erst überprüfen, nachdem der Motor einige Minuten still gestanden hat. Das Öl muß im Motor abgelaufen sein und sich in der Ölwanne gesammelt haben. Andernfalls käme man vielleicht zu dem Schluß, es würde Öl fehlen, und man wäre geneigt, unnötigerweise Öl nachzufüllen. Was man zu beachten hat, wenn tatsächlich Bedarf an Öl vorliegt, ist auf Seite 72 im Abschnitt »Unterwegs Öl nachfüllen« beschrieben.

Motoröl wechseln
Pflegearbeit Nr. 7

Gemäß den im Kundendienst-Scheckheft angegebenen Intervallen ist das Motoröl alle 10 000 km zu wechseln. Opel empfiehlt sogar, diesen Wechsel bei »schweren« Betriebsbedingungen, also bei überwiegenden Fahrten in der Stadt oder in staubigen Gegenden, in kürzeren Abständen vorzunehmen. Allerdings zwingen nur sehr krasse Bedingungen zu solchem Verhalten, etwa dann, wenn der Opel als Botenfahrzeug von Haus zu Haus benutzt wird. An warmen Sommertagen mag das noch angehen, aber winterliche Temperaturen verschlechtern solche Bedingungen für den Motor erheblich.
Heutige HD-Öle besitzen andererseits derartige Qualitäten, daß ihre volle Schmierkraft auch bis zu 15 000 km erhalten bleiben kann. Das setzt voraus, daß der Wagen flott gefahren und nicht mit unterkühltem Motor gequält wird.
Nach 10 000 km ist das Öl so weit »gealtert«, daß es seine Funktion nur noch unvollkommen erfüllt. Häufige Kurzstreckenfahrten fördern Verunreinigungen, versetzt mit Kraftstoffkondensaten, die der schmierenden Eigenschaft des Öls abträglich sind. Altes Öl verbraucht sich schneller. Erhöhter Ölverbrauch kann daran liegen, daß man schon häufig neues Öl zum alten hinzugeschüttet hat. Ein Ölwechsel kann den Verbrauch wieder sinken lassen, wenn der Motor sonst noch in Ordnung ist. Günstig ist es natürlich, wenn man den Ölwechsel dem Wandel der Jahreszeiten anpassen kann, um die für Sommer und Winter geeigneten Ölsorten zu verwenden.
Seit Frühjahr 1978 wird anläßlich der 1000-km-Inspektion beim neuen Auto kein Ölwechsel mehr vorgenommen. Bis dahin hatte man bei Opel diese Maßnahme aus Vorsichtsgründen geübt, doch die heutigen Ölqualitäten machen das überflüssig.

Ölfilterelement wechseln
Pflegearbeit Nr. 8

Zugleich mit jedem Ölwechsel soll das Ölfilterelement ausgewechselt werden. Bei den Opel-Motoren ist es in den sogenannten Hauptstrom des Motoröls geschaltet. Dieser Wechselfilter kann nicht mit Benzin oder anderen Mitteln gereinigt werden. Er sitzt – in Fahrtrichtung gesehen – unten am Motor, links hinten.

An das Ölfilterelement kommt man am besten von unten heran. Zum Abschrauben verwendet man in Ermangelung eines Bandschlüssels einen alten Keilriemen oder Lederriemen, dessen Enden man mit einer Rohrzange festdreht. So wird gleichzeitig das Filterelement losgedreht. Sollte der Versuch erfolglos sein, hilft folgende rauhe Methode: Mit einem kräftigen Schraubenzieher durchstoßen Sie die Blechwände des Filters. Jetzt haben Sie einen ausreichenden Hebelarm zum Lösen der festsitzenden Verschraubung. Bei abgenommenem Filter muß der Flansch gesäubert werden. Dabei kann auch gleich festgestellt werden, ob der Gummidichtring noch am Filterflansch klebt.
Nach dem Filterwechsel läßt man den Motor zur Dichtheitsprüfung kurz laufen und zieht dann das Filter mit der Hand noch etwas fester an.

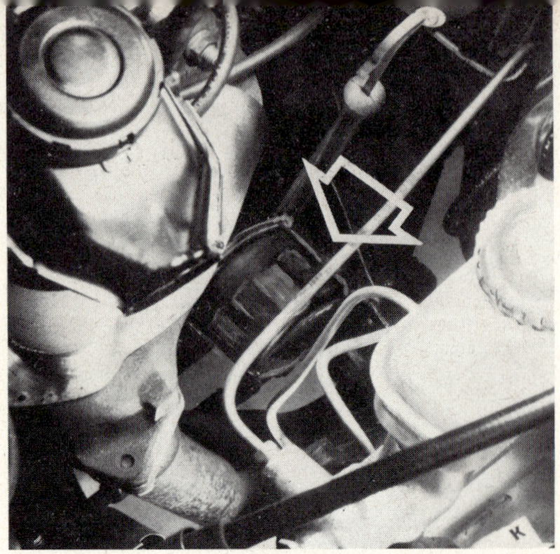

Ein altes Filterelement läßt sich selten mit Händekraft losdrehen. In der Werkstatt benutzt man dazu einen speziellen Bandschlüssel, es geht aber auch mit einem alten Keilriemen oder Ledergurt. Man schlingt den Riemen einmal um das Filtergehäuse, dreht die Enden mit einer Rohrzange fest und gleichzeitig damit das Gehäuse los.
Bei dem neuen Filter muß der Dichtring vor dem Ansetzen leicht mit Abschmierfett eingestrichen werden. Zwar nimmt man in der Werkstatt dazu Öl, aber bei der anschließenden Sichtprüfung am laufenden Motor, ob nämlich der Filter wirklich dicht sitzt, kann abtropfendes Öl fälschlich als austretendes Öl angesehen werden, und man zieht ihn dann noch fester an. Das Filterelement darf aber beim Anschrauben nur mit der Hand festgedreht werden. Jedes Festziehen mit irgendeinem Werkzeug ist verboten und kann dazu führen, daß sich die Patrone später nicht mehr lösen läßt.
Folgende Ölfilter erhält man bei Opel-Diensten oder im Zubehörhandel:

- Bosch 0 451 102 001
- Mann W 712
- Purolator PC 20
- Knecht FO 318
- Purflux Opel
- Tekalemit FB 2063
- die bei Fram und Knecht unter der Bezeichnung »Opel« geführten Ölfilter.

Fingerzeig: *Handprobe am Ölfilter bei heißgefahrenem Motor zeigt, ob das Öl auch richtig durch diesen Filter zirkuliert. Er muß gleich warm wie der Motorblock sein. Ein verschmutztes oder verstopftes Filter wird sich kühler anfassen, weil der Ölstrom über das Kurzschlußventil fließt. Dann wird der Motor mit ungefiltertem Öl versorgt: Filterwechsel ist dringendst geboten.*

Hat man keine Grube zur Verfügung, sollte der Wagen zum Ablassen des Motoröls möglichst allseitig gleichmäßig hochgebockt sein. Wagen zur Sicherung abstützen! Die Ölablaßschraube befindet sich an der Unterseite der Ölwanne, sie kann nur mit einem Ring- (oder Gabel-)schlüssel SW 19 herausgedreht werden. Beim Hineindrehen der Schraube darf keine Gewalt angewendet werden, damit man das Gewinde nicht beschädigt. Altes Öl verbraucht sich schneller. Erhöhter Ölverbrauch kann daran liegen, daß man schon häufig neues Öl zum alten hinzugeschüttet hat. Ein Ölwechsel kann den Verbrauch wieder sinken lassen, wenn der Motor sonst noch in Ordnung ist.

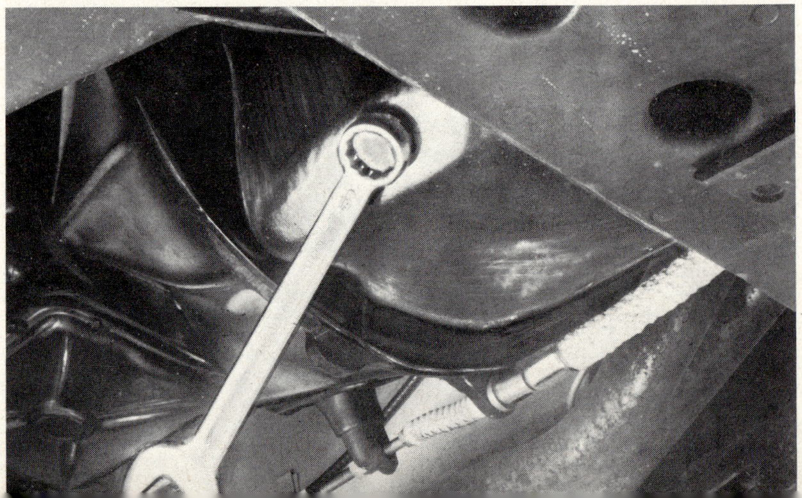

Ölwechselprobleme

Ölwechsel kann man in der Opel-Werkstatt oder an einer Tankstelle vornehmen lassen oder daheim machen. Bei Opel sagt man allerdings, daß der Ölwechsel alle 10 000 km oder zweimal jährlich zum Wartungsdienst gehört. Im allgemeinen ist die Tankstelle aus einigen besonderen Gründen vorzuziehen:

1. Das Motoröl soll warm gewechselt werden, damit es restlos mit allem Schmutz gut abläuft. In Werkstätten muß der Wagen oft lange warten, inzwischen wird der Motor wieder kalt. An Tankstellen hat man für diese Arbeit oft schon nach wenigen Minuten Zeit.

2. Das alte Öl aus dem Motor kann man nicht zum Kuchenbacken verwenden. In die Kanalisation schütten oder im Garten vergraben oder verbrennen darf man es auch nicht, weil dies wegen Umweltverschmutzung Strafe kostet. Bei den Tankstellen ist das Altöl jedenfalls besser aufgehoben. Dort kriegt man es aber nicht immer abgenommen, wenn man sich dort sonst nicht sehen läßt und es einfach hinbringt. Will man es unbedingt selber machen, benötigt man:

- Ein neues Ölfilterelement (siehe vorstehenden Abschnitt).
- 2,75 Liter Motoröl. Die verwendbaren Ölsorten finden Sie in der Tabelle auf der nächsten Seite.
- Ring- oder Gabelschlüssel SW 19 zum Öffnen und Schließen der Ablaßschraube.
- Gefäß zum Auffangen des Altöls.

Die Arbeit verläuft folgendermaßen: Hat man keine Grube, muß der Wagen allseitig gleich hoch aufgebockt werden, damit der Motor sich in waagerechter Stellung befindet und das Öl vollkommen auslaufen kann. Dann Wanne oder sonstiges Gefäß zum Auffangen des Altöls unterschieben. Ablaßschraube öffnen (Vorsicht bei heißem Öl) und Öl auslaufen lassen. Danach Ablaßschraube wieder festdrehen, aber nicht »anknallen«.

Nun wird das frische Motoröl oben in den Einfüllstutzen auf dem Zylinderkopfdeckel eingefüllt. Ganz zum Schluß wird nach einigen Minuten noch einmal der Ölmeßstab gezogen, denn sicher ist sicher. Es soll nämlich schon vorgekommen sein, daß oben das Öl eingefüllt wurde und unten die Ablaßschraube noch gar nicht drin war. In diesem Zusammenhang ist es interessant zu wissen, wieviel Einfüllmenge die Differenz zwischen oberer und unterer Meßmarke am Ölpeilstab ausmacht: Es ist genau 1 Liter.

Gleichzeitig mit dem Ölwechsel muß das Ölfilterelement erneuert werden, wie es im vorangegangenen Abschnitt beschrieben wurde.

Öl absaugen

Wirbt Ihre Tankstelle mit Ölwechsel zur Selbstbedienung mit einem Ölabsauggerät und verkauft sie dazu preisgünstiges »Öl zum Mitnehmen«, so ist das eine preiswerte Ölwechselmöglichkeit. Der alle 10 000 km vorgeschriebene Ölfilterwechsel darf natürlich auch beim Ölabsaugen nicht vergessen werden.

Allenfalls bei einem außerplanmäßigen Ölwechsel zwischen den Intervallen, wie er etwa bei winterlichem Kurzstreckenbetrieb vorgenommen werden sollte, braucht das Filter nicht gewechselt zu werden. Das reicht beim nächsten 10 000-km-Intervall.

Verwendbare Ölsorten

Opel schreibt als Kraftfahrzeughersteller für die Motoren Qualitäts-HD-Öle vor, überläßt es aber dem Wagenhalter, sich selbst von dieser Qualität zu überzeugen. An sich ist diese Bezeichnung »HD-Öl« eine veraltete Qualitäts-Klassifizierung, die international nicht mehr allgemein verwendet wird. Hierzulande gehört sie noch zum gängigen »Auto-Deutsch«, auch wenn »HD« in Wirklichkeit gut amerikanisch »Heavy Duty« (= schwere Beanspruchung) bedeutet. Die Buchstaben »HD« geben aber keine echte Garantie mehr dafür, ob das be-

treffende Motoröl auch wirklich den Anforderungen des Motors und der Fahrweise seines Besitzers gerecht wird.
Deshalb gibt es heute neuere Leistungsnormen für Motorenöle, die vom »Amerikanischen Petroleum-Institut« (API) festgelegt sind, international anerkannt werden und in vielen Ländern allgemein gebräuchlich sind. Darum ist es ärgerlich, daß sich die Mineralölfirmen in der Bundesrepublik weitgehend scheuen, diese auch für den hiesigen Autofahrer wichtigen Bezeichnungen zu benutzen. Wir fanden sie bislang nur bei Agip und Shell (früher auch bei Aral) verbindlich geführt.
Besser ist es also, wenn auf der Öldose oder dem Ölkanister, den Sie erwerben wollen, nicht nur »HD« aufgedruckt, sondern eine der folgenden API-Bezeichnungen zu finden ist.

- »API-Service SE« (für hochbelastete Ottomotoren ab Baujahr 1972).
- »API-Service CC« (an sich für Dieselmotoren im mittleren und schweren Betrieb, kann aber auch problemlos in Benzinmotoren gefahren werden).
- »MIL-L-2104 B« (US-Militär-Spezifikation, die »API-Service CC« entspricht).
- »MIL-L-46 152« (US-Militär-Spezifikation mit noch höheren Qualitätsmerkmalen als »API-Service SE oder CC«).

Motoröl, das keine dieser Bezeichnungen trägt oder nur mit den geringwertigen API-Normen »API-Service SA, SB, SC, SD, CA, CB« oder den Schwerst-Diesel-Normen »API-Service CD« oder »Serie-3-Öl« (zu scharf legierte Öle) gekennzeichnet ist, sollten Sie für Ihren Ascona oder Manta nicht nehmen.
Die Ölsorten mit den nachfolgend genannten Viskositätsbezeichnungen entsprechen den Opel-Empfehlungen (der Begriff »Viskosität« wird im nächsten Abschnitt erläutert).

Bezeichnung	Viskosität für den Sommer	Viskosität für den Winter	Viskosität für länger anhaltende Temperaturen um –20° C
Qualitäts-HD-Öl (SE- oder CC-Motoröl) Einbereichsöl	SAE 30	SAE 20 W-20	SAE 10 W
Qualitäts-HD-Öl (SE-Motoröl) Mehrbereichsöl	SAE 10 W-40 SAE 10 W-50 SAE 15 W-40 SAE 15 W-50 SAE 20 W-40 SAE 20 W-50	SAE 10 W-40 SAE 10 W-50 SAE 15 W-40 SAE 15 W-50 SAE 20 W-40 SAE 20 W-50	SAE 5 W-30

Eine bindende Preisangabe für diese Öle kann hier nicht gemacht werden, weil je nach Ölmarke unterschiedliche Beträge gezahlt werden müssen. Einbereichsöle sind billiger als Mehrbereichsöle. Während erstere etwa zwischen 4,50 DM und 6,50 DM je Liter differieren, schlagen die – gleichfalls unter bekannten Markennamen angebotenen – Mehrbereichsöle teilweise ganz erheblich teurer zu Buche, so gegenwärtig von 7,50 DM bis 12,00 DM. Noch kostspieliger sind vollsynthetische Öle, etwa Mobil SHC 20 W-50 für fast 15 Mark. In Supermärkten, Kaufhäusern und von Versandfirmen gibt es oft billige Motorenöle zu kaufen. Die Bezeichnung »HD« sollte, da sie keine anerkannte Norm mehr ist, in diesem Fall nicht genügen. Es können zwar trotz niedrigen Preisen einwandfreie Motorenöle sein, aber Sie sollten dann nur zugreifen, wenn Sie eine der oben empfohlenen API- oder MIL-Klassifikationen darauf finden. Wir haben noch nie gehört, daß Ölhersteller minderwertige Öle mit guten Qualitätsklassifizierungen offerieren – die Konkurrenz überwacht sich gegenseitig sorgfältig.

Dagegen sind Hinweise, wie »Erfüllt alle Anforderungen der Motorenhersteller« oder »Von allen großen Autowerken anerkannt« für sich allein noch keine Qualitätsbeweise.

Temperaturbereiche

In der vorangegangenen Aufstellung geben Spalte 2 bis 4 die Viskosität, die Zähflüssigkeit des Öls, durch Zahlenwerte an. Sie resultiert aus der Fähigkeit des Öls, schneller oder langsamer aus einem Röhrchen gleichen Durchmessers zu fließen und wurde von der amerikanischen **S**ociety of **A**utomotive **E**ngineers genormt. Die Bezeichnung der Zähflüssigkeitsklassen erfolgt deswegen mit »SAE« und einer vereinbarten Zahl. Je kleiner diese Zahl, desto dünnflüssiger ist das Öl. Das »W« am Schluß bedeutet zusätzlich »Winter«. Es ist gleichfalls dünnflüssiges Öl, das für die kalte Jahreszeit vorgesehen ist. SAE 20 und SAE 30 (ohne »W«) sind Sommeröle, ihre Dickflüssigkeit macht sie für winterliche Temperaturen im Opel ungeeignet, zumal dickes Öl im froststarren Motor den Anlaßvorgang erschwert.
Natürlich können solche Einbereichsöle in den Temperaturbereichen, für die sie vorgesehen sind, die entsprechenden Bedingungen erfüllen, für den strengen Winter eignen sie sich aber nicht.
Freilich muß man nicht bei jedem Witterungswechsel auch einen Ölwechsel vornehmen. Es genügt, wenn man sich grob nach den Jahreszeiten richtet, und es schadet keinesfalls, wenn man bei der ersten Frühlingssonne noch das Winteröl im Motor hat.

Mehrbereichsöle

Motoröle mit den Bezeichnungen wie SAE 10 W-40 oder SAE 20 W-50 haben den Vorteil, in der Zeit des Winter- oder Sommerhalbjahres über im Motor Dienst tun zu können. Solche Mehrbereichsöle können immer dann verwendet werden, wenn Öle der Klasse SAE 10 W oder SAE 20 W für den Winter empfohlen sind und wenn das gleiche Öl auch im Sommer gefahren werden möchte. Sie sind aber auch am teuersten. Somit ist es Ihr Geld, das Sie in Mehrbereichsöl nur dann gut anlegen, wenn Sie mit Ihrem Opel so wenig fahren, daß der nächste Ölwechsel bestimmt in jene Jahreszeit fällt, für welche eine andere Ölviskosität vorgeschrieben ist.
Genaugenommen handelt es sich bei den Mehrbereichsölen um dünnflüssige Öle, denen spezielle chemische Zusätze beigegeben sind. Sie »quellen« bei höheren Temperaturen, verhindern also, daß das Öl bei höheren Temperaturen zu dünnflüssig wird, wodurch es seine Schmierfähigkeit verlieren könnte. Man sollte es sich gut überlegen, ob das Mehrbereichsöl in jedem Fall rentabel ist. Man darf auch nicht immer auf den Mann an der Tankstelle hören, der natürlich lieber das Öl verkauft, bei dem er eine höhere Verdienstspanne hat.

Ölverbrauch

Neue Autos haben einen höheren Ölverbrauch als solche, die in ihrem besten Alter stehen. Nach den ersten 5000 bis 8000 km hat sich der Verbrauch gewöhnlich eingependelt und bleibt dann vorläufig konstant. Bei gut eingefahrenem Ascona oder Manta verbraucht dessen Motor auf 1000 km höchstens 0,5 Liter Öl, eher weniger. Ab 60 000 km, bei beginnender Alterung des Motors, steigt der Verbrauch allmählich an und liegt später etwa bei knapp 1 Liter auf 1000 km. Leichter Mehrverbrauch über diesen Angaben ist ohne Belang und rührt meistens von unterschiedlichen Fahrbedingungen her. Bedenklich aber ist es, wenn diese Werte etwa um 50 % überschritten werden.
Vermutlich ist dann aber der Motor undicht: Beachten Sie Ölspuren am Motor und darunter den Standplatz des Autos! Wenn Ihnen jemand begegnet, der da behauptet, der Motor seines Wagens brauche kein Öl, so können Sie ihn bewun-

dern, aber zu glauben brauchen Sie ihm nicht. Denn das gibt es nicht, weil Motoröl unter Aufopferung seiner selbst schmiert.
Dagegen kann häufiger Kaltstart, unterkühltes Fahren und dauerndes Fahren mit gezogener (oder klemmender) Starterklappe vortäuschen, daß der Motor kein Öl verbraucht. Vorsicht! In solchem Fall ist das Öl durch Kraftstoffteile und Kondensate verdünnt – ein Ölwechsel ist dringend fällig.

Unterwegs Öl nachfüllen

Lesen Sie zu diesem Abschnitt ruhig noch einmal den auf Seite 66 beschriebenen Handgriff »Motorölstand kontrollieren«. Was dort geschrieben steht, müßte hier eigentlich wiederholt werden, denn das Ablesen des Ölstandes sollte niemals leichtfertig oder oberflächlich ausgeführt werden.
Muß man wegen Ölverbrauch Motoröl nachfüllen, ist es im Grunde egal, welcher Ölmarke Sie sich zuwenden. Alle qualifizierten Ölsorten und -marken lassen sich (bis auf einige sehr teure Spezial- und Rennöle) untereinander mischen. Diese Mischbarkeit ohne schädliche chemische oder sonstige Folgen ist eine Grundordnung der internationalen Ölnormen.
Es empfiehlt sich sogar, beim eventuell notwendigen Nachfüllen bei hartem Frost das dünnere Winteröl SAE 10 W zum »20er«-Öl im Motor zu nehmen. Ein Mehrbereichsöl erhält man zwar dadurch nicht, aber die Ölfüllung ist den Starttemperaturen besser angepaßt.
Skeptiker beruhigen ihr Gefühl, wenn sie zum Nachfüllen die gleiche Marke nehmen, die zum Ölwechsel gewählt wurde. Unter Vorlage der Quittungen kann man dann bei einem überraschenden Motorschaden bei der treu beanspruchten Ölfirma reklamieren und feststellen lassen, ob vielleicht mit dem Öl etwas nicht stimmte. Das ist zwar äußerst selten der Fall, aber bei solchen Ausnahmen zeigen die Mineralölfirmen auch zweifellos Kulanz.
Nachfüllen von Öl ist tatsächlich erst dann notwendig, wenn der Ölstand bis zur Minimum-Marke abgesunken ist. Zu hoher Ölstand ist unnütz. Im Kurbelgehäuse kommt es zu Schaumbildung, die Zündkerzen verrußen, die Leistung fällt ab, das Öl wird sinnlos verbraucht. Zu viel eingefülltes Öl wird außerdem über die Entlüftungsleitung vom Motor abgesaugt und verklebt dabei die Bohrungen im Vergaser.

Fingerzeige: *Hochwertiges Öl wird schon nach kurzer Laufzeit dunkel. Das beweist, daß es richtig »arbeitet« und allen anfallenden Schmutz in der Schwebe hält. Es ist jedoch kein Zeichen zum Ölwechsel.*
Geld läßt sich sparen, wenn beispielsweise nach 1000 km der nächste Ölwechsel fällig wäre und der Ölspiegel steht an der Minimum-Marke. Anstatt nun einen Liter teures Öl in den Motor zu geben, das alsbald doch wieder rausfließen muß, ist es besser, den ganzen Ölwechsel einfach vorzuverlegen. Die fehlenden 500 oder 1000 km können Sie beim nächsten Ölwechsel dann wieder zulegen, denn im heutigen HD-Öl stecken noch durchweg Reserven.
Von etlichen Firmen werden Zusatzmittel zum Motoröl angeboten. Sie kosten Geld – und bringen nichts. Opel lehnt bei Verwendung solcher Zusatzmittel sogar ausdrücklich alle Garantieansprüche ab und steht auf dem Standpunkt, daß die Ölzusätze – zumeist Molybdändisulfid, das wir im Abschmierfett durchaus zu schätzen wissen – nutzlos wären.

Getriebeölstand kontrollieren

Pflegearbeit Nr. 9

In halber Höhe des Getriebegehäuses sitzt – in Fahrtrichtung rechts – eine Schraube mit Innensechskant SW 8, die nach Herausschrauben eine Kontrollöffnung für den Getriebeölstand bietet. Natürlich darf der Wagen bei dieser Kontrolle nicht schräg stehen. Reicht bei waagerecht aufgebocktem Auto der Öl-

Der Getriebeölstand wird an der Einfüll- und Kontrollöffnung mit dem Zeigefinger geprüft. Die Einfüllschraube läßt sich mit Maul- oder Ringschlüssel lösen. Zeigefinger in die Öffnung stecken: Reicht der Ölstand bis zur Unterkante der Einfüllöffnung (man fühlt das mit dem Finger), ist die Sache in Ordnung. Kontrollschraube wieder eindrehen, jedoch nicht zu fest »anknallen«.

stand bis zur Unterkante der Einfüllöffnung – man kann das mit einem Finger fühlen –, ist alles in Ordnung. Die Kontrollschraube darf aber danach nicht zu fest eingedreht werden, sonst leidet das Gewinde.
Wenn man Ölmangel vermutet, ist von eigenhändigem Nachfüllen abzuraten. In der Regel fehlt nur eine geringe Menge oder gar nichts. Fehlt eine größere Menge, dann dürfte irgendwo das Gehäuse undicht sein, was schon äußerlich an Ölschmutzkrusten erkennbar ist. Zum Abdichten aber ist die Werkstatt zuständig, und Nachfüllen besorgt auch besser eine Tankstelle. Diese Sicherheitskontrolle sollte alle 10 000 km stattfinden. Die erforderliche Ölsorte ist im übernächsten Abschnitt genannt.

Ölwechsel im Schaltgetriebe?

Im Gegensatz zu vielen anderen Personenwagen ist beim Schaltgetriebe des Opel kein regelmäßiger Ölwechsel vorgeschrieben. Deshalb besitzen diese Getriebe auch keine Ölablaßschraube. Beim Nachfüllen muß das Öl seitlich in die weiter oben erwähnte Kontrollausführung gedrückt werden, was mittels Schlauch und passend gebogenem Mundstück passiert. Zum Selbermachen braucht man dann noch eine Plastikflasche, die man zusammendrücken und auf diese Weise das Öl einpumpen muß. Damit ist freilich eine ziemliche Geduldsprobe verbunden, weil das Öl recht dickflüssig ist. Erwärmt läßt sich das Getriebeöl leichter einfüllen.
Ein Ölwechsel wird normalerweise nur gelegentlich einer Getriebereparatur ausgeführt, wenn das Gehäuse geöffnet werden muß. Da eine solche Arbeit in der Werkstatt vorgenommen wird, erfolgt dort auch die Neubefüllung.

Lenkgetriebe schmieren?

Hatten Sie inzwischen schon nach irgendeinem Hinweis auf die Fett- oder Ölversorgung des Lenkgetriebes bei Ihrem Opel gesucht? Von dieser Arbeit sind Sie befreit, weil Ihr Auto mit einer wartungsfreien Zahnstangen-Lenkung ausgerüstet ist.
Natürlich ist da auch Fett mit im Spiel, aber so ohne weiteres kann eine eventuell fehlende Menge nicht nachgemessen werden, und einfach nachfüllen, wie das bei anderen Lenkgetrieben möglich ist, geht dabei auch nicht. Auf den Seiten 132–134 finden Sie alles, was Sie über die Lenkung wissen müssen.

Hinterachsölstand kontrollieren

Pflegearbeit Nr. 10

Jeweils nach 10 000 km Laufstrecke soll der Ölstand in der Hinterachse geprüft werden. Dazu steht der Wagen am besten unbeladen auf seinen Rädern über einer Grube. Für Tankstelle oder Werkstatt ist die Kontrolle eine kurze Arbeit. Wer es selbst machen will, braucht dazu einen Inbusschlüssel SW 8 für die In-

Zur Kontrolle des Ölstandes in der Hinterachse wird die Kontrollschraube mit dem Inbusschlüssel SW 8 herausgedreht. Das Öl soll bis zur Unterkante dieser Einfüllöffnung stehen. Bei eventuellem Ölverlust muß die verantwortliche undichte Stelle an der Hinterachse ausfindig gemacht werden.

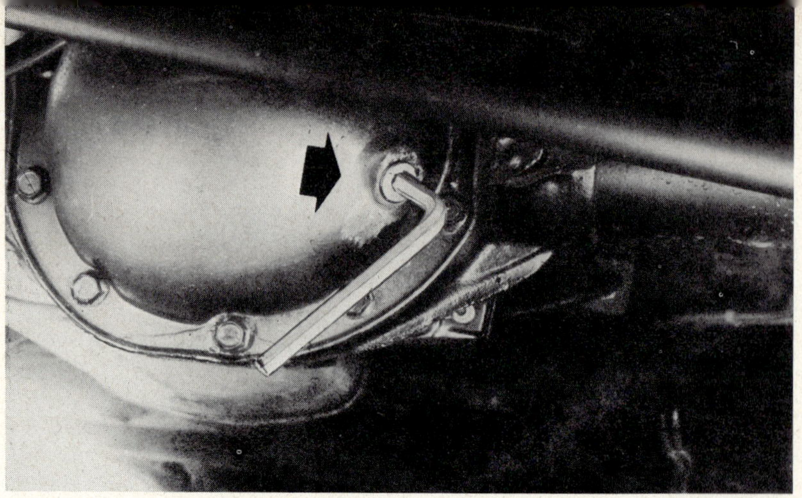

nensechskantschraube an dem rückwärtigen Gehäusedeckel des Differentials. Wie beim Schaltgetriebe ist alles in Ordnung, wenn das Öl bis zur Einfüllöffnung steht.

Wagen mit üblicher Hinterachse besitzen eine Befüllung mit Spezial-Hinterachsöl SAE 90. Dieses Öl ist auch später nur zu verwenden, da es besonders druckfest und für dieses Hinterachsgetriebe am geeignetsten ist. Die Opel-Werkstätten führen das Spezial-Hinterachsöl unter den Katalog-Nrn. 19 42 380 und 19 42 382. Im Zweifelsfalle sollte man bei Opel nachfragen, ob ein eventuell woanders ausgesuchtes Höchstdruckschmieröl zulässig ist.

Beide Öle sind – gegenüber der alten Gepflogenheit beim Ascona A – für Hinterachsen mit oder ohne Sperrausgleichgetriebe verwendbar. Dagegen kann das bei Opel-Diensten vorrätige Öl M 12 auch in dieser Hinterachse ohne Sperrausgleichgetriebe nachgefüllt werden.

Wenn das Hinterachsgehäuse nicht zu einer Reparatur geöffnet werden mußte, braucht ein Ölwechsel nicht stattzufinden. Die Füllmenge für die einzelnen Modelle ist dem Kapitel »Technische Daten« zu entnehmen.

Gasgestänge prüfen und ölen

Pflegearbeit Nr. 23

In Abständen von 20 000 km soll die Kolbenstange des Heizerventils geölt werden. Das Ventil sitzt links vom Gebläse, hinten zwischen Motor und Spritzwand. Man läßt einen Helfer den Heizungshebel im Wagen öffnen und schließen und ölt dann am Ventil dort, wo sich etwas bewegt. Zugleich ist auch der Bowdenzug zu schmieren, da bei dieser Hin- und Herbewegung das Schmiermittel in die Ummantelung des Zuges dringt. Auch im Sommer ist gelegentlich einmal der Heizungshebel zu betätigen. Das hält das Heizerventil einsatzbereit und man hat die Gewißheit, daß man im Winter nicht frieren wird.

Im gleichen Zuge kümmert man sich darum, daß die Lagerstellen und Gelenke des Gasgestänges leicht beweglich sind. Sie sind mit einigen Tropfen Öl zu schmieren. Übermäßige Schmutzkrusten sollte man freilich vorher entfernen, oder sieht Ihr Opel unter der Haube immer recht adrett aus? Für das Schmieren der Gelenke kann man auch Fett verwenden, am praktischsten ist jedoch Graphitöl aus der Spraydose (z. B. von BP). Einer weiteren Erläuterung zum Ölen bedarf es hierbei sicher nicht.

Scharniere und Schlösser ölen

Teil der Pflegearbeit Nr. 36

Scharniere und Türschlösser, die nicht quietschen oder klemmen sollen, brauchen nach 40 000 km ein wenig Fett. Man kann auch Motoröl dazu nehmen. Wichtig ist, daß Sie sich nicht später Hände oder Kleidung beschmutzen, wenn Sie einmal an diese Schmierstelle streifen. Öl ist also vielleicht günstiger – es

darf sogar Fahrradöl oder »Haushaltsöl« sein, wie man es in kleinen Spritzkännchen zu kaufen bekommt. Vorher muß man die alten Fett- und Ölreste um die Scharniere, Verschlüsse und an den Türschließketten wegwischen und danach noch einmal das überschüssige Öl.
Lediglich die Schloßzylinder, also die Innenteile der Türschlösser, sind etwas anspruchsvoller. Werden sie mit Fett vollgepreßt, ist der Türschlüssel stets schmierig und verschmutzt die Jackentasche. Besser ist Frostschutzmittel oder Chrompflegemittel (kein Chromschutzlack), welches man mit einer Spraydose in das Schlüsselloch pustet. Das schmiert und hält das Schloß im Winter auch gleich frostfrei.
Entgegen den Empfehlungen einiger anderer Automobilhersteller kann man für Opel-Türschlösser auch den Fest-Schmierstoff Graphit verwenden. Hierzu ist der Schlüssel in das Graphit zu stecken, mehrmals im Schloß hin- und herzudrehen und zuletzt sauber abzuwischen. Zum Beispiel bekommt man »Teroson-Spezial-Graphit« für 3 Mark in kleinen Dosen im Zubehörhandel.
Für die beiden Haubenverschlüsse kann man Vaseline oder ein anderes zähes Fett nehmen, das gerade zur Hand ist. Desgleichen eignet sich Fett auch besser für die Türspanner und für die Fensterheber – sollten Sie einmal die Innenverkleidung der Türen entfernt haben.

Das steht nicht in der Betriebsanleitung

An Ihrem Opel gibt es noch einige weitere Stellen, wo sich etwas bewegt und im Laufe der Zeit ölhungrig wird. Für den Fall, daß Sie an den hier nachfolgend erwähnten Teilen irgendeine kleinere Arbeit vornehmen, geben wir einige Tips, dort gleichzeitig für etwas Schmierung zu sorgen, wo es inzwischen nötig geworden ist. Im Prinzip ist es dabei gleichgültig, ob Fett oder Öl verwendet wird.

Scheibenwischergestänge

Unermüdlich müssen die Scheibenwischer für freie Sicht sorgen, wenn das Wetter es befiehlt, und das ein ganzes Autoleben lang. Irgendwann findet sich bestimmt einmal die Gelegenheit, hier ölend nachzuhelfen. Klappen Sie die Motorhaube auf und schalten Sie Zündung und Wischerschalter ein, dann sehen Sie unterhalb der Windschutzscheibe, was sich bewegt. Einige Tropfen Öl auf diese Gelenkstellen und auf die Buchsen der Scheibenwischerlager erleichtern dem Scheibenwischermotor sein Wirken.

Starterzug

Die 13 N-Motoren besitzen einen Vergaser mit Starterzug. Dieser Bowdenzug gehört eigentlich noch zum Vergaser, wird aber bei dessen Pflege leicht vergessen. Behandeln Sie ihn mit Öl, haben Sie nicht eines Tages den Zugknopf in der Hand. Außerdem wird durch die Leichtgängigkeit des Zuges gewährleistet, daß er beim Einschieben die Starterklappe im Vergaser richtig öffnet.

Zündverteiler

Ein nicht unwichtiger Punkt ist es, den Zündverteiler mit Fett zu versorgen. Man soll nicht meinen, bei Opel hätte man diesen Hinweis übersehen. Da aber die Unterbrecherkontakte alle 20 000 km nachgestellt werden sollen (siehe Seite 182) und dies meist durch eine Werkstatt geschieht, sorgt man dort ohnehin für Fettzufuhr. Es ist dann angebracht, das Gleitstück des Unterbrecherhebels und den Unterbrechernocken leicht einzufetten, ebenso wie das Hebellager des Unterbrechers. Hierzu bedient man sich des Bosch-Spezialfettes FT 1 v 4, wovon eine kleine Tube etwa 60 Pfennig kostet.
Die gleitenden Teile der Fliehgewichte benetzt man etwas mit Kugellagerfett. Auf den Schmierfilz am oberen Ende der Verteilerwelle träufelt man etwa alle 10 000 km ein paar wenige Tropfen Motoröl, die ruhig vom Ölpeilstab stammen können. Dazu ist der Verteilerläufer abzuziehen.

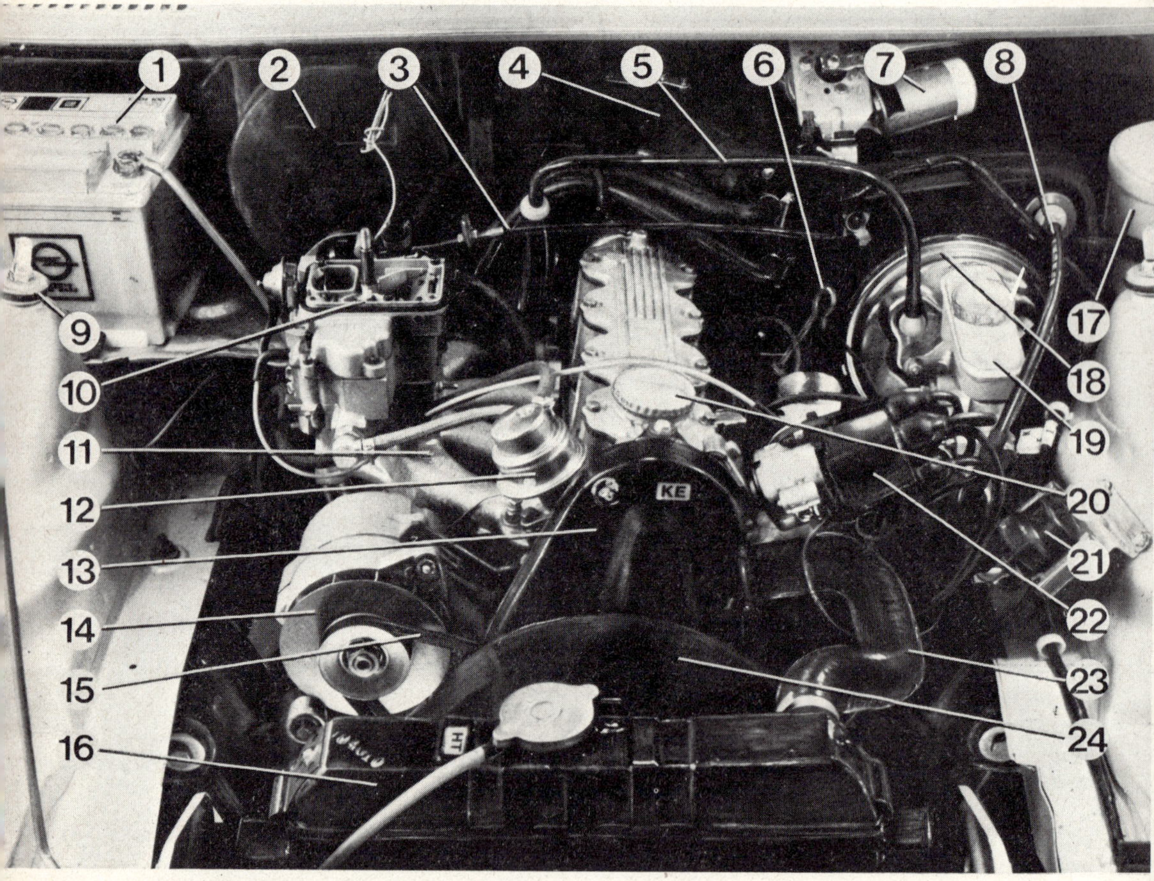

Unter der Haube
Wenn man vor dem Ascona oder Manta steht, ergibt sich bei geöffneter Motorhaube gleichermaßen dieses Bild. Die wichtigsten Teile im Motorraum sind hier bezeichnet:
1 – Batterie, 2 – Gehäuse für Gebläse, 3 – Gaszug, 4 – Gehäuse für Heizung, 5 – Unterdruckschlauch für Servobremse, 6 – Ölpeilstab, 7 – Scheibenwischermotor, 8 – Kupplungsseilzug, 9 – obere Befestigung des rechten Stoßdämpfers, 10 – Vergaser (Luftfiltergehäuse abgebaut), 11 – Ansaugkrümmer, 12 – Kraftstoffpumpe, 13 – Zahnriemenabdeckung, 14 – Drehstrom-Lichtmaschine, 15 – Keilriemen, 16 – Kühler, 17 – Scheibenwaschwasserbehälter, 18 – Servobremse, 19 – Bremsflüssigkeitsbehälter, 20 – Öleinfüllstutzen auf dem Deckel des Nockenwellengehäuses, 21 – Zündspule, 22 – Zündverteiler, 23 – Heißwasserschlauch, 24 – Luftfangtrichter über Lüfter.

Flotter Sprinter

Man sagt, der Motor sei das Herz des Autos. Es soll zur rechten Zeit stets zuverlässig »schlagen«. Als Autofahrer muß man aber ein wenig dazu beitragen, diese Zuverlässigkeit zu bewahren, obgleich das Opel-Triebwerk inzwischen bewiesen hat, daß es robust ist und unauffällig seinen Dienst versieht. Damit sich diese Erwartungen auch bei Ihrem Wagen erfüllen, wollen wir Sie hier mit dem Charakter des neuen Opel-Motors vertraut machen.

Neues Konzept

Als zu Anfang 1979 der Ascona 1.3 vorgestellt wurde, brach Opel mit einer alten Tradition: Erstmals in der Geschichte der Firma trieb ein Motor mit obenliegender Nockenwelle einen Serienwagen an. Diese absolute Neukonstruktion ersetzte zunächst den alten seitengesteuerten 1,2-Liter-Motor, und im Laufe des gleichen Jahres wurde das junge Triebwerk auch im Manta eingebaut.
In beiden Modellen erlebt der Motor erst eine Vorstufe seiner Laufbahn. Im Jahr 1979 erschien damit die neue Kadett D-Reihe mit Frontantrieb, bei der das gleiche Triebwerk – quer eingebaut – ebenfalls in zwei Leistungsstufen vorhanden ist. Der 1,3-Liter-Motor wurde so konzipiert, daß daraus auch hubraumgrößere Einheiten heranreifen können.
Der Motor ist noch wartungsfreundlicher als die vorausgegangenen Opel-Konstruktionen, die weiterhin parallel in der Modellreihe Ascona/Manta Verwendung finden und die auch in anderen Bänden dieser Buchreihe besprochen werden. Ganz ohne Kontrollarbeiten kommt man natürlich auch jetzt noch nicht aus, aber solche Prüfungen erstrecken sich eher auf Anbauteile und Aggregate, denen weitere Kapitel in diesem Buch gewidmet sind.
Mit diesem völlig neuen Motor kam Opel nach 5jähriger Entwicklungszeit heraus. Seine hervorstehenden technischen Merkmale sind die obenliegende Nockenwelle, der Querstrom-Leichtmetall-Zylinderkopf, eine fünffach gelagerte Kurbelwelle, der Nockenwellenantrieb durch Zahnriemen und der selbsttätige, hydraulische Ventilspielausgleich.

Steckbrief des Motors

Der Vierzylindermotor ist konventionell in Längsrichtung eingebaut, der Antrieb erfolgt – dem Konzept von Ascona B und Manta B entsprechend – auf die Hinterräder. Das Kurbelgehäuse besteht aus Gußeisen und der Zylinderkopf aus Leichtmetall, wie es auch bei modernen Motoren aus Gründen der Gewichtsersparnis und der besseren Wärmeableitung üblich ist. Die schon erwähnte obenliegende Nockenwelle kennzeichnet das Aggregat als OHC-Motor (OHC ist eine Abkürzung für die englische Benennung »over head camshaft« = Nockenwelle über dem Kopf, wobei mit »Kopf« der Zylinderkopf gemeint ist) und unterscheidet ihn damit von OHV-Motoren (»over head valve« = Über-Kopf-Ventile). Im Abschnitt über die Ventilsteuerung wird darüber ausführlicher gesprochen.
Des weiteren mag eine Erläuterung zu den Hubraumdaten nötig erscheinen. Sie sind bei jedem Auto von Interesse, denn von ihnen lassen sich wesentliche Ein-

Ansicht des Motors von vorn.

flüsse auf Leistungsfähigkeit und Lebensdauer – natürlich in Verbindung weiterer Merkmale – ablesen. Die Hubraumangabe wird aus der Bohrung (Durchmesser) eines Zylinders und aus dem Hub (Weg der Auf- und Abbewegung) eines Kolbens in diesem Zylinder errechnet. Der ermittelte Wert wird mit der Anzahl der Zylinder multipliziert und ergibt den Gesamthubraum eines Motors.
Der Motor hat eine Bohrung von 75 mm und einen Hub von 73,4 mm. Somit ergibt sich ein effektiver Hubraum von 1297 ccm (nach deutscher Steuer-Formel 1281 ccm), und die Bezeichnung »1,3-Liter-Motor« wird verständlich. Weil der Kolbenhub kleiner als die Zylinderbohrung ist, besitzt dieser Vierzylinder-Reihenmotor nahezu einen sogenannten Kurzhubcharakter. Eine solche Eigenheit ermöglicht höhere Drehzahlen als bei Langhubern und wirkt sich in einem geringeren Grad der Abnutzung aus.
Man unterscheidet aber zwischen 13 N- uind 13 S-Motor, die in ihrer Leistung differieren. Ersterer verfügt über 44 kW (= 60 PS), während der zweite 55 kW (75 PS) leistet. Diese Leistungssteigerung resultiert wesentlich aus dem von 8,2: 1 auf 9,2: 1 angehobenen Verdichtungsverhältnis (Verdichtung = jeder Kolben drückt in seinem Zylinder das angesaugte Kraftstoff-Luft-Gemisch in dem angegebenen Verhältnis zusammen), außerdem aus der Verwendung zweierlei Vergaser zur Gemischaufbereitung.
Der Buchstabe N weist auf den Betrieb mit Normal-Kraftstoff hin, während beim 13 S ein Betrieb mit Super-Benzin erforderlich ist. Der etwas höhere Preis für Super wird durch den niedrigeren Verbrauch ausgeglichen, der aus einem besseren Wirkungsgrad herrührt. Im Endeffekt läuft ein auf Super ausgelegter Motor sogar kostengünstiger. Früher einmal aufgestellte Berechnungen über den wirtschaftlichen Betrieb mit Normal-Motoren treffen nicht mehr zu.

Der Kurbeltrieb

Trotz der möglichen Drehzahlen kann man die Robustheit des Motors recht zuverlässig beurteilen, denn die Kurbelwelle ist fünffach gelagert. Das bedeutet, daß jedes Pleuel mit Kolben sich zu beiden Seiten auf einem Hauptlager ab-

stützt. Ein derart auf Sicherheit ausgelegter Kurbeltrieb könnte theoretisch höhere Drehzahlen als vorgeschrieben verkraften, doch die somit verborgene Reserve kommt der Lebensdauer zugute. Andererseits sind dem Ventiltrieb, der noch besprochen wird, in seinem Arbeitstempo Grenzen gesetzt. In diesem Zusammenhang sei aber darauf hingewiesen, daß man das Triebwerk durch Gasgeben bei niedrigen Touren quält. Dann zeigt sich eines Tages schaltfaules Fahren auf der Werkstattrechnung, z. B. durch Verschleiß der Kurbelwellenlager (hohe Belastung bei niedrigen Drehzahlen zerquetscht das Ölpolster in den Lagern).
Wie üblich, besitzen die Kolben je drei Kolbenringe. Diese sind in Aussparungen – Nuten – im oberen Drittel des Kolbens elastisch eingebettet und drücken federnd gegen die Zylinderwand. Die beiden oberen Verdichtungsringe (bei Opel als »Rechteckring« und »Minutenring« bezeichnet) verhindern, daß das Gasgemisch aus dem Verbrennungsraum am Kolben vorbei nach unten dringt, und der untere Ölabstreifring läßt das Schmieröl nicht aus dem Kurbelgehäuse nach oben steigen. Dieser untere Ring ist eine sogenannte PC-Kombination, die aus zwei Zwischenringen und einem Stahlbandring besteht. Die Ringkombination soll sich federstramm und klemmfrei in ihrer Nut bewegen.
Jeder Kolben ist über Kolbenbolzen und Pleuelstange mit der Kurbelwelle verbunden. Neuteile liefert Opel als Ersatzteile. Ihr Zusammenbau kann nur in einer Werkstatt erfolgen. Dort erwärmt man die Pleuelstange auf 280° C in einem Elektroofen, wonach der Kolbenbolzen eingepreßt (eingeschrumpft) wird. Die Ersatzpleuel sind in Gewichtsgruppen eingeteilt, ein solches Pleuel muß den eventuell im Gebrauch bleibenden Pleuelstangen angepaßt sein. Zulässig ist ein Gewichtsunterschied von bis zu 8 g (ohne Kolben und Lagerschalen).
Auf dem Kurbelgehäuse sind Richtzahlen angebracht, die der Werkstatt über die tatsächliche Zylinderbohrung in hundertstel Millimeter Auskunft geben. Die Kolben verfügen auf ihrem Boden über gleiche Richtzahlen. Das zu wissen ist bei der Ersatzteilbeschaffung, bei Montagearbeiten und Motorüberholung wichtig. Ab Werk beträgt das Kolbeneinbauspiel, also die Differenz zwischen Kolbendurchmesser und Zylinderbohrung, 0,02 mm. Bei Instandsetzungsarbeiten darf es in der Toleranz zwischen 0,01 und 0,03 mm liegen, der Kolbendurchmesser darf demnach um diesen Wert geringer als die Bohrung sein. Wenn die Zylinder anläßlich einer Motorüberholung ausgeschliffen werden, sind entsprechende Kolben (Übergrößen) zu verwenden.
Äußerst differenziert behandelt man auch die Kurbelwellen- und Pleuellagerzapfen. Die Einhaltung dieser in Tabellen bei Opel festgelegten Schleifmaße hat ganz erheblichen Einfluß auf die Gesundheit des Motors. Zur Überholung der sich gegeneinander bewegenden Flächen (Kurbelwelle in den Hauptlagern, Pleuelstangen auf den Lagern der Kurbelwelle) stehen entsprechende Lagerschalen außer in der Normalgröße in zwei Untermaßstufen zur Verfügung.
Das Haupt- und Pleuellagerspiel kann mit dem Maßmittel Plastigage von der Firma Ern, Motorenteile KG, Schinkelstraße 46–48, 4000 Düsseldorf, zuverlässig gemessen werden. Dieser verformbare Plastikfaden mit kalibriertem Durchmesser wird axial zwischen Wellenzapfen und Lagerschale gelegt, und nach Anziehen der Lagerdeckelschrauben verformt sich der Faden je nach Größe des vorhandenen Lagerspiels auf eine bestimmte Breite. Durch Anlegen der mitgelieferten Meßskala können an dem flachgedrückten Faden das Lagerspiel und die Ovalität festgestellt werden.

Lagerschäden

Wegen des Kurzhubcharakters ist die Kolbengeschwindigkeit – bei gleicher Umdrehungszahl der Kurbelwelle – gegenüber langhubigen Motoren geringer. Obwohl dadurch der schützende Ölfilm zwischen Kolben und Zylinderwand weni-

Im Seitenschnitt des Motors erkennt man:
1 – Nockenwelle,
2 – Ventilfeder,
3 – Zahnriemen,
4 – Ventil,
5 – Lüfter,
6 – Keilriemen,
7 – Kurbelwellen-Riemenscheibe,
8 – Kurbelwelle,
9 – Nockenwellen-Gehäusedeckel,
10 – Nockenwellengehäuse,
11 – Zylinderkopf,
12 – Zylinderblock,
13 – Kolben,
14 – Pleuelstange,
15 – Hauptlager,
16 – Ölwanne.

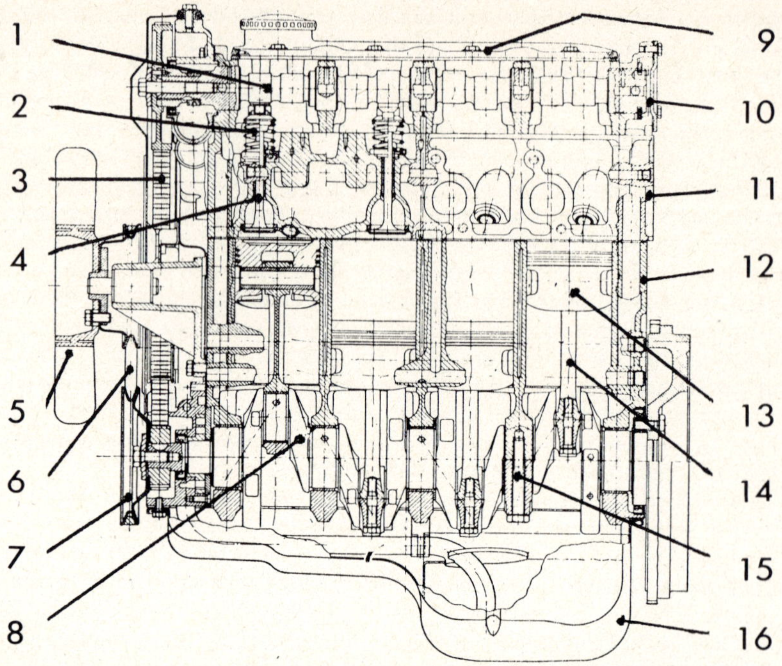

ger beansprucht und der Verschleiß reduziert wird, können trotzdem Lagerschäden durch Ölmangel und Überbeanspruchung auftreten. Dies sind Beschädigungen der Gleitflächen zwischen Pleuel und Kurbelwelle, in fortgeschrittenem Stadium sogar zwischen Kurbelwelle und Motorgehäuse, also der Hauptlager. Schaltfaules Fahren, lang anhaltende Vollgasfahrten oder ständiges scharfes Ausfahren der Gänge führt zu allmählich eintretenden Lagerschäden. Nicht beachteter Ölmangel dagegen läßt Lagerschäden plötzlich entstehen.

Lagerschäden künden sich mit wärmer werdendem Motor (Öl wird flüssiger) durch Klopfen an, das allmählich zum lauten Hämmern wird. Ob überhaupt ein Lager (meistens Pleuellager) schadhaft ist und um welches es sich handelt, ist folgendermaßen festzustellen: Bei Leerlauf nacheinander die Kabel von den Zündkerzen abziehen und wieder aufstecken. Läßt das Klopfen bei einem der abgezogenen Kabel nach, liegt der Lagerschaden an diesem Zylinder vor. Ein anderer Test besteht darin, mit langem Schraubenzieher oder Metallstab gegen den Zylinderkopf nahe der Zündkerzen zu drücken und ein Ohr auf das Ende des Werkzeugs zu legen. So läßt sich das schadhafte Lager durch das Resonanzgeräusch einkreisen und lokalisieren.

Mit einer sehr verhaltenen Fahrweise kann man trotz »ausgelaufenen« Lagers noch die rettende Werkstatt, ja sogar den Heimatort über Hunderte von Kilometern anlaufen. Dazu die Zündkerze des betreffenden Zylinders ausschrauben, damit Arbeit und weitere Beanspruchung durch Kompression bei diesem Zylinder fortfallen. Falls sich Wasser im Motoröl befindet (milchiges Aussehen): Öl wechseln. Denn der Lagerschaden kann auch durch Ölverdünnung eingetreten sein, wenn bei undichter Zylinderkopfdichtung das Kühlmittel in den Ölkreislauf gelangte. Die Leistung der drei noch arbeitenden Zylinder darf nicht ausgeschöpft werden, deshalb auch nur langsam beschleunigen. Im 4. Gang kann das Tempo etwa 60 km/h betragen. Aus dem offenen Kerzenloch entweicht dabei ein pfeifendes Knallen, das von den Kompressionsbemühungen des mitlaufen-

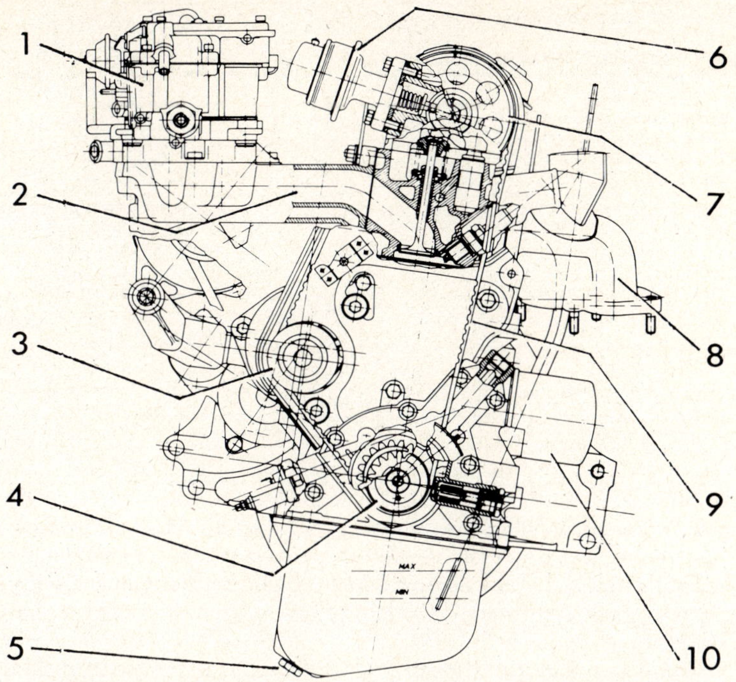

Die Zeichnung vermittelt die Sicht auf den Motor von vorn.
1 – Vergaser,
2 – Ansaugkrümmer,
3 – Riemenscheibe der Wasserpumpe,
4 – Riemenscheibe der Kurbelwelle,
5 – Ölablaßschraube,
6 – Kraftstoffpumpe,
7 – Riemenscheibe der Nockenwelle,
8 – Auspuffkrümmer,
9 – Zahnriemen,
10 – Ölwechselfilter.

den Kolbens herrührt. Diese Geräusche sind unerheblich. Stand und Temperatur von Kühlwasser und Motoröl müssen laufend überwacht werden.

Der Ventiltrieb

Die Vitalität des Motors hängt ursächlich mit der Anordnung des Ventiltriebs zusammen. Die Nocken der obenliegenden Nockenwelle dirigieren die Ventile fast in direkter Betätigung. Zwischen Nockenwelle und Ventilen sind allerdings noch Schwinghebel angebracht, deren Aufgabe weiter unten erwähnt wird, die aber keineswegs eine so aufwendige Mechanik darstellen, wie sie bei einer untenliegenden Nockenwelle zwangsläufig ist. Dort arbeiten noch Stößelstangen und Kipphebel als hin- und hergehende Teile, die nur zusätzlich Kraft verzehren und dem Verschleiß unterworfen sind.
Der Antrieb einer solchen obenliegenden Nockenwelle erfolgte früher durch Zahnräder oder Ketten, was nicht nur mit Geräusch, sondern auch mit Verschleiß verbunden war. Opel profitiert von der inzwischen längst erprobten Möglichkeit, eine derartige, auch teure »Zahnrad-Fabrik« überflüssig zu machen. Wie erstmals 1962 bei Automobilen der Marke Glas angewandt, bedient man sich zu diesem Zweck eines Zahnriemens, der über das Kurbelwellenzahnrad die Nockenwelle antreibt. Dieser mit Stahldrähten verstärkte, gezahnte Riemen ist stabil genug, die auf ihn wirkende Kraft zu übertragen. Es ist nicht einmal mehr vorgesehen, den Zustand des Zahnriemens nach einer gewissen Zeit zu kontrollieren, wie es bei anderen Fabrikaten notwendig wird.
Der Zahnriemen läuft unter der Abdeckung vorn am Motor. Natürlich kann es vorkommen, daß er ersetzt werden muß. Anzeichen dazu kann ein plötzlicher Leistungsabfall sein, hervorgerufen dadurch, daß der Riemen wegen altersbedingter Dehnung einen Zahn am Kurbelwellen- oder Nockenwellenrad übersprungen hat. Dann arbeiten die Ventile nicht mehr in der vorbestimmten Reihenfolge und ein Werkstattbesuch ist fällig, bei der ein neuer Zahnriemen aufgelegt und die Ventilsteuerung eingestellt werden muß.

Schnittbild des Motors von vorn.
1 – Nockenwelle,
2 – hydraulischer Spielausgleicher (Hydrostößel),
3 – Ventil (Auslaß).
Einlaß- und Auslaßventile sind versetzt angeordnet – im Bild Seite 81 ist ein Einlaßventil zu sehen.

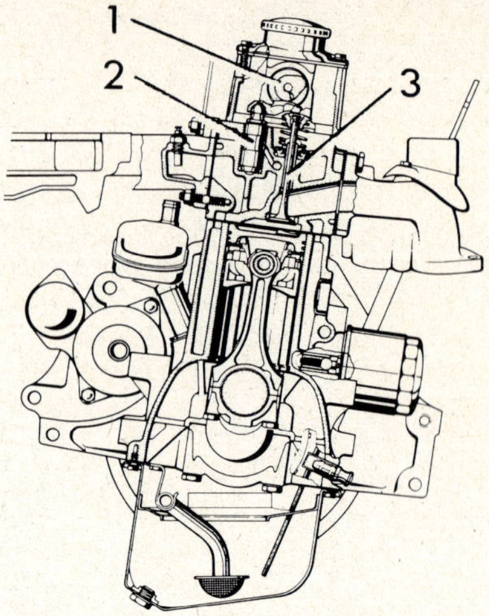

Die vorher erwähnten Schwinghebel übertragen die Arbeit der Nockenwelle auf die Ventile. Das eine Ende des Schwinghebels drückt auf sein Ventil, während das andere Ende mit einem Hydrostößel (hydraulischer Ventilspielausgleicher) in Verbindung steht. Auch den Hydrostößeln ist noch ein folgender Abschnitt gewidmet.

Die Ventile sind im Zylinderkopf zu einer Seite versetzt angeordnet. Darüber liegt die Nockenwelle in der Motorlängsachse. Die Schwinghebel sitzen – quer eingebaut – zwischen Nockenwelle und Ventilen, und sie stützen sich mit einem Ende auf dem Kopf ihres Hydrostößels ab. Diese Stelle ist sozusagen das Gelenk eines Schwinghebels. Er wird bei geschlossenem Ventil von der Kraft der Ventilfeder in Ruhestellung gedrückt. Die umlaufende Nockenwelle hingegen wirkt gegen diese Kraft: Der Nocken drückt auf den Schwinghebel und somit auf das Ventil, wodurch es geöffnet wird.

Das Querstromprinzip – Gemischeinlaß auf der einen, Auslaß auf der anderen Seite – erlaubt eine für die Füllung der Zylinder mit Kraftstoff-Luft-Gemisch günstige Anordnung der Ein- und Auslaßkanäle. Die Führung der Ventile erfolgt in eingepreßten legierten Graugußführungen, zur Abdichtung am Ventilsitz sind verschleißfeste Sitzringe eingeschrumpft. Die höher beanspruchten Auslaßventile bestehen am Ventilkopf aus warmfestem und am Schaft aus spezialgehärtetem Stahl.

Die Auslaßventile aller besprochenen Motoren verfügen über Ventildrehvorrichtungen (»Roto Caps«), die unter den Ventilfedern liegen. Deren sinnreiches System, basierend auf Federn und Kugeln, dreht das Ventil bei jedem Hub um einen kleineren Betrag weiter. Auf diese Weise vermeidet man, daß sich die Sitzfläche einschlägt und undicht wird, wodurch Kompressionsverluste eintreten.

Das Schließen der Ventile wird von den Ventilfedern bewirkt, die den Ventilteller fest in den Sitz drücken und das Entweichen der Verbrennungsgase verhindern. Für beide Motortypen kommen Ventilfedern mit gleichen Eigenschaften der Belastbarkeit zur Verwendung.

Die Hydrostößel

Hydrostößel sichern ein spielfreies Arbeiten der Teile des Ventiltriebs unter allen Betriebsbedingungen. Sie gleichen die Längenänderungen aus, die durch Temperaturschwankungen und Verschleiß auftreten. Ein Nachstellen des Ventilspiels, wie es bei Motoren ohne derartige Spielausgleicher nach gewisser

Laufzeit regelmäßig nötig wird, ist hier nicht erforderlich. Somit ergibt sich eine erfreuliche Wartungsvereinfachung des Motors.
Opel hat bereits bei früheren Motoren mit Hydrostößeln gute Erfahrungen gesammelt. Für den 1,3-Liter-Motor sind neue Stößel entwickelt worden, die sich auch äußerlich von den in anderen Opel-Triebwerken verwendeten unterscheiden.
Der Ausgleicher wird direkt vom Drucköl im Zylinderkopf versorgt. Bei geschlossenem Ventil gelangt das Öl über den Stößelkolben und das Kugelventil in die Druckkammer des Stößels. Hier unterstützt es die Expansionsfeder in deren Bestreben, den Kolben nach oben zu drücken, um das Spiel der Ventiltriebteile auszugleichen. Wenn der Nocken beginnt, das Ventil zu öffnen, wird durch die Kraft der Ventilfeder auch der Stößel belastet. Dadurch steigt der Druck in der Druckkammer und das Kugelventil schließt den Hochdruckraum. Weil sich Öl nicht zusammendrücken läßt, ist jetzt der Stößel steif und das Ventil wird wie vorgesehen betätigt. Durch eine vorgegebene Möglichkeit, Öl über den Spalt zwischen Kolben und Zylinder entweichen zu lassen (gezielte Leckverluste), sind auch Spielkorrekturen entgegen der Federkraft möglich. In der geschlossenen Phase der Ein- und Auslaßventile werden die Leckverluste durch nachströmendes Öl wieder ausgeglichen. Die Zeichnung unten erläutert den Aufbau solcher Hydrostößel.
Störungen an den Hydrostößeln treten selten auf. Folgende Anzeichen können Hinweise auf eine fehlerhafte Funktion geben:

- Hartes Klopfgeräusch. Eventuell hervorgerufen durch Verharzung oder Verkohlung, aber auch durch verklemmte Schmutz- oder Metallabriebteile im Öl.
- Mäßiges Klopfgeräusch. Möglich ist ein undichter Sitz des Kugelventils, dadurch zu schnelles Ablaufen des Öls.
- Allgemein lauter Mechanismus. Gewöhnlich ist ungenügende Ölzufuhr die Ursache.
- Zeitweilige Klickgeräusche. Wahrscheinlich klemmt kurzzeitig kleinstes Schmutzteilchen zwischen Kugel und Kugelsitz, oder die Kugel ist unrund.
- Drehzahl-Leistungsverlust. Vermutlich zu schneller Öbabfluß im Stößel; oder Kolben preßt im Gehäuse; oder das Kugelventil ist undicht; oder eine Verschmutzung ist eingetreten.

Zum Ersatz eines Hydrostößels muß in der Werkstatt die Nockenwelle ausgebaut werden. Dann wird der betreffende Schwinghebel abgenommen und der

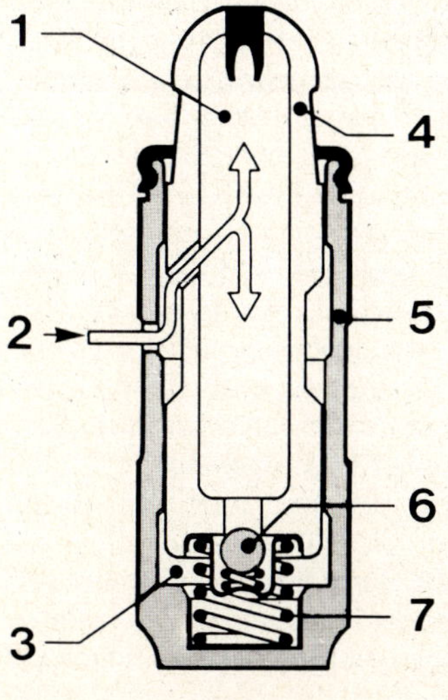

Aufbau des hydraulischen Spielausgleichers (Hydrostößel):
1 – Ölreservoir,
2 – Ölzufuhr,
3 – Druckkammer,
4 – Kolben (beweglich),
5 – Druckzylinder (feststehend),
6 – Kugelventil,
7 – Expansionsfeder.

Stößel aus seinem Sitz gezogen. Der neue Hydrostößel kann ohne weitere Maßnahmen eingesetzt werden (frühere Stößel mußte man zuvor eine Stunde lang in Öl legen). Auch eine Einstellung des Stößels ist nicht mehr erforderlich.

Die Steuerung

Unter dem Begriff »Steuerung« versteht man die Regelung für den Gemischeinlaß in die Verbrennungsräume und für den Auslaß der verbrannten Gase. Diese von den Ventilen übernommene Arbeit, von der Nockenwelle bewirkt, muß in genau bestimmten Abläufen geschehen und zugleich mit der Zündung Hand in Hand gehen, was durch den direkten Antrieb des Zündverteilers von der Nockenwelle gegeben ist. Wenn die dabei mitwirkenden Teile ausgebaut, ersetzt oder während einer Reparatur in ihrer Stellung verändert werden, müssen sie wieder in die richtige Position gebracht werden. Das kann jede Opel-Werkstatt, wenn es nötig werden sollte. Schon geringe Abweichungen in der Steuerung verursachen Leistungsabfall und möglicherweise Zerstörungen im Motor. Als Eigenpfleger kommen Sie kaum in die Verlegenheit, sich derart mit der Mechanik des Motors auseinandersetzen zu müssen. Doch in einigen, vor allem östlichen Ländern ist der Opel-Service nur dünn verteilt. Der Mechaniker eines völlig markenfremden Betriebes weiß im Ernstfall mit den nachfolgenden Angaben genug anzufangen, damit Sie mit Ihrem Wagen wieder gut heimkehren können.
Braucht tatsächlich nur die Steuerung korrigiert oder kontrolliert zu werden (die Montage der einzelnen Bauteile bedarf spezieller Kenntnisse), so gibt die nachfolgende Aufstellung bei den verschiedenen Motortypen über die Steuerzeiten Aufschluß:

Motor	13 N	13 S
Einlaß öffnet vor o. T.	24°	24°
schließt nach u. T.	73°	78°
Außlaß öffnet vor o. T.	66°	68°
schließt nach u. T.	30°	36°

Zahnriemen ersetzen

Der Zahnriemen treibt die Nockenwelle und die Wasserpumpe an. Seinerseits wird der Zahnriemen von der Kurbelwelle angetrieben.
Im Abschnitt »Der Ventiltrieb« wurde erwähnt, daß sich der Zahnriemen nach langer Laufzeit dehnen kann – theoretisch kann er sogar reißen. Damit in einem solchen Fall offenstehende Ventile den Kolbenboden nicht berühren, befinden sich in den Brennraummulden des Kolbenbodens noch eingearbeitete Taschen.
Zum Ersatz des Zahnriemens ist das Abdeckblech vorn am Motor abzuschrauben. Bei eingelegtem Gang wird der Wagen so weit geschoben, bis der Zeiger am Ölpumpengehäuse sich in kürzester Entfernung zu der Kerbe an der Riemenscheibe befindet. Jetzt ist die Handbremse anzuziehen, und die Befestigungsschraube der Kurbelwellen-Riemenscheibe wird herausgedreht. Dann löst man die Lichtmaschine und nimmt den Keilriemen sowie die vorher losgeschraubte Riemenscheibe ab. Von vorn werden die drei Befestigungsschrauben der Wasserpumpe gelöst, dadurch entspannt sich der Zahnriemen, und er kann abgenommen werden. Durch die exzentrische Lagerung der Antriebswelle im drehbaren Gehäuse der Wasserpumpe kann der Zahnriemen gespannt werden.
Ohne die Stellung des Motors zu verändern, legt man den neuen Zahnriemen auf. Provisorisch kann der Zahnriemen gespannt werden, indem man die Wasserpumpe entsprechend dreht und festschraubt. Zur genauen Spannung des Zahnriemens besitzt die Opel-Werkstatt ein Prüfgerät, das auf der entlasteten Seite des Zahnriemens (zwischen Wasserpumpe und Nockenwelle) angesetzt

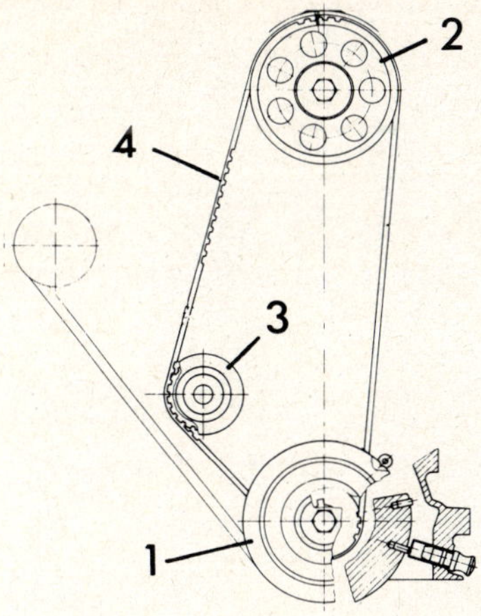

Von der Kurbelwelle (1) wird der Zahnriemen (4) und somit das Steuerrad der Nockenwelle (2) angetrieben. Gleichzeitig läuft der Zahnriemen über das Antriebsrad der Wasserpumpe (3), die zur Spannung des Riemens in ihrer Stellung versetzt werden kann.

wird. Kurbelwellen-Riemenscheibe und Keilriemen sind montiert, der Keilriemen ist ordnungsgemäß gespannt. Mit einem Schraubenschlüssel, angesetzt auf der Befestigungsschraube der Kurbelwellenriemenscheibe, wird die Kurbelwelle in Drehrichtung (im Uhrzeigersinn) eine halbe Umdrehung gedreht, wodurch sich der Zahnriemen an der Seite zwischen Nockenwelle und Kurbelwelle spannt. Bei richtig gespanntem Keilriemen muß der Zeiger des Prüfgeräts (Opel-Gerät KM-420) bei kaltem Motor auf der Minus-Seite der Skala auf 2 stehen, bei warmem Motor zwischen + 1 und – 1. Eine Korrektur der Spannung erfolgt durch seitliches Versetzen der Wasserpumpe.
Sollte also unterwegs einmal der Zahnriemen ersetzt werden müssen, ohne daß man gleich die Möglichkeit hat, die richtige Spannung zu ermitteln, wird man ihn zunächst behelfsmäßig spannen müssen, ohne dabei Gewalt anzuwenden. Dann kann man, ohne den Motor auf hohe Drehzahlen zu bringen oder übermäßig zu belasten, den nächsten Opel-Dienst ansteuern. Dort läßt man die Spannung und sicherheitshalber auch die Zündeinstellung kontrollieren.

Zylinderkopf ausbauen

Praktisch veranlagte Leute werden sich für diese Arbeit interessieren, die z. B. für Arbeiten am Ventiltrieb oder zum Säubern der Brennräume von Rückständen nötig wird. Hier das Wichtigste dazu in Stichworten:
Der Zylinderkopf darf nur bei kaltem Motor ausgebaut werden. Minuskabel von der Batterie abklemmen, Kühlwasser ablassen Schlauch unten am Kühler lösen, danach wieder befestigen). Luftfilter abbauen, Drahtzüge von Drossel- und Starterklappe lösen, Kraftstoffleitungen von der Benzinpumpe sowie Unterdruck- und Heizungsschlauch am Saugrohr abziehen, ebenso das Kabel vom Leerlauf-Abschaltventil und den Unterdruckschlauch am Zündverteiler. Lichtmaschine lockern und Keilriemen abnehmen, Zahnriemenabdeckung abschrauben. Zündmarkierung für den ersten Zylinder einstellen: Kurbelwelle drehen, bis die Kerbe der Riemenscheibe in kürzester Entfernung zum Zeiger am Ölpumpengehäuse steht. Ebenso müssen die Markierungen am Nockenwellenrad und am Gehäuse übereinstimmen, was den späteren Einbau erleichtert. Wasserpumpe lockern und den entspannten Zahnriemen abnehmen. Oberen Kühlmittelschlauch abziehen. Auspuffrohr am Krümmer abbauen. Zündkabel von den Kerzen und Hochspannungskabel aus der Mittelbuchse des Verteilers ziehen.
Zylinderkopfschrauben nur in der Reihenfolge wie beim Festziehen der Schrauben (siehe Bild), nur bei absolut kaltem Motor und nur wie folgt lösen: Zunächst

Die Zylinderkopfschrauben müssen in der angezeigten Reihenfolge in drei Arbeitsgängen angezogen werden. Dabei müssen die auf dieser Seite angegebenen Anzugsmomente eingehalten werden.
Auch das Lösen der Zylinderkopfschrauben muß in dieser Reihenfolge erfolgen.

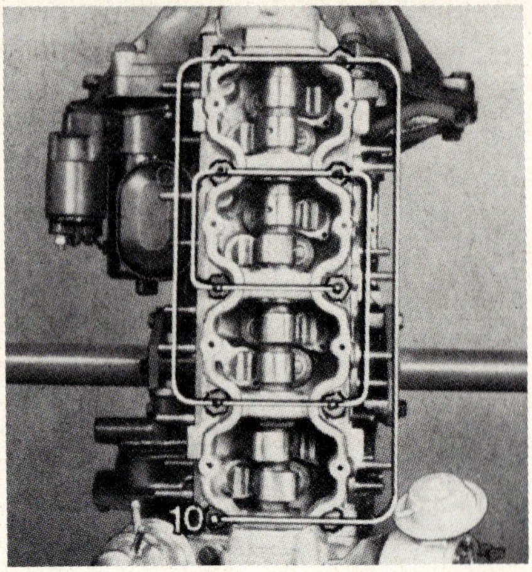

der Reihe nach eine viertel Umdrehung, im zweiten Gang eine halbe Umdrehung lösen und erst danach völlig herausdrehen. Nockenwellengehäuse abnehmen und Zylinderkopf mit der Dichtung abheben.

Vor dem Zusammenbau sind die Dichtflächen von Nockenwellengehäuse und Zylinderkopf gut zu reinigen. Es muß eine neue Zylinderkopfdichtung verwendet werden. Diese setzarme Dichtung läßt in Verbindung mit dem besonderen Anzugsverfahren für die Zylinderkopfschrauben das früher übliche Nachziehen der Schrauben nach 1000 km entfallen.

Die Zylinderkopfschrauben müssen in der im Bild gezeigten Reihenfolge in drei Stufen angezogen werden. Im ersten Arbeitsgang werden sie mit 20 Nm, im zweiten mit 40 Nm und im dritten mit 55 Nm angezogen. Nach vollständiger Montage der abgebauten Teile läßt man den Motor warmlaufen (Kühlmitteltemperatur 80° C) und zieht die Schrauben noch um einen Winkel von 30° bis 50° an.

Ventile einschleifen

Mit dem Einschleifen der Ventile begegnet man dem Nachlassen der Leistung bei höherem Motoralter. Dabei wird der Ventilkegel mit Schleifpaste bestrichen und das Ventil in seine Führung im Zylinderkopf – dieser ist ausgebaut – gesteckt. Das Ventil schleift man mit einem Spezialhandgriff unter leichtem Anziehen und wechselweisem Hin- und Herdrehen auf seiner Sitzfläche ein.

Der Kegelwinkel aller Ventilsitze soll 45° betragen, bei den Ventiltellern beträgt der Winkel 44°. Um die vorgeschriebene Breite der Sitze von 1,25–1,5 mm bei den Einlaßventilen und 1,60–1,85 mm bei den Auslaßventilen zu erreichen, bedient man sich zwei verschiedener Fräser, einmal mit 20° und einmal mit 75°. Ersatzventile sind mit Übergrößen der Ventilschäfte erhältlich. Entsprechend sind im Bedarfsfall die Ventilführungen aufzureiben.

Kompressionsdruck messen

Bei Verdacht auf verringerte Motorleistung ist zu prüfen, ob die Kompression in den Zylindern noch hoch genug ist, genauer, ob Kolbenringe und Ventile gut abdichten. Voraussetzung: Die Hydrostößel arbeiten richtig.

Zur Prüfung wird ein Kompressions-Druckschreiber benutzt, in den Meßkärtchen eingelegt werden (man kann auch einen Druckprüfer mit Skala und Zeigerausschlag benutzen). Der Druckschreiber wird auf das Zündkerzenloch gesetzt. Der Motor soll betriebswarm sein. Ein Helfer drückt das Gaspedal ganz durch, damit die Zylinder ihre größte Füllung erhalten und dreht den Motor mit dem Anlasser mehrmals durch. Für jeden Zylinder zeichnet der Druckschreiber eine

Kurve auf das gewachste Papier, deren Endpunkt den höchsten Druck anzeigt. Wichtig für den gesunden Motor ist nicht die absolute Höhe des Druckes, sondern dessen Gleichmäßigkeit bei allen Zylindern. Druckunterschiede bis zu 0,5 kp/cm^2 sind unerheblich, sie sollen aber nicht mehr als 1 kp/cm^2 betragen. Die Messung bei warmem Motor ist aussagekräftiger als bei kaltem Motor, da bei diesem die Abdichtung durch die Kolbenringe und das Öl noch unvollkommen ist. Motoren in tadellosem Zustand werden eine Kompression von 13 kp/cm^2 besitzen. Über 10 kp/cm^2 stellt noch eine gute Kompression dar, unter 7 kp/cm^2 deutet auf schlechten Motorzustand hin.
Vergleichbar sind nur Messungen, die mit demselben Meßgerät ausgeführt sind, da diese voneinander immer etwas abweichen. Lassen Sie sich das Meßkärtchen geben und schreiben Sie sich zu Vergleichszwecken Datum und km-Stand auf. Bosch hat einen Kompressionsverlust-Tester entwickelt, mit dem man sowohl den Kompressionsdruck als auch den Kompressionsdruck-Verlust messen kann.
Zu niedriger Druck kann von Schäden an den Ventilen herrühren, z. B. durch verbranntes Auslaßventil (durch zu knappes Ventilspiel) oder klebendes (hängendes) Ventil wegen zu viel Rückstandsbildung am Ventilschaft und in dessen Führung, ferner von Kolben- und Kolbenringverschleiß oder festsitzenden Kolbenringen, unrunden Zylindern, Folgeerscheinungen von Kolbenklemmern. Außerdem kann auch die Zylinderkopfdichtung verbrannt oder undicht geworden sein.
In den weitaus meisten Fällen liegt mangelnder Kompressionsdruck und damit auch verringerte Motorleistung an undichten Ventilen. Zusätzliche Kontrolle: Einträufeln von Öl ins Kerzenloch. Ist der Druck nach nochmaligem Motordurchdrehen immer noch mangelhaft, sind die Ventile undicht, insbesondere die Auslaßventile. Undichte Auslaßventile kann man auch am Blasgeräusch im Auspuffkrümmer erkennen, ebenso wie undichte Einlaßventile durch ein solches typisches Geräusch im Vergaser vermutet werden müssen. Eine undichte Zylinderkopfdichtung macht sich durch Luftblasen im Kühlwasser und manchmal auch durch Ölspuren bemerkbar.
In den Opel-Werkstätten mißt man ergänzend auch den Motor-Druckverlust mittels Druckverlust-Tester und Preßluft. Dabei läßt sich mit ziemlicher Sicherheit feststellen, ob der in einem Zylinder (durch das Kerzenloch) eingepreßte Druck in das Saugrohr, in den Auspuff, in das Kurbelgehäuse, in den Kühlmittelkreislauf oder in einen benachbarten Zylinder entweicht. In der genannten Reihenfolge deutet das auf Defekte an Einlaßventil, Auslaßventil, Kolbenring(en) oder Zylinderkopfdichtung.

Das Schmiersystem

Im Motor muß das Öl zu einer ganzen Reihe von Schmierstellen geführt werden. Damit es dorthin gelangt, wird es durch zwei ineinanderkämmende Zahnräder der Ölpumpe unter Druck gesetzt. Diese Pumpe wird direkt von der Kurbelwelle angetrieben. Sie saugt jeweils das Öl am tiefsten Punkt der Ölwanne an, immer mit der Geschwindigkeit (Umdrehungszahl) der Kurbelwelle. Damit wird deutlich, daß das Schmierpolster in den Lagern um so kräftiger ist, je schneller sich die Kurbelwelle dreht, und daß demnach schaltfaule Fahrer die Kurbelwellenlager schädigen.
Im Leerlauf soll der Öldruck nicht weniger als 0,3 bar ausmachen, und bei Betriebstemperatur und ab 2000 min^{-1} sollte er nicht unter 2,0 bar absinken. Zur Kontrolle des Öldrucks ist auf Seite 208 noch mehr gesagt.
Bei der Ölpumpe handelt es sich um eine von Opel neu eingesetzte Sichelpumpe. Hier läuft ein exzentrisch angeordnetes Zahnrad in einem etwas größeren

Kranz mit Innenverzahnung ab, wobei dauernd ein – ebenfalls umlaufender – Freiraum besteht. Im Vergleich zur sonst gebräuchlichen Zahnradpumpe, bei der zwei Zahnräder gegeneinander kämmen, bietet die Sichelpumpe größere Förderleistung bei niedriger Drehzahl und dadurch höheren Öldruck auch bei Heißleerlauf.

Die Ölpumpe schmiert sich selbst und ist wartungsfrei. Es kann aber vorkommen, daß ihr Zahnflankenspiel nicht mehr stimmt oder daß sich die Zahnräder seitlich versetzt haben. Ausbau und Kontrolle der Ölpumpe muß die Werkstatt vornehmen. Zwischen Zahnräder und Gehäusedeckel soll ein Rückstand von 0,08 bis 0,15 mm bestehen, das Zahnflankenspiel muß 0,1 bis 0,2 mm ausmachen.

Der von der Pumpe geförderte Ölstrom wird zuerst durch die Ölwechselfilterpatrone geschickt. Dann strömt das Öl über eine Hauptleitung zu den Kurbelwellenlagern, von wo aus auch die Pleuellager versorgt werden. Ein Druckleitung führt hinaus zur Nockenwelle, eine andere Leitung zu den Hydrostößeln. Dann fließt das Öl durch Bohrungen wieder in die Ölwanne zurück. Bei laufendem Motor spritzt aus den Kurbelwellen und Pleuellagern Öl, das zum Schmieren der Kolbenlaufbahnen dient.

Das Druckreglerventil sitzt links hinter der Kurbelwellen-Riemenscheibe und ist ohne Ausbau der Ölpumpe zugänglich. Es besteht aus einer federbelasteten Hülse (besser gesagt: Kolben) mit kleinen Löchern, die dafür sorgt, daß zuviel gefördertes Öl in die Saugleitung zurückfließt. Leuchtet bei genügender Ölmenge dennoch das Ölwarnlicht auf, muß dieses Ventil untersucht werden. Dazu den Verschlußstopfen herausdrehen, Feder und Hülse entnehmen und auf Klemmfreiheit und Schmutzteilchen überprüfen. Der Verschlußstopfen soll mit einem neuen Kupferring eingeschraubt werden.

Bei abgeschraubtem Ölfilterelement wird das Ölfilter-Kurzschlußventil zugängig, wo es außermittig von unten im Flansch für den Filter sitzt. Es öffnet bei verstopftem Filter den Weg für den Ölfluß, der dann allerdings ungefiltert durch den Motor geschickt wird. Bei einer Überholung des Motors sollte das Ventil kontrolliert werden. Man kann die Ventilhülse mittels Dorn aus der Bohrung hebeln und den Kanal ausblasen. Neue Feder mit Kugel einsetzen und die neue Hülse – offene Hülsenseite nach unten – mit passendem Dorn eintreiben.

Etwas über Drehzahlen

Zu jedem Motor gehört eine bestimmte Nenndrehzahl, ab deren Bereich er zugleich seine höchste Leistung erreicht. Es bringt kaum etwas ein, über diese Drehzahl hinauszudrehen, weil die Leistungskurve nach einem flachen Verlauf wieder abfällt.

Auf ebener Straße und im obersten Gang kann der Motor nicht überdreht werden. Dies ist aber in kleineren Gängen (beim Beschleunigen) und im Gefälle ohne weiteres möglich. Als Warngerät gibt es dafür nur den Drehzahlmesser, den die SR-Modelle besitzen und der bei anderen Wagen als Zusatzgerät nachträglich eingebaut werden kann. Überdrehzahlen machen sich mit einem unüberhörbaren Brummen des Motors bemerkbar. Solche Geräusche stammen von den in Schwingungen geratenen Teilen der Ventilsteuerung, vor allem von den Ventilfedern. Diese sind es auch, denen in der Fahrpraxis eine Drehzahlgrenze gesetzt ist. Die in die Opel eingebauten Drehzahlmesser brauchen deshalb nicht dauernd ängstlich beobachtet zu werden, ob man vielleicht gerade den ersten Warnsektor bei 5750 min^{-1} überschreitet.

Im Alltagsbetrieb genügt es, wenn man folgendes über die Drehzahlverhältnisse des 1,3-Liter-Motors weiß, wobei die folgenden Angaben für beide Leistungsversionen zutreffen:

Nenndrehzahl	Maximal zulässige Dauerdrehzahl	Kurzzeitig zulässige Drehzahl
5800	6000	6300

Die durch den roten Bereich im Drehzahlmesser gebotene Grenze ist selbstverständlich keine Barriere, hinter der das endgültige Aus lauert, sondern lediglich eine Sicherheitsvorkehrung. Der Ventiltrieb verkraftet noch mehr (etwa 7000 min^{-1}), aber das dann eintretende Ventilschnattern sollte doch als Alarmsignal aufgefaßt werden. Bei einem nicht exakt vorhersehbaren kritischen Drehzahlwert können die Ventilfedern brechen.
Aber auch eine gebrochene Ventilfeder muß nicht gleich das Ende der Reise bedeuten, auch wenn kein Opel-Service in der Nähe ist. Voraussetzung ist natürlich, daß das betreffende Ventil nicht im Zylinder zerstört wurde. Man kann dann die Kraft der gebrochenen Ventilfeder wieder nutzbar machen, indem man zwischen die beiden (gebrochenen) Federteile eine Stahlscheibe legt.

Die Einlaufzeit

Umständliche Einfahrregeln früherer Jahre werden von Opel wie auch von anderen Autofirmen nicht mehr erteilt. Doch in den Betriebsanleitungen sind (hoffentlich beachtete) Hinweise gegeben, aus denen hervorgeht, daß der Besitzer eines jungen Ascona oder Manta nicht von Anfang an das Gaspedal strapazieren soll.
Moderne Herstellungsverfahren bieten die Gewähr, daß die Teile im Motor, die sich gegeneinander bewegen, ausreichend zueinander passen. Von der Konstruktion her wurden Einlauftoleranzen berücksichtigt, und dauerhafte Materialien sind für hohe Beanspruchung ausgelegt. Eine solche Belastbarkeit wird noch von der Chemie unterstützt, die in Form von Zusätzen in den heutigen Ölen mehr Sicherheitsreserven bietet, als noch vor wenigen Jahren üblich war.
Diesen Pluspunkten steht aber gegenüber, daß ein neuer Motor tatsächlich erst laufen lernen muß. Der Vorführwagen, mit dem der Vertreter die lobenswerten Eigenschaften demonstrierte, war ganz gewiß nicht frisch aus der Fabrik gekommen und hatte sich an sein Dasein längt gewöhnt. Das beweist, daß die Einlaufbedingungen von erheblicher Bedeutung sind.
In den Betriebsanleitungen ist angegeben, daß man anfangs nur 75 % der Höchstgeschwindigkeit ausschöpfen soll. Als Besitzer eines Wagens mit Drehzahlmesser hat man einen weiteren Hinweis: Sein Zeiger soll sich während der ersten 1500 Kilometer möglichst nur im Bereich zwischen 1500 min^{-1} und 4000 min^{-1} bewegen. Erst nach mehr als 1500 zurückgelegten Kilometern kann man allmählich der Höchstgeschwindigkeit näher kommen.
Fahren Sie die Maschine gemächlich warm (wenn Sie wissen wollen, wann »warm« ist: Die Thermometernadel hat die Hälfte der Anzeige erreicht, oder kurz die Heizung anstellen – Sie werden es spüren). Danach kann flotter beschleunigt werden, denn das Auto soll nicht mit viel Gas bei wenig Drehzahl gequält werden. Das heißt ganz einfach: Nicht schaltfaul fahren. Lassen Sie den Motor richtig drehen, damit er später gut laufen kann. Sie müssen nicht »schleichen«.
Die ersten 2000 Kilometer sind sehr bald zurückgelegt. Am besten eignen sich dazu längere Fahrten auf Landstraßen. Benutzt man jedoch die Autobahn, dann ist die Fahrweise so einzurichten, wie sie über Land mit Kreuzungen und Ortsdurchfahrten ausfallen würde. Also mit wechselnden Geschwindigkeiten fahren und Höchstdrehzahlen vermeiden, dazwischen auskuppeln und dem Motor für einige hundert Meter Leerlauf gönnen, was bergab gelegentlich möglich ist.

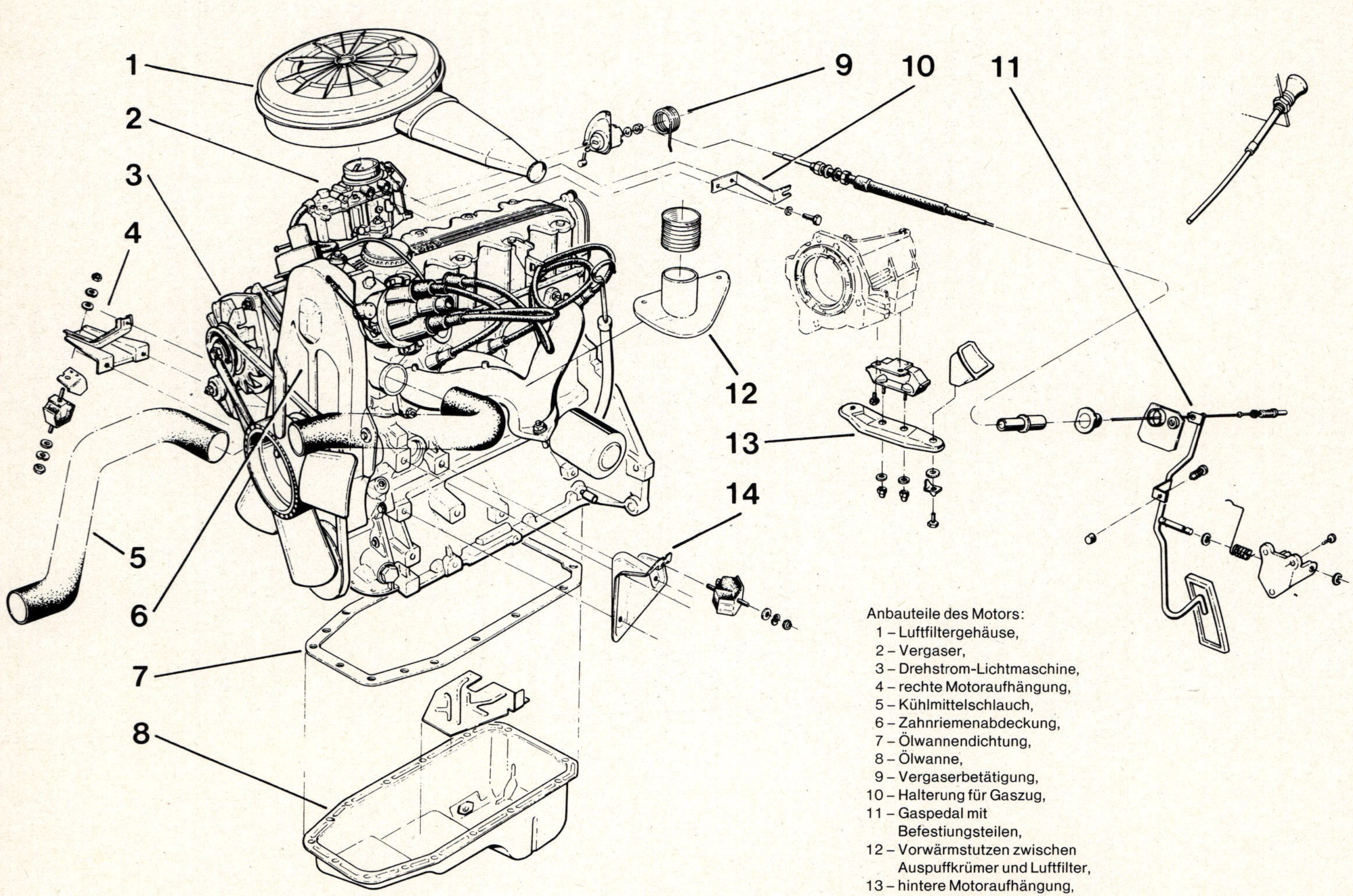

Anbauteile des Motors:
1 – Luftfiltergehäuse,
2 – Vergaser,
3 – Drehstrom-Lichtmaschine,
4 – rechte Motoraufhängung,
5 – Kühlmittelschlauch,
6 – Zahnriemenabdeckung,
7 – Ölwannendichtung,
8 – Ölwanne,
9 – Vergaserbetätigung,
10 – Halterung für Gaszug,
11 – Gaspedal mit Befestiungsteilen,
12 – Vorwärmstutzen zwischen Auspuffkrümer und Luftfilter,
13 – hintere Motoraufhängung,
14 – linke Motoraufhängung.

Nachstehende kleine Regeln können dazu dienen, die Lebensdauer des Motors zu verlängern:

- Erst voll Gas geben, wenn die richtige Betriebstemperatur erreicht ist.
- Nach Kurzstreckenbetrieb (Stadtverkehr) auf langer Strecke nicht gleich Vollgas geben.
- Nach Fahrt auf Autobahn oder über Gebirgspaß Motor nicht sofort abstellen, sondern eine Weile leerlaufen lassen.
- Ventilspiel regelmäßig prüfen und einstellen (siehe unten).
- Ölfilter und Luftfilter regelmäßig wechseln (siehe Seite 67 und 109).
- Frostschutz als Kühlmittel laufend verwenden, reines Wasser im Kühlkreislauf wegen Korrosion und Rückstandsbildung vermeiden.

Die Auspuffanlage

Pflegearbeit Nr. 25

Für den Abzug der im Motor verbrannten Gase sorgt die Auspuffanlage, deren einzelne Teile noch zur Schalldämpfung herangezogen werden. Im einzelnen besteht diese Anlage beim Ascona und beim Manta aus dem Auspuffkrümmer, dem sich das vordere Auspuffrohr anschließt, unter dem Wagenboden folgt der erste, vordere Schalldämpfer und nach einem gebogenen Zwischenrohr der hintere Schalldämpfer, der zum Auswechseln vorgesehen ist.
Die Anbringung der gesamten Anlage ist eindeutig und es bedarf hier keiner weiteren Erklärung zur Montage.
Festgerostete Auspuffschrauben sind ein Greuel. Wenn man die Gewinde der neuen Schrauben mit HSC-Paste von Molycote oder ASC-Paste von Liquy-Moly bestreicht, hat man später keinen Ärger damit.
Eine defekte Aufhängung kann provisorisch mit starkem Draht repariert werden, doch muß man dann die elastischen Aufhängungsteile möglichst bald ersetzen. Besonders diese soll man sich gelegentlich einmal ansehen, denn sie sind äußeren Einflüssen ausgesetzt, zu denen auch die Erschütterungen und Vibrationen des normalen Fahrbetriebs zu zählen sind. Desgleichen kontrolliert man den Zustand der gesamten Auspuffleitung. Spätestens bei der nächsten TÜV-Untersuchung fallen Sie mit einem durchgerosteten Auspuff auf.

Wohltäter

Die Arbeit von Verbrennungsmotoren ist mit einer erheblichen Temperaturentwicklung verbunden. Diese erzeugte Hitze muß abgeleitet werden, damit der Motor nicht zerstört wird. Wasser und Luft dienen dazu, das Zuviel an Wärme aufzunehmen und wegzuführen.
Opel rüstet seine Autos mit wassergekühlten Motoren aus. Bei einigen anderen Autos geschieht diese Kühlung ausschließlich durch Luft, aber eine derartige Luftkühlung ist bekanntlich auch nur mit einem bestimmten kontruktiven Aufwand zu beherrschen und keineswegs »einfacher« als die Wasserkühlung. Letztere wird freilich auch von der Außenluft unterstützt, denn die Luft kühlt schließlich das Wasser im Kühler und sogar das in der Ölwanne befindliche Motoröl. Ein wassergekühlter Motor ist zudem leiser als ein luftgekühlter, und ferner ist es bei ihm vorteilhaft, die vom Wasser aufgenommene Wärme zu Heizzwecken verwenden zu können.

Die Kühlanlage

Wassergekühlte Automobilmotoren moderner Bauart besitzen ein Kühlsystem, das bei Betriebstemperatur einen Überdruck entstehen läßt. Dieser Überdruck reicht beim 13 N- und 13 S-Motor bis ca. 1,15 bar. Dadurch ist der Siedepunkt des Kühlmittels auf etwa 110° C angehoben. (Der Ausdruck »Kühlmittel« wird verwendet, weil sich im Kühlkreislauf kein reines Wasser, sondern eine Mischung aus Korrosions- und Frostschutzmittel und Wasser befinden soll.) Der Kraftstoff verbrennt bei dieser höheren Temperatur wirtschaftlicher, Temperaturen unter 80° C sind für den Motor schädlich.
Um dieses für den Motor angenehme »Betriebsklima« möglichst dauernd zu erhalten, tun drei wichtige Teile des Kühlsystems das ihre dazu: der Kühlerverschlußdeckel reguliert den Druck, der Thermostat sorgt nach dem Start baldigst für angemessen gleichbleibend hohe Betriebstemperatur, der Ventilator fächelt dem Motor Frische zu. Wegen Geräuschminderung sind die Flügel des Lüfterrades asymmetrisch angeordnet.
Die Wasserpumpe, über den Zahnriemen für den Nockenwellenantrieb angetrieben, zwingt das Kühlmittel in einen ständigen Kreislauf. Hat es sich im Wassermantel des Motors, der um die Zylinder gelegt ist, erwärmt, fließt es zum Kühler. Zusätzlich zum Fahrtwind kann noch der Ventilator Luft durch den Kühler anziehen, so daß gekühltes schweres Wasser von unten wieder zum Motor geschickt wird. Vom Zylinderblock gelangt das Kühlmittel in Kanäle des Zylinderkopfes, wo Zündkerzen und Ventilsitze gekühlt werden. Dann läuft das Kühlmittel erneut in das Kurbelgehäuse, wo es die Zylinder in ihrem gesamten Umfang umspült. Wie noch beschrieben wird, kann der Thermostat dafür sorgen, daß das Kühlmittel auf einem kürzeren Weg gleich wieder zum Motor zurückfließt, ohne durch den Kühler zu gelangen.
Zusätzliche Schlauchleitungen verbinden das Kühlsystem mit der Heizanlage. Diese Einrichtung wird ebenso bei geschlossenem Thermostat gespeist, also

Der Kühlerverschluß des Opel darf in keinem Fall gegen einen anderen, vielleicht passenden Verschlußdeckel eingetauscht werden. Links im Bild befindet sich die Leitung, die als Überlaufrohr dient. Ein abgenommener Deckel muß beim Aufsetzen wieder bis zum Anschlag festgedreht werden, damit das Kühlsystem luftdicht verschlossen ist.

während der Anwärmeperiode, wenn der Kreislauf noch kurzgeschlossen ist.

Kühlmittelstand kontrollieren

Pflegearbeit Nr. 5

Im Kühler des Opel soll das Kühlmittel bis etwa 5 cm unter der Oberkante des Einfüllstutzens stehen. Dabei ist der Wasserkasten (bei geöffnetem Kühlerstutzen sichtbar) noch mit Flüssigkeit bedeckt. Es ist falsch, mehr Wasser oder Kühlmittel einzufüllen, weil sich der Inhalt bei Erwärmung ausdehnt. Dabei ergießt sich der Überschuß durch das Druckventil der Verschlußkappe oder durch das Überlaufrohr ins Freie.
War mehr als ein Liter in die Kühlanlage nachzufüllen, soll man das Kühlsystem entlüften, indem man den Temperaturfühler (auf dem vorderen Einlaßkrümmer, siehe Bild Seite 211) lockerschraubt. Außerdem stellt man den Heizungshebel auf »warm« und läßt den Motor laufen. So werden vorhandene Luftblasen aus dem Kühlsystem herausgedrückt. Im Kühler ist der Kühlmittelstand dabei zu beobachten und eventuell nochmals zu ergänzen. Wichtig: Kaltes Wasser nur bei abgekühltem Motor nachgießen, sonst können Wärmespannungen Zylinderblock oder Zylinderkopf verziehen. Ein heißer Motor kann durch kaltes Wasser buchstäblich zerspringen. Warmes Wasser darf man natürlich jederzeit nachfüllen. Die Füllmenge des Kühlsystems beträgt 5,8 Liter.

Das Kühlmittel

Die Kühlanlage enthält eine Dauerfüllung, die nur zum Teil aus reinem Wasser besteht. Wichtige Bestandteile dieser Flüssigkeit sind korrosionsverhütende und vor Frost schützende Mittel. So wird vor allem der Kühler vor chemischen Anfressungen und Rost behütet. Ferner verhindert ein kalkbindendes Mittel die Bildung von Kesselstein, der die Kühlwirkung herabsetzen würde. Das beigefügte Frostschutzmittel (allgemein handelt es sich dabei um Äthylenglykol, auf Alkoholbasis) kann schließlich noch als Schmiermittel für die Wasserpumpe wirken.
Der werksseitig eingefüllte Dauerschutz hält das Kühlmittel bis etwa –30° C flüssig. Näheres über Frostschutzmittel im Kühlsystem ist auf Seite 52 gesagt. Dort wird auch erwähnt, daß die konservierende Dauerfüllung möglichst nicht durch reines Wasser ersetzt werden soll. Mußte unterwegs einmal Wasser nachgegossen werden, muß spätestens vor Einsetzen der kalten Jahreszeit die Kühlerfüllung ausgespindelt werden, um die eventuell notwendige Menge Frostschutzmittel zu ermitteln. Das macht jede Tankstelle.
Gute Erfahrungen wurden mit dem im Handel befindlichen Mehrzweck-Kühlwasserzusatz »5 in 1« gemacht. 100 ccm dieses Mittels mit Dicht-, Korrosionsschutz- und Schmierwirkung ohne Gefahr von Verstopfungen müssen dem

heißen Kühlwasser bei laufendem Motor zugeführt werden. Danach sollte man sofort eine Fahrt von wenigstens 15 Minuten Dauer unternehmen. Das Mittel verträgt sich einwandfrei mit Frostschutzzusätzen.

Wasserschläuche und Schlauchverbindungen prüfen

Pflegearbeit Nr. 24

Die Ursache von ständigen Wasserverlusten ist zu erforschen. Vorbeugend kontrolliert man von Zeit zu Zeit die Anschlüsse der Kühlwasser- und Heizungsschläuche. Auch durch Alterung porös gewordene Schläuche können wasserdurchlässig werden und sogar (durch den bestehenden Druck im geschlossenen Kühlsystem) platzen. Damit man nicht von solchen Pannen überrascht wird, prüft man durch Kneten der Schläuche, ob sie verhärtet sind. Wird kein Dauerfrostschutz verwendet, quellen die Wasserschläuche im Laufe der Jahre auf. Zum Austausch erhält man beim Opel-Service die passenden, gebogenen Formschläuche. Vor dem Auswechseln muß natürlich das Wasser abgelassen werden. Eventuell vorhandene Frostschutzfüllung fängt man auf und füllt sie nach der Reparatur wieder ein, womit man sich unnötige Geldausgaben erspart. Die Schlauchschellen lassen sich meistens wieder verwenden.

Wenn unterwegs der Zeiger im Fernthermometer plötzlich ins rote Feld tritt, ist vermutlich ein spröde gewordener Wasserschlauch geplatzt. Dann muß die Fahrt sofort unterbrochen und der Schaden behoben werden, damit kein Motordefekt eintritt. Sollte der zerrissene Schlauch nicht gleich ersetzt werden können, rettet vielleicht ein festes Klebeband die Situation, das man mehrfach stramm um das gereinigte und außen getrocknete Schlauchstück wickelt. Dann fehlendes Wasser nachgießen.

Dichtheit des Kühlsystems überprüfen

Pflegearbeit Nr. 22

Diese Wartung geht mit der eben erwähnten Hand in Hand. Dabei untersucht man vor allem an den Schlauchanschlüssen, ob dort Kühlmittel ausgetreten ist. Durch Augenschein kann man sich ferner davon überzeugen, ob der Kühler dicht ist. In der Werkstatt wird der Kühler dahingehend noch intensiver in der Weise geprüft, wie es im noch folgenden Abschnitt »Der Kühler« beschrieben ist. Undichtigkeiten können auch an dem angeschlossenen Heizsystem auftreten. Ähnlich wie ein Defekt am Kühler möglich ist, kann der Heizkörper (Wärmetauscher) die Ursache von Wasserverlust sein. Dieses Gerät muß dann ausgewechselt werden.

Kühlflüssigkeit wechseln

Bei Arbeiten an der Kühl- und Heizungsanlage (oder wenn das Auto ohne Frostschutzfüllung im Winter stillgelegt wird) muß das Kühlmittel abgelassen werden. Um es später wieder verwenden zu können, fängt man es in einem Behälter auf, den man unter den unteren Schlauchanschluß am Kühler aufstellt.

Dort ist die Schlauchschelle zu lösen und der Schlauch ist vom Kühlerstutzen abzuziehen. Festgebackene Schlauchenden lassen sich bei vorsichtiger Handhabung mit einem Schraubenzieher lösen, indem man mit dem Werkzeug zwischen Schlauch und Stutzen fährt. Durch Abziehen dieses Schlauches gelangt nicht das gesamte Kühlmittel aus dem Kühlsystem, doch reicht die Arbeit bis hierhin aus, falls nicht auch der Motor demontiert werden muß.

Zum vollständigen Ablassen des Kühlwassers aus dem Motor ist zudem die Schlauchschelle an der Wasserpumpe, die unten am Motor rechts vorn sitzt, zu lösen.

Der Kühler

Senkrecht angebrachte dünnwandige Rohre in großer Anzahl verbinden den oberen und unteren Wasserkasten des Kühlers. Zur Vergrößerung der Kühlfläche dienen waagerecht angeordnete Bleche zwischen den Röhrchen.

Undichtheiten des Kühlers kann die Werkstatt mit einem Kühlerprüfgerät ermit-

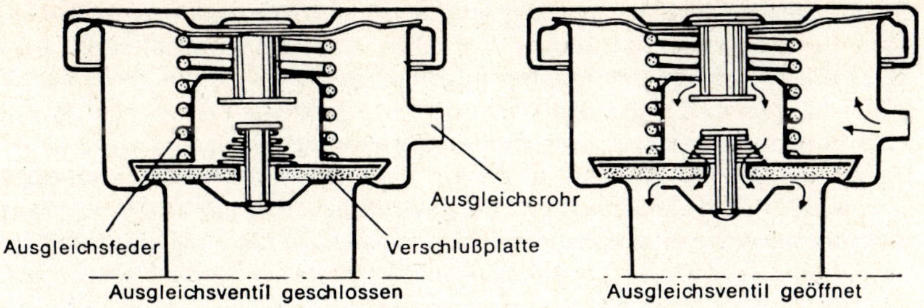

Im Schnittbild des Kühlerverschlusses ist dessen Arbeitsweise besser verständlich. Voraussetzung zu seiner guten Funktion ist es, daß er immer fest aufgeschraubt ist, damit der Druck aus dem Kühlsystem nicht entweichen kann.

teln. Dazu muß der Motor im Leerlauf laufen und der Heizungshebel auf »warm« stehen. Das Gerät wird statt des Verschlußdeckels auf den Einfüllstutzen gesetzt und bringt in das Kühlsystem einen Druck bis zu 1,5 bar (Drücke darüber gefährden die Lötstellen). Undichte Stellen zeigen sich an ausfließendem Kühlmittel. Fällt dagegen der von der Meßuhr angezeigte Druck ohne Austritt von Kühlmittel ab, deutet dies auf einen Defekt im Motor (beschädigte Zylinderkopfdichtung, Gehäuseriß).
Abdichtende Reparaturen sind in Eigenarbeit nicht möglich; im Handel erhältliche Kühlerdichtungsmittel sorgen nur für vorübergehende Abdichtung. Unterwegs tut es zur Not auch Kaugummi, sofern der Motor nicht zu heiß gefahren wird und das Loch nicht zu groß ist. Der schadhafte Kühler muß ausgebaut und in einer Fachwerkstatt repariert werden. Größere Reparaturen lohnen sich finanziell meistens nicht – ein neuer Kühler ist dann billiger.

Der Kühlerverschluß

Der Verschlußdeckel des Kühlers besitzt einen Renkverschluß und schließt den Kühler nach außen vollkommen ab. Die tellerförmige Druckplatte am Fuß des Deckels preßt sich durch Federdruck auf den Innenrand des Stutzens. Diese Druckplatte sorgt als Sicherheitsventil für Druckausgleich, wenn die Temperatur etwa 110° C überschreitet und wenn der Innendruck des Kühlsystems höher als die Federkraft ist. Dieser Druck liegt dann zwischen 1,02 und 1,15 bar. Nach Öffnung entweicht die Flüssigkeit oder deren Dampf durch den seitlich abzweigenden Schlauch ins Freie.
Umgekehrt kann der durch Abkühlung entstehende Unterdruck ausgeglichen werden. Damit sich die Schläuche des Kühlsystems nach Abstellen und Abkühlen des Motors nicht zusammenziehen, verfügt die Verschlußkappe noch über ein Unterdruckventil, das bei Unterdruck von 0,06 bis 0,1 bar öffnet und Luft von außen nachströmen läßt.
Wegen dieser genau abgestimmten Ventilkräfte darf der Kühlerverschlußdeckel gegen keinen anderen, zufällig passenden ausgetauscht werden. Eine Ersatzkappe kauft man am sichersten in einer Opel-Werkstatt. Sie trägt einen gelben Farbpunkt und die eingeprägte Zahl »1000«.
Bei heißem Motor öffnet man die Verschlußkappe nur unter großer Vorsicht, da der unter Druck stehende Dampf die Hand verbrühen könnte. Besser ist es, den Motor vor dem Abdrehen des Verschlusses etwas abkühlen zu lassen.
Gelegentlich reinigt man das Innere der Kühlerverschlußkappe von Rückständen, die sich dort ablagern. So bewahrt man die Freigängigkeit der Ventile.

Der Thermostat

Dieses wichtige Gerät regelt die Förderung des Kühlwasserumlaufs in Abhängigkeit von der Temperatur. Der Thermostat bewirkt mit seiner Arbeit, daß bei kaltem Motor nur ein Teil des Kühlmittels auf kurzem Weg zirkuliert, wodurch es sich sehr schnell erwärmt. Das Kühlmittel fließt dabei aus dem Zylinderkopf über

die Wasserpumpe wieder zurück in den Zylinderkopf. Wird das Wasser wärmer, öffnet der Thermostat den Zugang vom Kühler, und zwar nicht sofort voll, sondern es läßt eine von der Temperatur abhängige Wassermenge hindurch. So mischt sich warmes mit kaltem Wasser. Bei voll geöffnetem Thermostat ist der kurze Weg geschlossen und nur der Kreislauf durch den Kühler frei.
Die Arbeit des Thermostats ist vor allem im Winter wichtig. Sein Öffnungsbeginn liegt bei 88° C. Die volle Öffnung ist bei zusätzlichen 15° C erreicht. Durch diese Wirkungsweise bleibt der Motor weitgehend innerhalb der günstigen Betriebstemperatur, was dessen Lebensdauer (sonst chemische Kaltkorrosion) und der Schmierfähigkeit des Öls (Ölschlammbildung) zuträglich ist, und auch die Heizung gibt dann schneller Wärme ab. Man kann im Winter die Arbeit des Thermostats unterstützen, wenn man die Heizung erst nach Erreichen der Betriebstemperatur einschaltet.

Fingerzeige: *Vor Sommerreisen in den Süden kann man den Thermostat ausbauen, um ohne ihn einen rascheren Kühlmittelumlauf zu erzielen. Nach der Rückkehr sollte er allerdings wieder eingebaut werden.*
Sollte der Motor in einem strengen Winter wegen Kurzstreckenverkehr nicht auf die günstigste Betriebstemperatur kommen, dann behilft man sich mit teilweiser Abdeckung des Kühlers (Pappe oder Kunststoff-Folie vor den Kühler binden), die mehrmals durchlocht ist, denn der Motor benötigt auch Frischluft.

Thermostat ersetzen

Der Thermostat sitzt vorn am Zylinderkopf, hinter der Zahnriemenabdeckung und unterhalb des Antriebsrades für die Nockenwelle. Zum Ausbau des Thermostats sind folgende Arbeiten nötig:
Zunächst muß etwa 1 Liter Kühlmittel abgelassen werden. Dazu löst man den unteren Schlauchanschluß am Kühler (Kreuzschlitzschraube des Schlauchbinders etwas lockerdrehen, Schlauch vom Stutzen am Kühler abziehen) und läßt die Kühlflüssigkeit in ein vorher bereitgestelltes sauberes Gefäß ablaufen. Dann wird der Schlauch wieder auf den Stutzen geschoben, die Schraube des Schlauchbinders zieht man wieder fest. Das aufgefangene Kühlmittel füllt man nach beendeter Arbeit in den Kühler zurück.
Um an das Thermostatgehäuse herankommen zu können, muß man die Abdeckung für den Zahnriemen abschrauben. Danach wird der Schlauchanschluß am Stutzen des Thermostatgehäuses gelöst und der Wasserschlauch abgezogen. Das Thermostatgehäuse ist mit zwei Schrauben SW 13 am Zylinderkopf befestigt: beide Schrauben werden herausgedreht. Dann läßt sich das Gehäuse abnehmen. Wenn das Gehäuse festsitzt, drückt man vorsichtig einen Schraubenzieher in die Dichtfläche zwischen Gehäuse und Zylinderkopf und dreht dabei das Werkzeug etwas, wobei natürlich keine Kerben im Metall entstehen dürfen. Auch die Dichtung zwischen Gehäuse und Zylinderkopf darf nicht zerstört werden, besonders, wenn man unterwegs ist und keine neue Dichtung zur Hand hat. Normalerweise soll bei der Montage eine neue Dichtung verwendet werden.
Der Thermostat läßt sich ohne weiteres aus seinem Sitz im Zylinderkopf herausnehmen. Der neue Thermostat muß so eingesetzt werden, daß seine beiden Bügel in die Aussparungen im Zylinderkopf eingreifen. Dann führt man die weiteren Arbeiten in umgekehrter Reihenfolge wie beim Ausbau aus: Thermostatgehäuse festschrauben, Wasserschlauch befestigen, Zahnriemenabdeckung anmontieren, Kühlwasser auffüllen und abschließend das Kühlsystem entlüften, wie im Abschnitt »Kühlmittelstand kontrollieren« erwähnt.
Wird ein Thermostat defekt, geht er bedauerlicherweise in Schließstellung und die Wassertemperatur und damit die Temperaturanzeige steigen während der

Fahrt schnell an. Auch kann irgendein Fremdkörper, z. B. ein Sandkörnchen, zwischen Ventil und seinem Sitz hängenbleiben, und der Thermostat öffnet nicht mehr ganz. Das Wasser beginnt zu kochen. Abhilfe unterwegs: Thermostat ausbauen. Man kann auch ohne ihn fahren.
Vorsichtige Leute beschaffen sich einen Ersatz-Thermostat und führen den im Wagen mit. Er nimmt kaum Platz weg.

Die Wasserpumpe

Der ständige Kreislauf des Kühlmittels wird von der Wasserpumpe erzwungen. Diese Pumpe sitzt vorn am Motor und wird über den Zahnriemen durch die Kurbelwelle angetrieben. Dabei bewegt sich zugleich der Ventilator.
Stellen sich bei der Wasserpumpe Störungen ein, wird sie undicht. Am mahlenden oder heulenden Geräusch erkennt man, daß die Lager schadhaft sind. Dann muß sie repariert oder ausgewechselt werden. Kontrolle: Keilriemen abnehmen und Motor laufen lassen. Ist das Geräusch verschwunden, kommt als Störenfried nur die Lichtmaschine in Frage und die Lager der Wasserpumpe sind höchstwahrscheinlich doch in Ordnung.
Arbeiten an der Wasserpumpe überläßt man der Werkstatt. Wenn sie von einem praktisch veranlagten Heimwerker wohl ausgebaut werden kann, so braucht man zu ihrer Überholung doch besondere Werkzeuge und neue Dichtungen.

Der Ventilator

Zum Antrieb des Ventilators dient der Keilriemen, der auch die Lichtmaschine antreibt und von der Kurbelwellenriemenscheibe bewegt wird. Beim Betrieb des Motors läuft der Ventilator also dauernd mit. Ab Seite 173 ist alles Wissenswerte über den Keilriemen und seine richtige Spannung erklärt.
Der Ventilator hat fünf Flügel und hat – wie bei Opel üblich – eine unsymmetrische Flügelanordnung. Das hat seinen guten Grund, denn Versuche haben ergeben, daß bei einer gleichmäßigen Flügelanordnung bei gewissen Geschwindigkeiten Brummgeräusche auftreten können. Die etwas ungleichmäßig angeordneten Flügel dagegen geben bei allen Betriebszuständen ein unauffälliges Geräusch von sich.
Keinesfalls darf man versuchen, den Motor an den Ventilatorflügeln zu drehen (etwa beim Einstellen der Zündung). Dadurch würden die Flügel verbogen und die genau festgelegte Unsymmetrie wäre verdorben. Wegen der dann entstandenen Unwucht müßte ein neuer Ventilator montiert werden, weil die verbogenen Flügel nicht gerichtet werden können.

Überhitzter Motor

Bei ungenügender Kühlwassermenge wird der Motor im Betrieb zu heiß und es können an ihm größere Schäden eintreten. Deshalb ist die regelmäßige Kontrolle des Kühlmittelstandes so wichtig.
Bei Überhitzung des Motors kann die Zylinderkopfdichtung durchbrennen. Eine solche ist bei laufendem Motor an Luftblasen im Kühlwasser und Brandgeruch aus dem Einfüllstutzen des Kühlers erkennbar. Bedenkliches Stadium: Kühlwasserstand fällt, weil Wasser in den Motor dringt. Dann wird das Öl verdünnt, Lagerschäden und Kolbenklemmer sind die Folge und sogar die Pleuel können (bei festsitzendem Kolben) abreißen. Neben den geschilderten Anzeichen bei durchgebrannter Zylinderkopfdichtung ist dafür noch die weiße, allmählich stärker werdende Dampfwolke, die der Wagen nachzieht, ein untrügliches Merkmal. Dann ist ein Werkstattbesuch überfällig. Die defekte Kopfdichtung kann auch von nicht sachgemäß angezogenen Zylinderkopfschrauben verursacht sein. Wenn sich der Zylinderkopf dabei verzogen hat, muß der Kopf plangeschliffen oder ersetzt werden.
Wenn es dem Motor zu heiß wird, klettert die Anzeige des Fernthermometers in

das rote Feld. Sollte es sich nur um eine momentane Übererwärmung handeln, vielleicht durch eine Paßfahrt im Sommer verursacht, senkt sich die Wassertemperatur wieder, wenn man an den Straßenrand rollt und den Motor im Leerlauf drehen läßt. Der Ventilator sorgt dann schnell wieder für eine Abkühlung des umlaufenden Kühlwassers. Dagegen könnte es zu einem Hitzestau kommen, wenn man den Motor abschaltet, weil das dann in den Kanälen des Motors stehende Wasser nicht für Kühlung sorgen kann, vielmehr durch den heißen Motor noch weiter aufgewärmt wird.
Die Anzeige des Fernthermometers wird vom Thermofühler dirigiert. Näheres darüber siehe Seite 211.
Die Anzeige ist auch bei niedrigen Außentemperaturen von Bedeutung: Es kann sein, daß der Thermostat seine Aufgabe nicht mehr erfüllt und geöffnet ist, wodurch das Kühlmittel nur den großen Kreislauf durch den Kühler durchläuft und übermäßig gekühlt wird, so daß der Motor nicht die nötige Betriebstemperatur erreicht. Aber auch bei einwandfreien Verhältnissen mahnt die Temperaturanzeige vor übermäßiger Belastung, weil der Motor erst voll ausgedreht, also belastet werden soll, wenn er seine Betriebstemperatur erreicht hat. Natürlich ist die Anzeige von Übertemperaturen wichtiger. Man sollte es besser gar nicht zu einer möglichen Überhitzung kommen lassen und bei hohen Außentemperaturen Dauervollgas anderen überlassen.
Bei drohender Überhitzung steht ein weiterer »Kühler« durch die Heizung zur Verfügung. Mit ihrer Hilfe kann eine momentane Übertemperatur wieder gesenkt werden. Dazu den linken Hebel der Heizungsschaltgruppe ganz nach oben schieben, den rechten Hebel bis zur Mitte schieben und Gebläse einschalten. Umgekehrt tut es dem Motor im Winter gut, wenn man nach dem Start die Heizung erst bei Betriebstemperatur einschaltet.

Heizung und Lüftung

Einige Worte zur Arbeitsweise. Der Heizungshahn wird stufenlos mehr geöffnet, je weiter man den linken Heizungshebel nach oben schiebt. Dabei fließt warmes Kühlwasser durch den Wärmetauscher, die hindurchstreichende Luft nimmt diese Wärme auf und strömt in den Innenraum. Durch die Stellung des Betätigungshebels rechts wird die Menge der Luft bestimmt. Verstärkte Heizwirkung erhält man durch Einschalten des Gebläseschalters. Das Gebläse vermehrt den Luftdurchsatz durch den Wärmetauscher; falls der Motor seine Betriebstemperatur noch nicht erreicht hat, wird allerdings mehr Luft in das Wageninnere geblasen, als sich erwärmen kann. Andererseits muß man im Stand oder bei langsamer Fahrt zur Heizung ebenfalls das Gebläse einschalten, da dann die Frischluftzufuhr, die sonst durch den Wärmetauscher zieht, kaum vorhanden ist.

Störungen an der Heizung

Auch im Sommer ist es ratsam, gelegentlich den linken Heizungshebel zu bedienen, damit man sich davon überzeugen kann, daß man im Winter nicht frieren wird. Wenn nämlich das Heizungsventil über längere Zeit hinweg überhaupt nicht bewegt wird, kann es vorkommen, daß es sich durch Rückstände in der Kühlflüssigkeit zusetzt oder aber sich wegen Korrosion der mechanischen Bedienungsübertragung nicht mehr bewegen läßt.
Wenn der Gebläsemotor beim Einschalten nicht läuft, ist zuerst die Sicherung Nr. 5 zu überprüfen. Liegt dort und an den angeschlossenen Kabeln kein Defekt vor, wird man um die Demontage des Gebläses nicht herumkommen. Dazu ist die Batterie auszubauen, dann zieht man den weißen Kabelanschluß oben von der Verkleidung des Gebläses im Motorraum ab. Die vier Sicherungsscheiben, die dem Geräuschisolationsdeckel an der Spritzwand Halt geben, lassen sich mit einem Schraubenzieher abhebeln. Nachdem die Geräuschisolation abgenom-

men wurde, sind die Halteklammern des jetzt freigelegten Gehäusedeckels über die Haltenasen zu heben, dann kann man auch diesen Deckel entnehmen. Der Gebläsemotor wird schließlich von nur einer Schraube festgehalten und läßt sich nach Herausdrehen derselben in Richtung Motorraum aus seinem Sitz ziehen. Beim Opel-Dienst oder in einer Werkstatt für Autoelektrik kann der Gebläsemotor geprüft werden.
Wenn der Heizkörper ersetzt werden soll, genügt es, eine Wanne unter die Schlauchanschlüsse zu stellen, die zwischen Motor und Servobremse an der Spritzwand mit dem Heizkörper verbunden sind. Die beiden Schlauchklemmen werden gelöst, das auslaufende Kühlmittel aufgefangen und die Schlauchenden möglichst nach oben gedrückt und dort mit Draht festgebunden. Oben und unten ist der Heizkörper mit je einer Kreuzschlitzschraube befestigt. Hat man diese herausgedreht, läßt sich der Heizkörper aus seinem Gehäuse ziehen. Vor dem Einbau des neuen Wärmetauschers müssen an dessen Schmalseiten – oben und unten – Dichtungsstreifen angebracht werden.
Oberhalb des Heizkörpers befindet sich die Mischluftklappe. Die Klemmschraube für den Bowdenzug muß fest angeschraubt sein. Eine lockere Schraube macht das Betätigen der Klappe unmöglich.

Versorgungssystem

Zur Versorgung des Motors mit seiner flüssigen »Nahrung« dient die Kraftstoffanlage. Vom Tank zum Vergaser führt eine Rohrleitung, und in dieser ist eine mechanische Pumpe zur Förderung des Benzins angeordnet. Normalerweise treten an der Versorgungsleitung keine Defekte auf, allenfalls könnte die Pumpe einmal Anlaß zu Ärger geben. Bestimmt ist es aber nützlich, über die Stationen Bescheid zu wissen, die der wahrhaft kostbare Saft durchfließt.

Der Tank

In Ascona und Manta ist der Tank zwischen Lehne der hinteren Sitzbank und Kofferraum stehend über der Hinterachse untergebracht. Sein Einfüllstutzen mündet unterhalb des rechten hinteren Dachpfostens und wird von einem Deckel mit Renkverschluß abgeschlossen. Anstelle dieses Deckels, der den Tankinhalt nicht vor Diebstahl schützt, gibt es bei Opel auch abschließbare Deckel.
Ein verlorengegangener Tankdeckel soll nur durch einen Original-Deckel ersetzt werden. Nach Opel-Tradition paßt der Verschlußdeckel für den Öleinfüllstutzen in der Zylinderkopfhaube auch für den Tankverschluß. Geht letzterer verloren, z. B. wenn er nach dem Tanken nicht wieder aufgesetzt wurde, kann man ohne Gefahr für die Ventilkammer den Ölstutzen-Verschlußdeckel verwenden. Den Ölstutzen verschließt man derweilen mit einem festen Papierballen und nicht mit einem Lappen, da letzterer leicht fasert. Trotzdem sollte man den Ersatz des Tankdeckels nicht hinausschieben.
Das Fassungsvermögen des Tanks beträgt bei allen Modellen 50 l. Mit einer Tankfüllung kommt man also unter normalen Bedingungen rund 400 km weit (Benzinverbrauch siehe Seite 12). Damit man nicht von plötzlichem Benzinmangel überrascht wird, ist der Tank mit dem Kraftstoffanzeiger verbunden, dessen Zeiger den vorhandenen Vorrat angibt und beim Stand auf dem linken Teil der Skala die baldige Leere ankündigt.
Nicht nur, weil es strafbar ist, wegen Benzinmangels auf der Autobahn liegenzubleiben, sollte man sich einen Reservekanister zulegen. Auch die Kraftstoffanzeige könnte einmal ausfallen oder eine zielstrebig angesteuerte Tankstelle ist womöglich gerade geschlossen. Der (hoffentlich stets gefüllte) Kanister braucht nur über ein Fassungsvermögen von 5 l zu verfügen; damit kommt man weit genug, und ein solcher Kanister, der übrigens ein Zulassungszeichen tragen muß, beansprucht auch im Gepäckraum wenig Platz. Manche Kanister können zusammen mit dem Haltegurt für das Reserverad so befestigt werden, daß sie nicht im Kofferraum herumschleudern.
Wenn man den Wagen für längere Zeit abstellt, sollte der Tank möglichst gefüllt sein. Das verhindert die Bildung von Kondenswasser. Wasser läßt den Tank rosten, und diese Verunreinigungen können die Arbeit der Benzinpumpe und des Vergasers stören. Außerdem ist Wasser dem Zinnspritzguß des Vergasers unzuträglich, weil sich dann Absonderungen bilden, die ebenfalls die Düsen und Bohrungen verstopfen können.

Der Geberdeckel am Tank ist im Kofferraum zugänglich. Wie man diesen Geber für die Kraftstoffanzeige ausbaut, ist auf Seite 210 beschrieben.

Fingerzeig: *Einen aufgetankten Wagen soll man nicht in der prallen Sonne abstellen. Im Tank dehnt sich der Kraftstoff unter der Wärmewirkung aus, denn in der Tankstelle befand er sich – vor Wärme geschützt – unter der Erdoberfläche.*

Die Kraftstoffpumpe

Die gute alte Benzinpumpe, die man zerlegen, reparieren und wieder hübsch zusammenbauen konnte, wurde bei Opel schon im Kadett C von einer Einheitspumpe abgelöst, an deren Innereien man nicht mehr herankommt. Seit 1971 bauen einige Autowerke eine solche einfachere Kraftstoffpumpe mit Blechoberteil ein, und auch Opel bedient sich dieser Neuerung. Als Ersatzteil ist sie billiger als die früheren Pumpen.

Das Arbeitsprinzip dieser »Blechpumpe« blieb das gleiche wie früher: Sie saugt das Benzin vom Tank her durch die Kraftstoffleitung an und sorgt für die wohldosierte Zufuhr zum Vergaser hin. Weil das Benzin trotz des Filtersiebes im Tank noch Verunreinigungen mit sich führen kann, die im Vergaser zu Verstopfungen der Düsen beitragen können, ist im Pumpenoberteil – wie früher auch – ein Kraftstoffsieb installiert. Weiterhin ist die Möglichkeit gegeben, dieses Sieb zu reinigen.

Da die Ventile in der Pumpe nur eingepreßt sind, kann es vorkommen, daß sie sich aus ihrem Sitz lösen. Dann ist die Arbeit der Pumpe gestört. Manchmal hilft leichtes Klopfen an das Pumpengehäuse, aber gewöhnlich muß die Pumpe ersetzt werden. Eine Ersatzpumpe im Kofferraum, besonders bei Auslandsreisen, ist eine recht gute Versicherung.

Die Kraftstoffpumpe sitzt vorn am Motor rechts oben, wo sie sehr gut zugänglich ist. Mit einem Schraubenzieher wird die Schlitzschraube auf dem Blechdeckel gelöst, worauf das Kunststoffsieb zu entnehmen ist. Das Sieb reinigt man in einem Napf mit Benzin und bläst es sauber. Nochmals: Ein weiteres Demontieren der Pumpe ist nicht möglich.

Besteht der Verdacht, daß die Pumpe nicht mehr ordnungsgemäß Kraftstoff fördert, wird zur Kontrolle der Anschluß der Kraftstoffleitung zum Vergaser gelöst. Zum Auffangen des auslaufenden Benzins einen saugfähigen Lappen unter den gelösten Anschluß legen. Dann dreht man den Motor mit dem Anlasser durch und beobachtet, ob aus dieser nun offenen Leitung Benzin heraussprudelt.

Die Benzinpumpe, vorn am Motor oben rechts, ist eine sogenannte Blechpumpe. Funktioniert sie nicht mehr, kann sie nur noch ausgetauscht werden. Wie bei früheren Kraftstoffpumpen ist es aber weiterhin möglich, das unter dem Deckel (1) sitzende Filtersieb (3) zu reinigen. Dazu wird die Schlitzschraube auf der Deckelmitte abgeschraubt und der Deckel kann abgenommen werden. Damit aus der Leitung vom Tank kein Kraftstoff ausfließt, knickt man den Schlauch ab. Zwischen Deckel und Gehäuse (2) dient ein elastischer Ring als Dichtung, Dichtmasse ist nicht erforderlich.

Läuft der Kraftstoff nur in einem mageren Rinnsal oder eventuell in unregelmäßigen Abständen, dann muß die Pumpe ausgetauscht werden.
Zur Demontage vom Motor löst man Saug- und Druckschlauch an der Pumpe und zieht die Schläuche ab. Der vom Tank heranführende Schlauch wird abgeklemmt (Schlauch knicken und Wäscheklammer hinter dem Knick anklemmen oder Schlauch nach Lösen desselben mit Kugelschreiber o. ä. verstopfen). Danach schraubt man die beiden Schrauben SW 11 los, mit der die Pumpe befestigt ist. Zwischen Pumpe und Motor sitzen drei Dichtungen: eine Papierdichtung, eine Steinasbestdichtung und eine weitere Papierdichtung. Neue Papierdichtungen gibt es zusammen mit der neuen Benzinpumpe, und beim Anbau ist darauf zu achten, daß die dicke Asbestdichtung zwischen die Papierdichtungen angeordnet wird. Eine neue Pumpe kostet rund 40 Mark; beim Kauf ist der Wagentyp anzugeben.

Kraftstoffanlage kontrollieren

Pflegearbeit Nr. 21

Der Kraftstoff muß den Weg vom Tank zum Vergaser störungsfrei durchfließen können. Üblicherweise ist dies auch der Fall, aber es schadet nichts, wenn man sich gelegentlich (der Opel-Plan sieht Intervalle von 20 000 km vor) davon überzeugt, daß das teure Naß nicht irgendwo auf die Straße rinnt. Vordringlich sieht man sich dazu den Verlauf der Kraftstoffleitung und die Anschlüsse an der Benzinpumpe vorn unten am Motor an. Bei Feuchtigkeit ermittelt man durch Geruchsprobe, ob es sich um auslaufenden Kraftstoff handelt.
Zu dieser Arbeit gehört es auch noch, die Dienstbereitschaft des Vergasers zu überprüfen. Wie man hierbei vorgeht, ist im Abschnitt »Vergaser reinigen« auf Seite 114 beschrieben.

Blick ins Mischwerk

Ein Vergaser muß dem Verbrennungsmotor das zündfähige Gemisch aus Luft und Kraftstoff in einer richtigen Zusammensetzung zubereiten. Welche Vergaserbauart Verwendung findet, richtet sich nach dem Charakter des Motors. Daher kommt es, daß es viele Vergasertypen gibt, wobei eine Reihe von speziellen Herstellerfirmen eigene Vergasersysteme entwickelt hat. Für einige verschiedene Autos gibt es dennoch gleiche Vergaserkonstruktionen, die nur in geringen Details voneinander abweichen.
Für den 1,3-Liter-Motor von Opel sind zwei unterschiedliche Vergaser vorgesehen. Der besseren Übersicht wegen schlagen wir vor, die auf den Vergaser in Ihrem Auto besonders bezogenen Ausführungen auf den folgenden Seiten mit Farbstift zu markieren. So finden Sie sich im Bedarfsfall schnell zurecht. Wenn Sie sich darüber hinaus die gebotenen Beschreibungen über Aufbau und Arbeitsweise in Ruhe einprägen, so erwerben Sie ein Wissen, von dem Sie irgendwann profitieren können.

Welcher Vergaser ist eingebaut?

Für den Motor 13 N ist der Einfach-Fallstromvergaser Solex 35 PDSI bestimmt. Dieser Vergasertyp wurde bereits in vielen anderen Opel-Modellen eingesetzt und hat sich auch bei anderen Fabrikaten bestens bewährt. Er wird von der Pierburg GmbH & Co. KG (vormals Deutsche Vergasergesellschaft) hergestellt; Anschrift: Postfach 838, 4040 Neuss 13. Allgemein sind die Autowerkstätten mit dem PDSI-Vergaser vertraut, und Ersatzteile dafür erhält man außer bei Opel-Diensten bei Vertragswerkstätten der DVG (Solex).
In den Wagen, die mit dem 13 S-Triebwerk ausgerüstet sind, sorgt der Vergaser GMF Varajet II für die Gemischaufbereitung. Dieser Fallstromvergaser ist eine Entwicklung von General Motors in Frankreich. Erstmals wurde er in dem ab 1977 gebauten Manta 20 eingesetzt, außerdem kommt er dem seit dem gleichen Jahr gebauten Rekord E mit 2-Liter-Motor zugute. Sollten einmal an diesem Vergaser Störungen auftreten, die nicht in Eigenhilfe behoben werden können, muß die Opel-Werkstatt helfen.

Was sich im Vergaser tut

Es ist Aufgabe des Vergasers, Kraftstoff und Luft in ein entflammbares »Gemisch« zu verwandeln, also eine Flüssigkeit mit einem Gas zu mischen. Dieses Verhältnis darf nicht zu fett (zuviel Benzin) und nicht zu mager sein. Die Menge und die Zusammensetzung des Gemischs müssen sich regulieren lassen, wodurch man die Geschwindigkeit und gewissermaßen auch die Leistung des Wagens bestimmen kann.
Verschiedene gesonderte Einrichtungen im Vergaser verhindern eine Veränderung der Benzin-Luft-Menge durch äußere Einflüsse. Leerlauf und Vollast, plötzlicher Gaswechsel, Steigungen und Gefälle, niedriger Luftdruck (Gebirge) und große Hitze oder Kälte sind Faktoren, die sich auf die Arbeitsweise des Vergasers nicht negativ auswirken dürfen.

Wichtige Vergaserbegriffe

Schwimmergehäuse: Behälter, in dem die Höhe des Benzinstandes reguliert wird, um jederzeit den erforderlichen Vorrat bereitzuhalten. Der darin befindliche Schwimmer betätigt bei wechselndem Niveau ein Nadelventil und regelt dadurch den Zufluß des von der Kraftstoffpumpe geförderten Benzins.

Schwimmernadelventil: Größe und Gewicht sind auf die Förderleistung der Kraftstoffpumpe abgestimmt. Ein größeres Nadelventil als vorgesehen läßt zuviel Kraftstoff hindurch, weil sich der Pumpendruck eher durchsetzen kann. Ein kleineres Nadelventil ist als Behelf möglich, doch später bleibt die Nadel hängen, da sie sich wegen zu starken Schwimmerauftriebs rasch einschlägt. Die Stärke des Dichtrings vom Schwimmernadelventil bestimmt das Schwimmerniveau – eine stärkere Dichtung senkt es unvorteilhaft.

Innen- und Außenbelüftung der Schwimmerkammer: Die Außenbelüftung ist für den Leerlauf, die Innenbelüftung für den Betrieb bei gestiegener Drehzahl bestimmt.

Hauptdüse: Regelt mit genau bemessener Bohrung den Kraftstoffdurchfluß vor der Gemischbildung aus dem Schwimmergehäuse. Eingeschlagene Nummern gebendie Düsengröße an, ihre Durchflußrichtung vom Kopf zum Gewindeteil kennzeichnet sie als sogenannte X-Düse (Null-Düse mit entgegengesetzter Durchflußrichtung). Der Bohrungsdurchmesser sagt nichts über die Durchflußmenge aus, bei Solex werden Hauptdüsen nach Luftdurchsatz bemessen.

Luftkorrekturdüse: Sieht ähnlich aus wie Hauptdüse. Dem von der Hauptdüse kommenden Kraftstoff wird durch sie eine bestimmte Menge Luft zugeführt. Die Luftkorrektur soll im oberen Drehzahlbereich (bei hohem Durchsatz) die zwangsläufig eintretende Verfettung des Gemischs wieder abmagern. Sie wirkt zusammen mit dem Mischrohr.

Mischrohr: Nimmt Benzin und Luft entgegen und führt diese vorgemischt in den Austrittsarm im Saugkanal. Bei steigender Drehzahl soll es das Mischungsverhältnis Kraftstoff/Luft nahezu konstant halten. Die Bohrungen im Mischrohr sowie deren Anzahl, Größe und Reihenfolge sind für den Motortyp bedeutungsvoll.

Leerlaufdüse: Liefert dem Leerlaufsystem eine stets gleichbleibende Kraftstoffmenge zur Aufbereitung des Leerlaufgemisches.

Lufttrichter: Sitzt im Saugkanal des Vergasers und beeinflußt durch seine maßlich festgelegte Einschnürung im Zusammenhang mit der Motordrehzahl die Luftgeschwindigkeit und gleichzeitige Luftmenge zur Gemischbildung.

Beschleunigungspumpe: Erhöht zur Erzielung besserer Beschleunigung den Anteil des Kraftstoffs am Gemisch. Das geschieht in einer kleinen Druckpumpe am Vergaser beim Durchtreten des Gaspedals. Ohne die Pumpe würde beim plötzlichen Gasgeben das trägere Benzin nicht schnell genug abgesaugt werden können und der Luftanteil würde sich ungünstig erhöhen.

Drosselklappe: Spricht direkt auf die Betätigung des Gaspedals an und reguliert den Vergaserdurchlaß, also die Gemischmenge. Von der Stellung der Drosselklappe ist die Leistung des Motors direkt abhängig.

Vergaser Solex 35 PDSI

Dieser Fallstrom-Vergaser verfügt über eine von Hand zu betätigende Starteinrichtung (Choke). Er besitzt ein sogenanntes Zusatzgemischsystem, das die Nachverstellung der Leerlaufdrehzahl ermöglicht, ohne daß die Gemischzusammensetzung beeinflußt wird. Dadurch wird der vom Gesetzgeber vorgeschriebene Anteil schädlicher Abgase im Leerlauf in angemessenen Grenzen gehalten. Anfangs bezeichnete man dieses Zusatzgemischsystem nicht ganz korrekt als Umgemischsystem.

Der Vergaser besteht aus drei Hauptteilen:

- Drosselklappenteil

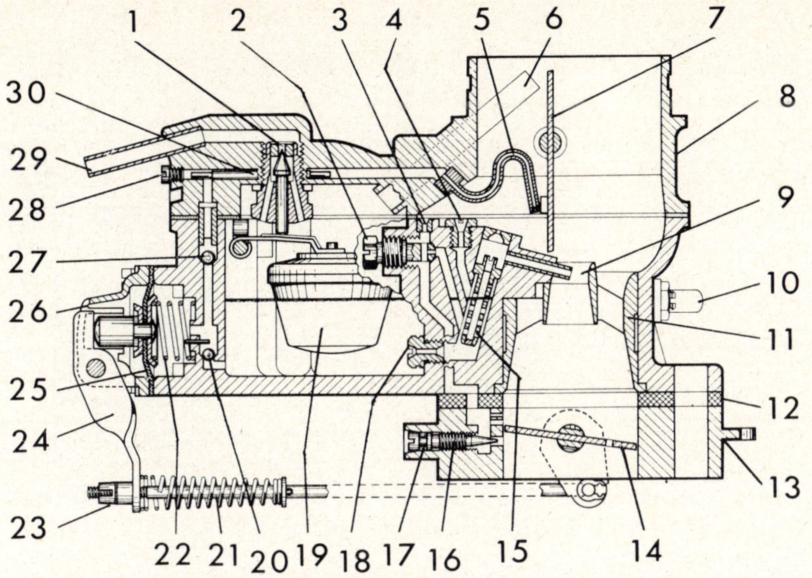

Schemabild des Solex-Fallstromvergasers 35 PDSI: 1 – Schwimmernadelventil, 2 – Leerlaufdüse, 3 – Leerlaufluftbohrung, 4 – Luftkorrekturdüse, 5 – Einspritzrohr, 6 – Schwimmerkammer-Belüftung, 7 – Starterklappe, 8 – Vergaserdeckel, 9 – Austrittsarm mit Vorzerstäuber, 10 – Anschlußrohr für Zündverstellung, 11 – Lufttrichter, 12 – Isolierdichtung, 13 – Drosselklappenteil, 14 – Drosselklappe, 15 – Mischrohr, 16 – Leerlaufgemisch-Regulierschraube, 17 – O-Ring, 18 – Hauptdüse, 19 – Schwimmer, 20 – Kugelventil, 21 – Pumpenstange mit Druckfeder, 22 – Membranfeder, 23 – Einstellmutter, 24 – Pumpenhebel, 25 – Pumpenmembrane, 26 – Membranpumpengehäuse, 27 – Kugelventil, 28 – Verschlußschraube, 29 – Kraftstoffzufluß, 30 – Füllstift.

- Vergasergehäuse mit Schwimmerkammer und Düsen
- Vergaserdeckel mit Starterklappe.

Im Drosselklappenteil ist die Drosselklappenwelle mit der Drosselklappe untergebracht, die über Gelenke und einen Seilzug mit dem Gaspedal verbunden ist. An dem einen Ende der Drosselklappenwelle sitzen eine Rückholfeder und ein Übertragungshebel, in dem die Pumpenstange für die Beschleunigungspumpe eingehängt ist. Auf der anderen Seite der Welle befinden sich der Anschlaghebel, der Übertragungshebel und eine Hülse mit einer Segmentscheibe. Im Drosselklappenteil sitzt ferner die verplombte Leerlaufgemisch-Regulierschraube. Ein Schlauchstück stellt die Verbindung vom Vergasergehäuse zu den Zusatzgemischkanälen her.

Das Vergasergehäuse vereinigt Mischkammer und Schwimmerkammer. Am Boden der Schwimmerkammer, in der ein Schwimmer hängt, sitzt die Hauptdüse und daneben das Ventil für die Anreicherung. Außen an der Schwimmerkammer ist die Beschleunigungspumpe angebracht, die aus Hebel, Hebelachse, Deckel, Feder und Membrane besteht. In der Mischkammer sind Lufttrichter, Vorzerstäuber, Luftkorrekturdüse und Leerlaufdüse untergebracht.

Auf dem Gehäuse ist der Vergaserdeckel festgeschraubt. An der Schwimmerkammer sitzen das Steigrohr des Zusatzgemischsystems, der Anreicherungskolben und der Kraftstoffanschluß. In den Deckel ist von unten das Schwimmernadelventil eingeschraubt. Im Mischkammerteil des Deckels sind das Einspritzrohr der Beschleunigungspumpe eingepreßt, ferner das Rohr für die Vollastanreicherung und das Schwimmerkammerbelüftungsrohr. Die Starterklappenwelle trägt die Starterklappe, verbunden mit dem Starterzug.

Vergaser GMF Varajet II

Seit Produktionsbeginn sind an diesem Register-Vergaser keine bedeutenden Änderungen vorgenommen worden. Er besteht aus drei Hauptteilen:

- Drosselklappenteil
- Schwimmergehäuse
- Vergaserdeckel.

Auch hier sind zwei Saugkanäle, jedoch mit größerem Durchmesser der 2. Stufe,

Schnitt durch den Vergaser Varajet, 1. Stufe. 1 – Luftbohrung, 2 – Luftblende, 3 – Gemischaustrittrohr, 4 – dreifach konzentrische Lufttrichter, 5 – Verteilerkanal, 6 – Luftdüse zum Anreicherungsaustrittrohr, 7 – Leerlaufdüse, 8 – Luftbohrung, 9 – Umgemischdüse, 10 – Tauchrohr für Vollastanreicherung, 11 – Umgemischkanal, 12 – Umgemisch-Regulierschraube zur Korrektur der Drehzahl ohne Veränderung der Abgasemission, 13 – Gemisch-Regulierschraube, durch Kunststoffkappe versiegelt, 14 – Gemischaustritt, 15 – By-pass-Schlitz, 16 – Betätigungshebel für Drosselklappe, 17 – Drosselklappenanschlagschraube, versiegelt, 18 – Tauchrohr für Leerlaufsystem, 19 – Hauptkraftstoffkanal, 20 – Teillastventil, versiegelt, 21 – Hauptdüse, 22 – Teillastnadel, 23 – Unterdruckkolben, 24 – By-pass-Luftbohrung.

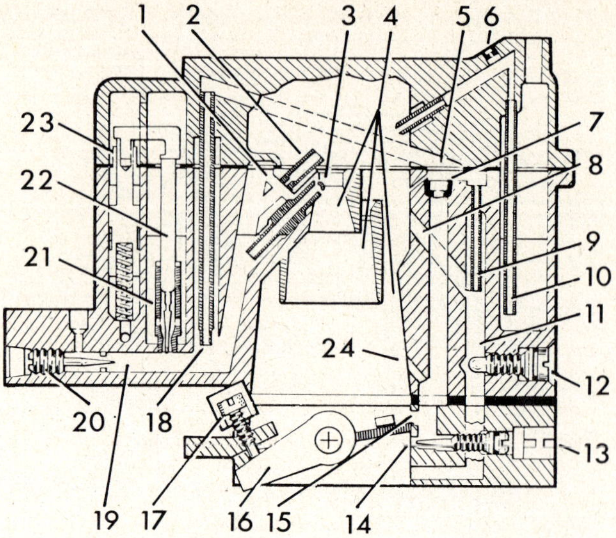

vorhanden. Die 1. Stufe besitzt drei konzentrisch angeordnete Lufttrichter und die 2. Stufe eine federbelastete Luftklappe (Stauklappe). Die Schwimmerkammer hat einen massiven Kunststoffschwimmer, und ein oben angeordnetes Füllstück begrenzt ihre Fassungsmenge.
Das Leerlauftauchrohr versorgt über einen Verteilerkanal auch das Umgemischsystem für die übrigen Betriebszustände. Im Saugrohr befinden sich dreifach gestaffelte Einschnürungen (»Venturirohre«), mit der die Durchlaßgeschwindigkeit erhöht und die Gemischaufbereitung verbessert werden. Der Unterdruck im inneren Venturirohr bleibt über seine gesamte Länge nahezu konstant, weshalb Fertigungstoleranzen in der Höhe des Gemischaustritts wenig Einfluß auf die Kalibrierung haben. Leerlauf mit Umgemischsystem und Teillast-Bohrungen beziehen ihren Kraftstoff hinter der Hauptdüse, was Fehler beim Übergang zu anderen Lastzuständen vermeiden hilft.

Start

Normalerweise steht die Starterklappe offen. Sie wird nur zum Anlassen des kalten Motors mittels Starterzug geschlossen. Bei dieser Betätigung wird zwangsläufig über verschiedene Hebel die Drosselklappe etwas geöffnet. Durch die im Motor ansaugenden Kolben entsteht ein Unterdruck, der aus dem Austrittsarm Kraftstoff saugt. Dabei vollführt die Starterklappe ein schnelles Spiel zwischen Öffnen und Schließen (sie ist frei beweglich gelagert) und ermöglicht die erforderliche Luftzufuhr. Diese »halbautomatische« Starterklappe wird, wenn der Motor angesprungen ist, so weit geöffnet (Starterknopf einschieben), daß der Motor noch sicher durchläuft. Ist der Motor erwärmt, wird der Knopf ganz zurückgeschoben. Vergißt man das, ergibt sich übermäßiger Benzinverbrauch. Bei warmem Motor darf die Starterklappe nicht betätigt werden.
Da die Bedienung des Starterzugs etwas Aufmerksamkeit verlangt, erscheint er technisch rückständig. Tatsächlich ergibt sich ein höherer Kraftstoffverbrauch, wenn das Einschieben des Zugknopfes vergessen wird, und im Extremfall kann der Motor sogar wegen Überfettung absterben. Um daran zu erinnern, leuchtet bei gezogenem Starterzug eine Kontrolleuchte in der Instrumententafel auf, doch auch diese Lampe kann einmal ausfallen. Bei richtiger Luftklappenbedienung kann es allerdings nie zu Schwierigkeiten kommen.

Narrensicherer gibt sich die Startautomatik, die mit dem Vergaser Varajet verbunden ist. Automatisch ist aber an dieser Startvorrichtung nur, daß sich die im Einlaß befindliche Starterklappe aus geschlossener Stellung wieder allein öffnet. Statt von Hand eine Starthilfe zu ziehen, muß man hier vor dem Start mit dem Fuß das Gaspedal einmal durchtreten, wobei die Klappe ausrastet und sich schließt. Eine elektrisch beheizte Feder im Gehäuse der Startautomatik bewegt die Klappe anschließend allmählich bis zur vollen Öffnung.

Störungen an der Startautomatik

Zur Funktionskontrolle: Vor dem Kaltstart Luftfilterdeckel abnehmen. Stellung der Starterklappe beobachten, sie wird jetzt noch senkrecht stehen, wenn das Gaspedal noch nicht berührt wurde. Dann Gaspedal einmal durchtreten und wieder die Stellung der Klappe ansehen. Sie muß den Vergasereinlaß geschlossen haben.

Wenn der Motor schlecht anspringt oder beim Warmlauf nur unrund läuft oder nicht mehr anspringt, nachdem er nach dem Kaltstart bald wieder abgestellt wurde, dann kann es sein, daß die Klappe hängt, also nicht mehr einwandfrei gängig ist und nicht ganz schließt oder öffnet. Zur Prüfung den Deckel des Luftfilters abnehmen. Gaszug am Vergaser so betätigen, daß es etwa Halbgas entspricht, und vorsichtig von Hand probieren, ob die Klappe gut beweglich ist (nur in bestimmten Stellungen des Gaspedals ist die Klappe nicht gesperrt). Es ist möglich, daß sich am Rand der Klappe bzw. an ihrer Welle Ablagerungen aus der in das Luftfilter geführten Kurbelgehäuse-Entlüftung gebildet haben. Diese mit Spiritus entfernen.

Irgendwelche Einstellungen an der Startautomatik soll man der Fachwerkstatt überlassen, wo in Zusammenhang mit weiteren notwendigen Überprüfungen nach genau festgelegten Einstelldaten vorgegangen wird.

Leerlauf

Bei geschlossener Drosselklappe – wenn das Gaspedal nicht berührt wird – dreht der Motor im Leerlauf. Dabei wird aus dem Mischrohr (Benzin fließt aus den Mischrohren) kein Kraftstoff abgesaugt, weil wegen der geschlossenen Drosselklappe im Saugrohr kein Unterdruck herrscht. Das Leerlaufsystem des Vergasers verhindert jedoch, daß der Motor mangels Kraftstoff abstirbt. Diese Leerlaufversorgung geschieht unterhalb der Drosselklappe, wo sich die Auslauföffnung für das Leerlaufgemisch befindet. Stufenvergaser haben diese Bohrung nur in der 1. Stufe. Die Leerlaufgemisch-Regulierschraube sitzt bei jedem Vergaser seitlich am Saugkanal etwas unter der Höhe der Drosselklappenwelle. Das Leerlaufgemisch entsteht aus Kraftstoff, der aus der Hauptdüse stammt, und aus der über besondere Bohrungen aufgenommenen Luft. Es wird durch die Leerlaufdüse in vorbestimmter Menge dem Motor zugeführt.

Übergangsbohrungen, die oberhalb der geschlossenen Drosselklappe liegen (Bypass-Bohrungen), beziehen eine Kraftstoff-Luft-Emulsion aus dem Leerlaufsystem. Wird die Drosselklappe etwas geöffnet, dienen die Bohrungen der Verbesserung des Übergangs vom Leerlauf auf den Betrieb durch das Hauptdüsensystem.

Normalbetrieb

Beim Tritt auf das Gaspedal wird die Drosselklappe entsprechend der Pedalstellung geöffnet. Mit zunehmender Öffnung der Drosselklappe steigt der durch die Kolben des Motors wirksame Unterdruck im Saugrohr. Der im Normalbetrieb erforderliche Kraftstoff wird von der Hauptdüse geliefert (siehe Schnittzeichnungen). Die Hauptluft wird über den Lufttrichter zugeführt. Mit steigendem Unterdruck sinkt der Kraftstoffstand im Mischrohr, das seinerseits von der Luftkorrekturdüse die notwendige Ausgleichsluft erhält. Die Luft vermischt sich in den klei-

Beim Vergaser Varajet wurde das Luftfiltergehäuse abgebaut. Bezeichnet sind: 1 – Schlauch zur Unterdruckmembran, 2 – Schlauch für die Unterdruck-Zündverstellung im Zündverteiler, 3 – Gehäuse der Startautomatik.

nen Bohrungen des Mischrohrs mit dem nachfließenden Kraftstoff. Die Zusammensetzung des hier entstehenden Gemischs entspricht nahezu über den ganzen Drehzahlbereich den Bedürfnissen des Motors.

Beschleunigung

Beim Vergaser Solex PDSI ist die Beschleunigungspumpe seitlich am Schwimmergehäuse angeschraubt, bei dem anderen Vergaser steht die Unterdruckdose der Pumpe separat und schräg vom Vergaser ab. Die plötzlich geöffnete Drosselklappe soll der Beschleunigungspumpe genügend Kraftstoff liefern und den in solchem Fall zögernden Nachschub von dem Hauptdüsensystem überbrücken. Im Arbeitsraum der Beschleunigungspumpe befindet sich aus der Schwimmerkammer angesaugter Kraftstoff.
Wird die Drosselklappe geöffnet, überträgt sich diese Bewegung auf den Pumpenhebel, der die Membrane der Pumpe nach innen drückt. Dadurch wird Kraftstoff durch das Einspritzrohr in die Mischkammer gespritzt, wobei sich die Menge nach dem Pumpenhub richtet. Ein Rückschlagventil verhindert, daß beim Einspritzen zugleich Benzin in die Schwimmerkammer zurückfließt. Ein weiteres Ventil am Pumpenauslaß verhindert beim Saughub das Einströmen von Luft aus der Mischkammer.
Menge und Dauer des Kraftstoffzusatzes sind vom Pumpenhub, von der Kalibrierung des Einspritzrohres und des Überdruckventils sowie von der Kraft des Druckhubes abhängig.

Vollast

Bei Vollgas benötigt der Motor eine zusätzliche Kraftstoffversorgung. Sie muß selbsttätig einsetzen, wenn der Unterdruck des Motors den normalen Wert überschreitet. Dann wird unmittelbar von der Schwimmerkammer der Kraftstoff zum Einspritzrohr geführt, das bei den Vergasern in unterschiedlicher Form in den Ansaugkanal oberhalb des Lufttrichters gerichtet ist. Damit bietet sich auch die Möglichkeit, bei hohen Drehzahlen ein normales Mischungsverhältnis beizubehalten, so daß der Motor noch Höchstleistung bei niedrigen Drehzahlen, etwa im Stadtverkehr, abgeben kann.
Wenn die Stauklappe der 2. Stufe des Vergasers Varajet öffnet, bewegt sie eine konische Vollstnadel in einer Düsenblende. Dadurch wird der Blendendurchmesser zunehmend freigegeben und entsprechend Kraftstoff zugesetzt.

Vergaser-befestigung prüfen

Früher schrieb der Opel-Inspektionsplan eine Überprüfung der Befestigungsschrauben des Vergasers am Ansaugkrümmer vor. Doch auch heute sollte man sie hin und wieder kontrollieren, obgleich dies nicht besonders vorgeschrieben ist. Allerdings muß man die Muttern nicht jedesmal noch fester »anknallen«, aber mit einem angesetzten Schraubenschlüssel stellt man leicht fest, ob da etwas locker ist. Ohne das Luftfiltergehäuse abzunehmen, wird man an diese Befestigungsschrauben freilich kaum herankommen.

Bei dieser Gelegenheit kann man auch prüfen, ob die Vergaserdeckelschrauben locker sind. Dies ist leicht zu ermitteln, wenn man vorsichtig am noch montierten Luftfilter wackelt und dabei seitlich beobachtet, ob sich diese Bewegung auf den Vergaserdeckel überträgt. Wenn ja, Luftfilter abnehmen und die Schlitzschrauben mit einem Schraubenzieher festdrehen.

Papierelement des Luftfilters wechseln

Pflegearbeit Nr. 41

Für die Reinigung der Ansaugluft, die dem Motor zugeführt wird, sorgt bei allen 1,3-Liter-Motoren ein Trockenluftfilter. Das Papiermaterial dieses Filtereinsatzes ist innerhalb einer Kreisform in zahlreichen, radial ausgerichteten Falten angeordnet, wodurch sich eine wesentliche Vergrößerung der Filterfläche ergibt. Ohne Filter würden mit der Luft Schmutzteilchen in die Verbrennungsräume gelangen und an den Zylinderwänden wie Schmirgel wirken – frühzeitiger Verschleiß von Kolben und Zylinderlaufbahnen wären die Folge. Außerdem dämpft der Filter Ansauggeräusche.

Ein verschmutzter Luftfiltereinsatz bietet dem Motor keine Möglichkeit, genügend Luft zur Verbrennung anzusaugen und das Gemisch wird überfettet. Zugleich steigt der Verbrauch und die Leistung sinkt. Deshalb soll man die vorgesehenen Spannen von 40 000 km als äußerste Termine zum Wechseln ansehen. Wer häufig über staubige Straßen fahren muß, tut gut, das Filter schon nach der Hälfte dieser Wegstrecke zu erneuern. Im Normalfall ist es am vernünftigsten, den Filterwechsel vor der TÜV-Untersuchung vorzunehmen, weil verschmutzte Filter dazu beitragen, die Abgaswerte in die Höhe zu treiben.

Zu den beiden Vergasern gehören ähnlich geformte Luftfiltergehäuse und gleiche Filtereinsätze.

Das Luftfiltergehäuse ist zu öffnen, indem man die Spannverschlüsse vom Deckelrand abdrückt, außerdem ist beim Vergaser Varajet eine Mutter SW 13 abzu-

Zum Erneuern des Luftfilters beim Vergaser Varajet ist die in der Mitte des Gehäusedeckels sitzende Mutter abzuschrauben. Danach muß der Deckel an seinem Rand ringsherum von den Haken des Gehäuses gelöst werden.

schrauben. Danach Deckel abnehmen und alten Filtereinsatz gegen neuen austauschen. Das Filter darf nicht mit Öl in Berührung kommen oder mit Benzin ausgewaschen werden, dadurch verstopft es.
Man kann den Filtereinsatz provisorisch reinigen, falls nicht gleich ein neuer zur Hand ist. Dazu den Einsatz leicht auf einer harten Unterlage ausklopfen, um grobe Verschmutzungen zu entfernen. Den feinen Staub mit Preßluft (Tankstelle) oder notfalls mit Fahrradluftpumpe ausblasen, wobei der Luftstrahl seitlich an den Filterlamellen vorbeistreichen soll.

Sommer- und Winterbetrieb

In der kalten Jahreszeit soll dem Motor vorgewärmte Ansaugluft zugeführt werden. Das ist im Sommer wegen der dann günstigeren Außentemperatur nicht erforderlich. Der Lufteinlaßschnorchel des Filtergehäuses ist zu diesem Zweck mit einer Umschaltvorrichtung versehen. Bei diesen 1,3-Liter Motoren ist das eine von Hand zu betätigende Klappe, die entsprechend der auf dem Einlaßstutzen aufgeprägten Worte »Sommer« oder »Winter« eingestellt sein muß. In der Stellung »Winter« rastet der Hebel nicht ein, weil ein federbelastetes Klappensystem bewirkt, daß der Motor bei hoher Leistung weniger warme Luft ansaugt (Kraftstoffeinsparung).

Luftfiltergehäuse abnehmen

Die Zugänglichkeit des Vergasers wird erleichtert, wenn man das Luftfiltergehäuse abbaut. Das ist auch erforderlich, wenn z. B. die Zylinderkopfhaube abgenommen werden soll. Der Vorgang bereitet keine Mühe. Zunächst wird der Deckel des Filtergehäuses abgenommen, wie im Zusammenhang mit dem Filterwechsel beschrieben. Beim Motor 13 N mit Vergaser PDSI wird das Gehäuse noch von einer Spannschraube festgehalten. Diese Schlitzschraube sitzt nach vorn gerichtet an der Unterseite des Gehäuses und drückt ein Spannband zusammen. Sie ist mit einem langen Schraubenzieher erreichbar. Bei dem anderen Motor kann das Gehäuse ohne weiteres angehoben werden. In allen Fällen sind die an der Unterseite aufgesteckten Schläuche abzuziehen, um das Luftfiltergehäuse entnehmen zu können. Beim Einbau müssen diese Schläuche wieder fest auf die Anschlußstutzen gedrückt werden.

Abgas-Gesetzgebung

Die bei der Verbrennung von Kraftstoff und Luft im Motor entstehenden Abgase enthalten hauptsächlich Wasser (H_2O) – bei kühlen Temperaturen als weiße Kondensfahne sichtbar – und Kohlendioxyd (CO_2). Bei unvollständiger Verbrennung durch zu fettes Gemisch bildet sich giftiges Kohlenmonoxyd (CO), bei unverbranntem Gemisch durch zu fette oder zu magere Einstellung werden mit dem Abgas giftige Kohlenwasserstoff-Verbindungen ausgestoßen. Seit Oktober 1971 wird in der Bundesrepublik der Anteil von Kohlenmonoxyd im Abgas gesetzlich begrenzt. Die Vergaser-Hersteller wurden dadurch zu einer noch präziseren Fertigung als vorher und zu exakter Einstellung gezwungen.
Diese optimalen Einstellwerte müssen beibehalten werden. Um eine unsachliche Veränderung zu verhindern, sieht das Gesetz zur Absicherung der Leerlaufeinstellorgane die schon erwähnten Kunststoffklappen oder -stopfen über den Regulierschrauben vor, die beim Abnehmen zerbrechen. Ihre Farbe gibt darüber Auskunft, ob sie vom Vergaserhersteller, vom Fahrzeughersteller oder von einer Werkstatt angebracht wurden.
Bei den hier besprochenen Vergasern wird – unabhängig von ihrer allgemeinen Funktion – ein vorgefertigtes Gemisch an der Drosselklappe vorbeigeleitet, was praktisch einem separaten kleinen Vergaser gleichkommt. Dieses Umgemisch läßt sich ohne Veränderung seiner Zusammensetzung mit der dafür vorgesehenen Regulierschraube verändern.

Abgaskontrolle

Pflegearbeit Nr. 20

Nach längerem Betrieb können sich aber die Abgaswerte trotz korrekt eingestelltem Vergaser wegen veränderter anderer Motoreinstellungen verschlechtern. Nachstehende Faktoren haben auf das Ergebnis beim Abgastest vorrangig Einfluß:

- Schließwinkel,
- Zündzeitpunkt,
- Elektrodenabstand der Zündkerzen,
- Kraftstoffkondensat in der Motorölwanne.

In der angegebenen Reihenfolge muß für eine Kontrolle bzw. Einstellung dieser für den gesunden Motorlauf wichtigen Größen gesorgt sein, bevor man die Vergasereinstellung korrigiert. (Die notwendigen Arbeitsgänge sind in den betreffenden Abschnitten dieses Buches beschrieben.) Andernfalls bleibt der Erfolg zweifelhaft – »versuchsweises« Drehen am Vergaser muß in jedem Fall unterbleiben.

Es ist vorgesehen, die Auspuffgase regelmäßig auf ihren CO-Gehalt zu prüfen. Hierzu bedient man sich in der Werkstatt eines CO-Testers und stellt gegebenenfalls den Vergaser ein. Die Arbeit wird in Verbindung mit der Leerlaufüberprüfung vorgenommen. Da man als Privatperson normalerweise nicht über einen CO-Tester verfügt, bleibt es einem nur übrig, deswegen eine Werkstatt aufzusuchen. Spätestens bei der TÜV-Kontrolle, zu der das Auto alle zwei Jahre vorgeführt werden muß, wird der CO-Gehalt amtlicherseits geprüft. Die Richtwerte für den CO-Ausstoß sind im Abschnitt »Leerlauf überprüfen« genannt, zulässig sind höchstens 4,5 Volumenprozent.

Abgasmessung bei der TÜV-Kontrolle

Auch zum CO-Test beim TÜV muß der Motor betriebswarm sein. Im Winter sollte man deswegen vorher lange genug fahren. Falls der Opel überwiegend im Kurzstrecken-Stadtverkehr bewegt wird, sind vor der Messung wenigstens 100 km in zügigem Tempo zurückzulegen. So werden Verbrennungsrückstände im Motor durch die Auslaßventile hinausgeblasen. Beim TÜV darf man dann den Motor nicht unnötig im Leerlauf drehen lassen, das verschlechtert den CO-Wert wieder.

Einen guten Anhaltspunkt liefert auch das Auspuffrohr: Ist es nach längerer zügiger Fahrt innen schwarz und rußig und kriecht diese Schwärze gar um das Rohr auf die Außenseite, sollten Sie vor dem TÜV die Zündungs- und Vergasereinstellung kontrollieren lassen. Ist dagegen das Auspuffrohr innen grau, so ist normalerweise alles in Ordnung.

Der Leerlauf

Wenn der Motor ohne Betätigung des Gaspedals läuft, spricht man vom Leerlauf. Dabei sollte sich die Kurbelwelle in Drehzahlen für eine Motorleistung bewegen, die gerade zur Überwindung der inneren Reibung und zum Antrieb der Nebenaggregate ausreicht. Der Leerlauf darf nicht so niedrig sein, daß der Motor nur stotternd läuft und er soll auch nicht so schnell sein, daß bei Standlauf das Kühlwasser zu heiß wird.

Beeinflußt wird der Leerlauf von der Einstellung des Vergasers und von der Einstellung der Zündung (siehe Kapitel »Die Zündanlage«), aber auch sekundär durch die Außentemperatur. Bei korrekter Einstellung von Motor und Zündung und in betriebswarmem Zustand soll die Leerlauf-Drehzahl beim 13 N-Motor zwischen 900/min und 950/min (Umdrehungen pro Minute) betragen, beim 13 S-Motor 950/min bis 1000/min.

Bei Wagen mit eingebautem Drehzahlmesser ist man möglicherweise in der Lage, die Leerlaufdrehzahl selbst festzustellen. Ohne dieses Instrument sollte man die Prüfung, die im Inspektionsdienst alle 10 000 km vorgeschrieben ist, in der Werkstatt vornehmen lassen. Dort schließt man einen Drehzahlmesser an den Motor an und korrigiert gegebenenfalls an Vergaser oder Zündung den Leerlauf. Diese Überprüfung ist nicht bedeutungslos, denn zu hoher Leerlauf wirkt sich auf den Benzinverbrauch und auf die Abgaszusammensetzung (CO-Messung beim TÜV) ungünstig aus, außerdem könnte die Bremswirkung des Motors vermindert werden. Auch durch Vibrationen können sich am Vergaser bewegliche Teile einschlagen, und der dadurch veränderte Gasdurchsatz führt zu Abweichungen von der vorgeschriebenen Leerlaufdrehzahl.

Leerlauf überprüfen

Pflegearbeit Nr. 19

Vor der Einstellung des Vergasers muß einwandfrei feststehen, daß sich die Zündanlage in tadellosem Zustand befindet. Bei der Einstellarbeit muß das Luftfiltergehäuse komplett aufgebaut bleiben, weil sonst die Werte verfälscht werden. Der Motor soll seine Betriebstemperatur (Öltemperatur ca. 70° C) erreicht haben.

Durch die Einstellung werden die Drehzahl des Motors und die Menge des Kraftstoffanteils reguliert. Früher konnte ein geübter Praktiker die Leerlaufeinstellung mit dem Schraubenzieher und mit Hilfe seines Gehörs vornehmen. Heute bleibt seine Tätigkeit stets ein Behelf, da die korrekte Feinabstimmung im Zusammenwirken mit der Zündung nur mittels elektronischem Testgerät (Digital-Prüfgerät), Oszilloskop, Stroboskop und CO-Meßgerät möglich ist, dazu benutzt man in der Werkstatt noch Schließwinkel-Meßgerät und Drehzahlmesser.

Wenn sich die vorgeschriebenen Werte nicht erreichen lassen, ist in der Werkstatt eine Grundeinstellung vorzunehmen. Es müssen dazu noch andere Einstellschrauben verdreht werden, die aber von farbigen Kunststoffkappen (Eingriffssicherungen) bedeckt sind. Diese können nur entfernt werden, indem man sie zerstört, und sie können auch nur von den Werkstätten wieder erneuert werden.

Zunächst folgt die Beschreibung des Einstellens mit Drehzahlmesser und CO-Tester, wie sie eigentlich der Werkstatt vorbehalten bleiben soll. Anschließend wird die herkömmliche Methode beschrieben, die nur als unvollkommener Ersatz dafür verstanden werden will. Die genannten Einstellschrauben sind auf den Abbildungen dieser Seiten bezeichnet.

Leerlauf mit Hilfe von Instrumenten einstellen

Beide Motor-Versionen sollen im Leerlauf 900/min bis 950/min bzw. 950/min bis 1000/min drehen, und der CO-Anteil im Abgas soll jeweils nur 1,0 bis 2,0 Vol.-% betragen. Drehzahlmesser und CO-Tester anschließen.

Einstellschrauben am Vergaser Solex PDSI.
1 – Umgemisch-Regulierschraube,
2 – Gemischregulierschraube,
3 – Anschlagschraube für Verbindungshebel-Starterklappe.

Vergaser GMF Varajet. Der Pfeil zeigt auf die Umgemisch-Regulierschraube.

Vergaser Solex PDSI. Die Drehzahl wird mit der Umgemisch-Regulierschraube eingestellt. Wenn der CO-Anteil zu hoch liegt, muß versucht werden, durch Drehen der Gemisch-Regulierschraube den Wert zu senken. Durch Nachregulieren an der Umgemisch-Regulierschraube können noch Verbesserungen erzielt werden, aber die Leerlaufdrehzahl darf dadurch nicht verändert werden. Sollten mit diesen Maßnahmen weder Leerlauf noch Abgas in den Griff zu bekommen sein, ist am Vergaseranschluß für Zündunterdruck ein Unterdruckmeßgerät anzuschließen (Schlauch zum Zündverteiler abziehen). Bei geschlossener Drosselklappe hat die Messung 1 bis 15 mm Hg (0,13 bis 2,0 kPa) zu ergeben. Andernfalls muß die Anschlagschraube für den Verbindungshebel an der Starterklappe gelöst werden, bis sich ein Spiel zwischen Schraube und Hebel ergibt. Die Eingriffssicherung (Plastikkappe) von der Drosselklappenanschlagschraube entfernen und die Schraube so verstellen, bis sich möglichst ein Mittelwert der Unterdruckangabe einstellt.
Jetzt können durch Nachregulierung von Gemisch-Regulierschraube und Umgemisch-Regulierschraube der CO-Wert und die Drehzahl korrigiert werden. Die vorher gelöste Anschlagschraube ist an dem Verbindungshebel zur Starterklappe spielfrei – bis zu einer ersten Berührung – beizudrehen. Die Drosselklappenanschlagschraube wird neu verplombt.
Vergaser Varajet. Auch hier dient die Umgemisch-Regulierschraube zur Einstellung der Drehzahl. Normalerweise werden schon allein mit ihrer Bedienung die angegebenen Werte erreicht. Mit der von einer Plastikkappe gesicherten Gemisch-Regulierschraube kann man zusätzlich den CO-Wert korrigieren.
Falls Leerlaufdrehzahl und/oder CO-Wert an diesen beiden Regulierschrauben nicht befriedigend einzustellen sind, ist die Eingriffssicherung von der Drosselklappenanschlagschraube zu entfernen. Die Schraube wird bis zur niedrigsten gleichmäßigen Leerlaufdrehzahl herausgedreht. Dann reguliert man langsam und wechselweise an der Gemisch-Regulierschraube und an der Drosselklappenanschlagschraube die vorgeschriebenen Werte ein.

Fingerzeig: *Zeigt der CO-Tester 2% oder mehr über dem Richtwert, sollte vor einer Vergaser-Regulierung folgendes kontrolliert werden: Schlauch der Kurbelgehäuse-Entlüftung vom Luftfilter abziehen. Wenn jetzt das Abgas-Meßgerät einen* *sinkenden CO-Wert anzeigt, liegt das an einer Anfettung aus dem Kurbelgehäuse, verursacht durch Ölverdünnung bei überwiegendem Kurzstreckenverkehr. Eine zügige Überlandfahrt oder ein Ölwechsel schafft hier Abhilfe, und der CO-Gehalt sinkt.*

Behelfsmäßige Einstellung

Es kann einmal der Fall eintreten, daß man unterwegs den Leerlauf selbst einstellen muß. Auch fachlich nicht geschulte Monteure dürfen sich nur an diese Anleitungen für den Notbehelf halten, da alle darüber hinaus gehenden Maßnahmen einem Opel-Dienst, einer Pierburg-Werkstatt oder auch einer Bosch-Vertretung vorbehalten bleiben müssen. Die mit Eingriffssicherungen – das sind die farbigen Plastikkappen – versehenen Einstellschrauben dürfen vom Laien nicht verstellt werden, weil sich danach die Einstellung womöglich auch im Fachbetrieb nicht mehr erreichen läßt. Ein so durcheinander gebrachter Vergaser muß schließlich zum Hersteller eingeschickt werden, wo er auf dem Prüfstand einreguliert (Fachausdruck: »geflossen«) wird.
Zur Einstellung muß der Motor betriebswarm gefahren worden sein, nur Warmlaufenlassen im Stand genügt kaum. Der Luftfilter muß aufgebaut bleiben. Grundsätzlich soll nur mit der Umgemisch-Regulierschraube versucht werden, den Leerlauf zu regulieren. Die Gemischzusammensetzung wird dadurch nicht beeinflußt. Man dreht die Schraube mittels Schraubenzieher (beim Vergaser PDSI auch mit der Hand möglich) nur so weit links oder rechts herum, bis der Motor gerade einwandfrei »rund« läuft. Dazu die Schraube zuerst hineindrehen, wobei die Drehzahl spürbar abfällt, und dann langsam wieder herausdrehen.

Vergaser reinigen

Die früher üblichen Korrosionserscheinungen am und im Vergaser sind heutzutage selten geworden, denn moderne Kraftstoffe enthalten Zusätze, die eine bestimmte Menge Feuchtigkeit ohne Wassertropfenbildung »aufsaugen« können. Darum wurde die regelmäßige Vergaserreinigung aus den Wartungsplänen gestrichen. Aber nach Fahrten in Länder, wo das Benzin vielleicht aus weniger reinen Quellen sprudelt, kann es doch mal ratsam werden, den Vergaser innen zu säubern. Auch durch starke Öldämpfe aus der Kurbelgehäuseentlüftung, die ja über den Vergaser zum Motor zurückgeführt werden, kann sich schmieriger Schmutz im Vergaser ansetzen.
Es sei hier nicht unbedingt dazu geraten, den Vergaser komplett zu zerlegen, um

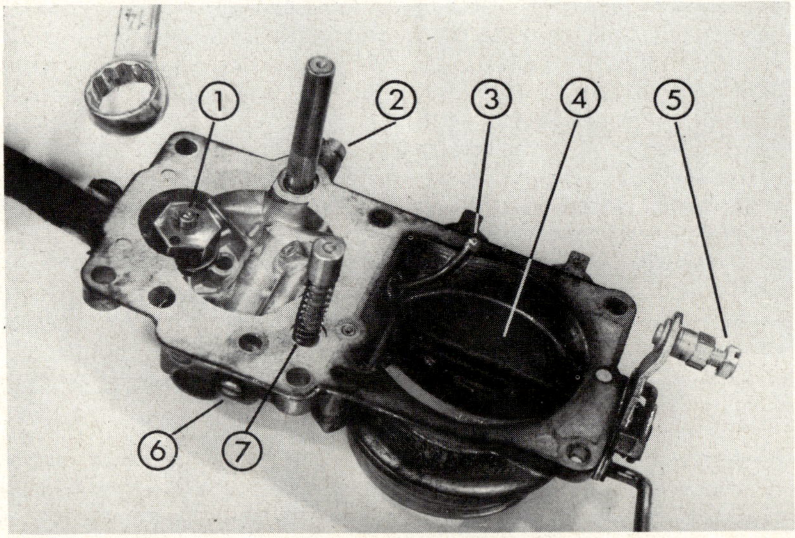

Zur Demontage des PDSI-Vergaserdeckels sind zu lösen: 2 Schrauben für Gaszughalter, 6 Deckelschrauben, Ring am Übertragungshebel der Luftklappe, Choke-Drahtzug und Kraftstoffleitung. Die Unterseite des Vergaserdeckels zeigt:
1 – Schwimmernadelventil,
2 – Verschlußschraube der Zusatzgemisch-Bohrungen,
3 – Einspritzrohr,
4 – Starterklappe,
5 – Befestigungsschraube für Starterklappenzug,
6 – Verschlußschraube des Beschleunigungspumpensystems,
7 – Unterdruckkolben.

ihn zu säubern. Die Demontage verlangt viel Aufmerksamkeit, und der Zusammenbau müßte womöglich mit Hilfe eines Fachmanns erfolgen. Man kann aber den vom Luftfilter kommenden Lufteinlaß vom Vergaser abbauen und sich ansehen, was man sich weiter getraut abzuschrauben. Zu beachten ist, daß kein Teil verlorengeht oder vertauscht wird, keine Dichtung beschädigt ist und daß bei der ganzen Prozedur nichts in den Vergaser hineinfällt, was dann an der Drosselklappe vorbei im Ansaugkrümmer verschwindet.
Weiter läßt sich – unabhängig vom Vergasertyp – generell sagen:

- Ausgebaute Vergaserteile in Kraftstoff oder Spiritus reinigen. Die Teile auf sauberes Tuch legen.
- Düsen, Bohrungen und Schwimmerkammer mit mäßigem Preßluftdruck ausblasen, auch Handluftpumpe ist geeignet. Düsen können notfalls mit dem Mund durchgeblasen werden. Besser eignet sich das Ventil am (sauberen) Reserverad. Drückt man die herausgeschraubte Düse in das Ventil, pustet die aus dem Reifen entweichende Luft alle Fremdkörper weg. Auf keinen Fall mit hartem Draht reinigen, geeignet ist jedoch eine Borste aus einer Bürste. Düsen sind aus weichem Metall (Messing), daher nicht zu fest einschrauben.
- Drosselklappenwelle auf zu großes Spiel an den Lagerungen untersuchen. Dort könnte Nebenluft eindringen und Start und Leerlauf verschlechtern.
- Die Spitze der Leerlaufgemisch-Regulierschraube darf keine Druckstellen aufweisen oder gar verbogen sein. Sonst auswechseln.
- Den Schwimmer kontrolliert man, ob er dicht ist (schütteln und gegen das Ohr halten). Eventuell in heißes Wasser legen und auf Blasen achten. Die Schwimmerachse muß gut gängig sein.
- Im Vergaserdeckel, von unten eingeschraubt, befindet sich das Schwimmernadelventil. Beim Vergaser Varajet hängt es in der Schwimmerkammer. Die Ventilnadel muß einwandfrei beweglich sein. Gegen sie drückt von unten der Hebel des Schwimmers. Ein undichtes oder hängendes Schwimmernadelventil liefert dem Vergaser zuviel Kraftstoff. Die Folge ist: Erhöhter Verbrauch, Vergaser läuft über. Ventil austauschen, neues Ventil mit neuem Dichtring einschrauben.
- Bewegliche Teile am Vergaser dürfen keinesfalls geschmiert werden. Fett und Öl halten Schmutzteilchen fest, die an den Lagerstellen wie Schmirgel wirken und zu nicht reparierbaren Einstellungsfehlern führen.

Der Vergaser Varajet in der Sicht von oben bei abgebautem Luftfiltergehäuse: 1 – Stauklappe, 2 – Gehäuse der Startautomatik, 3 – Starterklappe, 4 – Gehäuse der Unterdruckmembran.

Störungsbeistand

Kommt es zu Schwierigkeiten beim Motorlauf, so liegt die Ursache nur in seltenen Fällen an einer Fehlfunktion des Vergasers. Störungen an der Zündanlage sind (bei allen Autos) häufiger. Man vergewissere sich, daß Zündzeitpunkt, Unterbrecherkontakte, Zündkerzen und Kabelanschlüsse in Ordnung sind. In der folgenden Tabelle sind die Möglichkeiten aufgeführt, die zu Störungen am Vergaser Anlaß sein können.

Die Störung	– ihre Ursache	– ihre Abhilfe
A Motor springt nicht an (siehe auch vordere Buchklappe)	1 Tank leer	Auftanken
	2 a) Kraftstoffweg im Vergaser nicht in Ordnung	Prüfung: Zuleitung am Vergaser abziehen, Verteilerfinger entfernen, Motor stromlos starten. Kein Kraftstoff: Siehe unter Kraftstoffpumpe
	b) Leerlaufdüse verschmutzt	Herausschrauben, reinigen
	c) Bohrungen im Vergaser verstopft	Vergaser zerlegen, reinigen
	d) Vergaser läuft über (Motor ersoffen durch zuviel Gasgeben oder Schwimmer klemmt oder undicht)	Gegen Schwimmergehäuse klopfen. Evtl. Vergaserdeckel abnehmen. Schwimmer überprüfen. Beim Starten Vollgas.
	e) Stufen-Vergaser: Schwimmerkammerbelüftung schaltet im Stand nicht ein	Prüfen, ob Mitnehmerhebel für Belüftungsventil Feder auf Gestänge bei geschlossener Drosselklappe etwas anhebt. Mitnehmerhebel einstellen.
	f) Startautomatik versagt (Klappe schließt nicht)	Vor dem Start Gaspedal zwei- bis dreimal durchtreten
B Kraftstoffverbrauch zu hoch	1 Fehlerhafte Flanschdichtungen	Nachprüfen Eventuell auswechseln
	2 Undichter Schwimmer	Auswechseln
	3 Schwimmernadelventil schließt nicht	Säubern Eventuell auswechseln
	4 Düsen stimmen nicht	Auswechseln (siehe Technische Daten)
	5 Leerlaufgemisch zu fett	Gemisch-Regulierschraube etwas eindrehen
	6 Leerlaufdüse locker	Kontrollieren, eventuell anziehen
	7 Leerlauf zu hoch	Einstellen
	8 Startautomatik: Starterklappe hängt	Luftfilter abnehmen: Funktion der Klappe prüfen
C Leerlauf ungleichmäßig, Motor bleibt stehen	1 Leerlauf zu fett oder zu mager	Richtig einstellen
	2 Leerlaufsystem verstopft (Verstellen der Gemischschraube ohne Einfluß auf Drehzahl)	Leerlaufdüse herausnehmen, reinigen. Anschließend Leerlauf einstellen
	3 Stufen-Vergaser:	
	a) Schwimmerkammerbelüftung schaltet zu spät auf Innenbelüftung um oder	Mitnehmerbügel nachbiegen
	b) Heißleerlaufventil öffnet falsch	Auswechseln

Die Störung	– ihre Ursache	– ihre Abhilfe
D Motor bleibt bei höheren Drehzahlen stehen, wenn langsam Gas gegeben wird	Hauptdüse verstopft	Herausschrauben, reinigen
E Ungleichmäßiger Lauf und Auspuffrußen bei niedriger Leerlaufdrehzahl, stärkeres Rußen bei höherem Leerlauf	1 Zu hoher Druck auf Schwimmernadelventil	Kraftstoffpumpendruck prüfen lassen
	2 Schwimmernadelventil schließt nicht	Ventil prüfen, evtl. erneuern
	3 Schwimmer undicht	Auswechseln
F Ungleichmäßiger Lauf bei Vollgas Aussetzer, Patschen, Leistung fällt ab	Nicht ausreichende Kraftstoffzufuhr	Hauptdüse reinigen, Kraftstoffpumpensieb und Schwimmerverntil reinigen, Druck der Kraftstoffpumpe kontrollieren lassen
G Schlechter Übergang beim Gasgeben	1 Beschleunigungssystem arbeitet nicht	Luftfilter abnehmen; prüfen, ob eingespritzt wird, wenn Gasgestänge betätigt wird
	a) Pumpenkanal oder Einspritzrohr verstopft	Reinigen
	b) Membrane defekt	Auswechseln
	2 Falscher Leerlauf	Richtig einstellen

Druckstelle

Größe und Stärke einer Kupplung richten sich nach der Kraft, die ein Motor entfalten kann. Da der Leistungsunterschied bei den zwei Versionen des 1,3-Liter-Triebwerks in Ascona und Manta in dieser Hinsicht relativ unerheblich ist, wird auch in beiden Fällen ein und derselbe Kupplungstyp verwendet. Er ist mit der Kupplung bei den größeren Vierzylindermodellen von Opel nahezu identisch.
Der Großstadtverkehr stellt für eine Kupplung wegen des dabei ständigen Gangwechsels und der notwendigen Kupplungsbetätigung eine besondere Strapaze dar. Oft kommt dann noch eine nicht sachgemäße Behandlung der Kupplung hinzu. Eine solche Sklaverei erträgt sie scheinbar gleichmütig, zumal man sie nur selten warten muß. Was Sie in bezug auf die Kupplung und deren Behandlung wissen sollten, haben wir auf den nächsten Seiten zusammengestellt.

Was die Kupplung tut

Beim Start soll die Kupplung den laufenden Motor mit den noch stehenden Teilen der Kraftübertragung sanft verbinden. Während der Fahrt hat sie beim Schalten der Gänge die Verbindung zwischen Motor und Getriebe zu unterbrechen und die unterschiedlichen Drehzahlen zur Kraftübertragung abzugleichen. Somit ist sie eine ausschaltbare Verbindung des vom Motor ausgehenden Kraftflusses.
Die Kupplung ist direkt am Motor hinten angebracht: Das mit der Kurbelwelle des Motors verschraubte Schwungrad trägt auf seiner vom Motor abgekehrten Seite die Kupplungsscheibe. Sie ist längs verschiebbar mit der Getriebehauptwelle verbunden. Auf diese Kupplungsscheibe ist ein bremsbelagähnliches Material aufgenietet. Sie wird von einer federbelasteten Druckplatte gegen die vom Motor angetriebene Schwungscheibe gepreßt und von dieser mitgenommen.
Der Tritt auf das Kupplungspedal trennt die Kupplungsscheibe von der Schwungscheibe. Dabei überträgt sich die Pedalkraft auf den Kupplungshebel (auch: Ausrückhebel), der links aus der Kupplungsglocke herausragt. Das andere Hebelende schiebt das Drucklager auf der Welle nach vorn gegen das kugelgelagerte Ausrücklager, das ebenfalls nach vorn gedrückt wird. Dadurch wird das Außenteil der Druckplatte um die Lagerpunkte nach hinten gezogen. Die Kupplungsscheibe läuft jetzt frei zwischen Druckplatte und Schwungrad, und somit ist ausgekuppelt.
Nachlassender Pedaldruck kehrt den Vorgang um und verbindet wieder den Motor mit dem Getriebe. Durch Festhalten des Pedals auf halbem Wege bewirkt man das »Schleifen«, jenen für den Kupplungsbelag mörderischen Vorgang. Typisch für die von Opel selbst hergestellte Kupplung ist die Tellerfeder, auch Membran- oder Scheibenfeder genannt. Man findet sie allerdings auch bei einigen anderen Fabrikaten. Mit ihrer Hilfe wird die Druckplatte gegen die eigentliche Kupplungsscheibe – die den Kupplungsbelag trägt – gepreßt. Die Tellerfeder ist eine sektorenförmig eingeschnittene Metallscheibe, deren einzelne Zungen federnde Wirkung besitzen, was sie gegen Fliehkräfte unempfindlich macht.

Auch bei stark verschlissenen Kupplungsbelägen bleibt ihr Druck stets gleich, und die Kraft zur Betätigung des Kupplungspedals muß nicht mit dem Pedalweg größer werden.
Ein in seiner Länge nachstellbarer Seilzug überträgt die Bewegung des getretenen Kupplungspedals auf den Ausrückhebel, der mit seinem anderen, gegabelten Ende die Ausrückmuffe mit dem Drucklager gegen die Tellerfeder drückt. Dort übernimmt ein Druckstück diese Federkraft und entlastet die Druckplatte oder zieht sie bei ganz durchgetretenem Pedal sogar zurück. Das befreit die Mitnehmerscheibe nicht nur vom Anpreßdruck, sondern für sie entsteht ein freier Raum und die Motorkraft wird nicht mehr übertragen.
Die Reibung muß so stark sein, daß die Kraft des Motors stets übertragen wird. Andererseits muß die Mitnehmerscheibe beim Auskuppeln vollkommen getrennt sein. Treffen beide Fakten zu, funktioniert die Kupplung einwandfrei.

Rutschende Kupplung

Trotz sorgsamer Behandlung kann die Kupplung durch allmählichen Verschleiß so abmagern, daß die Reibpartner nichts mehr zu fassen bekommen. Die Anpreßkraft ist als notwendige Reibungskraft ungenügend, und es kommt nicht mehr zur vollen Übertragung der Motorkraft. Man spricht dann von rutschender Kupplung. Solche nachlassende Wirksamkeit der Kupplung bemerkt man meistens erst beim Fahren im schnellsten Gang (in dem die dem Motor abverlangte Leistung am größten ist), wenn der Motor bei Belastung »durchdreht«. Er dreht dann auffallend schneller, als es der Fahrgeschwindigkeit entspricht.
Überraschungen dieser Art begegnet man mit einer Kontrolle: Handbremse anziehen, 3. Gang einlegen, langsam einkuppeln und Gas geben. Jetzt müßte der Motor abgewürgt werden. Wenn nicht, rutscht die Kupplung. Meistens ruckt aber der Wagen an, weil ihn die Handbremse nicht hält. Das ist ein anderer Schönheitsfehler, den man ebenfalls bald abstellen sollte (siehe Kapitel »Bremsen«). Dieser Test darf nur gelegentlich und höchstens zweimal hintereinander gemacht werden, weil sonst die Kupplung heiß wird und dann ohnehin durchrutscht. Wenn die Kupplung den rauhen Versuch nicht bestanden hat, liegt es gewöhnlich an nicht einwandfreiem Kupplungsspiel.
In schlimmen Fällen muß die Werkstatt bald helfen, weil »durchgehende« Kupplungen so viel Wärme erzeugen, daß die Schwungscheibe und die Druckplatte Wärmerisse bekommen. Dann müssen beim Auswechseln der Kupplungsscheibe womöglich auch diese Teile erneuert werden.

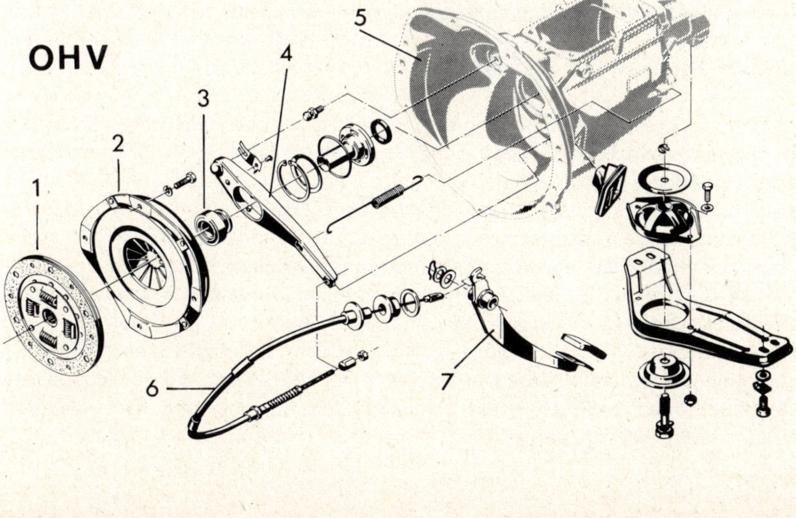

Im wesentlichen besteht die Kupplung aus folgenden Teilen: 1 – Kupplungsscheibe, 2 – Druckplatte mit Anpreßfeder, 3 – Ausrücklager, 4 – Ausrückhebel, 5 – Kupplungsgehäuse, 6 – Seilzug, 7 – Kupplungspedal, 8 – hintere Motoraufhängung.

Kupplung trennt nicht

Kratzt oder kracht es beim Schalten, dann trennt die Kupplung nicht mehr richtig. Die Ursache dieser Begleitmusik ermittelt man mit einem nicht synchronisierten Gang (es könnte in Ausnahmefällen auch am Getriebe liegen). Lassen Sie den Motor laufen, kuppeln Sie ganz aus, warten Sie etwa eine Sekunde lang und legen Sie dann den Rückwärtsgang ein. Bei zu großem Kupplungsspiel trennt die Kupplung nicht sauber und es gibt kratzende Geräusche.
Böser ist es, wenn der Kupplungsbelag an der Druckplatte oder an der Schwungscheibe klebt. Es kann auch vorkommen, daß die Mitnehmerscheibe durch Hitze verzogen ist. Wenn die Einstellung von Kupplung und Pedal in Ordnung sind und die Kupplung trennt trotzdem nicht, muß die Werkstatt helfen.

Sachgemäße Behandlung

Manchmal läßt es sich im heutigen Verkehr nicht umgehen, »mit der Kupplung zu fahren«, was bedeutet, daß man sie ein wenig schleifen läßt, weil die Fahrgeschwindigkeit noch im unteren Bereich vom 1. Gang liegt. Aber sonst sollte man grundsätzlich darauf bedacht sein, die Kupplung nur kurz zum Ein- und Auskuppeln zu betätigen. Eine schlechte Angewohnheit ist es ebenfalls, mit durchgetretenem Pedal vor der Ampel auf die Weiterfahrt zu warten. Das beansprucht das Ausrücklager und zieht notwendigerweise Verschleiß und frühe Geldausgaben nach sich.

Schalten ohne Kuppeln

Trotz defekter Kupplungsübertragung kann man die Gänge notfalls ohne Kupplungshilfe wechseln. Zum Anfahren legt man bei stehendem Motor den ersten Gang ein. Besser ist es, den Motor zuerst im Stand warmlaufen zu lassen, um gleich mit eingelegtem zweiten Ganz zu starten. Anlasser betätigen – der Wagen setzt sich holpernd in Bewegung. Aufwärtsschalten geschieht, indem man Gas wegnimmt und bei schiebendem Wagen, also bei geringerer Motordrehzahl, den Gang herausnimmt. Nach einer kleinen Schaltpause im Leerlauf ist der nächste Gang dann einzulegen, wenn antreibende und angetriebene Welle im Getriebe die gleiche Drehzahl haben, wobei sie sich ohne Widerstand miteinander verbinden lassen. Mit Gefühl und feinem Gehör ist das zu schaffen. Heruntergeschaltet wird ähnlich, nachdem man die Geschwindigkeit des Wagens etwas verlangsamt hat.

Kavalierstart

Es gibt eine sehr wirksame Methode, die Beläge frühzeitig zu verschleißen. Damit ist Anfahren im 2. Gang oder mit zu hoher Motordrehzahl gemeint, landläufig als Kavalierstart bekannt. Technisch gesehen bekommt man tatsächlich vom Halt weg eine größere Anfangsbeschleunigung, wenn man mit höherer Drehzahl und länger schleifender Kupplung anfährt. Sinnvoll ist das aber in keiner Weise, allenfalls bei sportlicher Betätigung.

Kupplungsspiel

Bei der Kupplung ist mit »Spiel« der Abstand zwischen den Teilen der Kupplungsübertragung bei nicht betätigtem Kupplungspedal gemeint. Ist dieses Spiel nicht vorhanden, steht das Ausrücklager der Kupplung ständig unter einem gewissen Druck, was den Verschleiß beschleunigt. Zugleich kann sich der Anpreßdruck der Kupplungsscheibe so weit vermindern, daß die Kupplung rutscht. Wenn das Spiel aber zu groß ist, geht etwas vom normalen Kupplungsweg verloren und die Kupplung wird beim Niederdrücken des Pedals nicht ganz getrennt. Darunter leidet dann die Synchronisation des Getriebes.
Fortschreitende Abnutzung des Kupplungsbelags verkleinert das Spiel. Durch die dünner werdende Kupplungsscheibe wandert auch die federbelastete Druckplatte nach und nähert sich allmählich dem Ausrücklager. In der weiteren Folge rutscht die Kupplung durch.

Die Kupplungsbetätigung setzt beim Opel ohne Pedalspiel ein. Mit Abnutzung der Kupplungsbeläge wandert das Pedal aus der eingestellten Grundstellung nach oben zum Fahrer hin. Wenn das Pedal so weit versetzt ist, daß es einen dafür vorgesehenen Kontakt einer Kontrollampe berührt und diese aufleuchten läßt, soll diese Pedalstellung korrigiert werden. Der Weg aus der Grundstellung des Pedals bis zum Kontrollschalter beträgt rund 35 mm.

Kupplung und Kupplungspedal einstellen

Voraussetzung für eine richtig arbeitende Kupplung ist die korrekte Einstellung des Ausrückhebels. In der Werkstatt benutzt man für die Kontrolle eine Lehre. Mit dieser mißt man den Abstand zwischen der hinteren Anlagefläche des Ausrückhebels und der Vorderseite des Kupplungsgehäuses, nachdem der Seilzug ausgehängt wurde. Das Maß soll 150 mm in Seilzug-Mittelachse betragen.
Zum Korrigieren der Einstellung befindet sich rechts am Kupplungsgehäuse – gegenüber dem seitlich austretenden Kupplungshebel – eine Einstellschraube SW 8 mit Kontermutter SW 19, die über einen Kugelbolzen auf das Ende des Ausrückhebels wirkt. Durch Verstellen dieses Bolzens erreicht man ein Verschieben des Ausrückhebels in der Zugrichtung. Nach der Einstellung ist die Gegenmutter auf der Einstellschraube anzuziehen. Der Seilzug wird wieder eingehängt und die Kunststoffsicherung befestigt.
Sollte einmal ein neuer Kupplungsseilzug eingebaut werden müssen, ist auch noch eine Einstellung des Pedals vorzunehmen. Bei Pedal in Ruhestellung wird dazu der Abstand zwischen Mitte der Pedalplatte und Außenkante des Lankrades an dessen unterstem Punkt gemessen, er soll 576 ± 20 mm ausmachen. Dann ist das Pedal ganz niederzudrücken, und das vorige Maß soll jetzt um 150 mm vergrößert sein. Bei abweichenden Werten ist die Länge des Kupplungsseilzuges entsprechend zu verändern. Diese Einstellvorrichtung befindet sich im Motorraum an der Stirnwand oberhalb der Servobremse. Die Hülse des Seilzuges wird dort von einer Ringscheibe festgehalten. Durch Umstellen der Scheibe in eine andere Ringnut auf der Hülse ändert sich die Pedalhöhe.
Das Pedal muß nach den beschriebenen Einstellungen immer etwas höher als das Bremspedal stehen. Falls beide Pedale eine gemeinsame Höhe einnehmen, ist die Stellung des Kupplungspedals zu korrigieren.

Neue Kupplungsbeläge

Die Kupplungsscheibe kann neu belegt werden, d. h. es werden nur die Reibbeläge erneuert. Meistens tauscht man aber gleich die ganze Mitnehmerscheibe aus, weil die Dämpfungsfedern ermüdet sein können. Diese Federn sollen beim Einkuppeln dämpfend zwischen Motor und Getriebe wirken und Drehschwingungen der Kurbelwelle nicht in das Getriebe weiterleiten. Der Preisunterschied zu

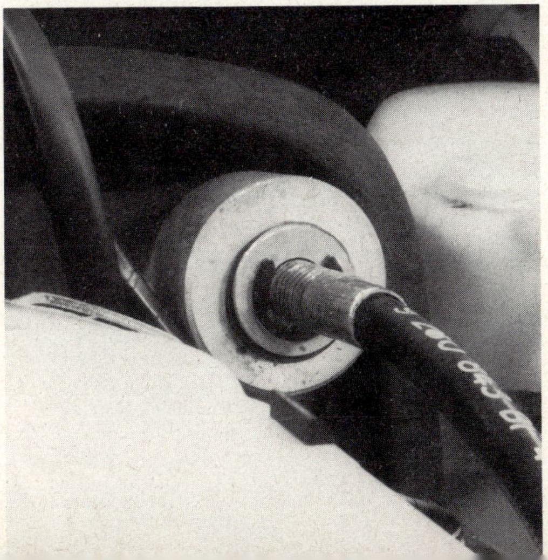

Einstellvorrichtung zur Regulierung der Kupplungspedalstellung, wie auf Seite XXX beschrieben. Dieses Pedal soll immer etwas höher als das Bremspedal stehen. Um diese Einstellung bei einer Abweichung zu erreichen, löst man die Sicherungsscheibe auf der Hülse des Seilzuges, richtet die Hülse entsprechend der vorgeschriebenen Pedalstellung aus und fixiert die Sicherungsscheibe am Kunststoffanschlag wieder in der nächstgelegenen Ringnut der Hülse.

Wenn man sich links unterhalb des Wagens befindet, erkennt man:
1 – Kupplungsgehäuse (Kupplungsglocke),
2 – Ausrückhebel für die Kupplungsbetätigung,
3 – Hülle des Seilzuges zwischen Kupplungspedal und Ausrückhebel,
4 – Deckel des Schaltgetriebes.

einer kompletten neuen Scheibe ist unerheblich. Der eventuell nötige Ausbau der Kupplung ist Werkstattsache, weil man das Getriebe ausbauen muß.
Bei dieser Gelegenheit wird man in der Werkstatt auch die Leichtgängigkeit des Drucklagers prüfen, das Nadellager der Kurbelwelle fetten und die Haltefeder am Ausrückhebel auf festen Sitz untersuchen. Die Kupplungsflächen des Schwungrades und der Druckplatte sollen keine erheblichen Riefen aufweisen. Das Schwungrad läßt sich schlichten, bei riefiger Druckplatte jedoch empfiehlt die Werkstatt den Austausch des gesamten Kupplungszusammenbaus.
Bei der Ersatzteilbeschaffung können vielleicht noch folgende Angaben nützlich sein: Außen- und Innendurchmesser des Kupplungsbelages beträgt 190/134 mm, die effektive Gesamtbelagfläche macht 226 cm² aus. Die Kupplungsscheibe stammt von Fichtel & Sachs (Stempel: »F & S«), unbelastet hat sie eine Dicke von 9,15 $\pm$ 0,25 mm, und die Kupplungsdruckplatte trägt die Buchstaben LUK oder U.

Störungsbeistand

Kupplung

Die Störung	– ihre Ursache	– ihre Abhilfe
A Kupplung rupft	1 Druckplatte oder Schwungscheibe zu stark abgenützt (Riefenbildung) oder angerissen	Nachschleifen oder auswechseln
	2 Kupplungsscheibe hat Schlag	Korrigieren, besser auswechseln
	3 Verschmierte Kupplungsscheibe	Auswechseln, Dichtungen überprüfen
B Kupplung trennt nicht	1 Zu großes Kupplungsspiel	Korrigieren
	2 Kupplungsscheibe hat Schlag	Richten oder auswechseln
	3 Beläge gerissen	Scheibe auswechseln
	4 Nabe der Kupplungsscheibe zu stramm auf Welle	Gängigmachen oder auswechseln
C Kupplung rutscht	1 Kupplungsspiel zu gering (Beläge zu stark abgenutzt)	Korrigieren, evtl. Scheibe auswechseln,
	2 Kupplungsscheibe verschmiert	Scheibe auswechseln, Dichtungen prüfen
	3 Kupplungsseil geht nicht zurück	Gängigmachen, Rückholfeder prüfen

Übersetzungsfrage

Damit die Leistung des Motors voll wirksam wird, muß der Autofahrer zur rechten Zeit den richtigen Gang einlegen. Denn ein Verbrennungsmotor gibt nur bei einer bestimmten Drehzahl (der Kurbelwelle) die nötige Leistung ab, weil die Durchzugskraft eines solchen Motors – bestimmt durch das Drehmoment – je nach Drehzahl verschieden ist. Ständig ergeben sich unterschiedliche Fahrgeschwindigkeiten und Belastungen (z. B. Beschleunigen, Bergfahren), deshalb müssen zur Anpassung an die Drehzahl der Antriebsräder verschiedene Übersetzungsstufen gewählt werden. Das bedeutet: Man muß schalten. Nur ein automatisches Getriebe kann diese Arbeit weitgehend übernehmen, allerdings hat Opel für den 1,3-Liter-Motor eine derartige Automatik nicht vorgesehen.
Vom Getriebe aus wird die Motorkraft über die Kardanwelle zum Differential übertragen. Das ist ein weiteres Zahnradgetriebe, der Hinterachse zugeordnet, wo die aufgenommene Bewegung an die Achswellen weitergeleitet wird. Alle diese Bauteile sind mit genauen Maßen gefertigt, Arbeiten daran bleiben der Werkstatt vorbehalten. Nur die Ölstandkontrolle und allenfalls der Wechsel des Getriebeöls können in Eigenpflege erledigt werden (siehe dazu das Kapitel »Schmieren – was und wie«).

Das Schaltgetriebe

Im Schaltgetriebe, auch Wechselgetriebe genannt, greifen verschiedene Zahnradpaare für die richtige Übersetzung zwischen dem Motor und der Hinterachse ineinander. Der Fahrer bestimmt durch Einlegen des betreffenden Ganges, welche Übersetzung – ausgeübt durch bestimmte Zahnräder – gerade in Funktion sein soll.
In Verbindung mit dem 1,3-Liter-Motor wird das gleiche Getriebe wie bei den größeren Opel-Vierzylindermotoren eingebaut, und es besitzt auch die selben Übersetzungsstufen. Das Getriebe hat – wie heutzutage üblich – geräuschlose (synchronisierte) Vorwärtsgänge und einen geradeverzahnten (nicht synchronisierten) Rückwärtsgang. Das bedeutet: Schalten ohne Zwischengas und Zwischenkuppeln. Die Zahnräder in Synchrongetrieben sind nicht mehr in Längsnuten verschiebbar, vielmehr sitzen sie frei drehbar auf der Getriebeausgangs-(Antriebs-)welle und befinden sich im ständigen Eingriff mit den auf der Eingangswelle festsitzenden Gegenrädern. Zum Schalten werden sie über kleine, seitlich an sie gekoppelte Kupplungen mit der Welle verbunden oder gelöst. Synchronisiert wird – vereinfacht ausgedrückt – mit kleinen Reibungskupplungen (Konus und Gegenkonus).
Je mehr die Drehzahlen der Antriebswelle von denen der Welle zu den Antriebsrädern voneinander abweichen, um so mehr Reibungsarbeit wird den Synchronisierkupplungen aufgebürdet. Das braucht seine Zeit. Deshalb gilt es, exakt zu schalten, um die Langlebigkeit der Synchronisation zu sichern. Gewaltsames Durchreißen des Schalthebels beansprucht die Synchronisation über Gebühr und schadet. Defekte Synchronringe machen beim Schalten Kratzgeräusche.

Schnittzeichnung des Schaltgetriebes. Es bedeuten:
1 – Kupplungsglocke, 2 – Verzahnung für die Kupplungsscheibe, 3 – Antriebswelle, 4 – Schiebemuffe zum Einschalten der Synchronisierung des 3. und 4. Gangs, 5 – Synchronkörper, 6 – Schiebemuffe für den 1. und 2. Gang, 7 – Mitnehmerverzahnung für die Kardanwelle, 8 – Schalthebel, 9 – Hauptwellenlager, 10 – Getriebe-Nebenwelle, 11 – Zahnradpaar 4. Gang, 12 – Zahnradpaar 3. Gang, 13 – Zahnradpaar 2. Gang, 14 – Zahnradpaar 1. Gang.

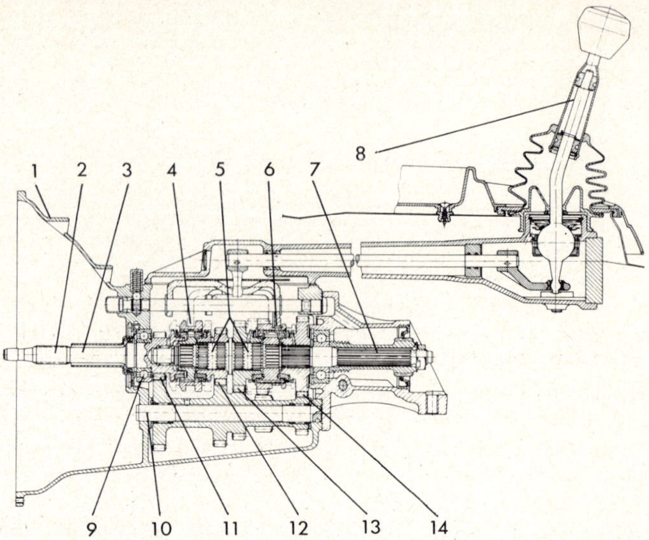

Das Viergang-Getriebe hat sich in den Opel-Modellen Kadett, Ascona und Manta A, Rekord und Commodore längst bewährt. Sein eingelegter 4. Gang bewirkt eine direkte Übertragung der Motordrehzahl auf die Kardanwelle. Die Einfüllmenge in dem Getriebe beträgt 1,1 l.

Fingerzeige: *Zwischengas ist nur sinnvoll, wenn bei hohen Drehzahlen heruntergeschaltet wird (Notfälle, sportliches Fahren), oder wenn bei kaltem und steifem Getriebeöl geschaltet wird. Allerdings gehört dazu Feingefühl, denn übertriebenes Zwischengas schadet mehr als keines.*
Weil das Synchronisieren auf Reibung beruht, sind fremde Ölzusätze für das Getriebeöl nicht angebracht. Diese Zusätze sollen meist die Reibung herabsetzen, was dem Prinzip der Synchronisation genau entgegengesetzt ist. Andererseits können durch Zusätze die Synchronringe verkleben, wodurch ebenfalls das Schalten erschwert wird.

Die Kardanwelle

Als Gelenkwelle, wie die Kardan- oder Übertragungswelle bei Opel heißt, dient ein Rohr mit 50 mm Durchmesser. Die Verbindung zwischen Getriebe und Welle erfolgt mittels Kreuzgelenk. Am hinteren Ende besitzt die Welle ebenfalls ein Kreuzgelenk (Kardangelenk), das die Verbindung zu der sogenannten Hinterachsverlängerungswelle darstellt. Diese Hinterachsverlängerung ist ein Opeltypisches Konstruktionselement für die hintere Radaufhängung (siehe nächstes Kapitel). Die in einem Rohr geführte Welle überträgt ihre Kraft über ein verzahntes Endstück auf das Ausgleichsgetriebe der Hinterachse.
Zwischen der vorderen Rohrwelle und der sich anschließenden hinteren Welle erlaubt das wartungsfreie Kardangelenk den Ausgleich von Winkeländerungen, die sich durch die Federung der Hinterachse ergeben. Die Hinterachsverlängerung ist durch ein Gummilager mit der Hinterachsverlängerungsbrücke verbunden. Dieses geräuschdämpfende Stützlager wird von einem Kugellager unterstützt.
Unrund laufende Gelenkwellen beschädigen die Lagerung des Getriebes und des Achsantriebes. Ein Brummen der Gelenkwellen kann von Schmutzkrusten herrühren, kann aber auch ein erstes Anzeichen einer Unwucht infolge Durchbiegung (bei Überlastung) sein. Wegen der relativen Kürze der Wellen beim Opel

Der Hinterachsantrieb

kommen Unwuchtserscheinungen allerdings kaum vor. Beschädigte Gelenkwellen werden zweckmäßigerweise ausgetauscht, da eine Reparatur nur mit nachträglichem Auswuchten möglich ist, wofür spezielle Wuchtmaschinen benötigt werden.

Die in Wagenlängsachse verlaufende Drehbewegung, vom Motor zur Kardanwelle geschickt, muß in der Hinterachse rechtwinklig »um die Ecke« geführt werden. Über Kegelrad und Tellerrad und über zwei Achswellen wird die Antriebskraft zu den Hinterrädern gelenkt. Der Antrieb gleicht durch seine Übersetzung die höhere Getriebeausgangszahl der kleinsten Drehzahl an. Gleichzeitig werden bei Kurvenfahrt die unterschiedlichen Radwege des inneren und äußeren Rades durch das Differential (Ausgleichsgetriebe) ausgeglichen. Um den Gelenkwellentunnel im Wagenboden niedrig zu halten, wird die Hinterachsverlängerungswelle so tief an das Hinterradgetriebe herangeführt, daß die Achse des kleinen Kegelrades (Ritzel) unterhalb der Drehachse des Tellerrades liegt. Man nennt das Hypoidantrieb. Die Hypoidverzahnung setzt Kegel- und Tellerrad hohen Belastungen aus, weshalb die Schmiermittelvorschriften genau einzuhalten sind.
Beim Opel besteht die Hinterachse aus einem tragenden Achsrohr, direkt mit den Rädern verbunden, in dem rechts und links je eine Achswelle gelagert ist. Dadurch ist sie dem Gewicht des Fahrzeugs und dessen Schwingungen ausgesetzt, die Verwindungsbeanspruchungen der Kraftübertragung werden aber von der Hinterachsverlängerung gemildert. Die Achswellen werden von Lagern verschiedener Dimension in dem Achsgehäuse getragen und enden in den Radnaben.
Das Kegelrad ist in seiner Höhe variabel einstellbar, wie auch das Zahnflankenspiel zwischen diesem und dem Kegelrad mittels Ausgleichsscheiben reguliert werden kann. Die Ausführung aller Einstellarbeiten soll nur in einer Opel-Werkstatt erfolgen.

Gelenkigkeit

Die Fahrwerksteile sind insofern wartungsfrei, als ihre gelenkigen Verbindungen nicht mehr regelmäßig geschmiert werden müssen, wie es an früheren Autos einmal nötig war. Trotzdem soll man sich die Teile der Radaufhängung von Zeit zu Zeit kritisch ansehen. Wenn man Beschädigungen – etwa an einer Gummimanschette – rechtzeitig entdeckt und baldigst Abhilfe schafft, lassen sich normalerweise teure Folgeschäden abwenden.
An den Teilen des Fahrwerks und an der Lenkung sollte aber in Selbsthilfe möglichst nichts repariert werden. Einstellarbeiten und Reparaturen verlangen Fachkenntnisse, Spezialwerkzeuge und Verantwortungsbewußtsein. Deshalb muß man entsprechende Arbeiten unbedingt der Opel-Werkstatt übertragen.

Die Vorderachse

Bei der Vorderachse von Ascona und Manta B kann eine enge Verwandtschaft mit der vorderen Radaufhängung beim Opel Rekord D und beim Kadett C festgestellt werden, die Ähnlichkeit mit der Vorgängermodellreihe A ist unverkennbar. Gegenüber jenem sind die Stoßdämpfer der neuen Vorderachse auf den oberen Dreieckslenkern in Radnähe befestigt. Das bringt Gewinn an Bodenhaftung, und der Stabilisator wurde dadurch von radführenden Aufgaben erlöst. Verlängerte Federwege und verbreiterte Spur sorgen für mehr Komfort, wodurch die relativ sportlichen Fahrwerkseigenschaften des Vorgängers etwas abgeschwächt wurden.
Das Rückgrat der Vorderachse bildet ein aus Stahlblech gepreßtes Bauteil mit Hutprofil, das mit dem vorderen Rahmen verschraubt ist. Dazu gehören zwei nach hinten gerichtete Ausleger, die einerseits mit dem Achskörper fest und mit den unteren Querlenkern elastisch verbunden sind und mit ihrem anderen Ende am Rahmen Halt finden.
An den beiden Enden des Achskörpers schließen sich bewegliche Bauteile – sogenannte Querlenker – an, die Bestandteile der Einzelradaufhängung der Vorderräder sind. Die oberen, trapezförmigen Querlenker und die unteren Querlenker mit Ausleger sind in je zwei Dämpfungsbuchsen gelagert. Hierbei werden die Schwingungsbewegungen von Gummikörpern mit einvulkanisierter Metallbuchse und äußerem Metallmantel aufgenommen. Die Horizontalachsen des oberen und unteren Lenkers sind gegeneinander verschränkt. Damit wird verhindert, daß der Wagen beim Bremsen »taucht«, außerdem bäumt er sich beim Anfahren oder Beschleunigen nicht mehr auf.
Etwa in der Mitte des unteren Querlenkers befindet sich ein Teller mit aufgebördeltem Rand, der als Sitz für die Schraubenfeder dient. Die Feder – schräg gestellt – stützt sich oben in den Enden des Achskörpers ab. Ein solcher Dreieckverband sichert die Radaufhängung gegen Fahrbeanspruchungen. Die Stoßdämpfer stehen auf den oberen Querlenkern, leicht nach innen geneigt, sie sind oben mit der Karosserie verschraubt.
Statt eines durchgehenden Achsschenkelbolzens, wie man ihn bei vielen ande-

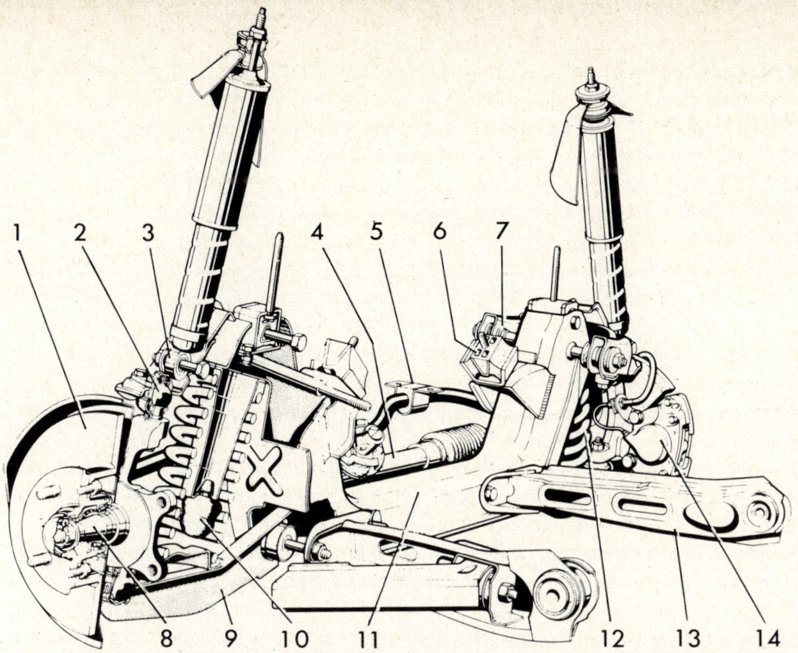

In dieser Zeichnung erkennt man wichtige Teile der Vorderachse:
1 – Bremsscheibe,
2 – oberes Führungsgelenk für den Achsschenkel,
3 – Stoßdämpfer,
4 – Gehäuse der Zahnstange (Lenkung)
5 – Drehstabilisator,
6 – Motoraufhängung,
7 – oberer Querlenker
8 – Achsschenkelzapfen,
9 – unterer Querlenker,
10 – Anschlagpuffer,
11 – Achskörper,
12 – Schraubenfeder,
13 – Achsausleger,
14 – Bremssattel.

ren Fabrikaten findet, wird bei Opel ein mit zwei stählernen Kugelköpfen ausgebildetes Traggelenk verwendet. Diese Aufhängung der Achsschenkel zwischen dem oberen und unteren Querlenker ist ein Schmiedestück, und die Kugelgelenke besitzen verschleißfeste, also wartungsfreie Kunststoffschalen. Das obere Gelenk dient der Führung, und das untere ist ein Traggelenk. Mit der Konstruktion werden Bewegungen in vertikaler Richtung für den Federweg und horizontal für die Lenkung erlaubt.
Schließlich gehört zur Vorderachse noch der Stabilisator. Er ist einerseits an der Vorderrahmenstütze (und somit mit dem Aufbau) und zum anderen unter einem bestimmten Vorspannmaß mit den unteren Lenkern verbunden. Man bezeichnet einen solchen Stabilisator auch als Drehstab, denn bei ungleichmäßigem Einfedern der Räder wird er auf Verdrehen (Torsion) beansprucht. Die Federung des einfedernden Rades verhärtet sich, das andere wird vom Drehstab nach unten gedrückt und bekommt festeren Bodenkontakt, lästige Kurvenneigung wird verhindert. Somit trägt der Drehstab zur Stabilisierung des Fahrverhaltens bei.

Die Achsschenkellager

Die Kugelköpfe der Achsschenkel sind in mit Fett gefüllten Kunststoffpfannen gebettet. Gummimanschetten verkapseln diese beweglichen Verbindungen, die theoretisch ein ganzes Autoleben überdauern können. Aber beschädigter Gummi läßt Schmutz und Nässe hindurch, außerdem können Öl, Kraftstoff und nachträglich aufgebrachter Unterbodenschutz diese Umhüllungen angreifen. Beschädigte Manschetten müssen baldigst erneuert werden.

Die Vorderradlager

Auf jedem Zapfen eines Achsschenkels sitzen zwei wartungsfreie Rollenlager, auf denen sich das Vorderrad dreht. Sie dürfen kein zu großes Spiel haben, was man auf grobe Art prüfen kann, indem man bei aufgebocktem Wagen versucht, das Rad oben und unten hin- und herzukippen. Wenn man das Radlager durch Treten der Fußbremse hemmt, läßt sich das Spiel besser lokalisieren. Ist dabei noch Spiel vorhanden, so kann dies auch am ausgeschlagenen Achsschenkelbolzen oder an der Lenkung liegen.
Ein ausgeschlagenes Teil der Vorderachse bürdet seine Last den mit ihm ver-

bundenen Partnern auf, die dadurch mehr als üblich beansprucht werden und ebenfalls verschleißen. Besonders Lenkungsteile sind davon betroffen.
Das Axialspiel der Vorderradnabenlager kann in der Werkstatt genau eingestellt werden. Dort wird dazu die Achsschenkelmutter entsplintet und gelöst, das ermöglicht ein axiales Spiel. Rad drehen und dabei die Achsschenkelmutter mit 25 Nm anziehen, damit sich das Lager setzt. Muter wieder um ¼ Umdrehung (drei Schlitze der Kronmutter) lösen oder höchstens so weit, bis der nächste Schlitz der Achsschenkelmutter mit der Bohrung des Splintloches fluchtet. Beim Drehen des Rades dürfen jetzt keine polternden Geräusche, hervorgerufen durch die Rollen des Radlagers, zu hören sein, sonst Vorgang wiederholen. Die Radlager müssen spielfrei laufen, und keinesfalls dürfen sie unter Vorspannung stehen, das Rad muß sich ohne Rucken in beiden Richtungen drehen lassen. Bei richtiger Einstellung muß sich die Sicherungsscheibe noch verschieben lassen.

Traggelenkspiel prüfen

Pflegearbeit Nr. 35

Alle 20 000 km müssen die unteren Traggelenke auf Spiel und Verschleiß überprüft werden. Jedes Vorderrad hängt – zum Zweck seiner Lenkbarkeit schwenkbar – an einem Achsschenkel, der für diese Beweglichkeit oben und unten mit je einem Kugelbolzen ausgestattet ist. Der obere Kugelbolzen sitzt in einem Lager des oberen Querlenkers, und der untere Kugelbolzen ruht gleichermaßen im Ende des unteren Querlenkers.
Diese wartungsfreien Gelenke haben auch im Neuzustand ein geringfügiges Spiel (etwa 0,5 mm). Besonders bei nicht einwandfreier Abdichtung des Gummibalges kann sich das Spiel wegen Fettverlust und dadurch verursachten Verschleiß vergrößern. Bis zu 2 mm Spiel ist zulässig, dann muß das Gelenk ersetzt werden. Nachstellen ist nicht möglich. Ein Gelenk wird von der Werkstatt unter allen Umständen ausgewechselt, wenn bei der Kontrolle eine Beschädigung des Dichtungsbalges festzustellen ist. Der eingedrungene Schmutz führt in absehbarer Zeit zum Ausfall des Gelenkes.
Die Werkstatt mißt das Spiel bei auf dem Boden stehendem Wagen mit einer Verschleißkontrollehre; wenn sie sich nicht mehr aufschieben läßt, wird das Gelenk ersetzt. Daheim kann man sich nur grob vom Zustand der Gelenke überzeugen. Dazu bockt man den Opel auf der entsprechenden Seite hoch und rüttelt in Querrichtung am Vorderrad. Es gehört jedoch eine gute Portion Erfahrung dazu, auf diese Weise festzustellen, ob und wie weit der Verschleiß gediehen ist. Sicherer und beruhigender sind die Meßmethoden beim Opel-Dienst.

Die Radeinstellung

Für den Nichtfachmann kommen, wie schon angedeutet, Arbeiten an den Radaufhängungen nicht in Frage. Deshalb sollen hier nur die wichtigsten Begriffe der Radgeometrie erläutert werden. Man muß sie überprüfen lassen, wenn etwa die Reifen ein ungleichmäßiges Abnutzungsbild zeigen, wenn die Lenkung flattert und überhaupt natürlich nach einem Unfall, der die Radaufhängung in Mitleidenschaft gezogen hat.
Die festgelegten Werte der in diesem und im nächsten Abschnitt einzeln genannten Begriffe sind auf Seite 217 zu finden. Dabei wird unterschieden zwischen belastetem und unbelastetem Wagen. »Unbelastet« heißt bei Opel ein Wagen mit halb gefülltem Tank und ohne Fahrer; der Begriff »Belastet« wird in der Werkstatt erfüllt, wenn das Fahrgestell in Richtung Standfläche heruntergezogen ist und dabei bestimmte Bodenabstände erreicht sind. Korrekte Meßresultate setzen voraus: Vorschriftsmäßiger Reifendruck, richtig montierte Reifen, zulässiges Radlagerspiel und ebenso beachtete Spielfreiheit in der Lenkung sowie zwischen Achsschenkeln und Gelenkköpfen, einwandfrei funktionierende Stoßdämpfer.

Mit einfachen Hilfsmitteln kann man den Sturz der Räder messen. Dazu braucht man völlig ebenen Boden und einen rechten Winkel, den man an das betreffende Rad anlegt. Eine solche Kontrolle ist dann vordringlich, wenn man einmal versehentlich eine harte Berührung mit dem Bordstein oder mit einem anderen Hindernis hatte, wodurch sich eventuell die Radeinstellung verändert haben könnte.

Unter »Sturz« versteht man die leichte Schrägstellung der Räder, die sich in der Neigung der Radebene zu der auf der Standebene errichteten Senkrechten darstellt. Er bewirkt, daß die Räder stets am Radlager anlaufen, wodurch das Lagerspiel vermindert wird. Der Sturz der Vorderräder kann durch Verstellen des Kugelgelenkflansches im oberen Lenker verändert werden. Durch Drehen des Flansches um 180° wird eine Sturzänderung von 0° 50' erreicht. Die zulässige Abweichung von dem einen zum anderen Rad beträgt maximal 1°.

Durch den »Nachlauf« werden die Räder sozusagen gezogen und haben das Bestreben, von selbst die gerade Fahrtrichtung einzuhalten. Er wird erreicht, indem man die Achse des Achsschenkelbolzens so neigt, daß sich – grob ausgedrückt – aus der Verlängerung dieser Achse und aus einer Senkrechten auf der Fahrbahn ein meßbarer Winkel ergibt. Der Nachlauf wird durch die Zahl der Einstellscheiben bestimmt, die zwischen Lenkerauge und Achskörper angebracht sind. Das Beilegen von Ausgleichsscheiben mit einer Stärke von 3 mm vorn und 9 mm hinten entspricht einer Nachlaufvergrößerung von 50', die andere Möglichkeit, nämlich vorn 9 mm und hinten 3 mm beizulegen, hat eine Nachlaufverkleinerung von 50' zur Folge. Auch hier beträgt die höchstzulässige Abweichung 1° von Rad zu Rad.

Die »Vorspur« dient dazu, die Vorderräder in eine Stellung zueinander zu bringen, daß sie nicht in Versuchung kommen, nach außen wegzulaufen. Andernfalls würden sie, unterstützt durch ihren Sturz und durch Fahrwiderstände, den Wagen in eine Kurve hineinziehen. Deshalb stellt man sie vorne näher zusammen als hinten – sie laufen in einem spitzen Winkel aufeinander zu. Falsche Vorspur verschleißt die Reifen schneller und wirkt sich ungünstig auf das Lenkverhalten aus (Radflattern). Die Vorspur kann durch Verdrehen der Spurstangen auf den Gewinden der Kugelbolzen verändert werden.

Vorspur nachmessen

Pflegearbeit Nr. 32

Das Messen und eventuell erforderliche Nachstellen soll alle 20 000 km erfolgen. Die Bedeutung der Vorspur wurde gerade erwähnt, sie kann sich besonders nach einer scharfen Bordsteinberührung nachteilig verändert haben.

Zur Kontrolle der Vorspur bedient man sich eines Meßstabes, der in Höhe der Radachse an die Felgenhörner von Rad zu Rad angelegt wird. Die Einstellung der Vorspur wird stets an beiden Spurstangen vorgenommen. Dazu wird die Gegenmutter am linken und rechten Spurstangengelenk gelöst und etwas zurückgeschraubt. Die Klemmdrähte der Faltenbalgbefestigungen am Lenkgehäuse sind abzunehmen. Durch Drehen der Spurstangen wird die Vorspur eingestellt. Bei Wagen mit Abdeckschürze muß der Klemmdraht an der jeweiligen Spurstan-

ge abgenommen werden. Beim Einstellen darf der Faltenbalg nicht mit verdreht werden: Seine einzelnen Balgrillen müssen senkrecht stehen. Eventuell muß man den Balgsitz einfetten und beim Drehen festhalten.
Nach erfolgter Einstellung sind die Gegenmuttern an den Spurstangenköpfen mit 60 Nm anzuziehen. Die Faltenbälge müssen wieder einwandfrei befestigt werden (zur Kontrolle Lenkung mehrmals betätigen), die Drahtenden der Klemmdrähte sollen nach vorn zeigen.

Die Hinterachse

Für die Aufhängung der Hinterräder wählte man bei Opel das schon bei dem Vorgänger-A-Modell angewendete Prinzip. Außer einer Spurverbreiterung, der Verlängerung der Federwege und neu abgestimmter Stoßdämpfer brauchte sich an der Hinterachse nichts zu ändern, weil diese spur- und sturzkonstante Starrachse insbesondere bei Nässe und Glätte ihre Vorzüge hat. Freilich soll nicht verschwiegen werden, daß eine solche starre Achsbrücke größere ungefederte Massen als etwa eine Einzelradaufhängung besitzt, bei der die Federung feiner ansprechen kann.
Die Hinterachse wird von zwei Längslenkern und einem langen Querlenker geführt. Dadurch werden nahezu alle in Längsrichtung des Autos auftretenden Beanspruchungen aufgefangen, die sich während der Fahrt ergeben. Der Querlenker besitzt einen großen Bewegungsradius. Diese auch als Panhardstab bezeichnete Stange ist rechts am Hinterachskörper angebracht und mit ihrem anderen Ende gelenkig mit dem Aufbau verbunden; beide Endpunkte besitzen Gummilagerung. Ein Querlenker dient zur Führung der Achse in seitlicher Richtung. Die Längslenker nehmen die Kräfte auf, die bei Schub- und Bremsvorgängen entstehen.
Als typisches Merkmal dieser Achse gilt die Hinterachsverlängerung. Sie besteht aus einem am Differentialgehäuse angeflanschten und nach vorn gerichteten Rohr, das an seinem vorderen Ende mit der Verlängerungsbrücke und dadurch mit beiden Seiten des Unterbaus verbunden ist. Das Rohr nimmt die zwischen Kardanwelle und Ausgleichgetriebe befindliche Verlängerungswelle auf.
Der Wagen besitzt, wie alle Opel, progressiv wirkende Schraubenfedern. Sie sind auf den Längslenkern direkt vor den Achsrohren angebracht. Dahinter, an der Rückseite der Achsrohre, haben die schrägstehenden Stoßdämpfer ihre Anbringungspunkte.

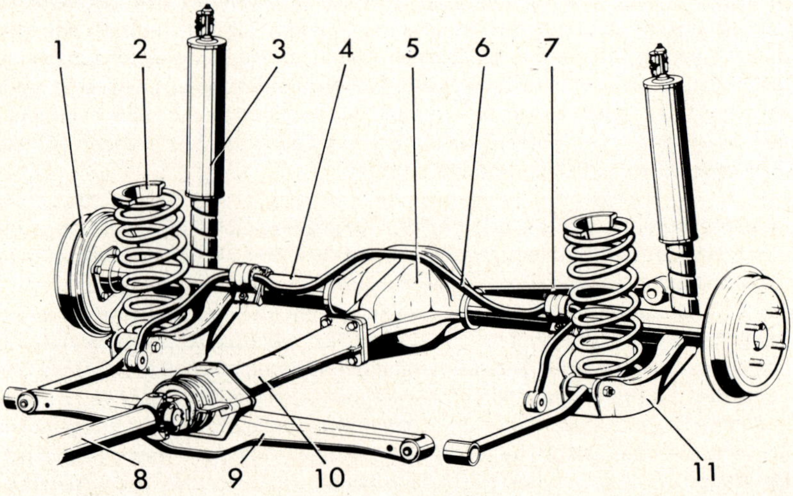

Die Hinterachse des Ascona besteht aus folgenden Teilen:
1 – Bremstrommel,
2 – Schraubenfeder,
3 – Stoßdämpfer,
4 – Achsrohr (darin Antriebswelle),
5 – Gehäuse für Achsantrieb und Differential,
6 – Stabilisator,
7 – Querlenker (Panhardstab),
8 – Kardanwelle,
9 – Hinterachsverlängerungsbrücke,
10 – Hinterachsverlängerung,
11 – Längslenker.
Zur Umrüstung liefert Opel für den Ascona stärkere Federn, die für erhöhte Zuladung oder für Anhängerbetrieb geeignet sind.

Schließlich verfügt die Hinterachse noch über einen Stabilisator, der an zwei Punkten mit dem Aufbau verbunden ist. Beim Einfedern eines Hinterrades verdrillt er sich, wodurch die Seitenneigung der Karosserie in der Kurve vermindert wird. Die Wirkung des Stabilisators hebt sich dagegen beim Einfedern beider Räder auf.
Beide Hinterräder sind durch Halbachsen, die in dem gemeinsamen Achsrohr laufen, mit dem Differential verbunden. Dieses dient dem Ausgleich unterschiedlicher Rollwege bei Kurvenfahrt. Die Leistung des Motors wird über die Kardanwelle und über Kegel- und Tellerrad nebst Differential zu den beiden Halbachsen übertragen.

Die Stoßdämpfer

Die Stoßdämpfer müßten eigentlich »Schwingungsdämpfer« heißen, denn sie sollen die nach der Einfederung eines Rades entstehenden Schwingungen dämpfen. Ohne sie würden die Räder während der Fahrt häufig den Fahrbahnkontakt verlieren und der Wagen könnte unter Umständen unkontrollierbare Eigenbewegungen vollführen. Federfunktionen haben Stoßdämpfer nicht.
Die Stellung der Stoßdämpfer ist in den Abschnitten »Die Vorderachse« und »Die Hinterachse« beschrieben. Ihr Austausch wirft keine großen Probleme auf. Vorne muß bei der oberen Befestigung ein Vorspannmaß von 27 ± 0,5 mm eingehalten werden, das sich aus dem Abstand zwischen der Oberkante der Befestigungsmutter und dem Endes des Dämpfungsbolzens ergibt. Am oberen Lenker ist die Befestigung des Stoßdämpfers mit einem Drehmoment von 45 Nm anzuziehen, die Gummibuchse darf nicht gespannt sein.
Das entsprechende Vorspannmaß für die hinteren Stoßdämpfer beträgt 11 mm. Die Montage muß bei angehobener Hinterachse erfolgen, ohne daß die Hinterräder durchhängen. Für die obere Befestigung aller Dämpfer sind stets nur selbstsichernde Muttern zu verwenden.
Opel rüstet die Modelle mit Stoßdämpfern eigenen Fabrikates aus. Bei normaler Beanspruchung ist mit einer Lebensdauer bis zu 60 000 km zu rechnen.

Stoßdämpfer prüfen

Pflegearbeit Nr. 33

Stoßdämpfer gehören zu den Verschleißteilen des Autos. Deshalb schreibt Opel vor, ihre noch vorhandenen Eigenschaften alle 20 000 km zu kontrollieren. Als Fahrer gewöhnt man sich unbewußt an das verschlechterte Fahrverhalten, denn die Dämpferwirkung läßt nur allmählich nach.
Sehr zuverlässig diagnostizieren Shocktester den Zustand der Stoßdämpfer, wie sie von einigen Stoßdämpferherstellern und vom ADAC zur Verfügung stehen. Die dort gewonnenen Resultate ersparen umständliche Montage- und Prüffarbeiten, weil die Stoßdämpfer dabei kontrolliert werden, solange sie noch im Wagen eingebaut sind.
Einige untrügliche Anzeichen für die nachlassende Wirkung der Stoßdämpfer bieten sich sowohl bei aufmerksamer Beobachtung während der Fahrt als auch durch einige Sichtkontrollen. Wenig oder sogar manchmal falschen Aufschluß erhält man durch die bekannte Schaukelmethode im Stand, bei der man den Wagen am betreffenden Kotflügel aufschaukelt und plötzlich losläßt. Die Federbewegung müßte sofort gedämpft werden. Da sich die Bewegungen aber auch auf die übrigen drei Stoßdämpfer auswirken, weiß man nie mit Gewißheit, welcher eventuell defekt ist.
Folgende Abweichungen von der Norm lassen auf defekte Stoßdämpfer schließen und gelten als Warnsignal:

■ Flatternde Lenkung, weil den Rädern der ständige Fahrbahnkontakt fehlt. Zieht Schäden an den Übertragungsorganen der Lenkung und des Antriebs nach sich.

■ Nach Unebenheiten schwingt der Aufbau nach.
■ Verlust der Stabilität in Kurven, wobei die kurveninneren Räder nicht mehr auf den Boden gedrückt und die äußeren nicht genügend entlastet werden.
■ Anstieg der Seitenwindempfindlichkeit.
■ Springendes Rad, das freilich nur von einem neben- oder hinterherfahrenden Beobachter ausgemacht werden kann.
■ Vielfach unterbrochene Bremsspur bei harter Bremsung und unberechenbare Bremswirkung in der Kurve.
■ Ungleichmäßige Abnutzung der Reifen und erhöhter Reifenverschleiß.
■ Undichter Stoßdämpfer mit auffällig erkennbarem Ölverlust. Geringe Ölspuren sind normal; bis zu 10 Prozent der Dämpferfüllung kann ein Stoßdämpfer folgenlos verlieren.

Die Lenkung

Wie bei den Kadett-Modellen ist die Lenkung bei Ascona und Manta als Zahnstangenlenkung ausgebildet, im Gegensatz zu den größeren Opel-Versionen mit der aufwendigeren Kugelumlauflenkung. Die Lenksäule ist vor der Stirnwand in einem Kreuzgelenk zum Schutz bei Unfall abgewinkelt, ihr unteres Ende mündet in einem Flansch mit Gelenkscheibe (Hardyscheibe). Daran anschließend führt die Ritzelwelle schräg in das Lenkgetriebegehäuse und endet dort in einem Ritzel, dessen Zähne von unten in eine Zahnstange greifen. Das Ritzel ist schräg- und die Zahnstange ist geradverzahnt, weil das Ritzel nicht rechtwinklig, sondern schräg zur Zahnstange angeordnet ist, Im Kreuzungspunkt von Ritzel und Zahnstange sitzt auf dem Gehäuse eine fixierte Einstellschraube.
Als weitere Sicherheitsmaßnahme wird die obere Lenksäule von einem Stützrohr umgeben, das sich bei Aufprall zusammenfalten kann. Zu dieser Konstruktion gehört noch der Abreißschlitten unterhalb der Instrumententafel. Das Lenkrad kann nur mit einer Abziehvorrichtung von der Lenkspindel abgezogen werden, nachdem die Lenkradmutter abgeschraubt wurde. Diese ist mit 15 Nm festgezogen und gesichert.
Durch die Drehbewegung am Lenkrad läuft das Ritzel auf der Verzahnung der verschiebbaren Zahnstange ab, die diese Hin- und Herbewegung auf die seitlich herausführenden Lenkspurstangen und damit an die Räder weitergibt. Das Lenkgehäuse ist mit ca. 50 g Lenkungsfett (Opel-Katalog-Nr. 19 48 587) gefüllt.

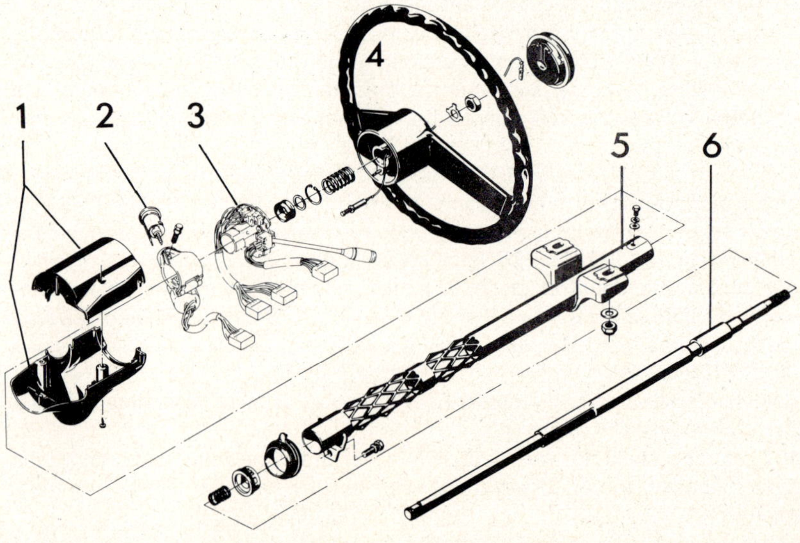

Das sind die oberen Teile der Lenkung:
1 – Lenksäulenverkleidung, 2 – Schließzylinder,
3 – Signalschalter,
4 – Lenkrad mit Signalhornplatte,
5 – Lenkstützrohr (Gitterrohr),
6 – obere Lenksäule.

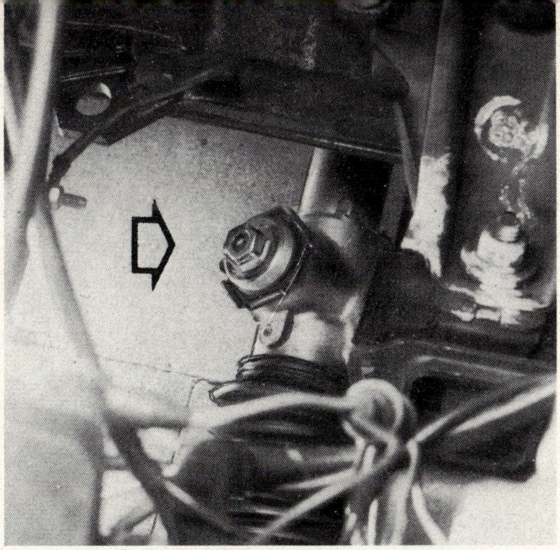

Blick von oben auf das Lenkgetriebe. Zum Nachstellen wird die Kontermutter gelöst und die Stellschraube rechts herum gedreht. Diese Arbeit muß aber der Werkstatt vorbehalten bleiben. Man kann sich aber davon überzeugen, ob die Faltenbälge unbeschädigt sind und festen Sitz haben. Jede Beschädigung am Faltenbalg führt unweigerlich zum vorzeitigen Ausfall des durch ihn geschützten Axialgelenks, weil eindringendes Wasser und Schmutz den Kugelzapfen und die Kunststoff-Lagerschalen angreifen.

Es kann aus den seitlichen, harmonikaförmig faltbaren Manschetten nicht heraustreten. Um den Spurstangen das von den Rädern verursachte Mitschwingen zu ermöglichen, befinden sich innerhalb der Manschette Kugelbolzen, in denen die Spurstangen schwenkbar gelagert sind. Diese Axialgelenke werden in einer wartungsfreien Aufnahmebüchse festgehalten.
Am Ende jeder Lenkspurstange greift ein Kugelkopfgelenk in die Lenkhebel an den Achsschenkeln. Wird die Lenkung bis zum Anschlag gedreht, so beträgt der Außenwendekreis in dieser Stellung 10,10 m.

Lenkung prüfen

Obwohl die Lenkung wartungsfrei ist, können Verschleißerscheinungen auftreten. Im Stand kann man feststellen, ob sich im Lenkrad Spiel bemerkbar macht. Dabei sollen sich die Vorderräder in Geradeausfahrt und die Lenkradspeichen in waagerechter Stellung befinden. Bei heruntergekurbelter Scheibe greift man von außen durch das Fenster. Während man das Lenkrad dreht, wird das linke Vorderrad und besonders die Felge beobachtet. Denn die Reifen sind elastisch und können beim Drehen im Stand zunächst einen Teil des Einschlages »schlucken«, ehe sie sich bewegen. Bei stärkerem Einschlag der Räder kann ein geringes Lenkradspiel vorhanden sein. In der Mittelstellung soll die Lenkung überhaupt kein Spiel aufweisen. Man fühlt es auch am Lenkrad. Es wird sogleich ein gewisser Widerstand bemerkbar.
Auf ebener Straße kann man bei langsamer und dann bei schneller Fahrt die Geradeauslaufeigenschaften überwachen. Dazu gehört allerdings das Fehlen anderer Verkehrsteilnehmer, damit man bei dieser Kontrolle nicht gehindert wird. Wenn die Straße ganz frei ist, läßt man das Lenkrad während der Fahrt los. Der Wagen darf weder zur einen noch zur anderen Seite ziehen, sondern er muß schnurgerade in der Spur bleiben.
Zugleich kann man den Rückstelleffekt prüfen. Nach einer Kurve müssen sich die Vorderräder selbständig in die Geradeausrichtung zurückstellen. Dieser Geradeauslauf wird von der Anordnung und Geometrie der Achsschenkellenkung hervorgerufen. Ist er gestört, muß die Werkstatt abhelfen, ebenso wie man dort an der Lenkung notwendige Nachstellungen vornehmen kann.

Lenkung nachstellen

Es wurde schon erwähnt, daß die Einstellschraube schräg oben auf dem Lenkgehäuse sitzt. Zum Lösen und Andrehen der Kontermutter besitzt man in der Werkstatt einen speziellen Gegenmutterschlüssel für eine Ratsche, womit man diese Mutter aus der Position unter dem Wagen bewegt. Wagen mit Abdeckschürze verfügen in dieser über ein entsprechendes Montageloch.

Teile der Vorderradaufhängung. Die mit Fett gefüllten Gummimanschetten der wartungsfreien Spurstangengelenke dürfen keine Beschädigung aufweisen. Um hier eine genaue Kontrolle vornehmen zu können, muß das Rad abgenommen sein.
Die kleinen Pfeile zeigen auf die Einkerbungen der Spurstange zum Ansetzen des Gabelschlüssels, wenn zum Korrigieren der Vorspureinstellung die Spurstange gedreht werden muß.

Durch Hineinschrauben (Rechtsdrehen) der Einstellschraube wird der Federdruck auf der Zahnstange erhöht und etwa vorhandenes Spiel verringert. Die Schraube wird bis zum fühlbaren Widerstand in das Lenkgehäuse eingeschraubt, und danach ist sie um eine Achtel bis eine Viertel Umdrehung zurückzudrehen. Bei der jetzt folgenden Prüfung muß sich die Zahnstange im ganzen Lenkbereich frei bewegen lassen. Falls dem nicht so ist, muß man die Schraube vorsichtig noch so weit zurückdrehen, bis die Beweglichkeit gerade erreicht wird. Anschließend ist die Kontermutter mit 60 Nm festzuziehen.

Gummibälge des Lenkgetriebes sowie der Achsschenkel- und Spurstangengelenke überprüfen

Pflegearbeit Nr. 34

Der Inspektionsplan besagt, daß die Gummifaltenbälge am Lenkgetriebe alle 20 000 km auf ihren Zustand untersucht werden sollen. Eine solche Kontrolle ist auch zwischendurch einmal anzuraten, etwa dann, wenn das Motoröl gewechselt wird. Zugleich kann man alle anderen Gummiteile der Vorderradaufhängung prüfen. Zur Kontrolle ist der Wagen vorne anzuheben; die eventuell vorhandene Abdeckschürze muß vom unteren Luftleitblech und von dem Längsträger abgeschraubt werden.
Beiderseits des Lenkgetriebes schließen sich die Spurstangen an, die beim Einschlagen der Lenkung seitliche Bewegungen vollführen. Das Getriebe ist mit Fett gefüllt, das bei diesen Bewegungen entweichen würde. Zum Schutz dagegen sind die Faltenbälge angebracht. Sie sind mit Klemmdrähten befestigt, denen eine verengende Federkraft innewohnt.
Das Material der harmonikaförmigen Bälge darf keinerlei Beschädigung aufweisen. Ausgetretenes Fett, erkennbar an schwarzen Schmutzkrusten, deutet auf solche Undichtigkeit hin, die zugleich Schmutz und Nässe mit zerstörerischer Wirkung eindringen lassen. Die Bälge dürfen sich nicht verdreht haben, ihre Balgrillen müssen senkrecht stehen. Es ist auch darauf zu achten, daß die Drahtenden der Klemmdrähte nach vorn gerichtet sind.
Getrennt von dieser Kontrolle sieht die Opel-Inspektion eine Untersuchung der Gummimanschetten vor, die zum Schutz der Kugelkopfgelenke an den Achsschenkeln und Spurstangen sitzen. Wir schlagen vor, diese Prüfung mit der Kontrolle am Lenkgetriebe zu verbinden, denn sinngemäß gilt hier das gleiche: Die Manschetten dürfen nicht beschädigt, porös oder brüchig sein. Derart geschädigte Manschetten sind umgehend zu erneuern, weil wegen des eingedrungenen Schmutzes und der entwichenen Fettfüllung die Kugelgelenke Schaden nehmen. Siehe auch den Abschnitt »Die Achsschenkellager« Seite 127.

Vertrauenssache

Vom Zustand der Bremsen können Menschenleben abhängen. Deshalb müssen die einzelnen Teile dieser Anlage regelmäßig sorgfältigen Kontrollen unterzogen werden. Das ist ein dringendes Gebot. Jeder verantwortungsbewußte Autofahrer kann solche Sicht- und Funktionsprüfungen selbst ausführen.
Hingegen sollen Wartungsarbeiten und besonders Reparaturen eine Aufgabe der Werkstatt bleiben. Hierbei kommt es auf die Einhaltung von Arbeitsmethoden an, die mit höchster Gründlichkeit auszuführen sind. Arbeiten an den Bremsen und an der hydraulischen Anlage verlangen neben der Beachtung absoluter Sauberkeit auch Gewissenhaftigkeit, dazu noch die Verwendung vorgeschriebener Materialien (Bremsklötze, Bremsflüssigkeit). Die hier folgenden Beschreibungen sind nur unter diesen Gesichtspunkten zu sehen.

Die Bremsanlage

Der Tritt auf das Bremspedal löst im Hauptbremszylinder die Betätigung eines Kolbens aus, dessen Bewegung die Bremsflüssigkeit in den Bremsleitungen zu den Radbremsen drückt. Bei dieser hydraulischen Übertragung erfolgt die nötige Ergänzung der Flüssigkeit selbsttätig aus dem Vorratsbehälter.
Der Druck der Bremsflüssigkeit überträgt sich an den Scheibenbremsen auf Bremskolben und an den Trommelbremsen auf Radbremszylinder, welche die Bremsbeläge gegen die Scheiben bzw. Trommeln pressen. Um zu verhindern, daß bei scharfem Bremsen die dann entlasteten Hinterräder blockieren, ist in die Leitung ein Bremskraftregler eingesetzt. Die von dieser Anlage getrennte Handbremse wirkt über einen Seilzug – mechanisch – auf die Hinterräder.

Bremsen prüfen

Pflegearbeit Nr. 12

Bremsen müssen eingefahren sein. Mit neuen Bremsbelägen sollte man scharfes Bremsen während der ersten 300 km möglichst vermeiden. Bremsscheibe bzw. Bremstrommel und Bremsbelag müssen sich aneinander gewöhnen, und ihre gemeinsame Oberfläche, auf der sie sich berühren, muß möglichst groß sein. »Trägt« der Belag nur auf wenigen Quadratzentimetern, ist die Bremswirkung schlecht und ungleichmäßig.
Zu Bremsproben verzögert man den Wagen erst einmal aus mäßiger Geschwindigkeit und beobachtet sein Verhalten. Dann kann man aus höherem Tempo abbremsen. Das gleiche wiederholt man mit losgelassenem Lenkrad. Damit erhält man – auf ebener, nicht gewölbter Straße – Aufschluß darüber, ob der Wagen beim Bremsen einseitig zieht und im Fall der Gefahr schleudern würde. Die Versuche soll man noch insofern variieren, daß das Bremspedal sowohl mit weichem Druck wie auch plötzlich und hart betätigt wird. Außer den anzustrebenden Erkenntnissen über die Einsatzbereitschaft der Bremsen gewinnt man zugleich die Bestätigung dafür, daß maßvoll eingesetzte Bremskraft eine bessere Verzögerung schafft als das in Panik niedergepreßte Pedal. Bei blockierenden Rädern rutscht das Auto unlenkbar ins Unheil.
Ungleichmäßig ziehende Bremsen deuten auf undichte Bremsleitungen, auf

klemmenden Bremskolben und auf stark verschmutzten Bremssattel hin. (Auch ungleicher Reifendruck wirkt sich derartig aus.) Zieht das Auto beim Bremsen nach einer Seite, sind die Radbremsen der anderen Wagenseite nicht intakt.
Die Wirkung der Handbremse prüft man, wenn möglich, auf einer abschüssigen Straße im Stand. Bei angezogenem Handbremshebel darf sich der Wagen nicht vom Fleck rühren. Falls man im Flachland wohnt, sollte der Wagen zu einem vergleichbaren Versuch nicht wesentlich schneller als in Schrittgeschwindigkeit ohne Motorkraft, also mit herausgenommenem Gang, rollen und sogleich zum Stehen gebracht werden. Wie noch ausgeführt wird, ist die Handbremse zum Abbremsen aus höherem Tempo nur sehr bedingt zu gebrauchen.

Bremsflüssigkeitsstand kontrollieren

Pflegearbeit Nr. 6

Das Bremssystem wird aus den Bremsflüssigkeitsbehältern gespeist. Der darin enthaltene Vorrat an Bremsflüssigkeit muß immer in ausreichender Menge zur Verfügung stehen. Davon kann man sich mit einem Blick immer dann überzeugen, wenn man die Motorhaube öffnet.
Die Behälter sitzen auf dem Hauptbremszylinder links hinten im Motorraum, vor der Trommel des Bremskraftverstärkers. Das durchscheinende Material der Behälter läßt den Flüssigkeitsstand von außen erkennen. Das Niveau darf nicht unter die untere Marke »MIN« abgesunken sein. Beim Nachfüllen von Bremsflüssigkeit muß die Marke »MAX« als obere Grenze betrachtet werden.
Bei völlig dichter Bremsanlage wird die Flüssigkeit im Betrieb nicht weniger. Doch ihr Spiegel sinkt im Laufe der Zeit entsprechend dem Belagverschleiß etwas ab. Auffallenden Flüssigkeitsverlust sofort untersuchen!
Zum Nachfüllen darf nur – möglichst hochsiedende – Original-Bremsflüssigkeit verwendet werden, etwa Opel-Katalog-Nr. 194 0331, Lockheed 55 oder ATE. Niemals irgend etwas anderes, gar Motoröl, einfüllen! Bremsflüssigkeit hat einen hohen Siedepunkt, ist nicht kälteempfindlich und enthält Substanzen gegen Korrosion sowie gegen Zersetzung von Gummi. Allerdings ist sie wasseranziehend, giftig und wirkt ätzend auf Lack. Sie ist hell bis bernsteinfarben und nicht mehr blau gefärbt wie früher. Außerdem muß eine der Spezifikationen DOT 3 oder DOT 4 auf die Dose gedruckt sein.

Bremsflüssigkeit wechseln

Pflegearbeit Nr. 26

Der Opel-Wartungsplan enthält die Vorschrift, die Bremsflüssigkeit einmal im Jahr erneuern zu lassen. Bremsflüssigkeit altert nämlich und hat die Eigenschaft, Wasser anzuziehen. Letzteres führt dazu, daß der Wasseranteil beim Bremsen zu sieden beginnt, wobei in krassen Fällen das Bremspedal ohne Wirkung ganz durchgetreten werden kann.

Die Bremsflüssigkeitsbehälter sollen möglichst bis über die Hälfte gefüllt sein. Zu hohe Befüllung ist falsch, da der Behälter bei rückströmender Bremsflüssigkeit (bei heißen Bremsen möglich) überläuft, was zu Verätzungen des benachbarten Motorraumes führt. Plötzlicher Mangel von Bremsflüssigkeit ist sofort zu ergründen. Es darf nur Original-Bremsflüssigkeit, niemals Motoröl nachgefüllt werden. In jedem Deckel befindet sich ein Entlüftungsventil, um die notwendigen Schwankungen im Stand der Flüssigkeit zu ermöglichen.

Bremsleitungen und -schläuche prüfen

Pflegearbeit Nr. 28

Zu Ihrer eigenen Sicherheit ist alle 20 000 km der Zustand der im Motorraum und am Wagenboden verlegten Bremsleitungen zu überwachen. Bremsschläuche mit Scheuerspuren müssen umgehend in ihrer Lage verändert und womöglich sogar ausgetauscht werden. Ebenso beachte man Beschädigungen durch Steinschlag und Korrosion. Die Rohrleitungen sind zwar durch Verzinkung gegen Rost geschützt, doch Streusalz kann diesen Schutz angreifen.

Benzin, Dieselkraftstoff, Petroleum, Fett, Lack und Absprühöl müssen von Bremsschläuchen ferngehalten werden. Am besten also überhaupt nicht einsprühen lassen (auch der serienmäßige Unterbodenschutz leidet dadurch) oder sorgfältig abdecken. Damit die Bremsschläuche nicht mehr verdreht eingebaut werden können, wurden schon 1976 deren Anschlüsse geändert.

Bremsanlage auf Dichtheit prüfen

Pflegearbeit Nr. 27

Die eben angeführte Zustandskontrolle geht Hand in Hand mit der Überprüfung auf Dichtheit der Anlage. Hüten Sie sich davor, an den Bremsleitungen oder -schläuchen irgend etwas selbst korrigieren zu wollen. Das ist Werkstattsache! Eine lebenswichtige Operation überläßt man dem Spezialisten. Ob aber an den Bremsleitungen alles in Ordnung ist, das können Sie selbst kontrollieren.

Wenn die Wagenunterseite trocken ist, läßt sich am hochgebockten Wagen am besten der Verlauf der Bremsleitungen und -schläuche verfolgen. Letztere dürfen nicht aufgequollen sein. Anschluß- und Verbindungsstellen beachten, sie müssen trocken sein. Bremsflüssigkeit kriecht durch Schmutz, und wo dieser schwarz ist, muß eine undichte Stelle vermutet werden. Auch Radbremszylinder können undicht werden. Im Motorraum überprüft man die Bremsleitungen und ihre Anschlüsse am Hauptbremszylinder nach den gleichen Gesichtspunkten.

Bremsen entlüften

Sollte das Bremspedal bei Betätigen federn oder falls sich die richtige Bremswirkung erst nach »Pumpen« mit dem Pedal einstellt, dann ist Luft in der Bremsleitung. Veranlassen Sie in solchem Fall, daß die Bremsleitungen auf schnellstem Wege entlüftet werden. Vor dem Entlüften ist zu kontrollieren, ob die Ausgleichbehälter im Motorraum richtig mit Bremsflüssigkeit befüllt sind.

Durch das Entlüften soll, wie schon der Name verrät, die Luft wieder aus der Bremsanlage herausgebracht werden. Ein zweiter Mann drückt mit dem Bremspedal pumpenderweise die Flüssigkeit aus den Leitungen, und zwar so lange, bis sie keine Luftbläschen mehr mit sich bringt. Die Reihenfolge für das Entlüften (rechtes Hinterrad, linkes Hinterrad, rechtes Vorderrad, linkes Vorderrad) wird oft von den Werkstätten eingehalten, um die Luft aus den längeren Leitungen eher entweichen zu lassen. Da aber die eventuell vorhandene Luft im Haupt-

Bremse entlüften: Hier ist an der vorderen Scheibenbremse die Entlüftungsschraube mit einem Schraubenschlüssel geöffnet. Auf das Entlüftungsventil wurde der Entlüftungsschlauch geschoben. Mit seinem anderen Ende liegt dieser in einem mit Bremsflüssigkeit teilweise gefüllten Glasgefäß, so daß man das Aufsteigen herausgepreßter Luftblasen beobachten kann. Steigen keine Blasen mehr auf, ist diese Bremse entlüftet und das Entlüfterventil wird geschlossen. Schutzkappe wieder auf das Ventil setzen.

bremszylinder dann immer mitgepumpt wird, ist es zweckmäßiger, die Bremsanlage völlig zu entleeren, neu zu befüllen und mit der Entlüftung des kürzesten Weges zu beginnen.

Werden nur an den vorderen oder an den hinteren Bremsen Arbeiten vorgenommen, die zum Entlüften zwingen, genügt es natürlich, nur den betreffenden Bremskreis zu entlüften. Der Arbeitsablauf läßt sich so beschreiben:

Schutzkappe von dem Entlüftungsventil entfernen (dieses mit Lappen von Schmutz säubern). Stramm sitzenden Schlauch über den Ventilnippel schieben, Schlauchende in Glasgefäß (altes Marmeladeglas, kleinere Flasche) stecken. Das Gefäß muß schon mit neuer Bremsflüssigkeit gefüllt sein, damit beim folgenden »Pedalpumpen» keine Luft in die Leitung zurückgesaugt wird. Das Schlauchende liegt demnach in der Flüssigkeit. Mit Gabelschlüssel SW 9 das Entlüftungsventil etwa eine halbe Umdrehung lösen. Auf Zuruf des Mannes am Rad beginnt der Mann im Wagen mit dem Bremspedal zu pumpen (schnell treten, langsam zurückkommen lassen). Beobachtet der erste Mann, daß mit der Bremsflüssigkeit keine Luftblasen mehr herausgedrückt werden, ruft er »halt«. Der zweite Mann hält das Pedal in seiner tiefsten Stellung, und der erste schließt das Entlüftungsventil. Schlauch abziehen, Staubkappe (gesäubert) aufsetzen. Gesamten Vorgang am nächsten Rad wiederholen.

■ Nach der Entlüftung an jedem Rad ist der Bremsflüssigkeits-Vorratsbehälter wieder aufzufüllen, eventuell auch während der Arbeit. Luft gerät wieder in Leitungen, wenn das Niveau zu weit absinkt.

■ Original-Bremsflüssigkeit gibt es in der Werkstatt oder im Zubehörgeschäft.

■ Nach der Arbeit bei laufendem Motor Bremsen mehrmals kräftig betätigen, dann Bremsproben während vorsichtiger Fahrt vornehmen.

Hauptbremszylinder für zwei Bremskreise

Im Hauptbremszylinder versorgt ein sogenannter Tandemkolben zwei getrennte Bremskreise. Im Zweikreis-Bremssystem von Opel werden die Vorderradbremsen über zwei getrennte Leitungen vom vorderen Teil des Kolbens und die Hinterradbremsen von einer sich an der Hinterachse gabelnden Leitung von dem hinteren Kolbenteil bedient.

Zwei Bremskreise garantieren für größere Sicherheit, falls einmal ein Bremskreis ausfallen sollte. In jedem Fall arbeitet dann noch der andere. Dabei ist die Bremswirkung spürbar geringer, wenn die vorderen Bremsen ausfallen, weil die Bremsanlage an jedem Auto so eingerichtet sein muß, daß die vorderen Bremsen kräftiger zugreifen als die hinteren.

Die Präzisionsteile im Hauptbremszylinder lassen es nicht zu, daß daran unsachlich repariert wird. Nur in der Werkstatt kann er zerlegt, überholt oder gegebenenfalls ersetzt werden.

Im Motorraum links hinten befinden sich wesentliche Teile der Bremsanlage:
1 – Bremskraftverstärker (Unterdruck-Servobremse) mit – im Bild links – vom Vergaser herangeführtem Unterdruckschlauch,
2 – Hauptbremszylinder Bremsflüssigkeitsbehälter; vorne zweigen zwei Leitungen zu den Vorderrädern ab, hinten eine, die über den Bremskraftregler zu den Hinterrädern führt.

Der Bremskraftverstärker

Bei Trommelbremsen nimmt die umlaufende Trommel die gegen sie »auflaufende« Bremsbacke mit. Dadurch wird automatisch der Anpreßvorgang verstärkt. Scheibenbremsen kennen diesen selbstverstärkenden Effekt nicht, weil die plan anliegenden Beläge ganz einfach gegen die flache Bremsscheibe gedrückt werden. In Verbindung mit Scheibenbremsen ist daher ein gesonderter Bremskraftverstärker (Servobremse) erforderlich.
Ein solches Gerät ist in zwei Kammern aufgeteilt, die durch eine Membrane getrennt sind. In ihnen herrscht normalerweise Unterdruck. Bei Betätigung des Geräts (von der Pedalseite her, wenn also die Bremse getreten wird) strömt in die kleinere Kammer Außenluft, deren Druck sich auf die Membrane fortpflanzt. Diese beengt den luftverdünnten Raum der trommelförmigen großen Kammer, die über eine Leitung mit den Ansaugwegen des Motors verbunden ist, und verstärkt dadurch den Druck auf den angeschlossenen Hauptbremszylinder. Bei stehendem Motor liefert der Servo natürlich keine (zusätzliche) Bremskraft. Deshalb muß man z. B. am Schlepptau kräftiger auf das Pedal treten.
Ob die Servobremse funktioniert, ist festzustellen, indem der Unterdruck bei abgestelltem Motor durch mehrmaliges Betätigen des Bremspedals abgebaut wird. Dann hält man das Pedal niedergetreten fest und startet den Motor. Wenn das Pedal infolge der neuerzeugten Hilfskraft weiter absinkt, ist die Anlage in Ordnung. Senkt sich das Pedal dabei nicht weiter, sind wahrscheinlich die Unterdruckschläuche nicht einwandfrei. Andernfalls ist der Bremsverstärker defekt und muß vom Opel-Dienst ausgetauscht werden.

Die Scheibenbremse

Das Arbeitsprinzip der Scheibenbremse ist mit einem Satz beschrieben. Parallel mit dem Rad dreht sich eine Stahlscheibe, gegen die von beiden Seiten Radklötze gepreßt werden. Die meisten Autos sind mit Scheibenbremsen – zumeist an den Vorderrädern – ausgerüstet, weil dieser Bremsentyp die althergebrachte Trommelbremse in einigen Punkten übertrifft.
Wegen ihrer offenen Bauart zeichnet sich die Scheibenbremse durch bessere Ableitung der Reibungswärme, ferner durch Unempfindlichkeit gegenüber Schwankungen im Reibwert der Bremsbeläge (daher sorglosere Betätigung möglich) und durch ihre Wartungsfreundlichkeit aus. Schließlich ist die Scheibenbremse selbstnachstellend und in gewissem Maße auch selbstreinigend.
Ihre negativen Eigenheiten muß man aber kennen. Die Bremsbeläge sind für Scheibenbremsen wesentlich kleiner als für die Trommelbremsen. Daher nutzen sie sich schneller ab und müssen eher ausgetauscht werden. Weil die Beläge nicht völlig abzuschirmen sind, können zwischen diese und die Scheibe Fremdkörper eindringen. Das führt manchmal zu lästiger Quietscherei, was man durch Säubern oder Auswechseln des Belags beseitigen kann. Bisweilen hilft es, mit leicht getretenen Bremsen rückwärts zu fahren, wobei die Quietschgeister wieder ins Freie befördert werden. Bremsenquietschen kann aber auch an einem verdrehten Kolben im Radbremszylinder liegen. In der Werkstatt bringt man dann den Kolben mit einem speziellen Kolbendrehwerkzeug wieder in die richtige Stellung.
Opel baut bei den Ascona- und Manta-Modellen sowohl Festsattel wie auch Schwimmsattelbremsen ein. Natürlich kommt bei einem Wagen nur ein bestimmter Bremsentyp zum Einsatz. Bei der Festsattelbremse umschließt der starr angebrachte Bremssattel unbeweglich einen Teil der Bremsscheibe. In ihm drücken von beiden Seiten zwei Kolben die beiden Bremsklötze gegen die

Bremsscheibe. Durch den allmählichen Verschleiß der Bremsbeläge rücken die Bremsklötze immer weiter in Richtung Bremsscheibe. Man nennt das auch selbsttätigen Spielausgleich.
Bei der Schwimmsattelbremse preßt nur ein Kolben zunächst den inneren Bremsbelag gegen die Bremsscheibe. Dabei verschiebt sich das Gehäuse im Halter in die entgegengesetzte Richtung und zieht den äußeren Bremsbelag an.
Die Festsattelbremsen stammen entweder von ATE oder Girling, die Schwimmsattelbremsen von GMF oder – seit April 1979 – ebenfalls von ATE.

Belagstärke der Scheibenbremsen prüfen

Pflegearbeit Nr. 11

Die Stärke des Bremsbelags, also des abnutzbaren Teils der Bremsklötze, soll jeweils nach 10 000 km kontrolliert werden. Bei ständig scharfer Fahrweise kann der Belag an den Vorderrädern schon nach dieser zurückgelegten Strecke verschlissen sein (in sportlichen Einsätzen noch eher), behutsame Fahrer können auf die doppelte oder gar dreifache Wegstrecke kommen.
Zur Kontrolle muß man den Wagen an der betreffenden Seite hochbocken und das Rad abnehmen. Man muß die Lenkung entsprechend einschlagen, damit der Bremssattel gut zugänglich ist.
Im Bremssattel befindet sich eine viereckige Öffnung, in deren Ausschnitt man einen Teil der Bremsscheibe und die beiden rechts und links davon sitzenden Bremsbeläge sehen kann. Die Bremsbeläge bestehen aus Belagplatte und Bremsbelag. Die Belagplatten sind von waagerecht angeordneten Haltestiften gegen Herausrutschen gesichert. Die Einheit von Platte und Belag hat im Neuzustand eine Stärke von 16,5 mm. Durch Verschleiß darf diese Einheit bis auf eine gemeinsame Stärke von 7 mm abgenutzt sein.
Ohne irgendein Teil der Bremse zu entfernen oder auseinanderzunehmen, kann man die vorhandene Stärke der Bremsbeläge messen. Dazu hält man einen Zollstock oben oder unten an den Rand der Bremssattelöffnung und mißt den jeweiligen Abstand zwischen Bremsscheibe und Außenfläche der Belagplatte (siehe Bild Seite 141). An der Schwimmsattelbremse kann man dieses Maß beim äußeren Bremsklotz noch besser in Höhe der Bremsscheibenmitte messen (siehe Bild Seite 144), bei richtig arbeitender Bremse hat der innere Bremsklotz die gleiche Stärke. An einer Achse müssen immer alle vier Bremsklötze ausgewechselt werden, wenn bei einer das Mindestmaß unterschritten ist und wenn auch andere Bremsbeläge als ausreichend stark erscheinen.

Bremsbelagplatten wechseln

Dieses ist eine Arbeit für Ihre Opel-Werkstatt. Bei längeren Auslandsreisen (Osteuropa) kann es freilich nötig werden, die Bremsklötze ohne fachlich geschulte Hilfe zu erneuern. Für diesen Fall, bei dem vielleicht ein einfacher Monteur unterstützt werden muß, sei hier der Arbeitsablauf aufgezeigt.
Voraussetzung ist selbstverständlich das Vorhandensein passender Bremsklötze für die am Wagen befindlichen Bremssättel. Sollte man also einen »improvisierten« Belagwechsel in Aussicht haben, wird man von seiner Werkstatt bestimmt insofern Unterstützung bekommen, daß man die richtigen Belagplatten als möglicherweise erforderlichen Ersatz für die Reise erhält.
Zum Belagwechsel vorn den Wagen hochbocken und beide Räder abnehmen. Der Bremsflüssigkeitsbehälter muß teilweise durch Absaugen entleert werden.
Opel stattet die Wagen mit gleichartigen Festsätteln von zwei Herstellern aus (Schwimmsattelbremsen siehe Ende dieses Abschnitts, Seite 143):
Bei ATE-Bremssätteln sind die Haltestifte von außen nach innen aus Sattel und Belägen herauszuschlagen. Die Stifte besitzen an ihrem nach innen gerichteten Ende eine Klemmhülse mit federnder Spreizwirkung; wenn deren Kraft erlahmt ist, müssen die Stifte ersetzt werden.

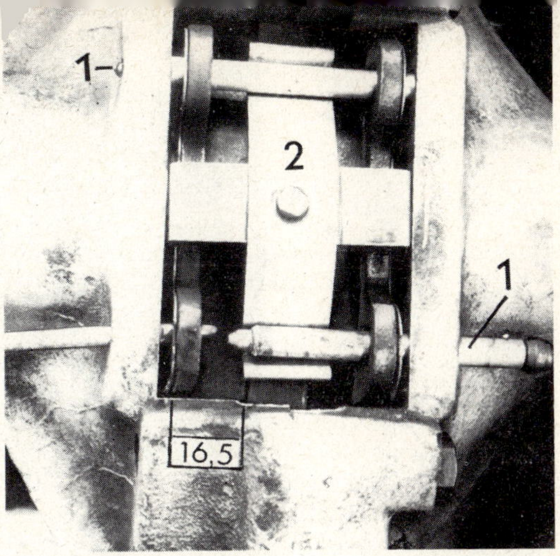

Bei Bremssätteln von Girling sind die Haltestifte von Sicherungsklammern gegen Herausrutschen geschützt. Nach Entfernen der Klammern müssen die Haltestifte von innen nach außen aus Sattel und Belägen herausgeschlagen werden.
Das Herausschlagen der Haltestifte geschieht mittels Hammer und mit Hilfe eines Durchschlägers, eines entsprechend dimensionierten Stahldorns oder notfalls mit einem Zimmermannsnagel. Man sollte zuerst einen der beiden Stifte entfernen, um danach die Spreizfeder zu entnehmen, die auf die Beläge drückt. Die Stellung dieser kreuzförmigen Feder muß man sich merken, um sie später wieder genau so anbringen zu können. Dann wird der zweite Haltestift herausgeschlagen.
Man entnimmt zunächst einen der Bremsbeläge. Das gelingt am besten, wenn man mit einem Schraubenzieher abwechselnd durch die Ösen des Belagträgers fährt und – die Schraubenzieherklinge auf den Bremssattel gestützt – den Belag heraushebelt. Will man den Zustand des anderen Bremsbelags an einer Bremse kontrollieren, muß man zuerst den vorher entnommenen Belag wieder in seine alte Position bringen.
Bis zu welcher Stärke die Abnutzung vorangeschritten sein darf, wurde weiter oben erwähnt. Verölte, rissige oder irgendwie beschädigte Beläge müssen ebenfalls ersetzt werden, auch wenn die Belagstärke noch ausreichend ist. In keinem Fall darf das Metall der Platte mit der Bremsscheibe in Berührung kommen. Durch die Hitzeentwicklung beim Bremsen können Platte und Scheibe miteinander verschweißen, was zum Blockieren des Rades, zumindest aber zu Beschädigungen der Bremsscheibe führt. In der Mitte des Belags verläuft eine Nut, die in ihrer Tiefe fast bis zur Platte reicht. Sie soll Belagabrieb und Staub aufnehmen; ist sie nicht mehr vorhanden, muß der Belag gleichfalls erneuert werden.
Neue Beläge erhält man in der Opel-Werkstatt oder bei bekannten Belagherstellern (Textar, Jurid usw.) unter Angabe des Fahrzeugtyps. Man kann härtere Beläge einer weicheren Qualität vorziehen, da ihr Material eine bessere Bremswirkung aufweist. Die Neigung zu leichterem Quietschen oder Pfeifen muß dann in Kauf genommen werden. Es darf nur eine Belagtype an beiden Bremsen verwendet werden.
Zwischen Belagplatten und Bremskolben sind noch Zwischenplatten eingesetzt. Sie sollen hauptsächlich das Verdrehen der Kolben und Bremsenquietschen verhindern. Vor dem Einsetzen neuer Beläge müssen die Kolben in den beiden sich gegenüberliegenden Bremszylindern zurückgedrückt werden, weil sie entsprechend den dünner werdenden Belägen aus den Zylindern herausge-

Links: Blick in den Schacht der Festsattelbremse, aus dem der innere Bremsbelag herausgezogen wurde.
1 – Bremsscheibe,
2 – Bremskolben.
Rechts: 1 – beide Haltestifte, der untere teilweise entnommen,
2 – Spreizfeder.
16,5 – Dicke eines neuen Bremsbelags zusammen mit Belagplatte, in Millimeter. Dieses Maß darf bis auf 7 mm zusammenschmelzen, spätestens dann sind neue Beläge einzusetzen.
Ein Bremsbelag wird entnommen, indem man mit einem Schraubenzieher wechselweise durch die Ösen für die Haltestifte fährt und sie herauszieht. Es ist immer nur ein Bremsbelag herauszunehmen, um seinen Zustand zu kontrollieren bzw. auszuwechseln. Erst wenn der Belag wieder richtig an seinem Platz sitzt, soll der andere Belag herausgezogen werden. Die vor dieser Demontage abzunehmenden kreuzförmigen Klemmfedern dürfen zum Schluß nicht verkehrt herum eingesetzt werden. Beim Bremssattel von ATE (Abbildungen) werden die Haltestifte nach innen entnommen.

Lose und somit leicht auswechselbare Teile der Festsattelbremse sind:
1 – Bremsklotz mit Bremsbelag,
2 – KLemm- oder Spreizfeder,
3 – Zwischenplatte (auch Anti-Quietsch-Blech); bei Girling-Bremssätteln muß der aufgeprägte Pfeil immer nach oben zeigen,
4 – Haltestifte mit Klemmhülse. Wie diese Teile im Bremssattel angeordnet sind, ist auf der vorigen Seite zu sehen. Um die Bremsbeläge der Scheibenbremse aus dem Bremssattel herauszunehmen, schlägt man die Haltestifte heraus, wodurch man gleichzeitig die Klemmfeder aus ihrem Sitz befreit. Die Bremsscheibe wird von beiden Seiten von den Belägen berührt.

wandert sind. Die Werkstatt macht das mit einer Kolbenrücksetzzange, man kann sich aber auch helfen, indem man den Kolben mit dem alten Belag oder mit einem schmalen Holzbrettchen vorsichtig wieder hineindrückt.

Beim Zurückdrücken des Bremskolbens wird zugleich die Bremsflüssigkeit durch die Leitungen in den Bremsflüssigkeitsbehälter zurückgedrückt. Dort ist zwischendurch zu beachten, daß der Behälter nicht überläuft. Überschüssige Flüssigkeit entnimmt man rechtzeitig mit einem Saugheber. Zur Sicherheit Kunststoff-Folie (Einkaufsbeutel) und Lappen unterlegen, die Flüssigkeit ätzt. Die Beläge müssen sich in ihren Führungen leicht bewegen lassen. Eventuell ist der Führungsschacht mit Spiritus (kein Öl oder Benzin) und Lappen zu reinigen. Nach dem Einsetzen bzw. Auswechseln der Beläge setzt man einen Haltestift, die Spreizfeder und den anderen Haltestift wieder ein (Stifte mit Hammer vorsichtig in die Bohrungen treiben). Beim Girlingsattel die Stifte mit ihren Klammern sichern.

Blick auf die Schwimmsattelbremse von ATE.
1 – Bremsscheibe, an die beiderseits die Bremsklötze anliegen.
2 – Manschette des Bremskolbens.

Zum Ersetzen der Bremsklötze bei der Schwimmsattelbremse müssen die Haltestifte (1 und 2) von innen nach außen herausgeschlagen werden. Im Bild ist eine Spreizfeder bereits entnommen, die andere (3) hält noch den äußeren Bremsklotz fest. 4 = Bremsscheibe.

Sinngemäß gilt das bisher Gesagte auch für die beiden Schwimmsatteltypen von GMF bzw. ATE. Zum Ersetzen der Bremsklötze sind zunächst die beiden Haltestifte herauszuziehen. Danach können die beiden länglichen Spreizfedern entnommen werden (Einbaulage beachten). Zwei mehrmals gebogene Führungsfedern am Halter der ATE-Schwimmsattelbremse dienen dazu, die Nuten des Gehäuses an den Halter zu drücken, um bei Radschwingungen mögliche Klappergeräusche zu vermeiden. Dabei zeigt das innere Zähnepaar nach unten und das äußere nach oben. Die Entnahme der Bremsklötze ist problemlos, und das Einsetzen der neuen Klötze geschieht in umgekehrter Reihenfolge. Selbstverständlich dürfen die Schwimmsattelbremsen – wie auch die Festsattelbremsen – nicht auseinandergeschraubt werden.

Wichtige Maßnahmen nach dem Einsetzen von Bremsbelägen noch bei stehendem Wagen: Bremspedal bei laufendem Motor niederdrücken. Somit kommen die Beläge zum Anliegen an die Scheibe, außerdem wird in der Servobremse Un-

In Fortsetzung des Bildes oben wurde der innere Bremsklotz (1) entnommen. 2 = Spreizfeder.

Noch ohne irgend ein Teil der Bremse zu entnehmen, kann man Stärke und Zustand des äußeren Bremsklotzes erkennen. Gewöhnlich weist der innere Bremsklotz den gleichen Abnutzungsgrad auf.

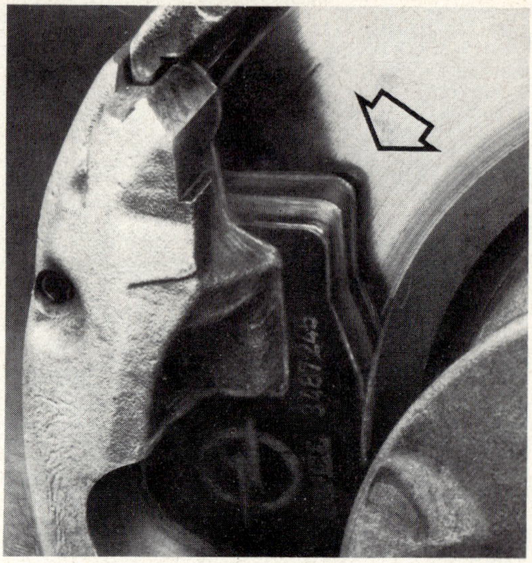

terdruck aufgebaut. Während der Fahrt kann es schon zu spät sein, wenn man bremsen muß und hat dazu zwei- oder dreimal auf das Pedal zu treten.

Fingerzeige: *Man sollte hin und wieder den Wagen ein mäßiges Gefälle hinunterrollen lassen, um festzustellen, ob die Räder freigängig sind. Oft sind (bei Scheibenbremsen) die Führungen der Bremsträger im Bremssattel verschmutzt und die Beläge gehen nach der Bremsung nicht mehr zurück.*
Wenn die Bremswirkung bei längeren Abfahrten im Gebirge nachläßt, hat es keinen Zweck, das Bremsen durch wesentlich erhöhten Fußdruck zu erzwingen. Damit werden nur die Bremsbeläge verdorben. Besser ist es, die Bremswirkung des Motors im 2. oder gar im 1. Gang auszunützen.

Zustand der Bremsscheibe

Während der oben beschriebenen Arbeit läßt sich der Zustand der Bremsscheibe kontrollieren. Ihre Originalstärke: 12,7 mm. Durch einmaliges Feinstdrehen (je Scheibenseite maximal 0,5 mm) darf dieses Maß bis auf 11,7 mm reduziert werden. Danach darf die Scheibe nochmals Rillen bis zu 0,4 mm Tiefe bekommen, dann ist sie auszuwechseln. Die Bremsscheibe darf höchstens einen Schlag von 0,22 mm hinsichtlich ihrer Drehachse aufweisen. In der Werkstatt kann das mit einer Meßuhr festgestellt werden, indem der Meßuhrstift etwa 10 mm entfernt vom Außendurchmesser angesetzt wird.
Überhaupt soll die Bremsscheibe keine zu tiefen Rillen aufweisen. Gewöhnlich rühren diese von den durch die Beläge aufgefangenen Fremdkörpern, seltener von zu weit abgenutzten Belägen her. Bläuliche Verfärbung der Bremsscheibe ist ohne Belang.

Die Trommelbremse

Alle Ascona- und Manta-Modelle haben an den Hinterrädern Trommelbremsen. In ihnen werden zwei Bremsbacken von den Kolben des Radzylinders (zwischen ihren oberen Enden an der Bremsträgerplatte) gegen die Bremsfläche der Trommel gedrückt. Die sinnreiche Aufhängung der Bremsbacken bewirkt eine Verstärkung der Bremskraft beim Bremsen und zentrischen Druck gegen die Bremstrommel. Daraus ergibt sich eine gleichmäßige Abnutzung beider Beläge.
Trommelbremsen sind keinesfalls veraltete Einrichtungen, und unbestreitbar hat diese Bremsenart Vorzüge. Der nötige Pedaldruck ist kleiner, zu erwähnen

Die Hinterradbremse bei abgezogener Bremstrommel. Letztere nimmt man ab, um die Beläge zu prüfen und um Belagabrieb herauszublasen. Die Zahlen bedeuten:
1 – Radbremszylinder,
2 – Rückzugfeder für die Bremsbacken,
3 – Spreizgestänge der Handbremsbetätigung,
4 – Bremsbacke mit Belag,
5 – Bremsbackenlagerung,
6 – Bremsseilhebel,
7 – Radträger,
8 – Nocken der Einstellschraube an der Innenseite des Bremsträgers.

sind auch die Unempfindlichkeit gegen Nässe und die längere Lebensdauer der Bremsbeläge.

Belagstärke der Trommelbremsen prüfen

Pflegearbeit Nr. 29

Die Wirkung der Trommelbremse vermindert sich im Laufe des Betriebes. Da man die verringerte Bremsleistung in der Fahrpraxis kaum feststellen kann und erst vielleicht im Ernstfall mit Erschrecken bemerkt, wie dürftig die Verzögerung ist, kommt man nicht umhin, sich die Sache wenigstens einmal im Jahr gründlich anzusehen. Der Inspektionsplan spricht von 20 000-km-Intervallen.
Die Trommelbremsen kontrolliert man, indem man den Wagen hochbockt, zusätzlich noch die Hinterachse mittels Stütze und die Vorderräder durch Steine oder Keile absichert. Die Handbremse muß aber gelöst sein, sonst läßt sich die Bremstrommel nicht von den nach außen drückenden Bremsbacken abziehen. Die Bremstrommel wird gemeinsam mit dem angeschraubten Rad auf dem Radträger festgehalten, man kann die Trommel also nach Abnehmen des Rades meist mühelos nach vorne wegziehen. Eventuell muß man durch Klopfen mit dem Hammerstiel nachhelfen. Es empfiehlt sich, Bremstrommel und Nabe mit einem gemeinsamen Zeichen zu markieren (sofern keine Farbmarkierung vorhanden ist), damit die Trommel nachher wieder in der alten Lage aufgesetzt wird. Geht sie nicht gleich auf die Nabe, dreht man sie beim Aufsetzen etwas.
Der Innendurchmesser einer neuen Trommel beträgt 200 mm. Wenn die Bremsfläche der Trommel Rillen aufweist, muß sie ausgedreht werden. Auch unrunde Trommeln (machen sich durch »Rubbeln« bemerkbar) kann man ausdrehen (zentrieren) lassen, sofern die Materialstärke das zuläßt. Nach dem Ausdrehen darf das höchstzulässige Durchmesser-Übermaß 1,0 mm ausmachen. Bremstrommeln müssen innen sauber und trocken sein. Dazu wischt man sie mit einem nichtfettigen Lappen aus, und Rost entfernt man mit der Drahtbürste.
Ein Bremsbelag darf nicht so weit abgenutzt sein, daß die Nieten, die den Bremsbelag festhalten, das Oberflächenniveau des Belags erreichen. Ebenso müssen verölte Beläge und solche mit Rillen ausgewechselt werden. Reinigen mit Benzin und Abschleifen ist wirkungslos. Glatte, auch schwärzlich glänzende Oberflächen zeigen, daß die Beläge gut tragen. Die Trommelbremsbeläge halten etwa doppelt so lange wie die Scheibenbremsbeläge, weil sie eine größere Anpreßfläche besitzen.

Bremsbeläge der Trommelbremsen wechseln

Die Bilder auf diesen Seiten zeigen, wie und wo die Bremsbacken befestigt sind. Schwierigkeiten kann allenfalls das Lösen der Rückzugfeder bereiten, wenn man keine Federzange besitzt, um sie aus der einen Backe auszuklinken. Es gelingt aber auch, indem man mit einer Zange das Federende aus seinem Haltepunkt etwas lüftet und mit einem Schraubenzieher nachfährt. Danach muß man die Schraubenzieherklinge an einem festen Punkt innerhalb der Bremse ansetzen und die jetzt am Schraubenzieherschaft eingehakte Feder aus der Backe heraushebeln. Hat man auch die Bremsbackenfederteller angedrückt und mit den Federn abgenommen, lassen sich auch die beiden Bremsbacken entnehmen, nachdem man noch den Bremsbackenhebel aus dem Handbremsseil ausgehängt hat.

Der Einbau erfolgt später in umgekehrter Reihenfolge. Es ist nichts zu fetten oder zu ölen!

Der Bremsbelag ist auf den Bremsbacken aufgenietet und nicht, wie bei einigen anderen Fabrikaten, aufgeklebt. Man wird also, wenn man nicht über das entsprechende Werkzeug verfügt, den eventuell notwendigen Belagwechsel seiner Werkstatt überlassen müssen. Man kann aber zumindest feststellen, ob die Abnutzung so weit fortgeschritten ist, daß neue Beläge montiert werden müssen und ob die Bremse noch nachgestellt werden kann.

Bremsbeläge zum Aufnieten werden an Opel-Werkstätten in zwei Stärken geliefert. Die 5 mm starken Beläge brauchen nicht geschliffen zu werden, und man kann sie nach dem Aufnieten direkt einbauen. Die 5,6 mm starken Beläge müssen auf einer Belagschleifmaschine nach dem Aufnieten auf ein Fertigmaß geschliffen werden, wobei der Radius um 0,2 – 0,5 mm kleiner als der gemessene Trommelradius eingestellt werden soll.

Wer es sich zutraut, die Beläge selbst auswechseln zu können, besorgt sich die 5-mm-Beläge. Die Nietköpfe an den Bremsbacken mit den alten Belägen muß man vorsichtig wegbohren, die alten Beläge entfernen und die Backen sorgfältig reinigen. Mit Nieten, die man beim Kauf der neuen Beläge erhält, sind die neuen Beläge zu befestigen. Diese Hohlnieten sind mit einem besonderen Nieteisen umzubördeln, damit der Belag festen Halt hat. Mit dem Aufnieten beginnt man in der Mitte des Belags, und zwar nietet man immer zwei sich gegenüberliegende Nieten hintereinander fest und setzt die Arbeit wechselweise nach außen hin verlaufend fort.

An einer Achse dürfen nur Beläge desselben Herstellers verwendet werden, und selbstverständlich sind alle Beläge gleichzeitig auszuwechseln, auch wenn nur ein Belag abgenutzt oder verölt ist. Abschließend müssen die Trommelbremsen und die Handbremse eingestellt werden.

Um die Bremsbacken zu lösen, bedient man sich in der Werkstatt einer speziellen Zange, damit man die Rückzugfedern aus den Backen klinken kann. Die gekrümmten Federenden kann man aber auch bequem aus den Löchern einer Bremsbacke hebeln, indem man mit einem Schraubenzieher zwischen Feder und Bremsbackenplatte fährt. Wie auf dem Bild gezeigt, kann man die Federspannung durch Abwinkeln des Schraubenziehers überbrücken und das Federende seitlich aus dem Loch ziehen.

Zum Nachstellen der Trommelbremse wird ein Ringschlüssel SW 17 gebraucht. Im Bild ist der Schlüssel auf die hintere Einstellschraube der Bremsträgerplatte angesetzt.

Trommelbremse nachstellen

Zum notwendigen Nachstellen der Trommelbremsen, womit der Verschleiß der Beläge ausgeglichen werden soll, dienen Stellschrauben jeweils vorn und hinten an der Bremsträgerplatte. Zur Arbeit:

- Wagen entsprechend hochbocken.
- Verstellschraube (gekröpfter Ringschlüssel 17 mm) so weit verdrehen, bis der Belag an der Trommel leicht schleift. (Schlüssel muß an beiden Nachstellschrauben nach unten bewegt werden.)
- Verstellschraube lockern, bis Rad wieder frei ohne zu schleifen läuft.
- Das gleiche an der Verstellschraube für die andere Bremsbacke wiederholen.
- Die Radbremse des anderen Hinterrades in gleicher Weise einstellen.

Empfehlenswert: Während des Einstellens das Bremspedal mehrmals durchtreten, damit die Bremsbacken gleichmäßig zum Anliegen kommen. Zu großer Unterschied im Nachstellweg zweier Backen eines Rades darf nicht vorhanden sein, weil es auf zu ungleichmäßige Abnutzung der Beläge schließen läßt. Gleich nach dieser Einstellarbeit sollte eine Probefahrt unternommen werden, um die Bremsen auf Wirkung und Gleichmäßigkeit zu prüfen.

Der fortschreitende Verschleiß der Bremsbeläge macht sich auch in nachlassender Wirkung der Feststellbremse bemerkbar.

Die Handbremse

Die mechanisch auf die Hinterräder wirkende Seilzugbremse ist eine Feststellbremse, die in der Lage sein soll, den Wagen auch im Gefälle festzuhalten. Eine »Betriebsbremse« ist sie nicht, da ein aus schneller Fahrt nur hinten gebremstes Auto nur schwer kontrollierbar reagiert.

Rillen in der Bremsfläche, die man mit den Fingern ertasten kann, schwächen jedoch die Bremswirkung erheblich. Bei starker Rillenbildung muß die Trommel ausgedreht (geglättet) werden.

Die Handbremse kann man nur unter dem Wagenboden nachstellen. Zu dieser Arbeit muß der Wagen hochgebockt und gut abgesichert werden. Die auf der Zugstange vorn sitzende Kontermutter ist etwas loszudrehen, und die Mutter wird rechts herum gedreht. Somit spannt sich das Seil.

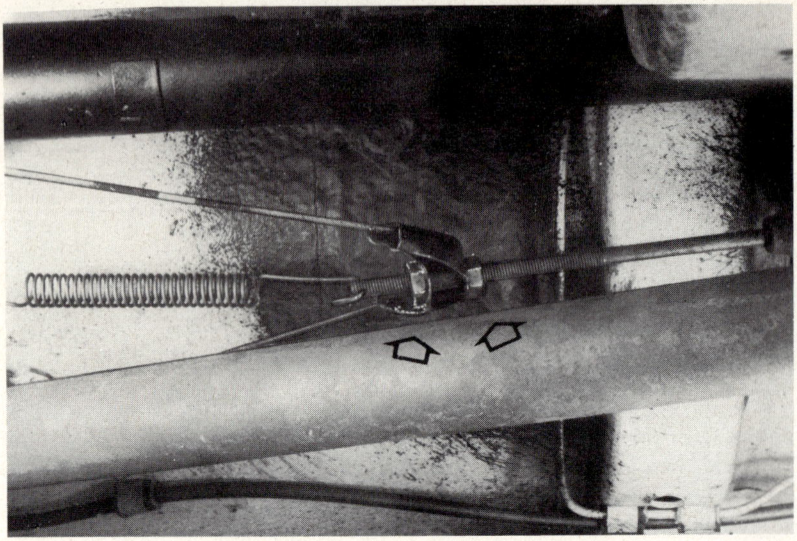

Handbremsen haben die Eigenart, ihre Wirksamkeit nach gewisser Zeit zu verlieren. Das hängt mit der Dehnbarkeit eines Seils zusammen, auch wenn dieses aus Stahldrähten geflochten ist. Deshalb sollte man es sich nicht angewöhnen, die Handbremse bei jedem Abstellen des Wagens anzuziehen. Am Berg legt man zum Festhalten einen kleinen Gang ein (als doppelte Sicherheit noch die Vorderräder zum Straßenrand einschlagen). In der Ebene braucht man das Auto überhaupt nicht zu blockieren. Je weniger man die Handbremse unnötig benutzt, um so seltener muß sie nachgestellt werden und um so mehr kann man sich auf sie verlassen, wenn man sie wirklich braucht. Allerdings muß man sich gelegentlich von ihrer Einsatzbereitschaft überzeugen.

Handbremseinstellung prüfen

Pflegearbeit Nr. 31

Richtig eingestellte Hinterradbremsen sind Voraussetzung für die einwandfreie Funktion der Handbremse (siehe »Trommelbremse nachstellen«).
Zum Einstellen der Handbremse muß der Wagen wenigstens hinten hochge-

Unter dem Bodenteppich, der auch den Tunnel zwischen den Vordersitzen bedeckt, verbergen sich die beiden Befestigungsschrauben für den Handbremshebel. Wenn man diese Schrauben gelöst hat und den Hebel etwas aus der Halterung herauszieht, so lassen sich sowohl der Handbremskontrollschalter wie auch das Handbremsseil ausbauen.

bockt und gut abgesichert sein. Zur besseren Zugänglichkeit kann man ihn zusätzlich vorn anheben. Beide Hinterräder müssen frei hängen und sich drehen lassen. Unter dem Wagen wird kontrolliert, ob das dort frei verlaufende Bremsseil gut beweglich ist. Dazu zieht man das Seil an beiden Seiten in Richtung Wagenfront oder auch schräg nach unten, bis man die Bremswirkung am Hinterrad feststellen kann. Man bringt also ein Rad mit einer Hand in Umdrehung und spannt mit der anderen das Seil.
Das Einstellen erfolgt durch Verdrehen der beiden Muttern, die auf der Zugstange am Seitenausgleich sitzen (siehe Bild). Die erste Mutter wird etwas lockergedreht und die hintere (beide SW 13) ist anzuziehen. Dadurch spannt man das Seil. Die Hinterräder versetzt man einzeln in Umdrehungen, und das Seil wird so weit gespannt, bis die Bremswirkung gerade einsetzt.
Diese Wartungsarbeit soll alle 20 000 km vorgenommen werden. Man tut nicht gut, sich um diese Einstellung erst dann zu kümmern, wenn sich die Dienstbereitschaft der Handbremse bei irgendeiner Gelegenheit vermissen ließ.

Zustand des Handbremsseils überprüfen

Pflegearbeit Nr. 30

Als Prüfintervall dieser Kontrolle werden 20 000 km angegeben. Das hat seinen Grund, denn die Wintermonate mit Schnee und Auftausalzen können den Zustand des Handbremsseils sehr beeinträchtigen. Bestimmt bietet sich im Frühjahr einmal die Möglichkeit – eventuell im Zusammenhang mit einer anderen Arbeit –, bei einer Tankstelle oder Werkstatt das Auto von unten zu betrachten und den Zustand des Handbremsseils zu kontrollieren.
Man kann die gute Beweglichkeit nur richtig feststellen, wenn man den Wagen hinten hochbockt und Räder und Bremstrommeln abnimmt. Ein womöglich eingerostetes Bremsseil wird mit Rostlösungsmittel eingesprüht und mehrmals hin- und hergezogen. Schmutzkrusten am Seil entfernt man mit der Drahtbürste, und dann wird das Seil so weit wie möglich, besonders am Anfangs- und Endstück des Führungsschlauches, mit Fett eingeschmiert. Bei Opel nimmt man dazu das Spezialschmiermittel mit der Katalog-Nr. 19 48 482. Durch Hin- und Herziehen des Seils verschiebt sich das Fett in das Innere der Führung.

Störungsbeistand

Bremsanlage

Die Störung	– ihre Ursache	– ihre Abhilfe
A Wagen zieht nach rechts oder links beim Bremsen	1 Reifendruck ungleich	Korrigieren
	2 Bereifung ungleichmäßig abgenutzt	Auswechseln, daß auf jede Achse gleichmäßig abgenutzte Reifen kommen
	3 Verschmierte oder verschlissene Beläge	Alle Beläge der betr. Achse erneuern
	4 Bremssattel oder Bremstrommel verschmutzt oder verrostet	Säubern und gängig machen
	5 Unrunde Bremstrommeln	Trommeln ausdrehen
	6 Kolben im Bremssattelzylinder verdreht	Kolbenstellung berichtigen
B Bremsen quietschen	1 Schmutz an oder in den Bremsen	Mit Preßluft ausblasen und mit Bürste säubern
	2 Federn der Bremsbacken gebrochen	Federn ersetzen
	3 Bremsscheibe hat Schlag	Erneuern
C Pedalweg zu groß	1 Beläge abgenutzt	Beläge erneuern
	2 Bremsscheibe hat Schlag	Auswechseln
	3 Luft in der Anlage	Entlüften

Die Störung	– ihre Ursache	– ihre Abhilfe
D Pedalweg zu groß und federndes Durchtreten	1 Luft in Bremsanlage, evtl. Bremsflüssigkeit zu tief abgesunken	Bremsen entlüften, evtl. Vorratsbehälter auffüllen
	2 Beschädigte Manschette im Trommelbremszylinder	Auswechseln
	3 Undichtigkeit	Anlage kontrollieren
E Pedalweg zu groß, trotz Lüftung	1 Bremsklötze (-beläge) abgenutzt	Erneuern
	2 Dichtungen oder Bremsschläuche schadhaft	Beides auswechseln
F Pedal läßt sich ganz durchtreten, Bremswirkung läßt nach	1 Undichtigkeit in der Leitung	Anschlüsse kontrollieren, evtl. Leitung auswechseln
	2 Haupt- oder Radzylinder-Manschette beschädigt	Manschette auswechseln (Werkstatt)
G Schlechte Bremswirkung bei hohem Fußdruck	1 Gummidichtungen verquollen	Gummiteile und Bremsflüssigkeit erneuern
	2 Beläge in Trommelbremse verölt	Radlagerdichtung und Beläge erneuern
	3 Unterdruck in der Servo-Anlage zu gering	Werkstatt aufsuchen
H Bremse zieht von selbst	1 Ausgleichsbohrung im Hauptzylinder verstopft	Hauptbremszylinder überholen (Werkstatt)
	2 Gequollene Manschetten	Bremsanlage spülen, Manschetten auswechseln
	3 Bremsscheibe hat Schlag	Bremsscheibe zentrieren
	4 Rückzugfedern in Trommelbremsen erlahmt	Federn erneuern
I Langer und zu hoher Pedaldruck erforderlich	1 Ausfall eines Bremskreises	Sofort Werkstatt aufsuchen
	2 Ausfall derServobremse	Werkstatt aufsuchen
K Bremsen schütteln	Trommelbremsbeläge unrund	Abschleifen lassen

Rollendes Material

Wie die übrige Ausrüstung eines Autos ist auch die Bereifung nicht wahllos ersetzbar. Reifen- und Felgendimensionen sind festgelegt und Bestandteil der »Allgemeinen Betriebserlaubnis«. Diese erlischt wie auch der Versicherungsschutz, wenn man anstelle der vom Werk erprobten und auch in den Wagenpapieren festgehaltenen Größen andere Räder oder Reifen montiert.
Somit ist die richtige Wahl bei der Neubeschaffung keineswegs schwer. Aber besonders beim Kauf von Reifen ist einiges zu beachten, und außerdem soll die Bereifung ja möglichst lange halten. Dazu können die folgenden Beschreibungen und Ratschläge sicher hilfreich sein.

Bedeutung der Felgen- und Reifen-Bezeichnungen

Alle Ascona- und Manta-Modelle mit 1,3-Liter-Motor können mit Felgen der Größe 5 J × 13 oder 5½ J × 13 ausgerüstet sein. Zu ihrer Befestigung haben die Felgen vier Löcher. Mit den Bezeichnungen werden folgende international gültige Begriffe ausgedrückt:

5, 5½, 6	= Felgenmaulweite in Zoll, an der Felgenhornbasis quer zur Laufrichtung gemessen,
J	= Kennbuchstabe für die Felgenhornhöhe,
×	= Zeichen für Tiefbettfelge,
13	= Felgendurchmesser, von Wulst zu Wulst in Zoll gemessen.

Diese Normangaben beziehen sich jedoch nur auf die für die Reifengröße wichtige Felgenabmessung, nicht aber auf die Art der Felgenbefestigung. Die Zahl der Radmuttern und der Radius ihres Lochkreises sowie die Schüsseltiefe der Felge und andere Merkmale differieren trotz gleicher Normbezeichnung von Automarke zu Automarke. Neue Felgen kann man deshalb nur bei Opel kaufen, wobei noch anzugeben ist, für welches Modell sie gebraucht werden.
In gleicher Weise verbergen sich hinter der für Ascona und Manta 1,3 möglichen Bezeichnung der Reifen verschiedene Bedeutungen:

165, 185, 195	= Reifenbreite in Millimeter,
13	= Zollangabe für den Felgendurchmesser,
S	= Kennbuchstabe für zulässige Höchstgeschwindigkeit von 180 km/h,
R	= Kennbuchstabe für Reifen in Gürtelbauart (Radialreifen),
/70	= Höhenverhältnis des Reifens von 70 : 100,
88	= Kennzahl für Reifentragfähigkeit; (Beispiel:) 88 = 560 kg.

Die Opel-Felgen

Scheibenräder der Ascona- und Manta-A-Modelle sind für die B-Modelle nur bedingt verwendbar. Das Scheibenrad der Normalausführung muß mittig zwischen zwei Befestigungslöchern ein zusätzliches Montageloch besitzen. Das trifft auch auf eventuell verwendete Räder vom Kadett B zu. Im Scheibenrad der Sportausführung müssen wegen der vergrößerten Bremse 8 Belüftungslöcher vorhanden sein.

Bei Verwendung von Reifen der Größe 195/70 SR 13 ist die Ausrüstung mit Leichtmetallfelgen nur für die Modelle mit Motor 13 S (Manta) statthaft. Dieses Sport-Scheibenrad 6 J × 13 ist über Opel-Händler zu beziehen. Den Felgen ist im Gebrauch ein gelegentlicher prüfender Blick zu gönnen, zumal nach harter Berührung mit der Bordsteinkante. Im Zweifelsfalle sollte das Rad vermessen werden. Maximal sind zulässig: Höhenschlag 0,7 mm, gemessen an der Felgenschulter, Seitenschlag 0,6 mm, gemessen an der seitlichen Fläche des Felgenhorns.
Es gibt aber von Mahle ein Leichtmetallrad der Größe 5 J × 13, das die allgemeine Betriebserlaubnis besitzt. Damit ist es nicht erforderlich, einen besonderen Eintrag in die Fahrzeugpapiere vornehmen zu lassen, sofern für das Auto diese Felgengröße bereits eingetragen ist.
Die Befestigung des Scheibenrades erfolgt mit schwarzen Hutmuttern und bei Leichtmetallrädern mit Kugelbundmuttern.

Gürtelreifen sind Vorschrift

Wichtige Unterschiede bestehen zwischen Diagonal- und Radial-(Gürtel-) reifen. Die Diagonalreifen sind in ihrer Karkasse – dem Unterbau – durch Fäden in verschiedenen Gewebeeinlagen gekennzeichnet, die sich schräg (diagonal) zur Reifenachse übereinander kreuzen. Sie entsprechen der althergebrachten Reifenbauweise und werden deshalb als »konventionelle Reifen« bezeichnet. Die Benutzung solcher Reifen war bei den Vorgängertypen noch möglich, für alle Ascona/Manta-B-Modelle sind sie untersagt. Deshalb erübrigt sich eine weitere Beschreibung.
Die hier allein im Blickpunkt stehenden Gürtelreifen besitzen unter ihrer Lauffläche einen recht stabilen »Gürtel« aus verschiedenen Lagen von Stahl- oder Textilfäden. Je nach Fabrikat können diese in unterschiedlicher Fadenrichtung liegen. Bei wachsender Geschwindigkeit verändert sich dieser Gürtel in seinem Durchmesser kaum. Deshalb vergrößert sich die Lauffläche mit wachsender Geschwindigkeit nicht wie beim Diagonalreifen, dessen Bodenberührungsfläche dann kleiner wird. In der Lauffläche gibt er bei der Berührung mit der Fahrbahn keine Querbewegungen und es entsteht eine besonders gute Bodenhaftung. Gürtelreifen geben hauptsächlich in den weichen Reifenflanken nach, so daß manchmal der Eindruck entsteht, es fehle am richtigen Luftdruck. Weil ihr Rollwiderstand geringer ist, bieten Gürtelreifen den Vorteil eines reduzierten Kraftstoffverbrauchs.
Dazu erübrigen diese Radialreifen in vielen Fällen die Anschaffung besonderer M + S-Reifen. Vor allem aber zeichnen sie sich durch geringen Abrieb aus, da

Jeder Reifen trägt eine Aufschrift, aus der neben dem Hersteller und der Reifenbezeichnung auch die Reifengröße hervorgeht. Außerdem erhält man noch einen Hinweis auf die Bauart des Reifens. Die Opel Ascona B und Manta B dürfen nur mit Gürtelreifen (»SR«) ausgerüstet werden.

ihre Lauffläche auf der Fahrbahn kaum walkt. Gürtelreifen erreichen wesentlich höhere Kilometerleistungen – sie liegen oft doppelt so hoch wie jene normaler Diagonalreifen.
Gewöhnlich sind die Textil-Gürtelreifen etwas komfortabler als Stahl-Gürtelreifen. Für beide Opel kann man sich zu der einen oder anderen Qualität entscheiden. Stahl-Gürtelreifen besitzen eine weitgehend stabilisierte Lauffläche, was sie auch relativ gut wintertauglich macht. Die erstgenannten sind in ihrem Ablauf etwas weicher und werden u. a. von Bridgestone, Dunlop, Firestone, Kelly, Kléber, Trelleborg und Vredestein hergestellt. Stahl-Gürtelreifen-Hersteller sind z. B. Ceat, Continental, ebenfalls Dunlop, Fulda, Gislaved, Goodrich, Goodyear, Michelin, Phoenix, Semperit, Uniroyal und Veith-Pirelli.

70er-Reifen

Breitere Reifen sind das Ergebnis der Suche nach Sicherheit. Extrem in diese Richtung zeigen die Walzen der heutigen Rennwagen. Die Fahreigenschaften durch solche Reifen zeigen sich eher bei hohen Geschwindigkeiten.
Reifen beteiligen sich an der Federung des Wagens, und das wird in der Fahrwerkskonstruktion einkalkuliert. Die Eigenfederung der Reifenflanken wird durch Versteifen der Reifenseitenwände erreicht, was schon bei den Gürtelreifen Probleme aufwarf und die Hersteller von 70er-Reifen nicht minder bedrückt. Im Endeffekt kann eine solche Flankenversteifung nur härteres Abrollen bringen. Inzwischen hat man gelernt, dem etwas abzuhelfen.
Den genannten Vorteilen beim Fahrverhalten sowie einer fast gleichen Lebensdauer – sofern man seinen bisherigen Fahrstil nicht aufgibt und die flottere Fortbewegungsmöglichkeit nicht ausnutzt – steht ein nicht zu unterschätzendes Minus gegenüber. Die größere Aufstandsfläche der 70er-Reifen läßt den Druck pro Quadratzentimeter geringer werden, der sich vom Reifen auf die Straße überträgt. Das hat zur Folge, daß es dem Reifen schwerer wird, bei nasser Fahrbahn den Wasserfilm zu verdrängen (Aquaplaning).
Bei der Umrüstung auf 70er-Reifen muß die eventuelle Anschaffung von 5½ J × 13-Felgen berücksichtigt werden, sofern das Auto diese Felgen nicht schon besitzt. Das bedeutet aber, daß Reifen und Felgen schwerer als vorher sind und sich somit das Gewicht der ungefederten Massen vergrößert. Allgemein werden dadurch die Eigenschaften des Fahrwerks etwas beeinträchtigt. Leichtmetallräder gleichen dieses Manko wieder aus.

Schlauchlose Reifen

Opel rüstet alle Wagen mit schlauchlosen Reifen aus. In Verbindung mit diesen Reifen dürfen nur sogenannte »Hump«-Felgen verwendet werden. »Hump« nennt man eine ringförmige Erhebung auf der Felgenschulter, die den Reifenwulst gegen Abgleiten in das Felgenbett sichert. Bei der Neubeschaffung kann man sich unbesorgt wieder schlauchlose Reifen anschaffen, denn die Felgen sind ja extra für diese Reifenart geschaffen.
Bei schlauchlosen Reifen kann der Einbau eines nicht notwendigen Schlauches gefährlich werden. Diese Reifen liegen äußerst dicht am Felgenrand an. Deshalb können Luftblasen, die sich beim Aufpumpen zwischen Schlauch und Decke bilden, nicht entweichen. Beim Fahren führt das zum Scheuern des Schlauches, weiter zum Erhitzen und möglicherweise zum Platzen.
Wenn der schlauchlose Reifen durchaus mit Schlauch montiert werden muß, weil eine sonst noch gute Reifendecke nicht dicht geflickt wurde oder weil ein rostnarbiges Felgenhorn nicht mehr ganz luftdicht abschließt, ist das »schlauchlose Ventil« aus der Felge auszubauen. Beim Aufpumpen muß man dann das Schlauchventil öfter in die Felge drücken, damit die Luft zwischen Reifendecke und Schlauch entweicht.

Der Reifenverschleiß

Eine ganze Reihe von Einflüssen bestimmt die Lebensdauer eines Reifens. Da wäre zuerst die Beanspruchung, die sich durch Wagenbelastung, Geschwindigkeit und Fahrstil bermerkbar macht. Bedeutende Auswirkungen gehen von falschen Luftdrücken aus, wie noch später ausführlich erklärt wird. Der Straßenzustand spielt nur eine untergeordnete Rolle, weil es heutzutage kaum noch Schotterstraßen in unseren Breiten gibt.
In gewissem Maß hängt die mögliche Laufstrecke eines Reifens auch von der Gummimischung ab. Bei Sommer-Gürtelreifen bestehen jedoch kaum große Unterschiede zwischen den einzelnen Reifenfabrikaten, sofern es sich um bekannte Markenfabrikate handelt. Reifen mit Textilgürtel haben gewöhnlich nicht die Lebensdauer der härteren Stahlgürtelreifen, mit denen man im Durchschnitt auf 25 000 km bis 35 000 km kommt. Natürlich ergeben sich Differenzen aus der Motorleistung. Die schwächeren 1,3 N-Liter-Modelle etwa haben einen etwas geringeren Reifenverbrauch als ein Wagen mit 1,3 S-Liter-Motor, der sich strammer fahren läßt.

Die Reifenwahl

Bauartvorschrift und vorgegebene Größe des Reifens begrenzen, wie erwähnt, die Auswahl neuer Reifen erheblich. Es bleibt eigentlich nur noch übrig, abzuwägen, welchem Reifenfabrikat man den Vorzug geben soll.
Reifenhersteller rühmen selbstverständlich die lange Lebensdauer ihrer Produkte, und tatsächlich bestehen nur geringe Unterschiede. Wohl plädiert der eine Fabrikant mehr für Regentauglichkeit und der andere lobt die zusätzliche Wintereigenschaft seiner Reifen. Wir wollen uns hier nicht festlegen, denn die individuelle Beurteilung hängt schließlich von verschiedenen Faktoren ab, unter anderem von der Gestaltung des Reifenprofils. Denn bei dem Profil – die unterschiedlich breiten, sich wiederholenden Einschnitte auf der Lauffläche – kommt es sowohl auf Griffigkeit an als auch auf die Fähigkeit, Wasser von der Fahrbahn aufzunehmen und in Sekundenbruchteilen so verdrängen zu können, daß der Kontakt Reifen/Straßenoberfläche dauernd erhalten bleibt. Immerhin ist es nicht verkehrt, wenn man die auf Seite 153 aufgeführten Fabrikate vorzieht.
Neben den gängigen Reifenfabrikaten trifft man in Versandhäusern und Selbstbedienungsläden bisweilen auf preisgünstige Offerten meist ausländischer Herkunft. Normalerweise kann man davon ausgehen, daß die in namhaften Häusern offerierten Reifen von ordentlicher Qualität sind. Etwas Skepsis ist bei allzu billigen Reifen angebracht, weil die Abriebfestigkeit solcher Gelegenheitsangebote begrenzt sein kann. Es folgen hier einige Marken – Ursprungsland in Klammern –, die sich sogar einer teilweisen Beliebtheit erfreuen, sofern man keine zu harten Ansprüche an sie stellt: Barum (CSSR), Everest (Israel), Gislaved (Schweden). Mars (Israel), Pneumant (DDR) und Sava (Jugoslawien).

Reifenpreise

Für Autoreifen gelten, wie heutzutage überall üblich, »empfohlene Richtpreise«, an die sich aber niemand halten muß. So gibt vielleicht ein Händler 10 % Rabatt auf den empfohlenen Richtpreis und außerdem sind Montage, Auswuchten und die Beseitigung der alten Reifen im Preis inbegriffen. Ein anderer Händler offeriert dagegen 30 % Rabatt, dafür muß man aber Montage und Auswuchten extra bezahlen. Lassen Sie sich von hohen Rabattprozenten nicht täuschen, das billigste Angebot kann hinterher teurer als gedacht ausfallen. Es lohnt sich in jedem Fall, erst einige Angebote einzuholen, ehe man Reifen kauft.
Auf dem Markt gibt es neben den bekannten Markenreifen welche von großen Kaufhauskonzernen und sogenannte Importreifen. Letztere sind meist die billigsten. Bevor Sie aber bei völlig unbekannten Reifen zugreifen, sollten Sie erst das Urteil eines Fahrers (nicht des Verkäufers) hören, der schon längere Zeit diese

Reifen aufgezogen hat oder, noch besser, Sie besorgen sich einen Reifentestbericht einer unabhängigen Fachzeitschrift.

Runderneuerte Reifen montieren?

Neu besohlte Reifen stehen bei vielen Autofahrern in schlechtem Ansehen, obwohl sie bei fabrikmäßiger Herstellung den Beweis ihrer Tüchtigkeit in verschiedenen Tests erbracht haben. Vertrauenswürdige Runderneuerer geben auf ihre Produkte Garantie, das RAL-Gütezeichen belegt bestandene Schnellauftests.
Dem erheblich niedrigeren Anschaffungspreis stehen gegenüber: Kürzere Lebensdauer, größere Unwuchten, bisweilen mangelhafter Rundlauf bei höheren Laufleistungen und unterschiedliches Fahrverhalten im Vergleich zum Neureifen mit gleicher Profilgestaltung. Runderneuerte Reifen würden wir vor allem dann für den Opel nehmen, wenn er überwiegend im Kurzstreckenverkehr und nur selten voll beladen sowie nicht allzu forsch auf längeren Autobahnstrecken bewegt wird. In diesem Fall können Sie einiges Geld sparen.
Die Serie-70-Reifen, die ebenfalls gefahren werden dürfen (siehe Seite 153), sind allerdings nicht als Runderneuerte lieferbar.

Fingerzeige: *Auch Reifen müssen eingefahren werden! Nicht nur wegen der vom Vulkanisieren her sehr glatten Profiloberfläche und der Reifenwülste, die sich erst während den ersten Fahrkilometern exakt in das Felgenhorn schmiegen. Der anfangs wenig verformungsfreudige Pneu muß sich durch einige Einlaufkilometer geschmeidig walken und vor den ersten harten Bremsmanövern oder starkem Beschleunigen muß das beim Reifenaufziehen verwendete Montagefett austrocknen. Am besten geschieht das Reifeneinfahren auf trockener kurvenreicher Landstraße, aber es genügt auch, wenn Sie die ersten 100 km nur mäßig Gas geben und bremsen sowie die Höchstgeschwindigkeit Ihres Wagens nicht voll ausnutzen.*
Der Reifenverschleiß ist sehr temperaturabhängig und im kalten Winter wesentlich geringer als im Hochsommer. Deshalb werden für spezielle Winterreifen, wie z. B. die Haftreifen, nicht so abriebfeste Gummimischungen genommen, die dafür aber wesentlich griffiger sind. Wegen diesem unterschiedlichen Reifenverschleiß montiert man neue Reifen am besten im Herbst, denn die neuen Reifen mit dem noch sehr dicken Reifenprofil werden durch die Walkbewegung der Reifen wärmer als abgefahrene und erhalten bei herbstlichen Temperaturen eine bessere und reifenschonendere Kühlung.

Die Reifenmontage

Unüberlegte Gewaltanwendung muß bei der Reifenmontage unterbleiben. Wichtig ist es, den Reifen nicht mit scharfkantigen oder unsachlich geführten Werkzeugen an seiner Wulst zu zerstören. Zur Montage sind nur dafür besondere, stumpfe Montiereisen geeignet. In der höchsten Not helfen auch zwei großkalibrige Schraubenzieher, die dann aber behutsam benutzt werden müssen.
So nimmt man einen Reifen von der Felge ab: Luft ablassen – gegenüber Ventil einen Wulst in das Tiefbett drücken – dort beide Montiereisen ca. 20 cm voneinander entfernt zwischen Wulst und Felgenhorn ansetzen – einen Montierhebel festhalten, mit dem anderen Stück für Stück die Wulst über die Felge hebeln. Ist diese Felgenwulst völlig aus dem Felgenbett befreit, Ventil losschrauben. Wenn ein Teil der Wulst gut im Tiefbett der Felge liegt, läßt die zweite Wulst sich leicht von der Felge bringen. Bei den Hump-Felgen erschwert der Höckerring im Felgenhorn diese Arbeitsweise. Man kann sich die Montage erleichtern, wenn man das Rad seitlich dort unter den Wagen legt, wo der Wagenheber angesetzt wird. Zwischen Wagenheber und Reifen legt man ein Holzbrett und windet dann das Auto hoch: Der Reifenumfang löst sich vom Felgenhorn.
Die Innenseite des neuen Reifens muß sauber und trocken sein. Die Wulstpartie

ist gleichmäßig mit Talkum einzureiben. Felge mit Ventilloch nach oben auf den Boden legen – eventuell vorhandene Rotpunktmarkierung des Reifens soll am Ventil liegen, falls ein Schlauch eingelegt ist. An Ventilseite der Felge Reifen mit unterem Wulst in Tiefbett schieben. Ventil durch Ventilloch stecken und mit den Händen restlichen Wulst über Felgenkante drücken. Eventuell schräg sitzendes Ventil durch Verschieben des Reifens im Loch zentrieren. Danach dreht man das Rad um.
Den jetzt oben liegenden Reifenwulst gegenüber dem Ventil so tief wie möglich ins Felgenbett drücken (daraufknien). Mit Montierhebel abschnittweise in Richtung Ventil die Wulst in die Felge hebeln. Dann den Reifen weiter aufpumpen. Die Kennlinie über dem Reifenwulst muß sich überall im gleichen Abstand vom Felgenrand befinden.
Reifen sollen nicht in der Garage lagern, besser in einem kühlen und trockenen Keller. Gummi altert durch Sonnenlicht, Nässe, Wärme und Zugluft. Schädlich sind Öl, Fett und Benzin. Auf eine starke Holzunterlage legt man bis zu vier Reifen übereinander (schlauchlose Reifen sollen stehend lagern.)

Räder untereinander austauschen?

Ein regelmäßiger Reihum-Austausch der Räder – sei es kreuzweise oder (noch vertretbarer) seitengleicher Austausch – wird von Opel nicht empfohlen. Durch das Auswechseln der Räder bei jedem Wartungsdienst, wie es einige andere Kraftfahrzeughersteller tun, werden nämlich Fehler der Lenkung, Stoßdämpfer, Gelenke usw. verschleiert. Bestimmte Fehlerquellen haben dann nicht genügend Zeit, ihre Kennmarken auf dem Reifenprofil zu hinterlassen. Gürtelreifen sollen sowieso nicht über Kreuz gewechselt werden. Ihre einmal gewählte Laufrichtung muß beibehalten bleiben.

Radmuttern auf festen Sitz prüfen

Pflegearbeit Nr. 3

Ab und zu sollte man kontrollieren, ob die Radmuttern fest angezogen sind. Opel nennt dazu die erste 10 000-km-Inspektion, aber die Prüfung kann auch später wichtig sein, besonders nach einem Radwechsel. Es genügt, wenn man sich mit einem Kreuzschlüssel oder gekröpften Ringschlüssel SW 19 vom festen Sitz der Muttern überzeugt. Wenn sie nicht ohne mittlere Gewalt weiterbewegt werden können, dürfen sie nicht noch fester »angeknallt« werden.
Natürlich kann man zuerst die Muttern losdrehen und die Gewinde einfetten, damit man sie bei Bedarf leichter lösen kann. Muttern mit beschädigtem Gewinde sind auszutauschen. Opel schreibt für diese Muttern ein Anzugsmoment von 90 Nm vor, wenn Stahlscheibenräder montiert sind. Bei Leichtmetallrädern muß man die Muttern mit 130 bis 150 Nm anziehen.

Reifenzustand prüfen

Pflegearbeit Nr. 13

Die vorgeschriebenen 10 000-km-Intervalle zur Kontrolle des äußeren Zustandes der Reifen sind ein sehr langer Zeitraum. In der Zwischenzeit kann sich allerhand an den Reifen verändert haben. Prüfen Sie öfter!
Die beste Möglichkeit dazu haben Sie, wenn der Wagen in der Tankstelle zum Ölwechsel oder zu einer Unterwagenwäsche hochgebockt wird. Bei dieser Gelegenheit hebelt man mit einem kleinen Schraubenzieher Fremdkörper aus der Reifendecke und prüft nach, ob bereits ernsthafter Schaden aufgetreten ist. Vordergründig überzeugt man sich natürlich von der Reifenabnutzung. Ein zufriedenstellendes Anzeichen ist es, wenn jeweils die Reifen einer Achse über den gesamten Reifenumfang oder über die gesamte Profilbreite gleichmäßig abgenutzt sind. Entdeckt man jedoch einseitige Abnutzung oder hat das Profil wellige Vertiefungen in regelmäßigen Abständen, dann ist an der Radaufhängung oder am Rad selbst etwas nicht in Ordnung.
In diesem Falle sollten Sie einen wirklichen Fachmann zu Rate ziehen. Nur er

kann durch die Art der ungleichen Reifenabnutzung erkennen, ob die Ursache bei zuviel oder zuwenig Luftdruck, bei unausgewuchteten Rädern, bei unwirksamen Stoßdämpfern, bei ausgeschlagenen Gelenken, bei Fehlern in der Vorspur- oder Radsturzeinstellung zu suchen ist. Diese Fehlerquellen hinterlassen nämlich ihre charakteristischen Spuren auf dem Reifenprofil. Unter Umständen müssen dann die Räder ausgewuchtet werden, und die betreffende Achse ist zu vermessen. Das sind jedoch Arbeiten, die Ihnen auch mit guten Heimpflegehilfsmitteln nicht möglich sein werden. Die dabei anfallenden Werkstattkosten haben Sie mit der dadurch gewonnenen Reifenersparnis in Kürze ausgeglichen.

Reifenluftdruck messen

Pflegearbeit Nr. 2

Die vorgeschriebenen Luftdrücke für die Reifen dürfen nicht mißachtet werden. Opel hat diese Werte als günstigste Kombination zwischen guter Straßenlage, angenehmem Fahrkomfort und langer Lebensdauer in ausgedehnten Versuchsreihen ermittelt. Sie richten sich nach Modell, Reifengröße und Belastung des Wagens. Die entsprechende Tabelle finden Sie auf Seite 218.
Ein beispielsweise mit »1,8« angegebener Reifendruck bedeutet, daß der Luftdruck im Reifeninnern 1,8 kg auf 1 cm² beträgt, wobei dies üblicherweise immer noch in der Bezeichnung für den atmosphärischen Überdruck = atü angegeben wird. Die mathematische Luftdruckangabe kg/cm² entspricht der geläufigen, offiziell für die Einheiten im Meßwesen nicht mehr zulässigen Bezeichnung »atü«. Die für den Druck von Flüssigkeit und Gasen festgelegte Grundeinheit heißt »bar« und entspricht etwa 1,02 kg/cm². Opel benutzt auch die Einheit »kPa«, was für den hundertfachen Wert von »bar« anzusetzen ist.
Die bei individueller Fahrweise erreichte Geschwindigkeit gibt zudem Ausschlag auf die Reifendruckvorschriften. Der richtige Luftdruck ist die wichtigste Voraussetzung für Reifenlebensdauer und Sicherheit. Deswegen braucht man natürlich nicht dauernd eine Tankstelle anzusteuern, um dort fortwährend die Luftpumpe zu strapazieren. Die Kontrolle einmal in der Woche genügt, denn ein moderner Reifen darf in sechs bis acht Wochen nur etwa 0,1 bar verlieren.
Wenn das Ausnützen der dem Wagen eigenen Geschwindigkeit seitens der Behörden erlaubt ist, soll zu flotter Fahrt auf der Autobahn der Druck um 0,2 bar (0,2 atü = 20 kPa) auf allen Reifen erhöht werden. Ebenso sollen M + S-Reifen einen um 0,2 bar und Haftreifen einen um 0,3 bar höheren Druck erhalten. Opel empfiehlt das ausdrücklich. Die verstärkte Beanspruchung wirkt sich bei hoher Geschwindigkeit nämlich nicht übermäßig negativ auf die Lebensdauer der Reifen aus. Man kann in jedem Fall davon ausgehen, daß zu niedriger Luftdruck immer schadet.

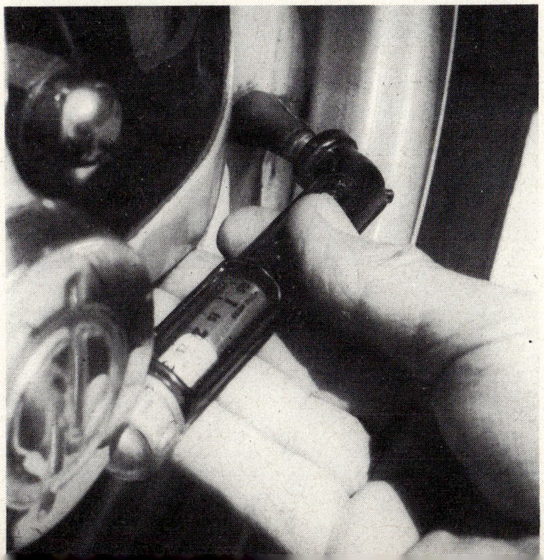

Ein eigener Reifendruckprüfer ist zur Kontrolle des Reifendrucks bei noch kaltem Reifen – vor Antritt der Fahrt – zu empfehlen. Durch Fahrt erwärmte Reifen zeigen höheren Luftdruck, der nicht abgelassen werden darf, aber auch keinen korrekten Vergleich zuläßt. Die Meßgenauigkeit des eigenen Reifendruckprüfers kann man von Zeit zu Zeit an einer gepflegt geführten Tankstelle mit dem großen Reifenfüllmesser durch eine Vergleichsmessung prüfen.

Kalte Luft ist maßgebend

Nur am kalten Reifen darf der Reifendruck gemessen werden. Schon nach wenigen Kilometern zügiger Fahrt kann der Druck um 0,2 oder sogar 0,4 bar angestiegen sein. Dann wäre es falsch, beim nächsten Halt an einer Tankstelle den Luftdruck entsprechend zu reduzieren. Dieser Druckanstieg durch Erwärmung ist von den Reifenkonstrukteuren bereits einkalkuliert.

Der Radwechsel

Ein »Plattfuß« ist heutzutage selten. Tritt dann doch einmal dieser Fall ein, befinden sich manche Leute in einer unbekannten Situation. Für diejenigen, die über keinerlei Übung beim Radwechseln verfügen, ist dieser Abschnitt eingefügt. Natürlich braucht man diese Kenntnisse auch, wenn man z. B. den Zustand der Bremsen kontrollieren möchte.

Der Wagenheber und das Reserverad befinden sich links im Kofferraum. Wie man den Bordwagenheber zum Radwechsel ansetzt, zeigt das Bild unten.

Der Radwechsel geschieht folgendermaßen:

- Wagen möglichst auf ebenem und festem Boden anhalten.
- Handbremse anziehen, 1. Gang oder Rückwärtsgang einlegen.
- Räder der anderen Wagenseite mit Steinen oder Holz blockieren.
- Radkappe, wenn vorhanden, mit Schraubenzieher abhebeln.
- Radmuttern am defekten Rad mit Radmutterschlüssel um einige Umdrehungen lockern.
- Wagenheberzapfen in die Steckhülse am Wagenunterbau bis zum Anschlag einsetzen.
- Fahrzeug hochkurbeln, bis defektes Rad genügend vom Boden abhebt. Sicheren Stand des Wagenhebers beobachten.
- Die vier Radmuttern vollkommen abschrauben.
- Rad abnehmen und Ersatzrad aufstecken.
- Radmuttern über Kreuz gleichmäßig zuerst leicht, dann abwechselnd so stramm wie möglich anziehen.
- Wagen ablassen, Wagenheber von der Halterung abnehmen.
- Radmuttern über Kreuz fest anziehen und Radkappe aufsetzen (mit Handballenschlag anbringen).
- Defektes Rad und Wagenheber verstauen.

Entgegen der üblichen Regeln halten wir es für besser, die Radmuttern schon bei noch unbelastetem Rad, wenn also der Wagen noch nicht abgesenkt ist, so fest wie möglich anzuziehen. Das Rad zentriert sich so besser, als wenn das Wagengewicht darauf lastet. Wenn der Wagen dann wieder auf allen Vieren steht, muß man die Muttern natürlich nochmals anziehen.

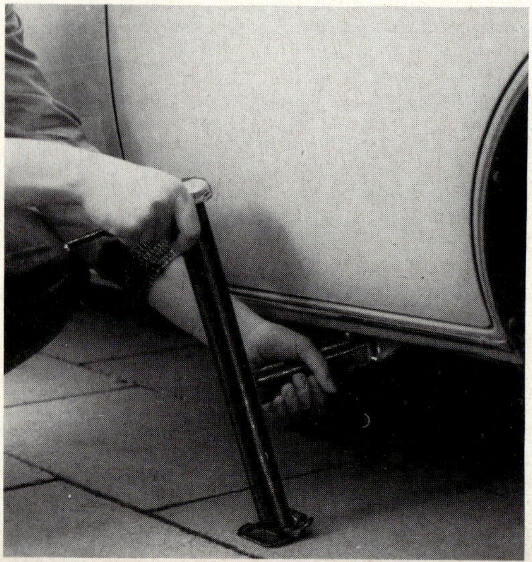

So wird der Wagenheber exakt angesetzt, damit er beim Hochkurbeln nicht so leicht umkippt: Schräg nach außen stehend, von der Seite gesehen, jedoch haargenau senkrecht, den Tragebolzen bis zum Anschlag in die Hülse der Quertraverse geschoben und auf dem Boden ein Unterlegebrettchen, damit sich der Wagenheberfuß nicht in den Boden drückt (anstatt den Wagen hochzuheben). Der schräg nach außen stehende Wagenheber kommt beim Hochkurbeln immer mehr in die Senkrechte.
Auch für zarte Damenhände darf der Reifenwechsel keine unausführbare Tortur bedeuten. Dazu sind zweierlei Vorkehrungen zu treffen: Zum ersten muß sichergestellt sein, daß der Wagenheber leichtgängig funktioniert, und zweitens dürfen die Radmuttern nicht festgerostet sein. Die Gewindespindel des Wagenhebers sollte mit zähem Fett oder (wegen der geringeren Verschmutzungsgefahr beim Umgang) mit Unterbodenschutzwachs, das es zur Fahrgestellkonservierung gibt, eingesprüht sein. Ein solcher Korrosionsschutz hält den Wagenheber stets einsatzbereit.

Unwucht der Räder

Haben Sie schon einmal ein Auto fahren sehen, an dem ständig ein Rad unruhig springt? Die Ursache dazu kann ein defekter Stoßdämpfer sein, der nicht mehr in der Lage ist, das Springen des federnden Rades zu verhindern. Sehr oft liegt dies jedoch an ungleicher Gewichtsverteilung des betreffenden Rades. Diese Abweichung vom Gleichmaß nennt man Unwucht, von der es zwei Arten gibt: die statische und die dynamische.
Derartige Kräfte, die durch unausgewuchtete Räder auftreten, sind beachtlich. Nicht nur, daß sich dabei die Fahreigenschaften verschlechtern, auch die Radaufhängung und die Teile der Lenkung leiden unter den ständigen Vibrationen. In Fällen starker Unwucht kann man das Flattern der Räder sogar im Lenkrad spüren.
Zum Auswuchten müssen die Räder einzeln abgenommen werden und auf einer besonderen Auswuchtmaschine laufen. Diese Maschinensysteme sind unterschiedlich, aber man erkennt schnell, wie sie eine Unwucht anzeigen und kann durch Zuschauen die Qualität der Arbeit unterstützen. In manchen Werkstätten nimmt man es nämlich damit nicht so genau: Das Rad muß einwandfrei zentriert und mit allen vier Radbolzen angeschraubt werden, sonst ergibt sich von vornherein eine Unwucht. Entsprechend der angezeigten Unwucht sind dann am Felgenhorn Gewichte anzubringen, die einen Ausgleich schaffen.
Da die hintere Radaufhängung gegen unausgewuchtete Räder nahezu unempfindlich ist, braucht man die Hinterräder nicht unbedingt zu prüfen. Man soll aber jedesmal, wenn vorne neue Reifen montiert wurden oder die Räder ummontiert wurden, die Unwucht kontrollieren und gegebenenfalls ausgleichen.

Winterreifen

Ausführliche Hinweise zu den Reifen, die bei Glätte und Schnee ausreichende Qualitäten besitzen, finden Sie im Kapitel »Winterschutz« auf Seite 53. Die gegenwärtig vom Handel angebotenen Winterreifen sind keine Alleskönner, und man darf sich trotz teils großartiger Werbung für einzelne Fabrikate nicht darüber hinwegtäuschen lassen, daß sie immer nur relativ gute Eigenschaften für spezielle Straßenzustände besitzen und daß diese Eignungen wegen der unterschiedlichen Fahrwerkskonstruktion der einzelnen Automobile bei jedem Wagentyp anders zur Geltung kommen. Die teuren Haftreifen haben auf trockener Fahrbahn einen stärkeren Abrieb als »Sommerreifen« und sollen deshalb nicht gleich aufgezogen werden, wenn der Kalender »Winter« anzeigt. Bauart und Profilgestaltung bedingen außerdem die Einhaltung eines Tempolimits, das bei Radial-M + S-Reifen 160 km beträgt, was bei den hier besprochenen Wagen allerdings nicht von Bedeutung ist.

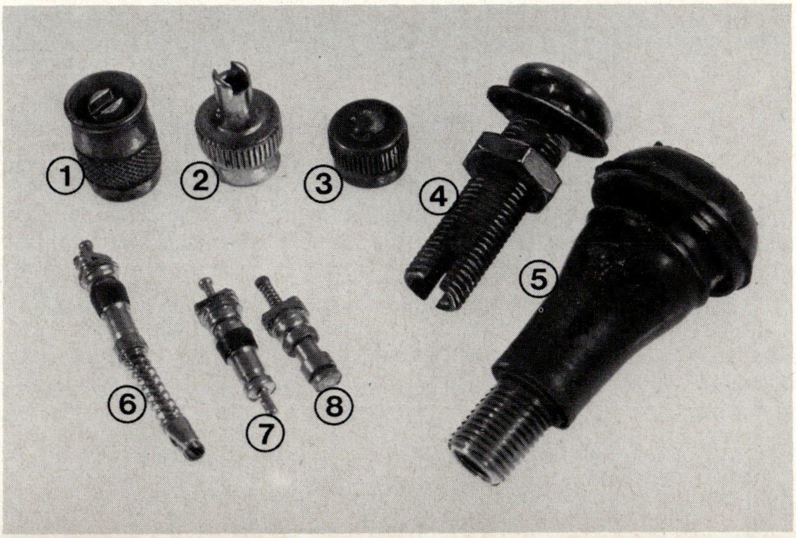

Es gibt unterschiedliches Reifenzubehör: 1 bis 3 – Ventilkappen, von denen man mit den ersten beiden auch das Ventil herausdrehen kann. Beim Wgenwaschen allerdings bleibt der Schwamm an Nr. 2 hängen, solche Kappen führt man besser im Handschuhfach mit. 4 – Ventil für Luftschlauch und 5 – Ventil für schlauchlose Reifen. 6 bis 8 – Ventileinsätze, wobei Nr. 6 die konventionelle Art darstellt. Die kleineren französischen Einsätze, z. B. von Michelin, sind besser, da sie keine Feder haben, die sich verbiegen kann.

Strom in der Zelle

Elektrik ohne Geheimnisse

Ein Auto mit Verbrennungsmotor braucht zu seinem Betrieb nicht nur flüssigen Kraftstoff, sondern auch elektrischen Strom. Das Leitungsnetz und eine Batterie als Stromspeicher muß das Auto dauernd mitschleppen. Die Batterie dient hauptsächlich zum Starten des Motors, aber auch zur Stromversorgung im Stand. Daneben hat sie auch noch einige andere Pflichten, die im Verlauf dieses Kapitels beschrieben werden.

Der Umgang mit dem elektrischen Strom ist in jedem Fall unbedenklich, wenn man sich in den Regeln auskennt, nach denen er wirksam ist. Diese Gesetze sind im Grunde recht einfach. Im Gegensatz zum Haushalt und Betrieb, wo man es mit Strom relativ hoher Spannung zu tun hat, baut sich im Auto die Versorgung der elektrischen Verbraucher auf einem Schwachstromnetz auf. Nur sehr unbedachte Handlungsweise stiftet hier Schaden. An einigen Stellen der Zündanlage wird zwar mit hochgespanntem Strom gearbeitet, aber auch davor braucht man keine Angst zu haben.
Strom fließt immer nur in »eingeschalteten« Leitungen. Er kommt von dort, wo er erzeugt oder gespeichert wird – von der Lichtmaschine oder von der Batterie. Beim Blick auf den Schaltplan in der hinteren Buchklappe können Sie wie auf einer Landkarte den Start und die Wege und Abzweigungen zu den verschiedenen Zielen des elektrischen Stroms verfolgen.
Gewissermaßen »fließt« der »Strom« durch diese Leitungen wie das Wasser durch Rohre. Man kann sich die Batterie als Stausee vorstellen, dessen abfließender Inhalt allerlei Maschinen antreibt. In dieses Reservoir schafft die Lichtmaschine neuen Vorrat, den sie in die Batterie pumpt.

Was die Batterie leistet

Die Batterie sitzt rechts hinten im Motorraum. Sie verfügt über sechs Zellen, von denen jede etwa 2 Volt Spannung hat. Das ergibt 12 Volt Batteriespannung. Alle Verbraucher – ob Anlasser, Bremslicht oder Innenleuchte – sind auf diese Spannung ausgelegt. Eine 12-Volt-Anlage bietet gegenüber einem Auto mit 6-Volt-Nennspannung den Vorteil leichteren Startens bei Kälte, außerdem liefert sie einen kräftigeren Zündfunken bei hohen Drehzahlen, und der Spannungsabfall zwischen den verschiedenen Anschlüssen ist geringer.
Außer Markennamen und fabrikinterner Typenbezeichnung finden Sie auf der Batterie noch ihre wesentlichen Eigenschaften vermerkt, z. B. 12 V/45 Ah. Nach der Spannung (12 Volt) ist die Stromstärke, die in Ampere gemessen wird, in ihrer »Menge« angegeben. Das sind Ampere-Stunden (= Ah), die auf die Batteriekapazität hinweisen. Die genannte Batterie z. B. kann theoretisch 45 Stunden lang 1 Ampere oder eine Stunde lang 45 Ampere abgeben, sofern sie vollgeladen ist. Selten, höchstens im Sommer nach langer Autobahnfahrt, ist sie ganz aufgeladen. Praktisch kann man nur mit zwei Dritteln oder der Hälfte der Kapazität rechnen.

Bei stehendem Motor werden eingeschaltete elektrische Verbraucher nur aus der Batterie versorgt und nicht – wie bei laufendem Motor – von der Lichtmaschine. Es liegt auf der Hand, daß die Kapazität der Batterie um so eher erschöpft ist, je mehr Strom verbraucht wird. Das dauert bei eingeschalteten Scheinwerfern mit Abblendlicht, wobei auch Standlicht, Rückleuchten und Kontrollampen mitbrennen, rund fünf Stunden – vorausgesetzt, die Batterie war voll aufgeladen. Das ist sie aber meistens nicht.
Neben der Menge des Entladestroms beeinflussen noch Temperatur und Batteriealter die Kapazität. Am stärksten belastet der Anlasser die Batterie. Er leistet fast 1 PS, und beim Einschalten kommt er durch Reibungsverluste auf einen Bedarf, der bei 1500 Watt liegen kann (z. B. hat eine Abblendlampe nur 40 Watt). Bei warmem Motor ist der Strombedarf des Anlassers geringer, weil jener sich wegen der verringerten Zähflüssigkeit des Öls leichter durchdrehen läßt. Mit Absinken der Temperatur und zunehmender Zähigkeit der Schmierstoffe steigen die Ansprüche an den Anlasser. Sehr schnell sinkt dabei die Batteriespannung auf 9 Volt oder im Winter auf noch weniger ab. Leider verliert die Batterie im Winter zusätzlich an Kapazität, obgleich man in dieser Jahreszeit am meisten von ihr verlangt.
Springt der Motor nicht sofort an, soll man den Anlasser nur in Intervallen jeweils für 3 bis 5 Sekunden betätigen. Dazwischen braucht die Batterie kleine Erholungspausen. Theoretisch könnte man bei einer zu zwei Dritteln geladenen Batterie den Anlasser fast hundertmal 5 Sekunden lang betätigen. Aber ihre Spannung fällt schnell ab, und in Wirklichkeit bringt sie manchmal schon nach 20 Startversuchen die für den Anlasser notwendige Energie nicht mehr auf.
Man verringert die Mühen des Anlassers, indem man beim Einschalten zugleich das Kupplungspedal tritt. Die Umdrehung der vom Anlasser über das Schwungrad bewegten Kurbelwelle setzt sich dann nicht bis in das Getriebe fort. Obwohl nämlich kein Gang eingelegt ist, bewegen sich verschiedene Innereien im Getriebe, gefüllt mit ebenfalls kaltem, steifen Öl, auch beim Starten, weil der Motor über die Kupplung mit dem Getriebe verbunden ist. Die ausgerückte Kupplung schafft dem Anlasser somit Erleichterung.

Fingerzeige: *In sehr kalten Nächten ist es von Vorteil, die Batterie auszubauen, um sie in der Wohnung in Heizungsnähe aufzustellen. Am nächsten Morgen springt der Wagen mit der warmen Batterie überraschend schnell an. Aus- und Einbau sind unproblematische Handgriffe.*
Wenn in eine stark entladene Batterie verhältnismäßig viel destilliertes Wasser nachgefüllt wurde und die Batterie ist sodann starkem Frost ausgesetzt, kann ihr Inhalt gefrieren und das Gehäuse platzt.

Säurestand der Batterie kontrollieren

Pflegearbeit Nr. 4

Wie hoch die Säure in der Batterie steht, das soll man alle 10 000 km nachsehen. Wir meinen, daß eine Überprüfung in kürzeren Zeitabständen eine erhebliche Sicherheitsreserve birgt, zumal im Sommer, wenn die Temperaturen für rascheres Verdunsten sorgen. Aber es liegt auch an den Betriebsverhältnissen, wie schnell der flüssige Inhalt »vergast«. Außerdem trägt die unvermeidliche Selbstentladung durch Antimonwanderung von den Plus- zu den Minusplatten in der Batterie das ihre bei, während der das Wasser sich in Wasserstoff und Sauerstoff zersetzt.
Als Arbeit kann man die geforderte Kontrolle jedenfalls nicht bezeichnen. Opel liefert ab Werk die Wagen mit Batterien, die ein durchscheinendes Gehäuse haben. Bei ihnen läßt sich mit einem Blick von außen erkennen, ob der Säurestand stimmt. Unter dem breiten Rand der Batterieoberseite sind zwei Markierungsli-

nien angebracht, zwischen diesen der Flüssigkeitsspiegel in den sechs einzelnen Zellen zu sehen sein muß.
Zum erforderlichen Nachfüllen werden die sechs Verschlußstopfen auf der Batterie abgeschraubt, und in die jetzt frei gewordenen Öffnungen ist destilliertes Wasser zu gießen. Die Füllung ist erreicht, wenn die Flüssigkeit bis zur oberen Markierungslinie »MAX« steht. Mehr destilliertes Wasser, und nur solches, darf nicht nachgefüllt werden. Es darf niemals Batteriesäure eingefüllt werden. Auf völlige Reinheit der Nachfüllung ist zu achten. Leider bekommt man an einigen Tankstellen nicht immer ganz sauberes destilliertes Wasser, deshalb legt man sich besser einen eigenen Vorrat an, der für wenig Geld in der Drogerie zu bekommen ist.
Es gibt auch Batterien mit Verschlußleisten statt der Schraubverschlüsse und ferner Batterien mit undurchsichtigem Gehäuse. Bei diesen langsam aus der Mode kommenden Akkus zieht man schon zur Kontrolle die sechs Stopfen (oder die für mehrere Zellenöffnungen zugleich vorgesehenen Verschlußleisten) ab. In den Batteriezellen muß der Säurestand etwa 1 cm über den Batterieplatten sichtbar sein. Man kann den Säurestand auch mit einem Streifen Pappe nachmessen (kein Metall verwenden). Wenn der Säurespiegel schon so weit abgesunken ist, daß die Oberkante der Platten frei von Flüssigkeit ist, wird es zum Ergänzen des Inhalts höchste Zeit.

Ladezustand prüfen

Nur sekundär hängt der Ladezustand einer Batterie mit ihrem Säurestand zusammen. Auch eine Batterie, deren Säurestand in Ordnung ist, kann entladen sein. Das könnte folgende Gründe haben: 1. Sie mußte zu viele Verbraucher speisen, was ihre Kapazität übermäßig beanspruchte. 2. Lichtmaschine oder Reglerschalter arbeiten nicht richtig. 3. Die Batterie war über geraume Zeit ungenutzt, wodurch sich ihr Ladezustand verschlechterte. 4. Ein Kurzschluß hat ihre Energie verbraucht.
Allgemein sollte man eine Batterie – auch wenn sie in ständigem Gebrauch ist – nach spätestens zwei Jahren auf ihren Ladezustand hin überprüfen. Sonst wird man womöglich eines Tages von ihrem »Ableben« überrascht. Ein Warnzeichen dafür ist es, wenn die Scheinwerfer beim plötzlichen Gasgeben heller aufstrahlen oder wenn sich die gefüllte Batterie nicht mehr erholt.
Dann muß man bei jeder einzelnen Batteriezelle den Ladezustand prüfen. Die zuverlässigste Messung erhält man in der Werkstatt oder beim Autoelektrikdienst, wo man die Batterie auch gleich richtig laden kann (Heimladegeräte schaffen das nicht immer). Dort mißt man mit einem Hebesäuremesser, und die Meßergebnisse bedeuten:

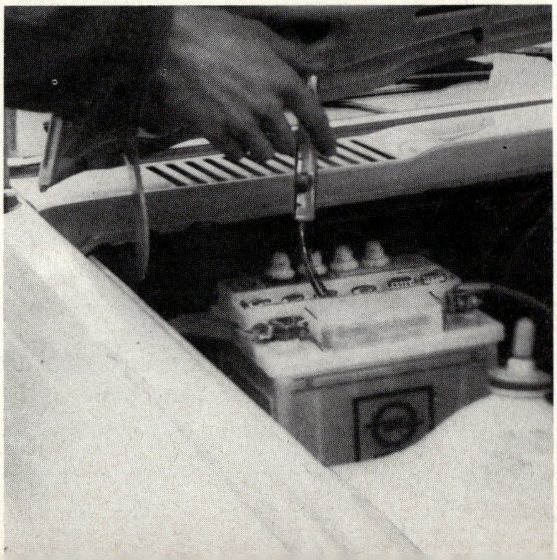

Mit einem Hebesäuremesser, wie er von der im letzten Abschnitt unseres Kapitels genannten Firma Krynen-Neuber dem Mittel gegen Batteriekorrosion beigefügt wird, läßt sich der Ladezustand bequem überprüfen. Wenn die rote Kugel in dem Säureheber oben schwimmt, ist die Batterie in Ordnung. Schwebt die Kugel etwa in der Mitte, ist der Ladezustand mäßig, und sinkt sie nach unten, muß Abhilfe geschaffen werden.

Batterie voll geladen **Batterie halb geladen** **Batterie entladen**	spez. Gewicht 1,285 kg/l spez. Gewicht 1,20 kg/l spez. Gewicht 1,12 kg/l	Anm.: Die Messung ist auf +20 °C bezogen. Je 14 °C Temperaturunterschied ändern das spez. Gewicht um 0,01kg/l

Weisen alle sechs Zellen eine gleichmäßig niedrige Säuredichte auf, kann es noch mit Nachladen getan sein, falls die Batterie nicht schon zu alt ist. Wenn nur eine Zelle entladen ist, muß die Fachwerkstatt prüfen, ob die Batterie noch eine Weile brauchbar ist. Stark verbrauchte Batterien erkennt man daran, daß sich die Plattenblöcke in den Zellen hochdrücken. An einer solchen Batterie hat man nicht mehr viel Freude.

Batterie sauber halten

An den Batteriepolen und an den daran sitzenden Polklemmen bilden sich gerne Oxydationskristalle. Diese schaden der Batterie wie auch eine allgemeine Verschmutzung. Dadurch werden Kriechströme ermöglicht, die zur Selbstentladung führen (0,2–1% der Nennkapazität pro Tag). Schmutzige Batterien zeugen überhaupt von Nachlässigkeit des Wagenhalters. Mit warmem Wasser und einer alten Bürste läßt sich der Oxydationsschmutz beseitigen. Säureschutzfett (z. B. »Ft 40 v 1« von Bosch) verhindert neue Oxydbildung, wenn man die Polköpfe und die Klemmen (nicht die Kontaktflächen, sonst gibt's Übergangswiderstände) nach dem Trocknen damit einfettet. Ungehinderte Oxydation kann die Kabelklemmen derart fest mit den Polköpfen verankern, daß sie nur mit einem Trick zu lösen sind: Kochendheißes Wasser oder besser Sodalösung retten aus dieser »Verklemmung«. Keinesfalls darf dann irgendein Zwangsmittel angewendet werden, sonst zerspringt das Batteriegehäuse oder die Polköpfe brechen ab.
Der Ausbau der Batterie hat stets mit dem Abschrauben des Minus-Kabels zu beginnen (Gabelschlüssel SW 10). So vermeidet man Kurzschlußfunken durch versehentliches Berühren des Plus-Kabels mit Metallteilen. Umgekehrt wird beim Einbau das Minus-Kabel zuletzt angeschlossen. Am Boden ist die Batterie durch eine Halterung befestigt, die man mit einem Schlüssel SW 13 löst.
Den 10-mm-Schlüssel sollte man eigentlich immer griffbereit im Wagen halten. Bei Kurzschluß in der elektrischen Anlage oder bei einem Kabelbrand kann man dann sofort die Stromversorgung unterbrechen. In solchem Fall muß man kaltblütig das Minus-Kabel an der Batterie abschrauben. Und das geht nur dann blitzartig, wenn die Batterie sauber ist.

So wird geladen

Eine allmähliche Entladung findet auch in der unbenutzten Batterie statt – im Winter etwas langsamer als im Sommer. Nach etwa 100 Tagen ist eine vorher vollgeladene Batterie leer (über die Selbstentladung wurde schon geschrieben). Eine entladene Batterie leidet Schaden, deshalb muß sie bei stillgelegtem Wagen ausgebaut und einmal im Monat nachgeladen werden. Kann man sie nicht zu anderweitigem Gebrauch verleihen, lohnt es sich, sie zu einem Elektrodienst in Pension zu geben und dort an ein Frischhaltegerät mit schwachem Ladestrom anschließen zu lassen. Bei tiefer Entladung oder gründlicher Batterieüberholung muß sie an ein leistungsstarkes Ladegerät angeschlossen werden. Das besitzen nur Werkstätten.
Vor dem Laden – und das gilt grundsätzlich – darf destilliertes Wasser nur bis zur Bedeckung der inwendigen Platten eingefüllt werden, damit die Säure bei der Aufladung nicht »überkocht«. Der Anfangsladestrom soll nicht mehr als 10 Prozent der Ah-Kapazität einer Batterie betragen, in unserem Fall demnach höchstens 3,6 oder 4,5 Ampere, je nach Batterietyp. Mit zunehmender Batteriespannung wird die Ladestromstärke verringert, was automatische Ladegeräte selbst regulieren, sonst wird die Batterie überladen und geschädigt. Eigentlich ist es

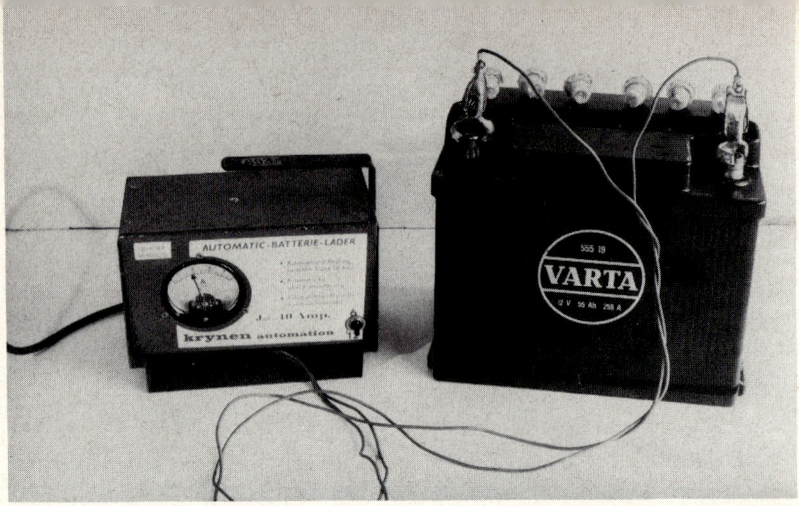

Zum Aufladen der Batterie gibt es einfache Garagengeräte, die für 12-Volt-Batterien etwa ab 60 Mark kosten. Beim Laden, das mehrere Stunden in Anspruch nimmt, sollen die Verschlußstopfen der Batteriezellen geöffnet werden. Wie auf dieser Seite beschrieben, eignet sich zum Laden auch ein Modellbahntransformator.

richtig, wenn die Werkstatt die Batterie zuvor völlig entlädt. Der Vorgang dauert 10 bis 15 Stunden.

Das während dieser Zeit sich bildende Gas muß entweichen können, deshalb sind die Verschlüsse der Batterie zu öffnen. Es handelt sich dabei um Wasserstoff und Sauerstoff, und in der Nähe dieses gefährlichen Knallgases darf man nicht mit Feuer hantieren. Der von den Gasblasen verursachte Sprühnebel schlägt sich um die Batterie herum nieder und man muß ihre nähere Umgebung mit Plastikfolie oder alten Zeitungen abdecken.

Die Batterie ist geladen, wenn eine Zellenspannung von 2,6 bis 2,7 Volt erreicht ist und wenn innerhalb von zwei Stunden die Säuredichte nicht mehr ansteigt. Zum Schluß muß noch einmal der Säurestand überprüft werden.

Auch ein Transformator für Modelleisenbahnen eignet sich zum Batterieladen, es muß aber ein wenigstens 1 Ah liefernder Gleichstromtransformator sein. Die rote Transformatorklemme wird mit dem Plus-Pol der Batterie und die blaue mit dem Minus-Pol durch üblichen isolierten Draht verbunden. Bei der 12-V-Batterie ist der Reglerknopf bis zur höchsten Stufe einzustellen.

Schadet die Schnelladung?

Stundenlang das Laden der Batterie abzuwarten, kann einen in arge Bedrängnis bringen. Schnelladen dauert nur den Bruchteil dieser Zeit. Aber es ist eine Roßkur, die nur ganz gesunde Batterien ohne weiteres überstehen, denn es wird mit fast 40 Ampere dabei geladen. Wenn sich eine einwandfreie Batterie beispielsweise über Nacht durch einen versehentlich eingeschalteten Stromverbraucher entladen hat, darf man sie ohne weiteres an einem Schnelladegerät wieder aufputschen lassen, damit man mit seinem Auto wieder davonfahren kann. Aber zur Regel soll man das nicht machen. Bei älteren Batterien heben sich beispielsweise die Plattenblöcke, und die Batterie ist hinüber.

Fabrikneue Batterien dürfen auf gar keinen Fall an ein Schnelladegerät gehängt werden. Viele Batteriehersteller laden heute ihre Batterien trocken vor. Bei der Inbetriebnahme wird noch Säure eingefüllt, und nach kurzer Wartezeit kann der Motor mit dieser Batterie gestartet werden. Allerdings muß sich sogleich eine längere Fahrt anschließen, damit die Lichtmaschine die neue Batterie langsam aufladen kann. Bei der Drehstromlichtmaschine im Opel, die gegen Stromstöße äußerst empfindlich ist, und wegen des eventuell vorhandenen Radios mit Transistoren müssen vor der Schnelladung die Batteriekabel gelöst werden. Spannungsspitzen würden sonst die Dioden bzw. Transistoren zerstören. Weitere wichtige Hinweise über die Drehstromlichtmaschine siehe Kapitel »Lichtmaschine und Anlasser«.

Fingerzeig: *Batteriesäure und auch die Oxydationskristalle zerfressen Kleidung und Polster. Nur sofortiges Auswaschen der Spritzer mit Sodalösung rettet Ihren Anzug!*

Starten mit leerer Batterie

Das kommt beim besten Auto vor: Man will starten, doch die Batterie ist leer. Vermutlich war irgendein Stromverbraucher eingeschaltet, der von der Kapazität der Batterie zehrte – und dies hoffentlich nicht tagelang. Da Ihr Opel nicht mehr mit einer Andrehkurbel in Schwung gebracht werden kann, wie es bei früheren Autos einmal möglich gewesen ist, müssen etwas umständlichere Maßnahmen getroffen werden. Wenn die Batterie an sich noch gesund ist, kommt man aber bestimmt vom Fleck.

Anschleppen oder Anschieben

Vielleicht haben Sie gerade Glück und können von einem Berg herunterrollen, um dadurch den Motor in Gang zu setzen. Andernfalls müssen Sie den Opel – bei Verzicht auf eine volle 12-Volt-Batterie – anschleppen lassen. Befestigen Sie Ihr Seil an dem Wagen des edelmütigen Helfers so, wie es im Kapitel »Abschleppen und Ziehen« beschrieben ist und behalten Sie einen ruhigen Kopf – der Motor wird schneller anspringen als Sie glauben.
Diese Startmethode funktioniert so: Zündung einschalten, Kupplung treten, 2. Gang einlegen. Während der Schleppwagen das Seil straffzieht und Ihr Auto zu rollen beginnt, ziehen Sie den Starterknopf oder treten Sie einmal das Gaspedal nieder – je nachdem, welches Modell Sie besitzen –, als würden Sie den Motor wie üblich anlassen wollen. Bei genügender Fahrt – etwa von doppelter Schrittgeschwindigkeit aufwärts – Kupplung langsam kommen lassen, rechte Hand an der Handbremse, Fuß aufs Gaspedal lehnen. Springt der Motor an, sofort Kupplung treten und Gas geben, Handbremse sanft ziehen (Sie haben nur zwei Beine und können nicht auch noch auf die Fußbremse treten), damit Sie dem Vordermann nicht ins Hinterteil fahren, und dem Schleppfahrer Hupsignal geben. Jetzt den Gang heraus und Kupplung loslassen, immer noch etwas Gas geben (damit der Motor nicht stehen bleibt und Sie von vorne anfangen müssen), und zusammen mit dem Schleppwagen langsam abbremsen.
Man kann den Opel auch mit Hilfe von zwei Leuten zum Laufen bringen, wenn diese kräftig schieben. Dazu muß allerdings die Zündanlage in guter Verfassung sein, sonst wird es schwierig. Weil man die notwendige Drehzahl durch Anschieben im 3. Gang – im allgemeinen auch nicht im 2. Gang – erreicht, wendet man einen Trick an: 1. Gang einlegen, Kupplung durchgetreten halten, Wagen anschieben lassen, bis er in Schwung ist, dann Kupplung schnell kommen lassen.

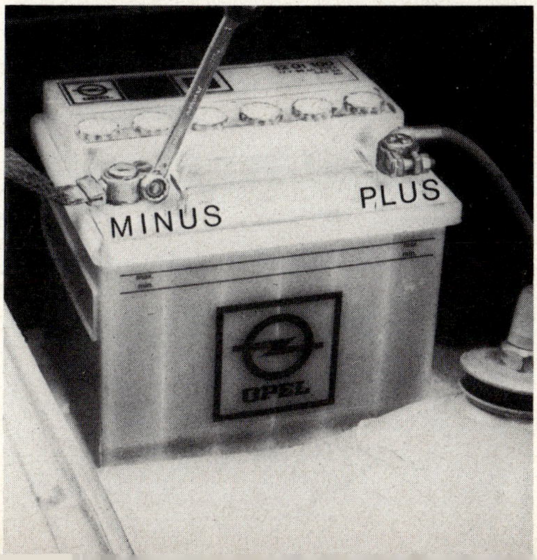

Bei allen Arbeiten an der elektrischen Anlage ist das Massekabel, das von der Batterie zur Karosserie führt, zu lösen und nur zu Kontrollzwecken zwischendurch aufzustecken. Auch bei Kurzschlüssen und eventuellen Kabelbränden soll man mit ruhiger Überlegung zuerst dieses Kabel abschrauben. Deshalb: Griffbereit einen Schraubenschlüssel SW 10 im Handschuhfach oder an einer anderen sofort zugänglichen Stelle halten!

Hierbei wird der Motor plötzlich schnell genug durchgedreht, was nötig ist, um in der Lichtmaschine ausreichend Strom für die Zündfunken zu erzeugen. Springt der Wagen an, sofort Kupplung treten und Gas geben. Wagen mit der Handbremse anhalten, denn die Füße braucht man, wie schon gesagt, für Kupplung und Gaspedal.

Fahren ohne Batterie nicht möglich

Die schon genannte Empfindlichkeit der Drehstromlichtmaschine macht es nicht möglich, ohne Batterie zu fahren. Bei Wagen mit herkömmlicher Lichtmaschine läßt sich das ohne weiteres unternehmen. Der mit Drehstromlichtmaschine ausgerüstete Wagen läßt es daher auch nicht zu, daß man sich anschleppen läßt, wenn keine Batterie eingebaut und angeschlossen ist.
Ebenfalls darf im Opel keine defekte Batterie mit innerem Kurzschluß eingebaut werden. Die Lichtmaschine kann in ihr keinen Strom speichern. Die deshalb überlastete Lichtmaschine und der Reglerschalter schmoren in kürzester Zeit durch und die Stromversorgung bricht endgültig zusammen. Abschleppen lassen und teure Instandsetzungsarbeiten wären die Folge.
Sollte das Batteriewasser wegen Überladung durch Ausfall des Spannungsreglers verdunstet sein und die Batterie ist heiß, kann man die Batterie abkühlen lassen und destilliertes Wasser nachfüllen. Starten (eventuell mit Starthilfekabel) und einen Elektrodienst aufsuchen, bevor das Wasser wieder verdampft.

Kauf einer neuen Batterie

Häufige Müdigkeitserscheinungen beim Starten künden an, daß eine neue Batterie fällig ist. Meistens ist es nach drei bis vier Jahren soweit. Batteriehersteller rechnen mit einer Lebensdauer von 50 000 km. An der dann notwendigen Geldausgabe kommt man leider nicht vorbei.
Wir raten Ihnen, keine schwächere als die ab Werk eingebaute 45-Ah-Batterie zu kaufen. Eine solche stärkere Batterie birgt doch bessere Reserven und lebt länger. Für besondere Fälle empfiehlt Opel sogar die zur Sonderausstattung gehörende Batterie mit 55 Ah. Nutzen Sie auch ruhig das Angebot von Opel aus, eine Batterie mit Garantie über zwei Jahre bekommen zu können, falls Sie nicht die Gelegenheit ausschöpfen können, ein anderes Markenfabrikat mit Rabatt zu erstehen.
Bisweilen angepriesene Aufputschmittel für Autobatterien taugen nichts. Es gibt jedoch ein Mittel, das chemisch defekte, also sulfatierte Batterien wieder aufmuntert. In eine noch junge Batterie eingefüllt, kann dieses »Cobalt-MG« ihre Lebensdauer erheblich verlängern. Einer drei Jahre alten Gebrauchsbatterie gaben wir dieses Mittel bei, und erst nach weiteren vier Jahren versagte sie ihren Dienst. Der Vertrieb erfolgt über die Firma Krynen-Neuber GmbH, Jahnstraße 13, 5810 Witten, von wo es auch an Kaufhäuser und an den Fachhandel geliefert wird. »Cobald-MG« darf nicht in ATSA-Batterien, die bereits mit Cobalt angereichert wurden, eingefüllt werden.

Fingerzeige: *Der Riß im Kunststoffgehäuse einer Batterie läßt sich mit Ameisensäure (aus der Apotheke) abdichten und zukleben.*
Ein abgerissener Polkopf läßt sich unter Umständen wieder anlöten, wenn man sehr rasch und zielstrebig zu Werke geht.

Emsige Kollegen

Die vordringliche Aufgabe der Lichtmaschine ist es, genügend Zündstrom für die Zündfunken zu erzeugen, die zur Verbrennung des Kraftstoff-Luft-Gemisches in den Zylindern nötig sind. Licht schafft die Lichtmaschine nebenbei – das ist ihre ursprüngliche Arbeit, wie noch ihr Name andeutet. Außerdem muß sie noch Gleichstrom entwickeln, denn die Batterie im Auto kann keinen Wechselstrom speichern. Wegen dieser vielfältigen Verrichtungen nennt man die Lichtmaschine auch Generator, was so viel wie Kraftumwandler bedeutet.
Der Anlasser verbraucht die meiste Energie, und diese muß vom Generator immer wieder an die Batterie geliefert werden. Wenn sich jedes dieser drei Aggregate in einem tadellosen Zustand befindet, läuft ihr Zusammenspiel auch richtig ab. Nach dem Kapitel über die Batterie folgt hier die Beschreibung der beiden anderen Mitarbeiter dieses Teams.

Die Lichtmaschine

Der Drehstromgenerator, wie er in allen Opel-Modellen eingebaut wird, zeichnet sich gegenüber den konventionellen Gleichstromlichtmaschinen dadurch aus, daß er bereits bei Motorleerlauf Leistung abgibt. Deshalb muß man nicht mehr fürchten, etwa bei einer nächtlichen Verkehrsstauung – die sich in Urlaubszeiten über weite Strecken ziehen kann –, von schwächer werdendem Scheinwerferlicht überrascht zu werden. Moderne Lichtmaschinen sorgen unter nahezu allen Betriebsbedingungen für eine genügende Ladung der Batterie. Die Gleichrichtung des erzeugten Drehstroms erfolgt durch Halbleiderdioden und nicht, wie bei der alten Lichtmaschine, über Kohlebürsten und Kollektor, die den dort erzeugten Wechselstrom gleichrichten. Kohlebürsten und Kollektor sind dem Verschleiß unterworfen und nur bis zu einer gewissen Drehzahl einsatzbereit. Ohne diese Teile ist der Wartungsbedarf der Drehstromlichtmaschine geringer und sie vermag weitaus höhere Drehzahlen zu verkraften.
Selbstverständlich muß die Leistung der Lichtmaschine auf die Menge und Größe der zu versorgenden Stromverbraucher abgestimmt sein. Der bei den Ascona und Manta gleich starke Generator wird jedoch allen Ansprüchen gerecht, auch mit nachträglich montierten Zusatzscheinwerfern. Die Motoren sind entweder mit einer Lichtmaschine von Bosch oder von Delco Remy ausgerüstet. Am Motor ist die Lichtmaschine an der rechten Seite vorn angebracht. Ihr Antrieb erfolgt über einen Keilriemen durch die Kurbelwellenriemenscheibe. Das Übersetzungsverhältnis zwischen Kurbelwelle und Lichtmaschine beträgt 2:1, was bedeutet, daß die Lichtmaschine etwa doppelt so schnell wie der Motor dreht. Die Drehrichtung ist in jedem Fall dieselbe. Eine solche ist bei Drehstromgeneratoren auch gleichgültig, nur muß das Lüfterrad der vorgesehenen Drehrichtung entsprechen.
Zur Gleichrichtung des Wechselstroms dienen dem etwa 650 Watt leistenden Generator sogenannte Dioden. Das sind elektronische Halbleiter, mit einem Ventil vergleichbar, das nur in einer Richtung durchlässig ist. Bei umgekehrter

Polarität – weil Strom in verschiedenen Schaltungen in der Lichtmaschine statt nur in einer Richtung auch in die andere fließt – darf an bestimmten Schaltpunkten für den Strom keine ungehinderte Durchlässigkeit vorhanden sein. Solche Dioden unterliegen zwar keinem mechanischen Verschleiß, aber sie sind gegen hochgespannte Stromstöße (und gegen Hitze) empfindlich. Sie können durch diese Spannungsspitzen, die sich beispielsweise beim Einschalten von Stromverbrauchern ergeben, zerstört werden. Deshalb hat bei der Drehstromlichtmaschine die Batterie die Aufgabe, als Spannungsbegrenzer zu dienen, und deshalb ist sie mit der Lichtmaschine direkt durch Kabel verbunden.

Wichtige Vorsichtsmaßnahmen

Bei laufendem Motor dürfen die Kabelverbindungen zwischen der Drehstromlichtmaschine und der Batterie niemals getrennt werden, was bei einer Gleichstromlichtmaschine völlig harmlos ist. Batterie und Lichtmaschine (zusammen mit dem Spannungsregler) bilden in diesem Fall eine fest zusammengehörende Einheit. Ebenso darf der Motor nicht gestartet (und demnach auch nicht angeschleppt) werden, ohne daß eine Batterie angeschlossen ist. Zu beachten ist weiter, daß die Anschlüsse von Batterie, Regler und Lichtmaschine keinesfalls verwechselt werden dürfen.

Wie schon im Kapitel über die Batterie vermerkt, ist es beim Aufladen derselben im Wagen unumgänglich, vorher beide Batterieklemmen – also Plus- und Minusanschluß – von der Batterie zu lösen.

Diese Hinweise sollten Sie im eigenen Interesse befolgen, um nicht Gefahr zu laufen, daß die Dioden plötzlich ausfallen. Der vorher angedeutete Vergleich zu einem Ventil, das eine Diode sinngemäß darstellt, läßt sich nämlich fortführen: Übersteigt die Kraft aus der Gegenrichtung die Schließfähigkeit der nur in dieser Richtung wirkenden Sicherung, wird das Ventil zerstört. Tritt in die Diode aus der falschen Richtung eine zu hohe Stromspannung, fällt sie aus.

Wartung der Lichtmaschine

Von ihrer Anlage her ist die Drehstromlichtmaschine wartungsfrei. Ärger hat man mit ihr kaum. Eventuell vorkommende Arbeiten kann man beruhigt einer Fachwerkstatt überlassen, denn dieser Stromerzeuger ist ein Aggregat mit empfindlichen Teilen. Bei der Kontrolle müssen die Schleifringe gereinigt werden; nach längerem Gebrauch verschmutzte oder beschädigte Schleifringe haben den Ausfall der Lichtmaschine zur Folge. Man muß auch prüfen, wie weit die Bürsten abgenutzt sind; gewöhnlich wird man sie bei dieser Gelegenheit zu ersetzen haben. Immerhin kann man mit einer Lebensdauer der Bürsten von 100 000 km rechnen.

Ungeschickte Bastelübungen eines übereifrigen Heimwerkers nimmt die Dreh-

Die Ziffern 1 und 2 bezeichnen die Befestigungsbolzen der Drehstrom-Lichtmaschine. Siehe auch Bild Seite 170.

stromlichtmaschine übel. Ihre Lager sind nur mit entsprechenden Abziehvorrichtungen zu lösen, und vor allem sind etliche Bauteile sehr empfindlich gegen Hitze (beim unvermeidlichen Löten), gegen Verdrehen, ungenauen Zusammenbau und gegen das Berühren mit nicht zusammengehörenden Kontakten. Da kann der Heimwerker-Instandsetzungsversuch teuer werden. Besser vertraut man die Drehstromlichtmaschine einem Bosch-Dienst an.
Bevor man die Lichtmaschine abbaut: Batterie abklemmen! Sodann löst man die Befestigungen aller an der Lichtmaschine angeschlossenen Kabel. Der Generator wird oben an dem Schwenkbügel von einer Schraube festgehalten. Dieser Arm ist auch abnehmbar, jedoch genügt es, die Mutter an dieser Spannvorrichtung zu lösen. Nach Lockern des unteren Bolzens läßt sich nun die Lichtmaschine in Richtung Motor drücken, so daß der Keilriemen und anschließend die Lichtmaschine abgenommen werden können.

Fehler einkreisen

Eine geräuschvoll arbeitende Lichtmaschine muß zunächst auf ihre feste Anbringung hin untersucht werden. Vielleicht ist auch nur der Keilriemen schadhaft? Ein abgenutztes Lager (zunächst das hintere) macht sich durch Pfeifen oder Singen bemerkbar. Ungewöhnliche Töne können von einer Gleichrichterdiode, die Kurzschluß hat, herrühren.
Wenn die Lichtmaschine wenig, unregelmäßig oder überhaupt nicht die Batterie auflädt, sollte man zuerst die Keilriemenspannung überprüfen. Es kann auch sein, daß der Regler nicht richtig arbeitet, oder die Kohlebürsten sind verbraucht oder haben sich verklemmt. Schließlich ist eine Unterbrechung im Erreger- oder Ladestromkreis des Generators zu vermuten.
Wenn die Läufer- oder Ständerwicklung unterbrochen ist, führt das zu völligem Ausfall der Lichtmaschine. Hat der Ständer dagegen Masseschluß oder teilweise Kurzschluß, kommt es zu nur schwacher Ladung. Ebenso, wenn der Läufer teilweise Kurzschluß erleidet oder die Gleichrichterdiode unter Kurzschluß steht. Wenn während des Motorlaufs die rote Ladekontrolle glimmt, können folgende Defekte mit nachstehender Auswirkung vorliegen:
Erregerdiode unterbrochen – Batterie wird überladen.
Plusdiode unterbrochen – Batterie wird nicht genügend geladen.
Minusdiode unterbrochen – Lichtmaschine holt den Strom von der Batterie.
(Die Begriffe »Plus«- und »Minusdioden« sind lediglich Funktionsbezeichnungen für die Verwendung im Gerät.)
Es kann auch vorkommen, daß wegen schlechter Kontakte z. B. an der Batterie oder am Zündschloß ein Spannungsabfall eintritt, was ebenfalls die Ladekontrollampe glimmen läßt. Um diesen Fehler bei der Bosch-Anlage einzukreisen, schließt man eine Prüflampe an den Klemmen D+ und B+ am Generator an, nachdem der Reglerstecker abgezogen wurde. Dann startet man den Motor. Glimmen Prüflampe und Ladekontrollampe gleichzeitig, liegt der Fehler im Generator. Glimmt dagegen nur die Ladekontrolle, ist der Fehler in den Leitungen zu suchen.

Selbsthilfe an der Drehstrom-Lichtmaschine

Zerlegen und Pflegen der Drehstromlichtmaschine sollte man nur dann durchführen, wenn man schon Erfahrungen auf diesem Gebiet gesammelt hat. Dann allerdings gibt es keine sehr großen Probleme.
Nach Abklemmen der Batterie und Lösen aller Zuleitungen wird die Lichtmaschine ausgebaut. An der hinteren Seite die Halterung der Lichtmaschinenkohlen abschrauben und herausnehmen. Unter der Kohle sitzt eine Feder, beide werden von der angelöteten Kohlelitze gegen die Schleifringe gedrückt. Springt eine Kohle heraus, muß die komplette Kohlehalterung mit Kohlen erneuert werden.

Dieses Bild veranschaulicht noch einmal die Anbringung der Drehstromlichtmaschine. Wenn der Keilriemen gespannt werden soll, sind die Bolzen 1 und 2 etwas zu lockern. Sodann wird die Lichtmaschine nach außen gedrückt, bis die Keilriemenspannung, wie auf Seite 174 beschrieben, hergestellt ist. In diesem Zustand dreht man die Schraube Nr. 2 wieder fest an, um den Halt der Lichtmaschine zu sichern, und dann wird die andere Befestigungsschraube auch wieder gut festgezogen.

Die Kohlen müssen wenigstens 14 mm aus der Halterung herausragen, sonst neue Kohlen einsetzen. Nach Abnahme der Riemenscheibe und des Lüfterrades an der Vorderseite der Lichtmaschine können die langen Zugschrauben gelöst werden, die beide Hälften der Lichtmaschine zusammenhalten.
Arbeiten an den Dioden sollte man möglichst der Fachwerkstatt überlassen, wie auch dort nur die Funktion der einzelnen Bauteile mit Sicherheit ermittelt werden kann, wobei präzise arbeitende Meßgeräte eingesetzt werden müssen. Wurde eine defekte Diode festgestellt, benutzt man zum Ausbau der alten Diode gegebenenfalls einen Treibdorn; der Sitz muß dann mit einer Reibahle aufgerieben werden, da solche neue Dioden an ihrem Rand um 0,5 mm im Durchmesser größer sind. Der Punkt auf der Diode gibt die Seite der Kathode an (der andere Anschluß führt zur Diode). Wenn Diodenanschlüsse verlötet werden müssen, so ist ein kräftiger, sehr heißer Lötkolben zu verwenden, da rasch gearbeitet werden muß; zum Schutz der Diode gegen die Hitze greift man mit einer Zange zwischen diese und die Lötstelle.
Zerkratzte Schleifringe am Rotor können mit feinstem Schleifleinen poliert werden. Dabei ist der Rotor gleichmäßig zu drehen. Zum Schmieren der Generatorlager dient das Bosch-Fett »Ft 1 v 34 hellbraun«.

Der Spannungsregler

Je schneller die Lichtmaschine vom Motor angetrieben wird, um so mehr Strom liefert sie. Die Batterie als Stromsammler und die Stromverbraucher werden dagegen mit solchen schwankenden Leistungen nicht fertig. Besonders die Batterie muß gegen Überladen geschützt sein, und das Licht der Scheinwerfer wäre je nach Geschwindigkeit einmal schwach und einmal hell. Drehstromlichtmaschinen sind jedoch stromselbstbegrenzend und brauchen deshalb keinen Stromregler wie die Gleichstromlichtmaschinen. Auch der Rückstromschalter entfällt, da die Dioden den Strom nur für eine Richtung freigeben.
Zur Maßhaltung der Stromspannung ist ein Spannungsregler an den Generator angeschlossen, der auf den jeweiligen Lichtmaschinentyp genau abgestimmt sein muß. So gehört immer ein bestimmter Spannungsregler zu einer Lichtmaschine. Beim Generator von Bosch ist er an diesem außen angebracht, bei Delco Remy ist er in den Generator eingebaut.

Je nach Drehzahl schwankt der Regler dauernd in Unterstellung oder in Oberstellung. Wenn der untere Kontakt verschmort ist, hat sich ein Defekt im Reglerwiderstand eingestellt. Ist dagegen der obere Kontakt verschmort, deutet dies auf einen Kurzschluß, eventuell in der Leitung DF; oder in der Feldwicklung des Generators ist ein Kurzschluß aufgetreten. Selbst leichtere Unstimmigkeiten des Spannungsreglers sind mit elektronischen Meßgeräten, wie sie in Opel-Werkstätten oder bei Bosch-Diensten zur Verfügung stehen, feststellbar, und dort kann man auch Maßnahmen zu einer richtigen Tätigkeit treffen. Meistens wird man ihn aber austauschen.

Schleifkohlen ersetzen

Der Regler zum Bosch-Generator ist mit zwei Kreuzschlitzschrauben befestigt und läßt sich ohne Demontage der Lichtmaschine ausbauen. Das kann notwendig werden, wenn die rote Ladekontrolle dauernd brennt oder wenn die Batterie überkocht. Obgleich es dazu verschiedene Ursachen geben kann, die dann in der Fachwerkstatt aufgespürt werden müssen, so ist es bei diesen Störungen auch möglich, daß die Schleifkohlen verbraucht sind. Man ersetzt sie folgendermaßen:
Regler an der eingebauten Lichtmaschine abschrauben. Die darunter sitzenden Schleifkohlen herausziehen und deren Länge messen. Wenn sie nur noch 5 mm lang oder kürzer sind, können sie nicht mehr auf dem Schleifring der Lichtmaschine aufliegen und müssen ersetzt werden. Verbrauchte Schleifkohlen kann ein einigermaßen praktisch begabter Heimwerker mit dem Lötkolben selbst austauschen. Zum Austausch die beiden Anschlußlitzen der verbrauchten Kohlen auslöten, diese herausziehen und neue anlöten (Lötstellen nicht verwechseln). Neue Schleifkohlen sind 10 mm lang. Regler mit den neuen Schleifkohlen wieder anschrauben.
Bei der Delco Remy-Lichtmaschine ist es zum Ersatz der Schleifkohlen nötig, die Lichtmaschine teilweise zu zerlegen, da hier der Bürstenhalter innerhalb des Schleifringlagers untergebracht ist. Ebenso kann der Regler nicht mit einfachen Heimwerkermitteln ausgebaut werden.

Was sagt das rote Ladekontrollicht?

Auf die rote Ladekontrolleuchte ist nur teilweise Verlaß. Sie trügt nämlich insofern, als man glaubt, wenn sie verloschen ist, würde auch die Batterie aufgeladen. Das geschieht nur bedingt, da das Lämpchen durch sein Verlöschen lediglich anzeigt, daß die Spannung jene der Batterie erreicht und der Reglerschalter umgeschaltet hat. Ob die Leistung der Lichtmaschine im Leerlauf zum Laden der Batterie ausreicht oder ob diese noch für weitere Stromverbraucher – Licht, Radio, Gebläse, Scheibenwischer usw. – Strom aus eigener Kapazität hinzuliefern muß, ist nicht klar ersichtlich. Zur genauen Kenntnis dessen hilft nur die nachträgliche Installation eines Amperemeters, dessen Skala auf der Minusseite ebenso weit wie auf der Plusseite reichen muß (ein Gerät nur mit Plusanzeige taugt nicht viel).
Wenn Sie einmal den Schaltplan in der hinteren Buchklappe prüfen, können Sie erkennen, daß die Ladekontrolleuchte im Anzeigeinstrument einerseits am allgemeinen Plusanschluß für die Instrumente und andererseits am Kabel zum Regler, unter eventuellem Kontakt zum nicht immer vorhandenen Heizscheibenrelais, hängt. Steht die Lichtmaschine oder läuft sie nur wenig, dann hat dieses Pluskabel der Lichtmaschine keinen oder nur wenig »Plus«-Strom, ist praktisch also »Minus«, so daß die rote Lampe brennt, weil sie über den allgemeinen Armaturenbrett-Anschluß von der Batterie her Plus-Strom erhält. Liefert die Lichtmaschine jedoch genügend Strom, liegt an beiden Kabelenden der Ladekontrolle »Plus«, sie kann also nicht mehr leuchten.

Es muß die richtige Ladestromkontrollampe vorhanden sein (12 V/3 W). Ihre Hauptfunktion ist es, als Vorerregung zu dienen – im Betrieb ist sie nicht nötig, und sie hat dann eben nur die Aufgabe der Kontrolle, zu der sie aufleuchtet.

Wenn das rote Licht aufleuchtet

Wenn unterwegs plötzlich die rote Ladekontrolleuchte zu brennen beginnt, halten Sie sofort an! Öffnen Sie die Motorhaube und prüfen Sie

- ob der Keilriemen überhaupt noch vorhanden ist (er kann zerrissen und weggeflogen sein) oder
- ob der Keilriemen eventuell zerfranst ist oder nur lose über die Riemenscheibe rutscht.

Die Lösung beider Probleme finden Sie im Verlauf dieses Kapitels beschrieben. Sollte sich am Keilriemen kein Mangel feststellen lassen, prüfen Sie der Reihe nach

- ob die Kabelverbindung zwischen Lichtmaschine, Regler und Batterie in Ordnung sind.
- Lichtmaschine oder Regler können ausgefallen sein.

Die beiden letzten Möglichkeiten lassen es zu, mit eigener Kraft bis zur nächsten Autoelektrikwerkstatt weiterzufahren.
Welche Schlüsse aus einer im Betrieb glimmenden Ladekontrolleuchte gezogen werden können, ist im Abschnitt »Fehler einkreisen« auf Seite 169 erwähnt worden.

Störungsbeistand

Batterie und Lichtmaschine

Die Störung	– ihre Ursache	– ihre Abhilfe
A Rote Ladekontrolllampe brennt nicht bei Motorstillstand und eingeschalteter Zündung	Anzeigelampe durchgebrannt	Neue Lampe einsetzen
	Batterie entladen	Batterie aufladen
	Batterieklemmen lose, oxydiert oder Kabel defekt	Batteriekabel und -klemmen kontrollieren
	Zündschloß defekt	Behelfskabel zwischen Batterie und Zündspule ziehen
	Kabel zwischen Klemme D+ der Lichtmaschine und Lampe unterbrochen	Leitung überprüfen und instandsetzen
	Reglerschalter defekt	Austauschen
	Kurzschluß einer Plusdiode	Sofort Ladeleitung B+ abklemmen, sonst Entladung im Stand, mit Batteriestrom zur Werkstatt
	Kohlebürsten abgenutzt	Austauschen
	Oxydschicht auf Schleifringen, Unterbrechung der Läuferwicklung	Lichtmaschine instandsetzen lassen
B Ladekontrollampe brennt nach Ausschaltung der Zündung weiter	Reglerschalter defekt oder Kurzschluß in der Lichtmaschine	Kabel B+ lösen und mit Batteriestrom zur Werkstatt
C Ladekontrollampe erlischt bei höherer Drehzahl nicht	Keilriemen gerissen	Erneuern
	Leitung D+/61 hat Masseschluß	Leitung überprüfen und instandsetzen
	Reglerschalter defekt	Austauschen
	Gleichrichter schadhaft, Schleifringe verschmutzt, Masseschluß in Leitung DF oder Läuferwicklung	Lichtmaschine instandsetzen lassen

Die Störung	– ihre Ursache	– ihre Abhilfe
D Ladekontrollampe brennt im Stand richtig, aber glimmt bei Motorlauf	Übergangswiderstände im Ladestromkreis oder in der Leitung zur Anzeigelampe	Leitung ersetzen, Anschlüsse festziehen
	Reglerschalter defekt	Austauschen
	Lichtmaschinendiode defekt	Kabelstecker an Regler sofort abziehen und mit Batteriestrom zur Werkstatt
E Ladekontrollampe flackert bei mittlerer und hoher Drehzahl	Keilriemen locker	Nachspannen
	Klemmen gelockert oder Kabel defekt	Kabel und Anschlüsse zwischen Lichtmaschine, Regler und Batterie prüfen
	Bei Kontaktreglern Einstellung falsch (Flattern) oder Reglerwiderstand durchgebrannt	Reglerschalter austauschen
	Batterie defekt	Gegenprobe mit zuverlässiger Batterie
	Kurzschluß in der Lichtmaschine	Instandsetzen lassen
F Ladekontrollampe verlischt erst bei hoher Drehzahl	Lichtmaschine nicht in Ordnung	Prüfen lassen
	Reglerschalter arbeitet falsch	Austauschen
G Ladekontrollampe erlischt, leuchtet aber wieder schwach auf	Oxydierte oder verschmutzte Kontakte bewirken Spannungsabfall	Kontakte der Kabel säubern Reglerschalter überprüfen lassen

Keilriemenprobleme

Beschaffen Sie sich einen Ersatzkeilriemen und verstecken Sie ihn so lange im Kofferraum, bis Sie ihn – vielleicht – einmal brauchen. Der Keilriemen hat eine Länge von 960 mm und die Breite von 9,5 mm. Er ist bei Opel-Diensten, in Ersatzteilgeschäften und an manchen Tankstellen zu bekommen. Opel rüstet die Wagen seit 1976 mit »flankenoffenen« Keilriemen aus.
Immer hört man es nicht, wenn der Keilriemen abfliegt. Aber man sieht es am Aufleuchten der Ladekontrolleuchte bei laufendem Motor sofort (weil die Lichtmaschine nicht mehr angetrieben wird). Ebenso kann die Lampe brennen, wenn der Keilriemen nicht mehr die richtige Spannung hat und auf den Riemenscheiben durchrutscht.

Ein richtig gespannter Keilriemen muß sich unter Daumendruck etwa 10 – 15 mm durchbiegen lassen. Geübte Leute haben das im »Gefühl«.
Die Schrauben von Schwenkarm (Bild Seite 170) und Schwenklager werden etwas gelockert, wenn der Keilriemen nachgespannt werden muß. Dann Lichtmaschine nach außen drücken und Schrauben bei richtiger Keilriemenspannung wieder festziehen.

Aber ein allzu stramm gespannter Keilriemen beansprucht die Lager der Lichtmaschine übermäßig. Vorzeitiger Verschleiß der Lager, besonders des hinteren, ist die Folge. Im Prinzip ist die richtige Keilriemenspannung deshalb so wichtig, weil der Riemen die doppelte Leistung des Generators vom Motor übertragen muß.

Keilriemen-spannung prüfen

Pflegearbeit Nr. 18

Die Bedeutung der richtigen Keilriemenspannung wurde eben erläutert. Man kann mit einem verhältnismäßig einfachen Handgriff kontrollieren, ob die Spannung ungefähr stimmt: Drücken Sie von oben den Daumen auf halbem Weg zwischen den beiden Riemenscheiben kräftig auf den Keilriemen. Er soll sich etwa 10–15 mm durchbiegen lassen, wobei ein Druck von 10 kg zu geben ist.
In der Werkstatt bedient man sich eines Keilriemenspannungs-Prüfgerätes, das elektrisch arbeitet und eine Skala zum Ablesen der Spannung besitzt. Dabei soll die Spannung zwischen 15 und 30 kp, niemals darunter, liegen. Ein neuer Keilriemen wird beim Einbau mit 45 kp vorgespannt.
Den Keilriemen spannt man folgendermaßen: Etwas die obere Befestigungsschraube der Lichtmaschine lockern und ebenso den unteren Gelenkbolzen. Dann drückt man die Lichtmaschine kräftig vom Motor weg, dadurch spannt sich der Riemen. Lichtmaschine festhalten und zunächst die obere Schraube, dann die untere festziehen. Riemenspannung erneut kontrollieren und gegebenenfalls nochmals korrigieren. Diese Arbeit ist für alle 20 000 km vorgesehen. Man soll sie auch 1000 km nach jeder Motorüberholung (oder nachdem ein neuer Riemen aufgelegt wurde) vornehmen.

Der Anlasser

Der zum Starten dienende Elektromotor, der Anlasser, sitzt am Motor rechts hinten, und er leistet etwa 0,7 kW. Ein derart kräftiger Anlasser ist sogar in der Lage, das Auto notfalls von der Stelle zu bringen. Es ist nämlich schon vorgekommen, daß durch irgendeinen unglücklichen Umstand der Motor ausgerechnet auf dem Bahnübergang abstirbt und in der Ferne schon der Zug naht. Ruhig Blut, eingelegter kleiner Gang und betätigter Anlasser retten aus solcher Situation. Aber für eine weiterreichende Reise eignet sich der Anlasser natürlich nicht, denn in seinem Innern verschmoren bei anhaltender Belastung die Wicklungen aus Draht.
Die Opel-Modelle sind mit Anlassern ebenfalls von Bosch oder Delco Remy ausgerüstet. Dabei handelt es sich um Schubschraubtrieb-Anlasser mit Magnetschalter. Das bedeutet, daß solch ein Anlasser beim Schließen des Stromkreises sein Antriebsritzel (Zahnrad) auf den Zahnkranz des Motorschwungrades schiebt und dieses erst dann – rechts herum – zu drehen beginnt. Ein Freilauf am Ritzel verhindert Belastungen des Anlassers, wenn der schnell startende Motor das Ritzel noch nicht gleich freigegeben hat und auf dem Schwungrad noch mitdreht. Natürlich schiebt sich das Anlaßritzel selbsttätig zurück, sowie der Zündschlüssel aus der Stellung »Starten« zurückgedreht wird. Der Anlasser hat Dauerschmierung, Störungen kommen selten vor.

Anlasser-Wartung

Der Aufbau des Anlassers ist dem einer Gleichstromlichtmaschine, die man nur noch in kleinen Autos antrifft, sehr ähnlich. Er stellt also kaum höhere Ansprüche, wird aber wegen der zum Überprüfen erforderlichen Demontage besser von der Werkstatt kontrolliert. Die Kohlebürsten und der Kollektor sind dem Verschleiß unterworfen und müßten eigentlich nach zwei bis drei Jahren einmal überprüft werden. Das tut aber selten jemand. Mindestlänge der Bürsten 11,5 mm. Nach langer Betriebszeit haben sich die Kohlebürsten derart abgeschliffen, daß ihre Metallsockel Rillen in den Kollektor graben und der Kollektor abgedreht werden muß.

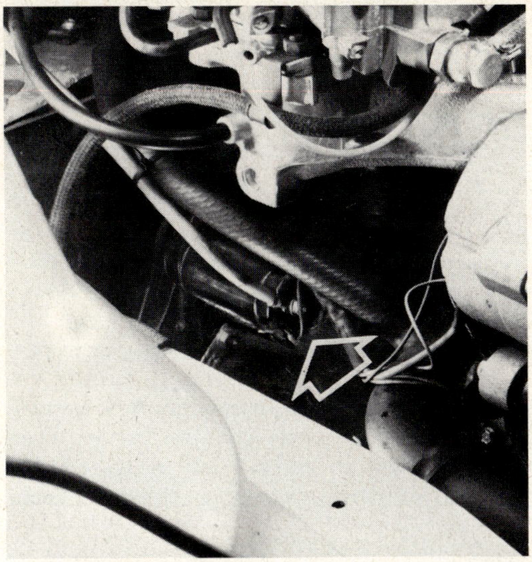

Der Anlasser am Motor. Das starke, von der Batterie herangeführte Kabel liefert ständig Strom an Klemme 30.

Diese Arbeit ist in einer Elektrowerkstatt billiger als womöglich einen neuen Anlasser einbauen zu lassen. Aber Ihr Wagen steht dann ein paar Tage still. Zum Abschleifen des Kollektors muß die Ankerwelle in ein Backenfutter mit Kugellager an jeder Backe eingespannt werden, um sonst entstehende Unrundheit auszuschließen. Das Abdrehen kann nur bis zu einem bestimmten Mindestmaß des Kollektors erfolgen. Mittels Kollektorsäge und Ziehstahl sind dann die Segmente nachzuschneiden. Abschließend wird der Kollektor mit Polierleinen bearbeitet.
Wenn der Anlasser sich beim Startversuch nicht dreht, dann ist zuerst eine schwache Batterie zu vermuten. Auch die Kabelverbindungen muß man, bevor dem Anlasser zu Leibe gerückt wird, auf guten Sitz überprüfen.
Sind diese möglichen Störungsversuche beseitigt, wird der immer noch nicht funktionierende Anlasser einen Kurzschluß in seinen »Eingeweiden« oder in dem oben darauf sitzenden Magnetschalter haben. Der Wagen muß angeschoben oder angeschleppt werden. Bisweilen hilft es auch – besonders bei heißgefahrenem Motor –, gegen den Magnetschalter oben auf dem Anlasser zu klopfen. Durch Gegenklopfen kann der hängengebliebene Schalter gelöst werden.
Fehlende Zähne am Antriebsritzel und am Zahnrad des Schwungrades machen sich durch Geräusche und ruckweises Durchdrehen bemerkbar.
Verbrauchte Kohlebürsten im Anlasser müssen immer paarweise ersetzt werden, auch wenn nur eine verbraucht und die andere anscheinend noch in Ordnung ist. Ein Satz der passenden Kohlebürsten kostet etwa 3 Mark. Die Kohlebürsten werden von Federn innerhalb von Fühlungshülsen gegen den Kollektor gedrückt. Die Kohlenlitzen sind an den Ankerwicklungen aus Aluminium angeschweißt, zum Ersatz muß man die Kohlen abschlagen. Die neuen Kohlen muß man auf das Kabelende stecken und anlöten, die Litzen selbst lassen sich nicht anlöten. Zur Reinigung des Kollektors eignet sich ein mit Tetrachlorkohlenstoff (Fleckenreinigungsmittel) getränktes Stück Tuch, womit man über die Segmente des Kollektors reibt. Die Lager ölt man vorn und hinten an der Welle mit dem schwarzen Bosch-Fett »Ft 2 v 3«.

Funken-Feuer

Besonderen Ärger können Störungen an der Zündanlage bereiten, denn dem Uneingeweihten erscheinen die elektrischen Vorgänge im Auto äußerst undurchsichtig. Die einzelnen Aggregate der Zündanlage und ihre Arbeitsweise werden auf den folgenden Seiten leicht verständlich beschrieben. Danach ist es gewiß möglich, einmal auftretende Störungen zu erkennen und selbst zu beheben, und vor den notwendigen Wartungsarbeiten braucht man überhaupt keine Hemmungen zu haben.

Ein paar Takte Theorie

Für die Entzündung des vom Vergaser produzierten Benzin-Luft-Gemischs besitzen alle Autos eine untereinander vergleichbare elektrische Anlage. Damit diese Verbrennung möglichst vollständig vor sich geht, wird sie für jeden Zylinder – sekundenbruchteilgenau – so gesteuert, daß der Kraftstoff optimal verwertet wird und die sich entfaltende Kraft am wirkungsvollsten ausgenutzt werden kann. Die Zündung muß in dem Augenblick erfolgen, wenn sich der auf- und abgehende Kolben gerade in der für die Arbeitsaufnahme günstigsten Stellung aufhält.

Die Zündkerzen sorgen für die Entflammung des Gemischs. An ihren Elektroden (Drahtstiften) springt der Funke über. Beim Start werden die Funken von der Batterie und während der Fahrt werden sie von der Lichtmaschine geliefert. Die 12 Volt der Batterie reichen aber bei weitem nicht, um gegen den Druck des im Zylinder zusammengepreßten Gemischs einen genügend kräftigen Zündfunken überspringen zu lassen. Für die erforderliche Hochspannung sorgt die Zündspule mit mehr als 10 000 Volt. Diese Stromspannung hat schlagartig und zur rechten Zeit an jeder einzelnen Zündkerze vorhanden zu sein – dafür sorgt der Zündverteiler.

Wie entsteht der Zündfunke?

Elektrischer Strom kann nur in einem geschlossenen Stromkreis fließen. Dieser Weg führt im Auto vom Pluspol der Batterie oder Lichtmaschine zum Stromverbraucher und durch diesen zur »Masse« (siehe Seite 191), von wo er wieder zum Minuspol der Batterie gelangt.

Bei der Batteriezündung, wie man diese Anlage auch nennt, gibt es einen doppelten Stromkreis, zwei Stromkreise sind gewissermaßen ineinander verschlungen. Im ersten, dem Primärstromkreis, fließen 12 Volt von Batterie oder Lichtmaschine und im zweiten, dem Sekundärstromkreis, der hochgespannte Strom für den kräftigen Zündfunken. Im Primärstromkreis kommt der Strom vom Pluspol der Batterie über das Zündschloß zur Zündspule, dann durch eine Wicklung aus dickem Draht – die Primärwicklung – weiter zum »Untergeschoß« des Zündverteilers. Dort wird der Primärstrom über den Unterbrecher, solange dieser geschlossen ist, wieder an »Masse« geleitet. Somit ist der Primärstromkreis geschlossen. In der dicken Drahtwicklung der Zündspule entsteht dabei ein magnetisches Feld, das durch einen Eisenkern in der Mitte noch verstärkt wird.

Der öffnende Unterbrecher des Zündverteilers unterbricht den Primärstromkreis und das Magnetfeld und die Primärwicklung der Zündspule fallen schlagartig zusammen. Dabei entsteht in der zweiten Drahtwicklung der Zündspule, in der Sekundärwicklung, die aus vielen Lagen dünnen Drahtes gewickelt ist, ein plötzlicher Stromstoß bis zu 25 000 Volt für den Zündfunken. Diese Erzeugung elektrischer Spannung heißt Induktion = Entwicklung elektrischer Spannung durch Änderung des Magnetfeldes.
Der hohe Stromstoß gelangt über eine Zündleitung in das »Obergeschoß« des Verteilers, wo der sich drehende Verteilerläufer die vier Kontakte in der Verteilerkappe und somit die Zündkabel zu den Zündkerzen versorgt: Der Zündstrom springt an den Kerzenelektroden über und das Gemisch im Brennraum wird entzündet. Weil der Funke wieder an Masse – an die Masse-Elektrode – springt, schließt sich dabei der Sekundärstromkreis. Der Verlauf des Stromweges läßt sich im Schaltplan verfolgen.

Der Zündanlaßschalter

Der Strom für die Zündanlage muß, um zum Motor zu gelangen, über den Zündanlaßschalter (auch Zündschloß genannt) fließen. Dieser Schalter ist ein möglicher Störungsherd, will Ihr Opel einmal nicht anspringen. Die Anleitung des Störungsfahrplans in der vorderen Buchklappe gibt Ihnen die Möglichkeit, einen Fehler einzukreisen. Ob der vermerkte Defekt tatsächlich im Zündschloß vorhanden ist, stellt man mit ein paar Kontrollen fest.
Zuerst sind die Kabelverbindungen zu prüfen. Stecker an der Lichtmaschine, bei Bosch-Anlage auch am Regler, sowie die Anschlüsse am Verteiler und Anlasser müssen fest sitzen. Um festzustellen, ob überhaupt Strom – bei eingeschalteter Zündung – vorhanden ist, schalten Sie das Parklicht ein. Denn der Batteriestrom fließt über die Anlasserklemme 30 zur Lichtmaschine Klemme B + und gleichzeitig zum Zündanlaßschalter Klemme 30 und von diesem Schalter ab Klemme P über den Parklichtschalter zu den beiden Parkleuchten. Brennt das Licht, dann ist zur weiteren Überprüfung das schwarz-rote Kabel an der Klemme 50 am Anlasser zu lösen, ein Helfer dreht den Zündschlüssel auf Start, und das blanke Kabelende wird zugleich an Masse getippt. Es muß funken. Funkt es nicht, liegt der Fehler am Zündschloß. Da es zu umständlich ist, unterwegs an dieses Anlaßschloß heranzukommen (die Verkleidung ist abzunehmen, das Lenkrad muß nicht abgezogen werden), ist es einfacher, den Fehler auf die beschriebene Art zu suchen.
Trotz des defekten Zündschlosses kann man den Opel in Gang setzen. Voraussetzung ist allerdings, daß das Lenkschloß nicht blockiert ist, denn ohne lenken zu können nutzt der laufende Motor wenig. Überzeugen Sie sich ruhig einmal davon, daß man den Anlasser auf ganz einfache Art drehen lassen kann. Halten Sie – ohne Hemmungen zu haben – einen Schraubenzieher zur Überbrückung der Klemmen 30 und 50 an die Anschlüsse. Vergessen Sie dazu nicht, den Ganghebel in Leerlaufstellung zu bringen.
Wie bei normal eingeschalteter Zündung soll jetzt aber der nötige Zündstrom zur Zündspule, zum Verteiler und zu den Zündkerzen fließen. Das funktioniert, wenn man ein zusätzliches Kabel zieht. Bei eingebauter Bosch-Lichtmaschine wird an der Plusklemme des Spannungsreglers (rotes Kabel) ein Überbrückungskabel zur Klemme 15 an der Zündspule eingezogen. Dieser Anschluß entspricht bei der Delco-Remy-Lichtmaschine der Klemme 1, wo das blau-weiße Kabel zum Heizscheibenrelais angeschlossen ist. Bei diesem Vorgang sollte man, solange gearbeitet wird, das Minuskabel der Batterie lösen, um Kurzschlüsse zu vermeiden. Das originale schwarze Kabel, das von der Zündspule Klemme 15 zum Anlaßschalter Klemme 16 führt, wird sicherheitshalber – um

Die wahlweise zum Einbau kommende Delco-Remy-Zündspule. Klemme 1 führt zum Verteiler, das schwarze Kabel an Klemme 15 zum Anlasser und das andere daran angeschlossene Kabel zum Zünd-Anlaß-Schalter. Dieses zweite Kabel ist beim Opel ein Widerstandskabel, das vor der Zündspule den Spulenstrom begrenzt. Während des Betriebes kann es sich erwärmen. Durch dieses Widerstandskabel wird erreicht, daß beim Starten und während der Fahrt immer die volle Spulenleistung zur Verfügung steht.

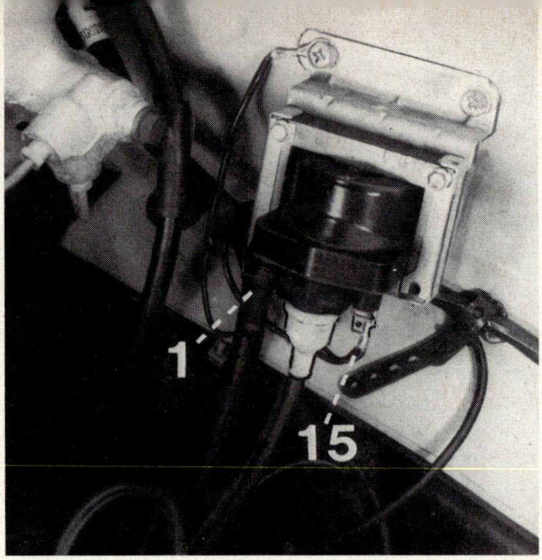

den eventuellen Kurzschluß nicht wieder aufzunehmen – abgeklemmt. Dieses Kabel kann für die beschriebene Überbrückung verwendet werden, wenn kein anderes zur Hand ist. Auf diese Weise hat man das Zündschloß übergangen, der Anlasser wird, wie erwähnt, in Tätigkeit gesetzt, und man kommt vom Fleck. Das defekte Zündschloß muß in der Werkstatt ausgewechselt werden. Das Glimmen der roten Ladekontrolle ist in diesem Falle bedeutungslos, weil sie jetzt ohne Gegenstrom bleibt, der sie verlöschen läßt. Auch die Funktion der anderen Instrumente ist nicht gewährleistet.

Die Zündspule

Die Zündspule ist am Innenblech des Motorraums links befestigt. Zu warten oder zu reparieren gibt es an ihr nichts. Sie soll aber immer sauber und trocken sein, damit Kriechströme und überspringende Funken vermieden werden. Folgende Zündspulen werden verwendet: Entweder die (konventionell trommelförmige) Bosch-Spule DF 0,7 KW 12 V oder der äußerlich davon sehr unterschiedliche Delco Remy-Typ 12 V DR 502. Beide Typen sind auch in anderen Opel-Modellen eingebaut.

Beide Zündspulen sind mit einem Vorwiderstand von 1,8 Ohm verbunden. Es ist dies das schwarze Kabel an Klemme 15 zwischen Zündspule und Zündschloß. Die Bosch-Zündspule ist schwarz; im Handel sind auch KW-Spulen (mit Vorwiderstand) in roter Farbe, die wegen anderer Vorwiderstandswerte nicht genommen werden dürfen. Wird anstelle des Vorwiderstandskabels ein normales Kabel angeschlossen, so ergibt das übermäßig starken Verschleiß der Unterbrecherkontakte, weil solche KW-Spulen nur 7–9 V anstelle von 12 V haben. Das gleiche trifft für die Zündspule von Delco Remy zu. Da dieser Spulentyp kein abschirmendes Stahlblechgehäuse besitzt, kann es bei ihm zu Schwierigkeiten bei der Entstörung kommen, die aber innerhalb der Anlage beim Opel weitgehend eliminiert wurden. Zündungsmäßig ist auch die Delco Remy-Spule als gut zu bezeichnen.

Zündspulen mit Vorwiderstand ermöglichen einen schnelleren Aufbau des Magnetfeldes, sie sind im Prinzip für höhere Drehzahlen geeignet. Außerdem haben sie weniger Windungen auf der Primärseite als Spulen ohne Vorwiderstand, der wiederum für die Ruhestromsicherung wichtig ist. Nicht ruhestromsichere Spulen, wie sie früher in Kleinwagen üblich waren, können bei eingeschalteter Zündung und stehendem Motor explodieren. Deren Stromaufnahme ist nur für einen Kurzschlußstrom von etwa 1,8 A ausgelegt, während Hochleistungsspulen (Bosch: »K«) 4 A und Vorwiderstandsspulen (Bosch: »KW«) 5 A aufnehmen können.

Zündspule prüfen

■ Zuerst prüfen, ob aus der Zündspule überhaupt hochgespannter Zündstrom durch das dicke Hauptzündkabel »herauskommt«. Dazu Hauptzündkabel aus der Mittelbuchse des Verteilers ziehen. Motor (ohne Gasgeben) von Helfer starten lassen und blankes Hauptzündkabelende auf etwa 10 mm gegen Masse halten. Springen kräftige Funken über, ist es wahrscheinlich nicht die Zündspule (sie kann aber bei hohen Drehzahlen dennoch aussetzen).

War diese Hochspannungsprüfung unbefriedigend, müssen Sie feststellen, ob die Kontakte der Zündspule überhaupt Strom erhalten. Am besten eignet sich dazu eine selbstgebastelte Behelfsprüflampe (an eine alte Scheinwerferlampe mit noch einem intakten Glühfaden zwei entsprechend lange Kabel andrillen oder festlöten). Deren Eigenverbrauch von mindestens 40 Watt gibt durch unterschiedlich helles Leuchten auch den Hinweis, ob der Innenwiderstand der Zündspule noch groß genug ist oder ob sich ein Kurzschluß eingeschlichen hat. Noch genauer ist ein parallel zur Behelfsprüflampe geschaltetes Voltmeter. Weniger geeignet ist eine gewöhnliche Elektrik-Prüflampe, denn deren geringerer Eigenverbrauch zeigt nur, ob überhaupt Strom fließt, sagt aber nichts über die Widerstandswirkung.

Als Vorbereitung zur Prüfung an Klemme 1 der Zündspule das Kabel zum Unterbrecher lösen, damit der Stromweg über die Unterbrecherkontakte unterbrochen ist und durch die Behelfsprüflampe fließen muß.

■ Zündung einschalten: Lade- und Öldruckkontrolle müssen brennen.

■ Ein Ende des Prüflampenkabels (und Plus-Klemme des Voltmeters) an Klemme 15 der Zündspule drücken, das andere Ende (und Minus-Klemme des Voltmeters) an Masse: Die Lampe muß hell brennen, das Voltmeter zeigt etwa 8,5 Volt. Brennt aber nichts, dann ist die Zuleitung vom Zündschloß her unterbrochen.

■ Gleiche Prüfung an Klemme 1 der Zündspule: Die Behelfsprüflampe brennt sehr trübe (Voltmeter zeigt etwa 5 Volt). Brennt nichts, ist die Primärwicklung der Zündspule unterbrochen. Brennt sie zu hell, Kurzschlußüberbrückung in der Zündspule. Neue Zündspule einbauen.

■ Sind die Leucht-(und Meß-)Ergebnisse gut, gibt es aber trotzdem keinen guten Zündfunken, kann die Sekundär-(Hochspannungs-)Wicklung der Zündspule defekt sein. Oder es liegt am Kondensator.

Der Zündverteiler

Wie andere Teile der Zündanlage, kann auch der Zündverteiler entweder von Bosch oder von Delco Remy stammen. Im Aufbau unterscheiden sich diese nicht wesentlich.

Bei Bosch wird der Verteilerdeckel von zwei federnden Klammern gehalten, bei Delco Remy ist er mit zwei Schrauben befestigt.

Man bezeichnet das ganze Aggregat als Verteiler, obwohl die eigentliche Verteilerfunktion nur vom Läufer und vom Deckel ausgeübt wird. Sein Antrieb geschieht über eine Welle mit Zahnrad, das mit einem solchen der Nockenwelle in Eingriff steht. Die Verlängerung der Verteilerwelle treibt die in der Ölwanne befindliche Ölpumpe an.

Auf dem oberen Ende der Welle sitzt der Verteilerläufer, dessen Metallzunge in geringem Abstand an den vier Kontakten der Hochspannungsanschlüsse im Verteilerdeckel vorbeidreht. Der Läufer muß den im richtigen Zündzeitpunkt produzierten hochgespannten Stromstoß den Zündkerzen zuführen.

Diesen Stromstoß bekommt er über den Mittelanschluß im Verteilerdeckel von der Zündspule. Bei einem Viertaktmotor leistet jeder Zylinder auf zwei Kurbelwellenumdrehungen nur einen Arbeitstakt. Auf zwei Kurbelwellenumdrehungen entfallen vier Zündungen, eine für jeden der vier Zylinder. Daraus geht hervor,

Auf diesen beiden Seiten sind die zwei möglichen Zündverteiler abgebildet, auf dieser Seite der Bosch-, auf der rechten Seite der Delco-Remy-Verteiler. Jeweils sind Verteilerkappe, Läufer und Kondensschutz entnommen. Die folgend angezeigten Teile sind von Bedeutung: 1 – Kondensator, 2 – Unterbrecherkontakte, 3 – Stellschraube zum Verändern des Kontaktabstandes, 4 – Unterbrecherhebel, 5 – Schmierfilz, 6 – Antriebswelle mit Unterbrechernocken, 7 – Unterdruckdose, 8 – Hebel der Unterdruckverstellung.

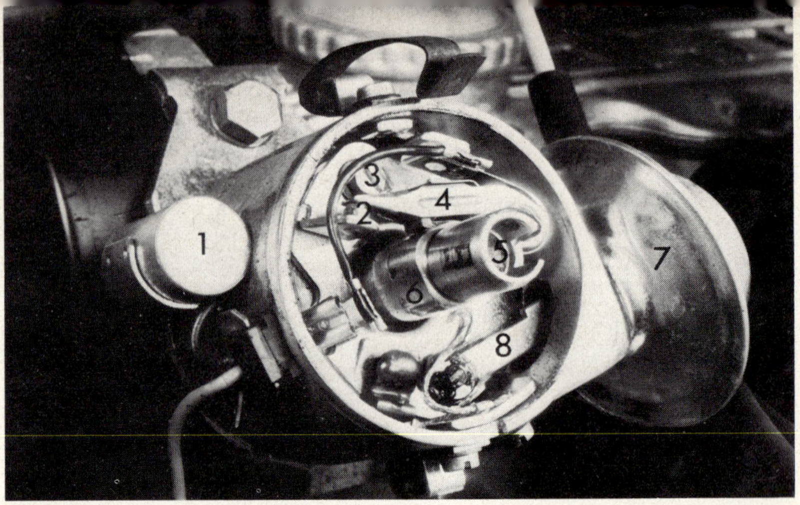

daß die Drehzahl der Verteilerwelle und der sie antreibenden Nockenwelle gleich der halben Drehzahl der Kurbelwelle ist.
Das obere Ende der Verteilerwelle trägt einen Schmierfilz, der etwa alle halbe Jahre mit einigen Tropfen Motoröl zu versorgen ist. Die Deckelinnenseiten müssen sauber sein. Wenn man Kratzer oder gar Risse entdeckt, muß der Deckel ausgewechselt werden. Die Kohle, die in der Mitte durch Federkraft gegen die Metallzunge gepreßt wird, soll in ihrer Führung leichtgängig sitzen.
Opel umhüllt den Zündverteiler mit einer Schutzkappe, die von dem sonst empfindlich reagierenden Gerät nahezu alle Nässe abhält. Dennoch sollte man bei einer Motorwäsche vorsichtig sein, zumal wenn der Motor noch warm ist, da der sich entwickelnde Wasserdampf durch alle Ritzen kriecht und dann Zündstörungen verursacht.

Der Kondensator

Beim Bosch-Verteiler sitzt der Kondensator außen am Verteilergehäuse, beim Verteiler von Delco Remy findet man ihn, wenn der Verteilerdeckel abgenommen ist. Der Kondensator hat die Form einer Kleinbildfilmspule. Er speichert Strom und hat die Aufgabe, Funkenbildung am Unterbrecher, der im folgenden Abschnitt besprochen wird, zu unterdrücken. Er hemmt den Abbrand der Unterbrecherkontakte und fördert das schlagartige Zusammenbrechen des Magnetfeldes in der Zündspule (je schneller das Magnetfeld zusammenbricht, um so höher wird die Spannung und um so besser ist der Zündfunke).
Ein schwacher Zündfunke, dessen Ursache man zunächst als Fehler in der Zündspule vermutet, kann auch an einem defekten Kondensator liegen. Dieser ist durch das grüne Kabel mit Klemme D der Zündspule verbunden. Eine genaue Prüfung des Kondensators auf »Durchschlag«, also Kurzschluß, Isolationsverlust und ausreichende Kapazität ist nur bei einem Autoelektrikdienst möglich. Wenn der Kondensator allerdings total ausgefallen ist, läßt sich dies eventuell bei abgenommenem Verteilerkopf an überspringenden starken Funken zwischen den Unterbrecherkontakten erkennen. Dabei muß ein Helfer den Motor mit dem Zündschlüssel starten.
Auch völliger Kurzschluß der Masse ist bei voll geöffneten Unterbrecherkontakten mittels Prüflampe erkennbar, die zwischen Klemme D (1) der Zündspule und dem davon abgezogenen grünen Kabel geschaltet wird. Da die Unterbrecherkontakte geöffnet sind, besteht bei eingeschalteter Zündung kein legaler Weg des Batteriestroms zur Masse und die Prüflampe darf nicht aufleuchten. Fließt der Strom jedoch über einen Kurzschluß im Kondensator zur Masse, leuchtet die Prüflampe auf. Auch bei stark verschmorten Unterbrecherkontakten, die noch

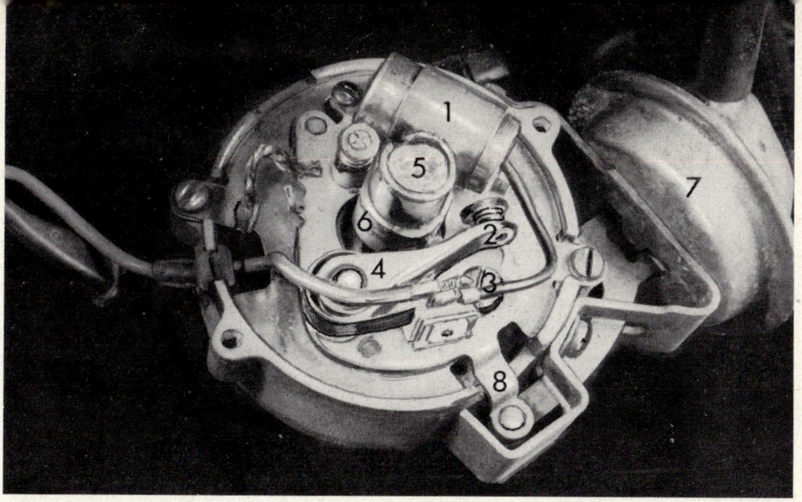

Erläuterungen siehe Bildtext der linken Seite.
Wenn der Nocken (6) für den Unterbrecherhammer nicht geschmiert wird, nutzt sich das Gleitstück am Unterbrecherhebel (4) relativ schnell ab. Trotz neuer Kontakte kommt es dann bald zu neuen Zündstörungen.

nicht lange im Betrieb sind, besteht Verdacht auf einen defekten Kondensator. Langes Prüfen rentiert sich indessen meist nicht, zumal der Preis des Kondensators nur bei 5 Mark liegt. Ein neuer Kondensator muß bei 50 bis 1000 Hz ebenfalls eine Kapazität von 0,15 bis 0,23 µF aufweisen.

Der Unterbrecher

Im Zündverteiler dreht sich die Verteilerwelle und auf ihr die Unterbrechernocken. Sie heben den Unterbrecherhebel ab. Der Unterbrecher bestimmt den Zündzeitpunkt, indem er den Primärstrom in der Zündanlage unterbricht, damit in der Sekundärwicklung der Zündspule (durch »Induzieren«) hohe Spannungen entstehen. Die Leistung des Motors ist vom Überspringen des Zündfunkens im richtigen Augenblick – vom Zündzeitpunkt – abhängig.
Wenn der Druck des brennenden Benzin-Luft-Gemischs unmittelbar bei Beginn der Abwärtsbewegung des Kolbens am größten ist, hat der Motor die beste Leistung. Zum vollen Entflammen des Gemischs wird stets eine gleichbleibende Zeit benötigt, die zwar nur rund 1/3000 Sekunde beträgt, wegen der hohen Geschwindigkeit des Kolbens aber zu einem bestimmten Zeitpunkt eher einsetzen muß.
Bei zu früh gelegtem Zündzeitpunkt schlägt das bereits entflammte Kraftstoff-Luft-Gemisch dem noch aufwärts strebenden Kolben entgegen: Der Motor klopft. Gibt man zuwenig Frühzündung, wird die Energie des Kraftstoffs nicht vollständig ausgenutzt und der Motor hat nur eine ungenügende Leistung. Die für wechselnde Geschwindigkeiten notwendige Zündverstellung arbeitet automatisch.

Die Zündverstellung

Bei steigender Motordrehzahl muß der Zündfunke früher überspringen, weil zur Verbrennung des Gemischs weniger Zeit bleibt. Die Verstellung des Zündzeitpunktes wird durch einen Fliehkraftregler besorgt, der mit der Verteilerwelle verbunden ist. Diese Fliehkraftverstellung wird über einen sehr großen Drehzahlbereich besorgt. Eine zusätzliche Zündverstellung für Teillast findet mit Hilfe von Unterdruck statt.

Fliehkraftverstellung

Durch ihr Eigengewicht verschieben sich bei zunehmender Drehzahl die Fliehgewichte auf der Scheibe der Fliehkraft-Zündverstellung entgegen der Spannkraft ihrer Haltefedern nach außen. Bei dieser Ausdehnung wird durch eine kleine Übersetzung die Verteilernockenwelle in ihrer Umlaufrichtung (rechtsdrehend) vorgestellt. Verteilernockenwelle und Verteilerantriebswelle sind nicht starr verbunden, sondern gegeneinander drehbar gelagert.

Somit werden die Unterbrecherkontakte mit steigender Drehzahl früher geöffnet, was zunehmende Frühzündung bewirkt. Bei abnehmender Drehzahl vermindern die Federn die Frühzündung wieder. Fliehgewichte und Rückholfedern sind genau aufeinander abgestimmt. Eine fehlerhafte Veränderung oder eine Störung an ihnen kann nur die Fachwerkstatt feststellen. Man kann eine Störung vermuten, wenn der Motor bei sonst einwandfreier Zündanlage in höheren Drehzahlbereichen nicht auf Leistung kommt, obwohl im Leerlauf der Zündzeitpunkt stimmt.

Unterdruckverstellung

Die seitlich am Zündverteiler angebrachte Blechdose regelt die Unterdruckverstellung. Diese Unterdruckdose ist durch einen dünnen Schlauch mit der Ansaugleitung des Motors kurz vor der Drosselklappe im Vergaser verbunden. Wenn die Drosselklappe im Leerlauf vollkommen geschlossen oder bei Vollgas geöffnet ist, herrscht an dieser Stelle kein nennenswerter Unterdruck. Ist jedoch bei halb durchgetretenem Gaspedal die Drosselklappe nur teilweise geöffnet, entsteht in der Ansaugleitung ein mehr oder weniger kräftiger Unterdruck, der die Saugleitung in der Unterdruckdose eine Membrane anzieht. Diese betätigt eine Zugstange zum Verteiler und zieht dort die drehbare Unterbrecherplatte an. Dabei wird die Unterbrecherplatte entgegen der Drehrichtung des Verteilernokkens bewegt, so daß die Unterbrecherkontakte früher geöffnet werden.
Die Unterdruckdose kann durch äußere Einwirkung oder Korrosion undicht geworden sein, es ist aber auch möglich, daß die Membrane bei einer Fehlzündung durch Rückschlag in den Vergaser gerissen ist. Dann muß die Unterdruckdose ersetzt werden, da sich sonst der Kraftstoffverbrauch erhöht und die Leistung des Motors im Teillastbereich abfällt. Eine Reparatur der Unterdruckdose ist nicht möglich. Die Schlauchanschlüsse der Unterdruckleitung müssen fest auf dem Stutzen sitzen.

Die Unterbrecherkontakte

Die Kontakte des Unterbrechers besitzen eine sehr dünne Auflage von Wolfram-Metall. Das ständige Öffnen und Schließen des Stromkreises hat einen unvermeidbaren Verschleiß durch Abbrand, Verschmoren oder Metallwanderung zur Folge, obgleich gerade Wolfram sehr widerstandsfähig ist. Durch den Abbrand (bei kleiner Drehzahl am größten) entsteht aus der punktförmigen Berührungsstelle zwischen Hammer- und Amboßkontakt bereits nach 1000 km Laufstrecke eine breitere Berührungsfläche, wobei sich die ursprünglich ebene Kontaktseite vom Hammer der Wölbung des Amboßkontaktes anpaßt. Der entstandene Kontaktquerschnitt ermöglicht einen besseren Durchfluß des notwendigen Maximalstroms von 5 Ampere.
Leider bilden sich mit der Zeit noch weitere Krater und Höcker, die eine genaue Messung des Kontaktabstandes mit der Fühlerlehre unmöglich machen. Anstatt den Wolframbelag, der äußerst dünn ist, glattzufeilen, tauscht man nach Verschleiß die Kontakte einfach aus. Sie kosten nur rund 3 Mark. Im Schnitt rechnet man für ihre Lebensdauer 15 000–25 000 km, wenn die Zündanlage nur einigermaßen in Ordnung ist.

Unterbrecherkontakte prüfen und nachstellen

Pflegearbeit Nr. 16

Gleichzeitig mit der Zündeinstellung soll man alle 20 000 km den Zustand der Unterbrecherkontakte und ihren Abstand voneinander überprüfen. Es besteht aber keine Vorschrift, sie grundsätzlich bei jeder Inspektion auf den Schrott zu werfen. Bei einwandfreier Zündanlage müssen die Kontakte etwa doppelt so lange einsatzbereit sein.

Zustand der Unterbrecherkontakte

Zur Prüfung löst man – je nach Fabrikat des Verteilers – entweder die beiden Befestigungsschrauben des Verteilerdeckels oder dessen Klammern und hebt

diesen ab. Der auf der Verteilerwelle sitzende Läufer wird abgezogen; er kann später nicht verkehrt befestigt werden, weil sein Fuß nur in einer Stellung auf die Antriebswelle paßt. Dann nimmt man noch den ringförmigen Schutzdeckel ab. Mit einem kleinen Werkzeug drückt man den Unterbrecherhebel etwas zur Seite und gewinnt dabei den Blick auf die Kontaktflächen.
Das Aussehen der Kontakte hat verschiedene Bedeutungen:

- Kontakte silberartig, wie hell poliert: Zündanlage in Ordnung
- grauer Überzug durch Oxydation: zu kleiner Kontaktabstand oder zu geringer Kontaktdruck
- verbrannt, blau angelaufen: Kondensator oder Zündspule nicht einwandfrei
- verkrustet: Öl, Fett oder Schmutz zwischen die Kontakte geraten.

Sind die Kontakte verkrustet, dann kann man mit einem scharfkantigen Schraubenzieher oder Taschenmesser den Schmutz abschaben (keine Feile oder Schmirgelleinen dazu verwenden). Anschließend ein Läppchen um einen dünnen Holzstab wickeln und mit Tetrachlorkohlenstoff (als Fleckenreinigungsmittel in Drogerien bekannt) tränken. Damit die Kontakte abwischen. Kein Benzin verwenden, da die Kontakte dagegen empfindlich sind.
Im Do-it-yourself-Verfahren mißt man den Abstand mit einer Fühlerblattlehre, die auch zum Prüfen des Ventilspiels gebraucht wird. Zwischen den Kontakten soll bei voller Öffnung durch den Nocken ein Abstand von 0,4 mm bestehen. Zum Messen wird der Wagen bei eingelegtem 3. oder 4. Gang und bei geöffnetem Verteiler langsam so geschoben, bis der Verteilernocken die Kontakte auf größte Öffnung gebracht hat. Jetzt ist die 0,4-mm-Blattlehre dazwischenzuschieben. Sie soll die Kontakte nicht auseinanderdrücken oder Spiel haben.
Stimmt der Abstand nicht, muß die Schlitzschraube, die den Unterbrecheramboß festhält, ein wenig gelockert werden. Dann verschiebt man den Amboßhalter mit dem Schraubenzieher an der dafür vorgesehenen Kerbe auf der Grundplatte so weit, bis der Kontaktabstand stimmt. Schraube festziehen und nochmals messen, eventuell erneut – verbessert – einstellen.

Schließwinkel einstellen

Den Kontaktabstand mit der Fühlerblattlehre zu messen, ist jedoch eine veraltete und ungenaue Methode. In Opel- und Autoelektrik-Werkstätten stellt man statt dessen den Schließwinkel ein. Unebene Kontakte, die das Messen mit der Fühlerblattlehre negativ beeinflussen, stören dabei nicht. Der Schließwinkel besagt, um wieviel Winkelgrad sich die Verteilerwelle vom Schließen der Unterbrecherkontakte bis zu ihrem Öffnen weiterdreht. Je näher man die Kontakte aneinanderbringt, um so größer muß der Schließwinkel werden, weil die dicht beieinanderliegenden Kontakte länger geschlossen bleiben. Dagegen ist der Schließ-

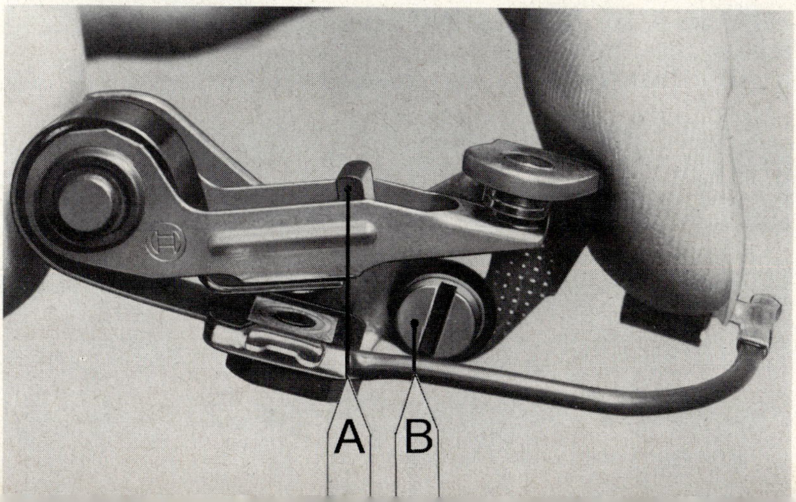

Das ist der auf Seite 184 erwähnte Unterbrecherkontakt von Bosch, bei dem der Verschleiß des Gleitstücks durch Verwendung dauerhaften Materials wesentlich herabgesetzt ist.
A – Polyimid-Gleitstück,
B – unverlierbare Befestigungsschraube, die eine sonst zum Verteiler gehörende Befestigungsschraube ersetzt.

Unterbrecherkontakte austauschen

winkel bei größerem Kontaktabstand kleiner. Andererseits ist der Kontaktverschleiß bei zu kleinem Kontaktabstand größer und Energie wird verschenkt.
In Kaufhäusern und Autozubehörgeschäften kann man kleine handliche Schließwinkelmeßgeräte für den Hausgebrauch kaufen. Ihnen liegen Bedienungsanleitungen bei, die es dem Heimwerker gestatten, den Schließwinkel in eigener Regie zu ermitteln. Der Schließwinkelwert beträgt 50° (Toleranz ± 3°) Umdrehung der Verteilerwelle.
Der Abbrand der Unterbrecherkontakte hat eine Verringerung des Schließwinkels zur Folge, und der Zündzeitpunkt (siehe übernächsten Abschnitt) wird dadurch früher gelegt. Umgekehrt läßt die Abnutzung des Gleitstückes am Unterbrecher den Schließwinkel größer werden und führt zu späterem Zündzeitpunkt. Nur ganz selten gleicht sich der Verschleiß von Kontakten und Gleitstück aus.

Verbrauchte Kontakte sind bald zu ersetzen, sonst kommt es zu Ärger beim Starten und beim Motorlauf. Es sind beide Teile, also Hammer und Amboß, gleichzeitig zu ersetzen. Sind die alten Kontakte verschmort oder blau angelaufen, genügt allerdings das Austauschen allein nicht, es ist auch nach dem verursachenden Fehler in der Zündanlage (Kondensator oder Zündspule) zu suchen.
Zum Auswechseln der Kontakte sind im Verteiler der Kabelschuh zu den Unterbrecherkontakten und möglicherweise die vorhandene Sicherungsklammer auf der Unterbrecherwelle abzuziehen. Dann die Schlitzschraube, die auch zum Einstellen des Kontaktabstandes gelockert werden muß, herausdrehen und Hammer mit Amboß von ihrer Drehachse abheben.
Vor Einbau der neuen Unterbrecherkontakte wird die Nockenbahn der Verteilerwelle saubergerieben und mit der Fingerspitze sparsam eingefettet (Bosch-Fett Ft 1 v 4), ebenso ist das Lager des Unterbrecherhebels zu fetten. Beim Einbau darauf achten, daß Hammer- und Amboßkontakte sich in gleicher Höhe befinden. Kontaktabstand und Zündzeitpunkt sind anschließend natürlich frisch einzustellen.
Bosch liefert seit 1976 Unterbrecherkontakte mit einem Gleitstück aus Polyimid. Dieser Kunststoff zeichnet sich vor allem durch höhere Abriebfestigkeit und bessere Notlaufeigenschaften aus. Eine unverlierbare Halteschraube an der Amboßplatte ersetzt die sonst zum Verteiler gehörende Befestigungsschraube.

Zündzeitpunkt überprüfen

Pflegearbeit Nr. 17

Nach jeweils 20 000 km muß der Zündzeitpunkt überprüft und eventuell neu eingestellt werden. Das hat selbstverständlich auch beim Neueinstellen oder Auswechseln der Unterbrecherkontakte, nach dem Zusammenbau des Motors oder nach Wiedereinbau des Zündverteilers zu geschehen.

Wenn man den Deckel des Bosch-Zündverteilers abgenommen hat, bietet sich dieser Anblick. Den Läufer (Verteilerfinger) kann man nach oben abziehen, danach läßt sich auch der Kondensschutz abheben. Das seitliche Kabel kommt von Klemme 1 der Zündspule.

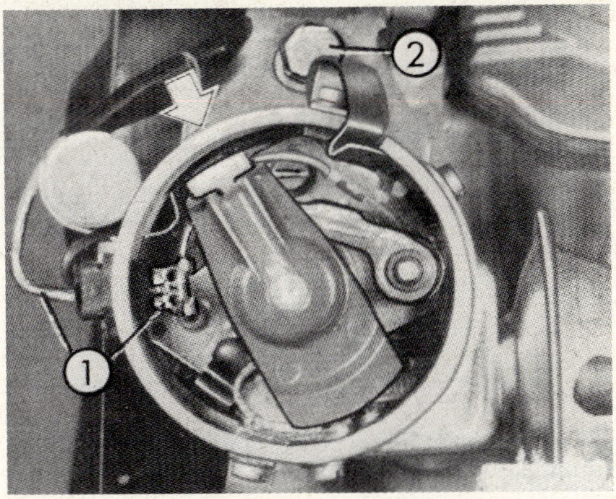

Um den Zündzeitpunkt zu verändern, wird zuerst mit einem Schraubenschlüssel SW 13 die Sockelschraube (2) am Verteiler leicht gelockert. Die Krokodilklemme der Prüflampe ist an das blanke Ende des angeschlossenen, von der Zündspule kommenden dünnen Kabels oder an dessen Befestigungsmutter anzuklemmen (1). Dann wird die Prüflampennadel gegen »Masse« gedrückt. Nun ist der Verteiler, wie auf dieser Seite beschrieben, zu verstellen.

Die Zündeinstellung kann man selbst prüfen und nachstellen. Dazu braucht man eine kleine Prüflampe für 12 Volt Spannung. Das Einstellverfahren erfolgt dabei am stehenden Motor. Man darf auf diese Weise aber keine präzisen Ergebnisse erwarten, weil es sich hierbei um eine ungenaue Maßnahme handelt.
Eine genaue Zündeinstellung ist für die optimale Motorleistung wichtig. Durch ihre Überwachung behütet man den Motor vor Schäden. Zu viel Frühzündung läßt den Motor heiß werden, läßt ihn klingeln (siehe Seite 15) und führt in krassen Fällen sogar zu Lagerschäden. Zu späte Zündeinstellung vermindert die Leistung und erhöht den Benzinverbrauch, außerdem wird der Motor dabei auch zu heiß. Zu dieser exakten Einstellung, die bei laufendem Motor erfolgt, verwendet man in der Werkstatt eine Stroboskoplampe, die mit Lichtblitzen arbeitet.

Einstellen mit der Prüflampe

Um feststellen zu können, in welcher Position sich die Kolben befinden, schraubt man die Zylinderkopfhaube los. Dann bringt man den Kolben des 1. Zylinders (vorne) in Kompressionsstellung. Dazu verschiebt man den Wagen bei eingelegtem großen Gang so weit, bis beide Ventile des 1. Zylinders geschlossen haben. In dieser Stellung sollten sich die dafür vorgesehenen Bezugsmarken in kürzester Entfernung gegenüberstehen.
Diese Bezugsmarken befinden sich als Kerbe am Rand der Riemenscheibe und als Zeiger am Ölpumpengehäuse. Decken sich die genannten Bezugsmarken, befindet sich der Kolben im 1. Zylinder 10 Grad Kurbelwelle vor dem oberen Totpunkt (OT).
In der gefundenen Stellung soll der Läufer im Bosch-Verteiler auf die Kerbe am Verteilerrand und beim Delco-Remy-Verteiler auf die Befestigungsschraube der Kontaktplatte (an der Seite der Unterdruckdose) zeigen.
Dann ist die Zündung einzuschalten, und bei abgenommener Verteilerkappe wird der eine Pol der 12-V-Prüflampe an die Klemme 1 der Zündspule angeschlossen und der andere Pol an Masse gelegt. Die Lampe muß aufleuchten. Tut sie es nicht, dann ist der Halteflansch am Fuß des Verteilers durch Lockern der Befestigungsschraube ein wenig zu lösen. Der Verteiler kann dann gedreht werden, was man nur ganz langsam tun soll. Grundsätzlich bedeutet Drehen im Uhrzeigersinn = Zündung später, Drehen entgegen dem Uhrzeigersinn = Zündung früher. Man dreht beim Einstellen aber zuerst im Uhrzeigersinn, dann links herum. Sobald die Lampe beginnt aufzuleuchten (und der Unterbrecherhammer abzuheben), ist die Befestigungsschraube in der ermittelten Stellung des Verteilers festzuziehen. Anschließend ist der Kontaktabstand des Unterbrechers zu

Wenn der Motor nicht anspringen will, ist dies die erste wichtige Prüfung: Liefert das Hauptzündkabel Zündstrom an den Verteiler? Dazu Hauptzündkabel aus der Mittelbuchse des Verteilers ziehen (anderes Kabelende muß fest in der Mittelbuchse der Zündspule sitzen) und blankes Kabelende (Gummi-Regenschutzkappe zurückstreifen) auf etwa 10 mm Abstand gegen Motorblock oder an eine Befestigungsschraube.
Durch Helfer Motor – ohne Gasgeben – starten lassen. Bei jedem Abheben der Unterbrecherkontakte (kann man bei abgenommenem Verteilerkopf beobachten) muß ein kräftiger Funke zwischen Kabelende und Motorblock überspringen. Kein Zündfunke bedeutet: Zündspule oder Unterbrecher defekt.

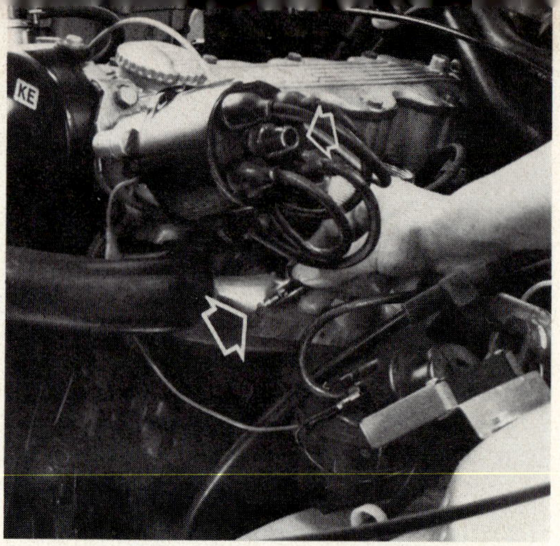

prüfen und eventuell zu korrigieren. In diesem Fall muß die Zündung nochmals eingestellt werden.
Um ganz sicher zu sein, schraubt man die Kerzen heraus (damit wird die hemmende Kompression ausgeschaltet) und schiebt den Wagen mit eingelegtem Gang, bei eingeschalteter Zündung und angeschlossener Prüflampe ganz langsam vorwärts. Sowie die Lampe aufleuchtet, sofort anhalten. Die Markierungen müssen dann genau übereinstimmen.

Fingerzeig: *Falls beim Schieben des Wagens durch ruckartiges Nachgeben des Motors die Übereinstimmung der Bezugsmarken verfehlt wurde, schiebt man das Auto ein gutes Stück zurück und beginnt vorsichtig von vorn. Damit schaltet man das stets vorhandene Spiel im Verteilerantrieb aus. Ebenso verfährt man beim Verdrehen des Verteilers, wenn man den Aufleuchtzeitpunkt der Prüflampe verpaßt hatte.*

Einstellen mit der Stroboskoplampe

Damit diese Arbeit wirklich sinnvoll ist, überzeuge man sich davon, daß der Schließwinkel stimmt. Der Zündverteiler ist provisorisch einzustellen (falls er sich nicht in der bereits zu prüfenden Stellung befindet). Kerbe an der Keilriemenscheibe und Zeiger am Ölpumpengehäuse mit Kreide markieren. Impulsfühler der Zündlichtpistole am Hochspannungskabel der Zündspule und einen Drehzahlmesser anschließen. Motor starten und bei Typ 13 N mit 900–950 min^{-1} (U/min), bei Typ 13 S mit 950–1000 min^{-1} drehen lassen.
Die Lichtblitze der Stroboskoplampe sind dann senkrecht auf die Markierungen zu richten und gegebenenfalls wird man den Zündverteiler verstellen müssen, damit eine Übereinstimmung mit der Einstellung 10° vor OT erreicht wird.

Die Zündkabel

Zündkabel mit einer dicken Kupferlitze erfüllen ihre Aufgabe am besten. Wegen der vorgeschriebenen Funkentstörung haben sich aber manche Autohersteller Zündkabel mit einer Nylonseele anstelle von vernünftigen Metallfäden einfallen lassen. Solche in gewissem Maße störanfällige Widerstands-Zündleitungen mit graphierten Nylonfäden findet man im Opel nicht.
Häufig werden jedoch sogenannte Reaktanz-Zündkabel eingebaut, die zwar in der Mitte einen Metalldraht haben, bei dem es sich aber um einen eng gewickelten Wendeldraht handelt. Solche Kabel erfüllen durch ihren inneren Widerstand die Grundforderung der Funkentstörung. Das Nachprüfen des richtigen Widerstandes ist allerdings kompliziert und wird nicht von jedem Mechaniker beherrscht, deshalb empfehlen wir, bei Zündstörungen diese zu den Zündkerzen

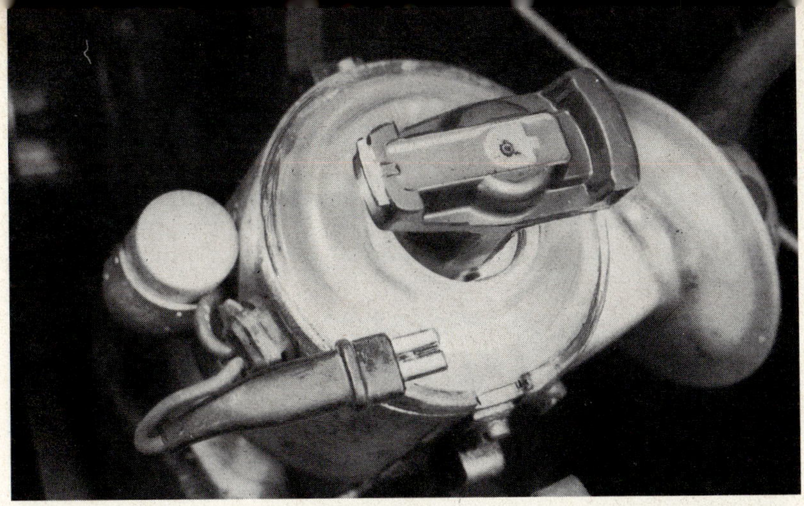

Die offen liegenden Innereien des Bosch-Verteilers werden noch von einem ringförmigen Deckel geschützt, den man abheben kann. Oben auf der Verteilerwelle sitzt der Läufer (Verteilerfinger). Er paßt nur in einer Stellung auf die Welle. Ein herausgenommener Läufer schützt vor Diebstahl des Autos.

führenden Kabel zuerst herauswerfen. Aufschneiden von wenigen Millimetern am Ende eines Kabels gibt Aufschluß, ob Drahtwendel oder gedrilltes Drahtlitzenbündel vorhanden ist; bei letzterem kann das Kabel weiterhin benutzt werden.

Entstörung bei Radioeinbau

Für den Betrieb eines Radios müssen Kondensatoren und Entstörglieder eingebaut werden, die für den Opel unter Beachtung einer stets mitgelieferten Anleitung zu installieren sind. Falls sich ein etwa eingebautes Radio durch Störgeräusche unbeliebt macht oder ein Radio eingebaut werden soll, kann man sich sowohl von der Kundendienstabteilung der Robert Bosch GmbH, Robert-Bosch-Platz 1, 7016 Gerlingen-Schillerhöhe, wie auch von der Blaupunkt-Werke GmbH, Robert-Bosch-Straße 200, 3200 Hildesheim, eine Liste mit den zum Opel passenden Radio-Entstörmitteln schicken lassen. Die notwendigen Bosch-Entstörmittel sind in einem kompletten Entstörsatz zusammengefaßt.
Die einschlägige Industrie bietet Entstörteile in der ersten Stufe für Mittel- und Langwelle, in der zweiten Stufe auch für UKW an. Vernünftigerweise wird man gleich die UKW-Entstörung vornehmen. Wenn Sie solche kaufen, müssen Sie jedoch vorher unbedingt in der sogenannten Typenliste des Herstellers sorgfältig überprüfen, ob und welche Entstörsätze für Ihren Wagen berechnet sind.

Radioentstörung prüfen

Wo ein möglicher Störenfried versteckt ist, der den Radioempfang behindert, kann zuverlässig eine Fachwerkstatt herausfinden. Dort prüft man die der Entstörung dienenden Bauteile der Reihe nach durch provisorischen Einbau von Neuteilen. Das geht schneller, als die Teile auf Defekt zu prüfen. Alle Entstörmittel müssen einen guten Massekontakt besitzen. Auch die Antenne muß zwischen ihrer Anlagefläche und der Kotflügelunterseite tadellosen Kontakt haben; die entrostete Anlagefläche ist nach dem Anbau der Antenne wieder gegen Rostbefall zu schützen.
Jedes Zündkabel darf keinen höheren Widerstand als 3000 Ohm aufweisen. Diese Messung wird mittels Ohmmeter vorgenommen. Ebenso ist der entstörte Verteilerläufer zu prüfen. Beim Läufer des Bosch-Verteilers soll der Prüfwert 4500 Ohm betragen, beim Delco Remy-Läufer 10 000 Ohm, jeweils mit Toleranzen + 30 % und – 10 %.

Umgang mit dem Autoradio

Da die Einbautiefe im Armaturenbrett für Autoradios – besonders mit Kassettenteil – bislang gebräuchlicher Abmessungen nicht ausreicht, muß man auf entsprechend kürzere Radios neuester Fertigung ausweichen. Blaupunkt und Philips

liefern eine Zwischenblende, mit der solche Montageschwierigkeiten ausgeschaltet werden.
Auch als Laie kann man zur guten Funktion des Autoradios beitragen. Wesentlichen Einfluß auf den Empfang haben Einbaustelle, Gestalt und Qualität der Antenne. Sie soll auf der von Zündspule und Verteiler abgewendeten Seite der Karosserie angebracht und das Antennenkabel muß zwecks Entstörung zuverlässig abgeschirmt sein. Wenn man die Antenne nicht richtig bis zum Anschlag herausgezogen hat, macht das Radio wenig Freude.
Manche Leute klagen über störende Geräusche beim Abspielen schon älterer Kassetten. Zunächst sollte man die Kassetten nicht lose im Wagen herumliegen lassen, sondern vor Staub und Zigarettenrauch geschützt unterbringen. Gelegentlich muß aber trotzdem der Tonkopf des Gerätes gesäubert werden. Dazu bietet die Industrie besondere Reinigungsbänder an, die man ablaufen läßt. Da diese den Staub jedoch auch an die Seiten des Tonkopfes verschieben und dort »stapeln«, erfüllt ein in Spiritus getauchter Tupfer die Reinigungsaufgabe noch besser.

Die Zündkerzen

Normalerweise hat man mit den Zündkerzen wenig Ärger, obwohl sie innerhalb der Zündanlage am meisten arbeiten müssen. Aber eine fehlerhafte Zündkerze stellt jede noch so gute Funktion der Zündanlage in Frage, auch dann, wenn sie den richtigen Wärmewert besitzt. Indirekt empfiehlt daher Opel, die Zündkerzen alle 20 000 km zu wechseln, obwohl das dann oft noch nicht notwendig ist. Meistens genügt das Nachprüfen des Elektrodenabstandes, der bei allen Motoren 0,7–0,8 mm betragen soll.
In der Werkstatt werden Zündkerzen ohne Auftrag nach Inspektionsplan gewechselt. Sollte man vorher selbst neue Kerzen eingesetzt haben, muß man das unbedingt vermerken lassen. Im Kaufhaus sind Zündkerzen überdies etwas billiger. Die Werkstatt berechnet zudem auch noch das Auswechseln.
Man schraubt die Zündkerzen mit einem Kerzenschlüssel SW 21 aus dem Motor. Beim Einschrauben sollen sie eigentlich mit einem bestimmten Anzugsmoment festgedreht werden, doch kann man den dazu nötigen Drehmomentschlüssel durch Einhalten folgender Empfehlungen entbehren: Kerze von Hand so weit in das Gewindeloch schrauben, bis sie sich nicht mehr weiterdrehen läßt (und der Dichtring anliegt). Dann mit dem Kerzenschlüssel eine knappe Vierteldrehung anziehen, was etwa dem vorgeschriebenen Drehmoment von 20 Nm entspricht.

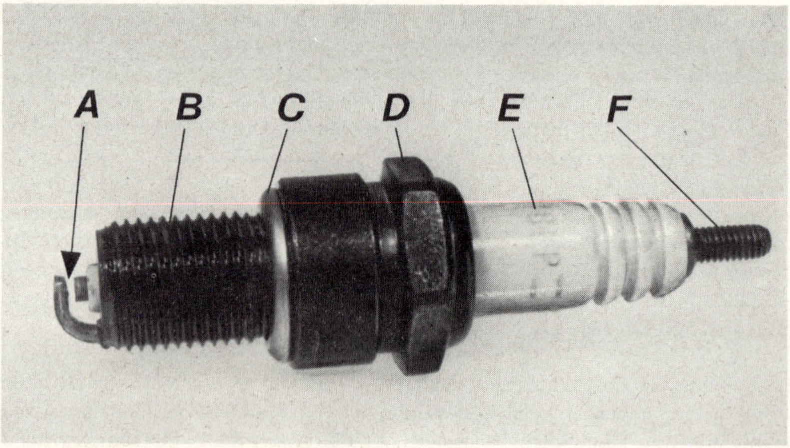

Die Zündkerzen müssen nicht immer nach 20 000 km ausgewechselt werden, manchmal genügt ein Korrigieren des Elektrodenabstandes A. B – Gewinde, darf vor dem Einschrauben nicht geölt werden; C – Dichtring, verhindert Kompressionsverlust; D – hier wird der Kerzenschlüssel SW 21 angesetzt; E – der Isolierkörper unterbindet das Überschlagen von Funken; F – auf diesen Gewindestift wird der Stecker des Zündkabels aufgedrückt.

Fingerzeige: *Bei heißem Motorblock niemals kalte Zündkerze zu fest einschrauben. Nach Erwärmung der Zündkerzen sitzt diese wie eingenietet fest. Das Zündkerzengewinde darf vor dem Einbau keinesfalls geölt werden, um es besser gängig zu machen. Öl würde verkohlen und die Zündkerze im Gewinde festbacken. Statt dessen mit einem Bleistift Graphit auf das Gewinde schaben. Zündkerze läßt sich später spielend leicht herausschrauben.*

Richtiger Zündkerzentyp

Ab Werk werden die Motoren mit den Zündkerzen AC R 42 XLS ausgerüstet. Statt dessen sind auch die Bosch-Kerzen 175 TR 30 verwendbar.
Die richtige Pflichterfüllung einer Zündkerze hängt in erster Linie von ihrem Wärmewert ab. Da die verschiedenen Kraftfahrzeugmotoren sehr unterschiedliche Temperaturen in ihren Verbrennungsräumen entwickeln, müssen die Zündkerzen speziell auf die vom Motor erzeugte Hitze abgestimmt sein. Die Kerze darf beim Betrieb nicht zu heiß werden, sie muß also Wärme ableiten können. Andererseits wird bei zu starker Wärmeableitung nicht die »Selbstreinigungstemperatur« der Zündkerze erreicht, die bei 500–800° C liegt.
Die heißen Zündkerzenelektroden müssen sich selbst von Rußansatz freibrennen können. Die Wärmeableitfähigkeit wird mit einer Kennzahl angegeben, dem »Wärmewert«.
Bei den deutschen Zündkerzenherstellern geschieht dies einheitlich, wobei die früheren dreistelligen Ziffern durch Einzelzahlen ersetzt wurden. Bei Beru und Bosch gelten 145 = 8, 175 = 7, 200 = 6. Ausländische Kerzenhersteller haben sich eigene Kennziffern ausgedacht.
1976 trat Bosch mit einem neuen Zündkerzentyp auf den Markt, der mindestens zwei Wärmewertbereiche überdeckt. Mit dieser »thermo-elastic-Super« werden träge Schleichfahrten und hohe Dauergeschwindigkeiten einwandfrei bewältigt, sie ist allerdings um 35 Prozent teurer als herkömmliche Zündkerzen. Für alle in diesem Buch beschriebenen Motoren eignet sich der Kerzentyp WR 7 DC.

Zündkerzen prüfen und wechseln

Pflegearbeit Nr. 15

Die Zündkerze ist das letzte Glied in der Zündanlage. Aber durch schadhafte oder falsch gewählte Kerzen bleibt alle gute Vorarbeit der Zündanlage vergebens.
Statt des regelmäßigen Zündkerzentausches etwa alle 20 000 km empfiehlt sich erst einmal eine Kontrolle. Nach Ansicht der Zündkerzenhersteller ist eine solche Lebensdauer bei durchschnittlichen Betriebsbedingungen realistisch.
Wir meinen, daß die Kerzen bei regelmäßiger Kontrolle auch mehr Kilometer verkraften, wenn vor allem der Elektrodenabstand regelmäßig kontrolliert und gegebenenfalls nachgestellt wurde.
Beim Ausbau der Zündkerzen nicht an den Zündkabeln zerren, sondern die Zündkerzenstecker fassen und mit leichten Ruckelbewegungen von den Zündkerzenstiften ziehen. Die ausgebauten Zündkerzen sollten Sie in der Reihenfolge der Zylinder ablegen, da das »Zündkerzengesicht« Rückschlüsse auf den betreffenden Zylinder zuläßt (siehe nächsten Abschnitt).
Der Elektrodenabstand wird während der Betriebszeit durch natürlichen Abbrand weiter. 0,7–0,8 mm Abstand sind vorgeschrieben – falls notwendig, biegt man die Stirnelektrode etwas nach. Sind die Elektroden dagegen schon stark abgebrannt, sollten Sie die Kerzen ersetzen. Eine zu dünne Stirnelektrode kann abbrechen und im Motor Schaden stiften.

Das Zündkerzengesicht

Die Kerzenelektroden lassen durch Aussehen und Färbung Rückschlüsse auf Vergasereinstellung, Wärmewert der verwendeten Kerze sowie Einsatzbedingungen des Wagens (Fahrweise) zu. So urteilt man über das »Kerzengesicht«:

- mittelbraun oder mittelgrau = gute Vergasereinstellung, Zündkerzen und Motor arbeiten richtig
- schwarz = Vergaser zu fett eingestellt oder Zündkerze ist im Betrieb durch vorwiegende Kurzstreckenfahrten zu kalt. Zündkerze mit nächstniedrigem Wärmewert probieren, wenn Vergasereinstellung stimmt
- hellgrau = Vergaser zu mager eingestellt
- silbrig = Zündkerze wird zu heiß, eventuell durch scharfe Langstreckenfahrten; Zündkerze mit nächsthöherem Wärmewert probieren. Oder Zündung zu früh gestellt
- verölt = Zündkerze setzt aus oder Kolbenringe undicht; wenn bei allen Zündkerzen, Fehler in der Zündanlage.

Schutz vor Diebstahl

Bosch führt gepanzerte Zündspulen mit Panzerschlauch zum Zündschloß, womit ein Kurzschließen der installierten Zündanlage nicht möglich ist. Der Selvamat dagegen ist ein elektronisches Steuergerät, bei dem nach Öffnen der Türen nach einer bestimmten Zeit der richtige Zündschlüssel bedient werden muß, sonst schaltet sich der Alarm an. Bosch und Hella haben ständig verbesserte elektronische Diebstahlsicherungen im Programm.

Eine einfache, aber wirkungsvolle Sicherung ist es, den Verteilerläufer abzuschrauben und mitzunehmen. Man kann auch statt des Hauptzündkabels ein ähnlich aussehendes Kabel in die Buchse der Zündspule stecken und das andere Drahtende an Masse legen. Eine weitere Überlistung besteht in einem zusätzlichen Kabel an Verteilerklemme-1, das man über einen an geheimer Stelle angebrachten Kippschalter und von dort an Masse führt; in Stellung »Aus« des Schalters läßt sich der Motor starten.

Aufgekabelt

Von Haushaltsgeräten her ist bekannt, daß elektrische Geräte zwei Anschlüsse benötigen, durch die der Strom hin- und zurückfließen kann. Im Auto ist es ebenso. Die beiden Pole der Batterie – Plus und Minus – sind sozusagen Ausgang und Eingang für den elektrischen Strom. Jede Leuchte und jedes Gerät ist mit diesen Polen verbunden, was natürlich eine große Anzahl von Kabeln voraussetzt, und so kommt es zu der von Laien gefürchteten Unübersichtlichkeit innerhalb der Autoelektrik. Bei genauem Hinsehen läßt sich die Kabelei aber mühelos entwirren – wir wollen Ihnen dabei etwas helfen.

Die Masse behüten

Die im Autobau übliche Gepflogenheit, den »Rückweg« des Stroms über gemeinsam leitende Metallteile zu vollziehen, trägt zur Vereinfachung in der elektrischen Anlage bei. Motor, Fahrwerksteile und Karosserie sind immer irgendwie miteinander verbunden und werden als Masseleiter benutzt. Daher sind auch im Opel eine ganze Reihe von Verbrauchern und einige Schalter nur mit dem stromführenden »Hinweg«-Kabel verbunden, während sie durch ihre Befestigung – zumeist Schrauben – direkten Massekontakt besitzen.
Lockerung und Korrosion führen dazu, daß die notwendigen Verbindungen zwischen den verschiedenen Stromverbrauchern und der Masse im Laufe der Zeit den rechten Kontakt verlieren. Aber auch Steckverbindungen der Kabel und Anschlußkontakte der Aggregate, also kurz die Kabelklemmen, lockern sich bei steigendem Wagenalter und oxydieren. Wenn der Strom solche Anschlüsse nicht mehr ungehindert passieren kann, kommt es zu Spannungsabfall in den Leitungen. Zuerst macht sich dieser Mangel in z. B. immer müder leuchtenden Lampen bemerkbar, bis eines Tages der Stromverbraucher auf seine Einschaltung nicht mehr reagiert.
Dann sind Kabelklemmen und Anschlüsse mittels Feile, Sandpapier oder auch nur mit dem Taschenmesser blank zu schaben. Auch die Umgebung der Klemme ist zu reinigen. Isolierspray, das man auf die Kontaktstellen sprüht, schützt diese blanken Stellen vor bald erneut einsetzender Korrosion und verhütet außerdem Kriechströme durch Feuchtigkeit. Die weißliche Schicht des im Winter angetrockneten Streusalzes ist ein böser Feind der Elektrik, denn diese Salzrückstände sind elektrisch leitend und können vor allem die Arbeit der Zündanlage behindern.
Bei Verdacht auf oxydierte Schalterkontakte, die im Schaltergehäuse nicht zugänglich sind, überbrückt man zur Probe den Stromein- und -ausgang am Schalter mit einem kurzen Stück Draht. Zeigt sich beim Antippen der beiden Schalterklemmen mit dem Hilfsdraht eine verbesserte Leistung des dabei eingeschalteten Verbrauchers, liegt der Fehler eindeutig im korridierten Schalter, und ein neuer ist zu installieren.
Eine Besonderheit bei Opel ist es, eine Reihe von Schaltern und Relaisstationen mit separaten Massekabeln zu verbinden. Sie sind an ihrer braunen Isolation er-

kenntlich. Diese Massekabel haben den Vorzug, daß der vorher beschriebene Spannungsschwund nahezu ausgeschlossen ist.

Normung der Anschlüsse

Opel bietet innerhalb der elektrischen Anschlüsse eine nicht zu unterschätzende Hilfestellung: Damit man die Kabel im Auto zuverlässig verfolgen kann, sind sie von farbigen Isolierschichten umhüllt. Dabei kommen gewissen Farben wegweisende Bedeutungen zu. So sind die stets stromführenden Leitungen rot und viele Kabel, die bei eingeschalteter Zündung unter Strom stehen, schwarz. Braun bedeutet bei Opel: Massekabel.

Zudem sitzen die meisten Kabel an numerierten Anschlüssen. Bei der Numerierung folgt man einer in verschiedenen europäischen Ländern gültigen Norm, die bei deutschen Autos sehr ausführlich praktiziert wird. Beispielsweise tragen stets stromführende Kabel, die also mit der Batterie ständig in Verbindung stehen, die Klemmenbezeichnung »30«. Eine Aufstellung der Klemmenbezifferung, die im Ascona sowie im Manta vorkommt, befindet sich auf Seite 222. Sie wird beim Umgang mit der Autoelektrik ständig gebraucht.

Wie der Strom ausgenutzt werden kann, hängt schließlich von dem Querschnitt und der Länge eines Kabels ab. Zur Scheinwerferlampe mit 45 Watt Aufnahmemöglichkeit läuft ein Kabel mit größerem Querschnitt als zur 5-Watt-Innenraumleuchte. Wo der Strom am anderen Ende wirklich etwas leisten soll, darf er sich nicht durch ein zu dünnes Kabel zwängen müssen. Sonst tritt Spannungsabfall ein, und statt der planmäßigen 12 Volt kommen nur 11 oder gar 10 Volt an.

Ein zu schwaches Kabel heizt sich außerdem auf und es kann zu einem Kabelbrand kommen. Nach deutschen Normvorschriften soll für 4,5 bis 5,5 Ampere Dauerstrom ein Querschnitt von je 1 mm^2 vorhanden sein.

Einziehen neuer Kabel

Elektrische Leitungen im Auto dürfen unter keinen Umständen durch Kabel, wie sie im Haushalt üblich sind, hergestellt werden. Autokabel besitzen eine benzin- und ölfeste Isolation, die zudem scheuer- und hitzebeständig ist. Solche Kabel kauft man in der Opel-Werkstatt oder im Zubehörhandel, und man verlangt gleich die vorgegebene Farbe und Stärke.

Dazu erhält man dort passende Flachstecker, Endverbinder und Kabelschuhe, die das Festlöten am Kabel ersparen. Die abisolierten und blankgeschabten Kabelenden sind in die entsprechenden Verbindungsstücke zu führen, wo man sie mehrmals kurz hintereinander festklemmt. Fachwerkstätten besitzen eigens dafür vorgesehene Quetschzangen, aber auch mit dem Schneideteil einer Kombizange lassen sich solche Verbindungen vorsichtig zusammenquetschen, ohne sie zu zertrennen. Eine verlötete Verbindung ist natürlich zuverlässiger.

Vor dem Ersatz eines Kabels ist zunächst das Masse-(Minus-)Kabel der Batterie zu lösen, um Kurzschlüsse zu vermeiden. Das neue Kabel soll auf möglichst kurzem Wege verlegt werden (Spannungsabfall!), jedoch darf man es auch nicht zu straff ziehen, damit es bei Vibrationen nicht abreißt. Kabel dürfen nicht lose herumhängen, sondern man befestigt sie mit Isolierband oder Tesafilm an schon vorhandenen Kabelsträngen.

Die Bedeutung der Kabelstärke wurde im vorangegangenen Abschnitt bereits erwähnt. Zu ergänzen ist noch, daß die Leitfähigkeit der Kabel von ihrem Material abhängt und Kupfer in dieser Beziehung die besten Voraussetzungen dazu bietet. Andere Metalle sind zu weich oder spröde (Blei, Aluminium) oder zu teuer (Silber, Wolfram). Es hat demnach seinen guten Grund, wenn in Autos ausschließlich Kupferkabel verwendet werden sollen – siehe auch den Abschnitt »Die Zündkabel« auf Seite 186.

Unterhalb des Sicherungskastens befinden sich die Mehrfachstecker für folgende Kabel: S – Scheibenwischerschalter, A – Abblendschalter und Blinkerschalter, K – Kontaktteil am Lenk- und Zündschloß. Dahinter verbergen sich 1 – Heizscheibenrelais, 2 – Nebelscheinwerferrelais, 3 – Fernscheinwerferrelais.
Für alle Fälle muß man wenigstens einige 8- und 16-Ampere-Sicherungen, wie sie auch im Opel verwendet werden, im Wagen als Ersatz mitführen. Für kurze Zeit läßt sich manchmal eine Störung auch mit einer 20-Ampere-Sicherung überbrücken. Mit ihrer Hilfe kommt man dann bis zur nächsten Fachwerkstatt, wo der Fehler gefunden und beseitigt werden kann. Aber statt der Sicherung einen Nagel oder eine Büroklammer einzusetzen, ist tödlicher Leichtsinnn. Ihre Versicherung zahlt keinen Pfennig, wenn sie das wegen Kurzschluß verbrannte Wagenwrack untersuchen läßt und die Schadensursache herausfindet.

Die Sicherungen

Zum Schutz vor Überlastung eines Verbrauchers und vor möglicherweise bösen Folgen durch Kurzschluß laufen nahezu alle Stromkreise im Opel über Sicherungen. Solche Sicherungen besitzen dünne Metallstreifen, die dann schmelzen, wenn sie von einer zu hohen Stromstärke durchflossen werden. Man sieht es einer Sicherung sofort an, wenn sie keinen Strom mehr hindurchläßt: Ihre Metallbrücke ist dann unterbrochen.
Der Sicherungskasten befindet sich links der Lenksäule unter der Instrumententafel. Auf der Rückseite des Deckels über dem Sicherungskasten sind die geschützten Stromkreise zu den einzelnen Sicherungen vermerkt. Am Ende dieses Kapitels finden Sie eine erweiterte Sicherungstabelle, aus der Sie zudem ersehen können, woher jede Sicherung ihren Strom bezieht und welche Farbe die am Sicherungskasten angeschlossenen Kabel haben.
Die Schaltungen zwischen Batterie, Lichtmaschine, Anlasser und Zündschloß sind nicht durch Sicherungen überwacht. Springt der Motor nicht an, ist das Suchen nach einer durchgebrannten Sicherung also zwecklos. Wenn dieses Auto nicht Ihr erster Opel ist, so wissen Sie vielleicht noch, daß es auch keine Sicherungen für die Hauptscheinwerfer gibt: Wie bei anderen Opel-Modellen sind Abblendlicht und Fernlicht direkt mit dem Signalschalter verbunden, und dieser wiederum erhält Strom von Sicherung Nr. 3.
Sollte eine Sicherung durchbrennen, muß das als Alarmzeichen gelten, denn offensichtlich wurde sie überlastet. Oft hat es keinen Sinn, dann eine neue Sicherung einzusetzen, ohne nach der Ursache des Ausfalls geforscht zu haben. Mit einer Prüflampe kann man feststellen, ob in der fraglichen Leitung, wenn eingeschaltet, Strom fließt, ab welcher Stelle kein Strom mehr angezeigt wird und ob auch Strom trotz Ausschaltung vorhanden ist. Entweder sind ein an der betreffenden Sicherung angeschlossener Stromverbraucher oder das dorthin führende beschädigte Kabel oder dessen Anschlüsse Ursache der Überlastung. Durch vorläufiges Abklemmen des auf diese Weise eingekreisten Störenfrieds kann man die Arbeit der übrigen, an die betreffende Sicherung angeschlossenen Verbraucher aufrechterhalten. Die gefundene Hemmung muß aber baldigst behoben werden – ein Elektrodienst oder die Opel-Werkstatt helfen Ihnen dabei. Solche Störungen kann man mit einem Amperemeter aufspüren. Das Instrument wird statt der Sicherung an deren Kontaktklemmen angelegt, und die an dieser Leitung hängenden Verbraucher schaltet man einzeln ein. Dabei wird abgelesen, wieviel Ampere jeweils beansprucht werden, und der Übeltäter läßt sich lokalisieren. Ein Kurzschluß, der durch Wackelkontakt während der Fahrt eintritt, ist auf diese Weise allerdings nicht zu erkennen.

Sicherungs-tabelle

Die Nummern der Sicherungen sind mit ihrer Reihenfolge im Sicherungskasten identisch. Vielleicht fällt Ihnen als alter Opel-Fahrer auf, daß beim Ascona bzw. Manta B doppelt so viel Sicherungen vorhanden sind als bei dem Vorläufermodell A. Nun hat sich nicht etwa auch die Zahl der stromverbrauchenden Geräte verdoppelt, vielmehr wurden verschiedene vorher zusammengefaßte Stromkreise entzerrt und einige Verbraucher an neue Sicherungen angeschlossen.

Sicherung Nr.	erhält Strom von	Kabelfarbe	angeschlossene Stromverbraucher	Kabelfarbe
1 5 Amp.	Lichtschalter	grau-grün	rechte Standleuchte rechte Schlußleuchte Kennzeichenleuchte Instrumentenbeleuchtung Motorraumleuchte	grau-rot grau-rot grau-rot grau-rot grau-rot
2 5 Amp.	Lichtschalter (von Sicherung Nr. 1)	grau-grün	linke Standleuchte linke Schlußleuchte	grau-schwarz grau-schwarz
3 8 Amp.	Batterie	rot	Lichthupe Warnblinkanlge Innenraumleuchte Kofferraumleuchte Zeituhr Radio	rot rot rot rot rot schwarz
4 8 Amp.	Zündschalter Klemme 15	schwarz	Scheibenwischer Startautomatik	lila lila, weiß-schwarz
5 8 Amp.	Zündschalter Klemme 15	schwarz	Rückfahrleuchtenschalter Gebläse	weiß-schwarz schwarz
6 5 Amp.	Zündschalter Klemme 15	schwarz	Blinkanlage Bremslicht	schwarz, blau schwarz-rot
7 16 Amp.	Batterie	rot	heizbare Heckscheibe	rot, schwarz
8 8 Amp.	Zündschalter Klemme 15	schwarz	Zigarrenanzünder Signalhorn	schwarz schwarz-gelb
9 16 Amp.	Batterie	rot	Zusatzleuchten: Fernscheinwerfer (Weitstrahler)	rot
10 16 Amp.	Lichtschalter	grau-grün	Zusatzleuchten: Nebelscheinwerfer	grau-grün
11				
12 8 Amp.	Batterie	rot	Scheinwerferreinigungsanlage	rot

Lichterglanz

Kein Autofahrer ist allein auf der Straße – er muß nicht nur selbst sehen können, sondern auch von anderen gesehen werden. Besonders in Dämmerung und Dunkelheit trifft das zu, deshalb ist die ständige Einsatzbereitschaft der äußeren Beleuchtungseinrichtungen so wichtig. Leider gibt es aber keine ewig haltbaren Glühlampen, und aus dem vorangegangenen Kapitel geht zudem hervor, daß der Ausfall einer Leuchte auch andere Ursachen als Durchbrennen des Glühfadens haben kann. Tritt ein Defekt an den äußeren Leuchten auf, ist er sofort zu beheben. Gewöhnlich kann das mit wenigen Handgriffen geschehen.

Licht schafft Sicherheit

Zur Gefahrenquelle wird jede Leuchte, wenn ihre Lampe durchgebrannt ist, mag es sich um das Standlicht, Bremslicht, Rücklicht oder um einen Blinker handeln. Wer mit nur einem brennenden Scheinwerfer daherkommt, dessen Auto wirkt auf den Gegenverkehr wie ein Motorrad. Das gleiche gilt für die Rückleuchten. Bedrohlich wird es, wenn das Licht – vorne oder hinten – links am Wagen erloschen ist. Sollten Sie in diesem Fall wirklich keine Reservelampe zur Verfügung haben, dann setzen Sie wenigstens die noch intakte Birne von der rechten ausgebauten Lichtquelle in die linke. So haben Sie zumindest die der Fahrbahnmitte zugewendete Seite des Wagens für Gegenverkehr oder Überholer gesichert. Die Weiterfahrt in dieser Weise muß dann aber wirklich zu nächsten Tankstelle führen.

Sorgen Sie auch immer für saubere Leuchten- und Scheinwerfergläser. Bei ungünstigem Wetter kann die Lichtstärke der dann verschmutzten Streuscheiben bis zur Hälfte der ursprünglichen Helligkeit abfallen. Das gilt auch bei beschlagenen Reflektoren und geschwärzten Glaskolben der Glühlampen. Halogenlampen bekommen manchmal einen weißlichen Kolben, was ebenfalls die Lichtstärke mindert. Die Ursache dazu kann in oxydierten Kabelverbindungen (Spannungs-

Opel liefert für Ascona oder Manta einen Satz Glühbirnen und Sicherungen als Reservevorrat, untergebracht in einem handlichen Kästchen. Da man nie weiß, wann eine Lampe oder eine Sicherung durchbrennt, sollte man auf eine solche Eventualität stets vorbereitet sein. Der im Wagen mitgeführte Ersatz muß natürlich rechtzeitig ergänzt werden, wenn man ihn einmal hatte in Anspruch nehmen müssen.

abfall) liegen. Bei 13 Volt Spannung regeneriert sich eine solche Lampe meist und ist dann wieder richtig dienstbereit.

Wenn man von der Polizei wegen einer nicht funktionierenden Lampe gestoppt wird, kommt man nur dann ohne Strafmandat davon, wenn die Ersatzbirne griffbereit ist. Ein so vorsorglicher Autofahrer ist nach der Rechtsprechung glaubwürdig, wenn er behauptet, die Lampe müsse »gerade eben« durchgebrannt sein. Dafür kann er nicht zur Verantwortung gezogen werden.

Ersatzlampen auf Vorrat

Wissen Sie, welche Lampe am Auto als nächste durchbrennt? Die Hersteller geloben z. B. für den Abblendfaden in den Hauptscheinwerferbirnen eine Lebensdauer von 150 Brennstunden. Haben Sie aber dafür eine Garantie? Deshalb ist es vorteilhaft, wenn Sie sich für Ihren Opel zu jeder der vorhandenen Beleuchtungseinrichtungen wenigstens eine Ersatzlampe kaufen. In einem stabilen Kästchen, ausgelegt mit Watte, nehmen diese Birnen kaum Platz weg.

Praktische Ersatzlampenkästchen, die vorsortierte Lampen und Sicherungen als Vorrat enthalten, bekommt man beim Opel-Service. Im Zubehörhandel oder in den Kaufhäusern gibt es ähnliche, gewöhnlich von Osram oder Philips. Tankstellen bieten oft weniger preiswerten Einkauf. Wir geben Ihnen hier eine Aufstellung der Lampen aller äußeren Beleuchtungseinrichtungen für Ihren Opel, damit Sie sich über die spezielle Ersatzlampenbestückung im klaren sind:

Leuchte	Bezeichnung	Sockel-Bezeichnung
Hauptscheinwerfer:		
Zweifadenlampe	A 45/40 W	P 45 t–41
oder		
Halogen-Lampe (Sonderausstattung)	H4 60/55 W	P 43 t–38
Standlicht: Röhrenlampe	HL 4 W	BA 9s
Vordere Blinkleuchten: Kugellampe	RL 21 W	BA 15s
Brems- und Schlußleuchten:		
Zweifaden-Kugellampe	SL 21/5 W	BAY 15d
Hintere Blinkleuchten: Kugellampe	RL 21 W	BA 15s
Rückfahrleuchten: Kugellampe	RL 21 W	BA 15s
Kennzeichenleuchte: Kugellampe	G 10 W	BA 15s
Parkleuchte: Röhrenlampe	HL 4 W	BA 9s
Zusatzscheinwerfer, Nebellicht oder Fernlicht: Halogenlampe	YC 55 W	P 14,5s

Funktion aller Leuchten prüfen

Pflegearbeit Nr. 37

Im Inspektionsplan von Opel ist die Prüfung der gesamten Beleuchtungseinrichtungen für alle 20 000 km ausdrücklich vorgeschrieben.

Man kann die Einsatzbereitschaft der einzelnen Lampen der Außenbeleuchtung vor einer Wand prüfen und kontrollieren, ob zwei Reflexionen nebeneinander vorhanden sind. Wenn ja, brennen beide Scheinwerfer, und durch Auf- und Abblenden erhält man zugleich Gewißheit über die richtige Einsatzbereitschaft von Fern- und Abblendlicht. Diese Methode kann man auch bei den vorderen Blinkern anwenden, und mit Hilfe des Rückspiegels hat man in gleicher Weise die Möglichkeit, das Aufleuchten der Schluß- und Bremslichter sowie der rückwärtigen Blinker zu beobachten. Beim Einlegen des Rückwärtsganges muß – bei eingeschalteter Zündung – die Rückfahrleuchte brennen.

Der linke Ascona-Scheinwerfer: 1 – Abdeckkappe; 2 – Öffnung, die von der Abdeckkappe verschlossen wird und die den Zugriff zur Zweifadenlampe für Abblend- und Fernlicht sowie zur Lampe für Standlicht ermöglicht; 3 – Kabelzuführung für 2; 4 – Sitz der Blinklichtlampe; 5 – Schraube für Masseanschluß.

Bei einer ausgefallenen Leuchte kann die Lampe jedoch selbst in Ordnung sein, aber die Stromzufuhr klappt irgendwo nicht. Dann brennt vielleicht auch die neue Birne nicht, weil Lampenfassung, Kabelverbindung oder die dazugehörige Sicherung keinen Strom weiterleiten. An dieser Stelle sei noch einmal daran erinnert, daß die Zweifadenlampen in den Hauptscheinwerfern des Opel nicht direkt von einer Sicherung geschützt sind.

Abhilfe: Lampe bei eingeschaltetem Schalter leicht hin- und herdrehen; flackert sie auf, Strom ausschalten und Lampenfassung und inwendige Kontaktzungen mit Taschenmesser vorsichtig blank schaben. Gleiches Verfahren bei der entsprechenden Schmelzsicherung (welche zuständig ist, kann im Kapitel »Elektrische Leitungen« nachgesehen werden). Bleiben beide Versuche erfolglos, kann nur eine Kabelverbindung lose oder oxydiert sein. Beim Verfolgen der Kabel ist der Schaltplan hinten in diesem Buch behilflich.

In diesem Zusammenhang sei vermerkrt, daß das Auswechseln von Glühbirnen, von einer Werkstatt vorgenommen, von dieser auch – neben dem Glühlampenneupreis – berechnet wird.

Die Einsatzbereitschaft der Kontrollampen in der Instrumententafel ist auch nicht schwierig nachzuprüfen. Beim Einschalten des Standlichts, des Fernlichts, der Blinker, der Warnlichtanlage, der Zündung, der Thermoheckscheibe und beim Anziehen des Handbremshebels müssen die entsprechenden Kontrollichter aufleuchten. Ob die Öldruckkontrolle funktioniert, überprüft man wie auf Seite 209 geschildert. Das Auswechseln der Lampen der Instrumentenbeleuchtung ist im übernächsten Kapitel beschrieben.

Links: Lampensitz und Lampenfassung der Blinkleuchte beim Ascona lassen sich durch einfache Drehung entnehmen. Die Lampe wird wie üblich aus der Fassung entnommen. Rechts: Aus dem Reflektor des Scheinwerfers entnommener Sockel mit gleichfalls entnommener Zweifadenlampe für Abblend- und Fernlicht. Unten im Sockel (im Bild am oberen Rand des hier umgedrehten Sockels) sitzt die Standlichtlampe. Die hier gezeigte Ascona-Ausführung ist mit der beim Manta nahezu identisch. Beim Zusammenbau wird die Lampe von der Schraubenfeder festgehalten.

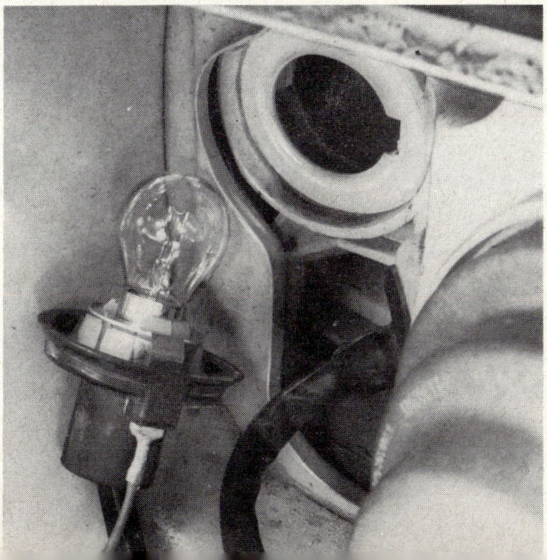

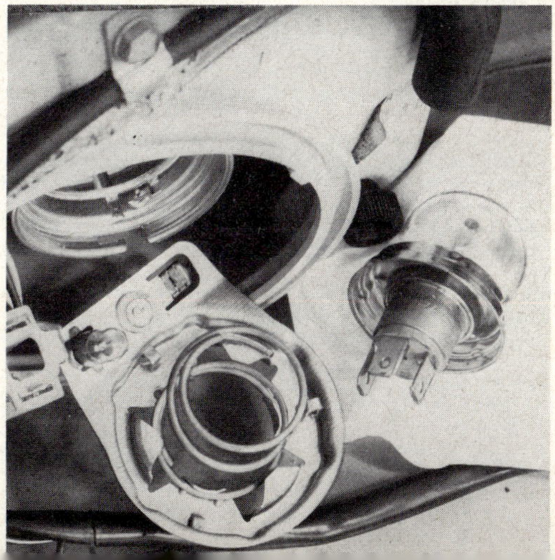

Ebenfalls im Motorraum erreichbar sind die Einstellschrauben für die Höhenverstellung (H) und Seitenverstellung (S) der Hauptscheinwerfer. Die Schrauben betätigt man mit einem Inbusschlüssel SW 10. Das Bild zeigt den linken Scheinwerfer beim Manta.

Scheinwerfereinstellung überprüfen

Pflegearbeit Nr. 38

Richtig eingestellte Scheinwerfer vermindern die Blendstörung beim Gegenverkehr. Durch falsch eingestellte Scheinwerfer kann der Geblendete nur noch Gegenstände in einer um etwa 75% geringeren Entfernung als normal erkennen. Wollen Sie, daß Ihnen ein derart behinderter Autofahrer begegnet?

Die Scheinwerfer müssen so eingestellt sein, daß ihr Abblendlicht auch bei extremer Belastung des Wagens im vorschriftsmäßigen Winkel auf die Straße fällt. Bei etwas Übung kann man selbst während der Fahrt beurteilen, ob die Fahrbahn nicht mehr richtig ausgeleuchtet wird. Das gleiche gilt für zusätzlich angebaute Nebelscheinwerfer.

Wer die Einstellung selbst ausführen will, muß zuvor folgendes beachten: Der Wagen soll durch eine Person (oder 70 kg) in der Mitte der hinteren Sitzbank oder durch zwei Personen auf den vorderen Sitzen belastet sein. Der Tank ist zu füllen, und alle sonst im Betrieb mitgeführten Werkzeuge und Teile müssen an Bord sein. Vorgeschriebener Reifenluftdruck und völlig ebener Boden sind weitere Grundbedingungen. Ferner benötigt man eine senkrechte glatte Wand, beispielsweise in der Garage. Man rollt den Wagen bis dicht vor die Wand und kennzeichnet auf dieser die Mittelpunkte der Scheinwerfer. Werden die Punkte durch eine Linie verbunden, muß dieselbe waagerecht sein. Danach schiebt man den Opel um genau 5 m zurück, wobei er auf dem neuen Platz auch noch exakt waagerecht stehen muß.

Die Neigung des Lichtbündels jedes Scheinwerfers muß 10 cm auf 10 m betragen. Wenn das Abblendlicht eingeschaltet wird, müssen demnach die durch das asymmetrische Abblendlicht erzeugten Knickpunkte 5 cm unterhalb der vorher

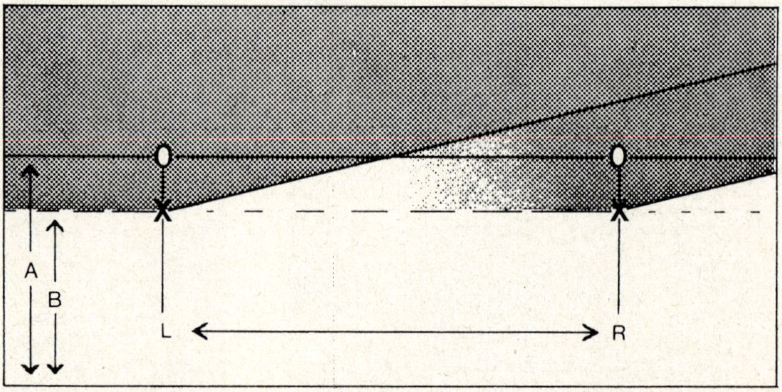

Vor der Wand, auf der Sie die im Text beschriebenen Markierungen zum Einstellen der Scheinwerfer anbringen, müssen Sie etwas über 9 m ebene Fläche haben, damit auch die Hinterräder des Wagens noch darauf stehen, wenn das Auto 5 m zurückgerollt wird. Die beiden senkrechten Linien L und R zeigen die Entfernung der beiden Scheinwerfer voneinander, die bei O in einer Waagerechten in der Höhe A zu markieren sind. Danach rollt man das Auto 5 m von dieser Wand zurück, wo jetzt das Abblendlicht in der Höhe B erscheinen soll. An den Knickpunkten X verläuft die Hell-Dunkel-Grenze des asymmetrischen Lichtes.

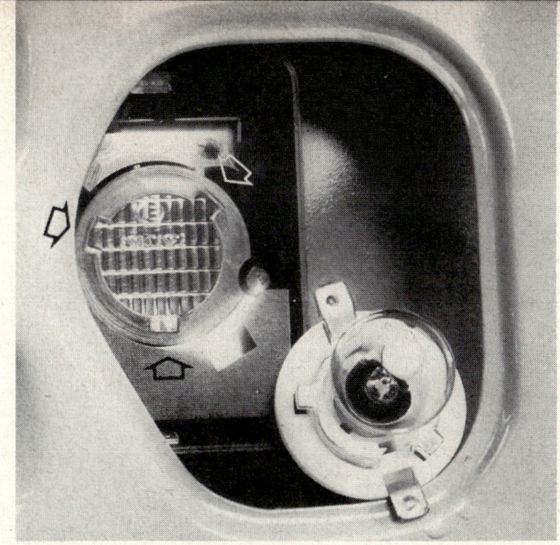

Die Rückleuchten müssen im Kofferraum ausgewechselt werden. Man ergreift ihre Fassung durch die Öffnungen des inneren Karosserieblechs. Einzelheiten zum Lampenwechsel sind auf der nächsten Seite beschrieben. Die Pfeile weisen auf die Aussparungen am Rand des Sitzes für die Fassung, die so angeordnet sind, daß Fassung und Lampe nicht verkehrt eingesetzt werden können.

eingezeichneten Markierungspunkte erscheinen. Der von den beiden Mittelpunkten nach rechts ansteigende Lichtwinkel hat etwa 15° zu betragen. Stimmen die Lichtgrenzen nicht, ist die Stellung der Scheinwerfer entsprechend zu verändern. Das geschieht mittels der im Motorraum erreichbaren Rändelschrauben, die zugleich für die Aufnahme eines Inbusschlüssels SW 10 eingerichtet sind. Diese Einstellschrauben werden im Bild Seite 198 oben gezeigt.
Zusätzlich angebaute Scheinwerfer sollen ebenfalls richtig eingestellt sein. Vibrationen während der Fahrt und äußere Einwirkungen, wie sie etwa in automatischen Waschanlagen möglich sind, können die Einstellung solcher Zusatzleuchten verändern. Die Befestigung ist je nach Fabrikat unterschiedlich; zur Korrektur der Einstellung muß gewöhnlich die Befestigung gelockert werden. Fernscheinwerfer haben die Aufgabe, das Blickfeld in waagerechter Ebene vor dem Wagen auszuleuchten. So ist die notwendige Einstellung unschwer festzustellen: Der auf der Wand markierte Lichtbündelmittelpunkt muß stets in gleicher Höhe liegen, wenn der Wagen auf ebener Fläche zurückgeschoben wird. Anders ist es bei Nebelleuchten, die ähnlich wie das Abblendlicht über einen Lichtschein mit deutlicher Hell-Dunkel-Grenze verfügen, weil nach oben abstrahlendes Licht die Leuchte illusorisch machen würde. Aber wegen unterschiedlicher Effekte bei einzelnen Leuchtenherstellern kann es keine in diesem Sinne bindende Vorschrift zur Einstellung geben. Der Gesetzgeber sagt, daß die Beleuchtungsstärke in 25 m Entfernung höchstens 1 Lux – was etwa der Helligkeit bei Vollmond entspricht – betragen darf. Sie sind allgemein so einzustellen, daß ihre Hell-Dunkel-Grenze auf 10 m Entfernung um 20 cm geneigt ist.

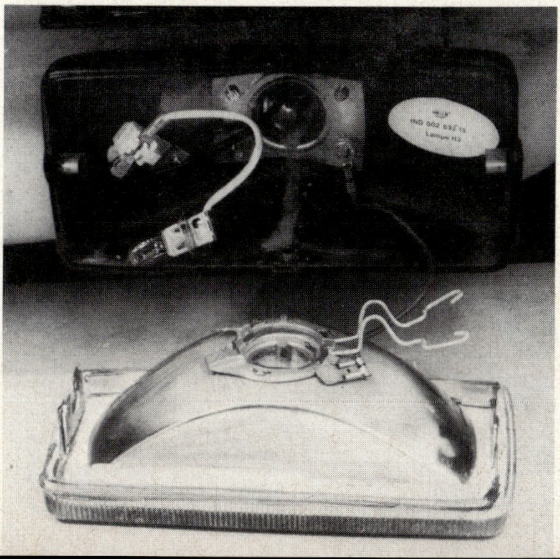

Die auf Wunsch installierte Nebelschlußleuchte sitzt hinten links unterhalb der Stoßstange. Ihr Deckglas wird von zwei Kreuzschlitzschrauben gehalten.

Das Gehäuse einer Kennzeichenleuchte (2) ist von unten nach oben aus der Stoßstange zu drücken. An den Seiten des durchscheinenden Gehäusedeckels (1) sitzen lose Halteklammern, von denen eine den Massekontakt zwischen Stoßstange und Kontaktzunge am Gehäuseboden herstellt. Verschmutzung kann hier zu Störungen führen.

Lampenwechsel

Scheinwerfer

Die Hauptscheinwerfer sind ab Werk für die Aufnahme konventioneller Zweifadenbirnen – auch Biluxlampen genannt – eingerichtet. Als Sonderausstattung können diese Scheinwerfer auch mit zweifadigen Halogenlampen (H 4) ausgerüstet sein. Falls nur ein Faden derartiger Zweifadenlampen ausgefallen ist, wenn also nur Fernlicht oder Abblendlicht brennt, dann wird der Defekt kaum an der Stromzufuhr liegen, und die Lampe muß ausrangiert werden. Brennen dagegen beide Fäden plötzlich nicht, ist der Verdacht begründet, daß kein Massekontakt mehr besteht.

Zum Lampenwechsel öffnet man die Motorhaube. An der Rückseite des Scheinwerfers dreht man zuerst die runde Abdeckung links herum und nimmt sie ab. Dann zieht man den dreipoligen Stecker von dem Lampenfuß ab. Die Lampenfassung, zugleich rückwärtige Verschlußkappe des Reflektors, ist dann etwas gegen den Reflektor zu drücken, nach links zu drehen und abzunehmen. Danach läßt sich die Lampe entnehmen. Beim Einsetzen der neuen Lampe achte man auf die am Rande des Lampensockels angebrachten Aussparungen, die – wie ein Schlüssel in sein Schloß – nur in einer Richtung in die Fassung passen. Dabei befindet sich die mittlere Kontaktzunge einer Lampe immer oben. Gewalt ist beim Lampenwechsel nicht nötig.

Neue Lampen – und besonders die für die Hauptscheinwerfer – faßt man nicht mit bloßen Händen am Glaskolben an. Auch bei sauberen Händen bleiben daran Schweißabsonderungen zurück, die bei Einschalten der Lampe durch die Hitze verdampfen und den Reflektor trüben. Ein verschmutzter Glaskolben muß mit einem unbenutzten Taschentuch saubergerieben werden.

Lichtscheibe und Reflektor der zur Sonderausstattung gehörenden Nebelleuchten sind zusammengefügt und werden gemeinsam abgenommen. Zum Austausch der Halogenlampe ist die Halteklammer auszuhaken und das mit der Lampe verbundene Kabel von der Kontaktzunge abzuziehen.

Standlicht

Die 4-Watt-Standlichtlampe sitzt gemeinsam mit der Abblendlicht-Fernlichtlampe in der gleichen Verschlußklappe des Hauptscheinwerfers. Zum Auswechseln sind daher die eben beschriebenen Handgriffe auszuführen, ohne dabei die Biluxlampe herauszunehmen. Die kleine Standlichtlampe braucht nur in ihrem Sitz gedreht zu werden, um sie entnehmen zu können. Beim Einsetzen müssen ohne Kraftaufwendung beide Nasen am Lampensockel richtig im Lampensitz einrasten.

Vordere Blinkleuchten

Die Blinkleuchten beim Ascona befinden sich, nach außen versetzt, neben den Hauptscheinwerfern. Die Lampe ist ebenfalls vom Motorraum aus zugänglich. Zum Lampenwechsel zieht man die Lampenfassung heraus, wonach die Lampe erreichbar wird. Man drückt die Glühlampe leicht in die Fassung hinein und dreht sie nach links, dann kann sie entnommen werden. Der Einbau geschieht in umgekehrter Reihenfolge.
Beim Manta sind die Blinkergehäuse separat unterhalb der Stoßstange angebracht. Zum Lampenwechsel muß die Fassung der Leuchte ausgerastet werden, diese Fassung besitzt einen Renkverschluß und man dreht sie entsprechend. Dann wird die Glühlampe ebenso wie beim Ascona entnommen.

Hintere Blinkleuchten, Brems- und Schlußleuchten, Rückfahrleuchten

Die Rückleuchten der beiden Opel-Versionen sind so gestaltet, daß bei ihnen der Lampenwechsel im Kofferraum vorgenommen wird. Damit unterscheiden sie sich prinzipiell von den Rückleuchten des Vorgängermodells, die von außen zugänglich waren.
Die einzelnen Lampen sitzen in Fassungen, die in einer Version durch einfaches Drehen, bei der anderen Ausführung durch Drücken der seitlichen Hakenzapfen in den Aussparungen der Fassung zu entnehmen sind. Aus jeder Fassung kann die Lampe gleichermaßen dadurch herausgenommen werden, daß man sie etwas hineindrückt und links herum ausrastet.
Die Zweifadenlampe der Brems- und Schlußleuchten hat am Sockel in der Höhe verschieden angeordnete Nasen, die dafür sorgen, daß die Birne nicht verkehrt eingesetzt wird. Man darf diese Birne also nicht mit Gewalt in die Fassung drükken, sondern muß sich zuvor überzeugen, wie die Aussparungen für die beiden unterschiedlichen Nasen angeordnet sind.
Die Farbe der Lichtscheibe gibt darüber Auskunft, welche Funktion der einzelnen Rückleuchte zukommt: Die Blinkleuchten sind die äußeren Lampen, Brems- und Schlußlicht befinden sich in der Mitte, innen sind die Rückfahrleuchten untergebracht. Der Schalter zu letzteren sitzt am Getriebe.

Kennzeichenleuchte

Das hintere polizeiliche Kennzeichen wird von einer Lampe beleuchtet, die in einem besonderen Gehäuse auf der Stoßstange sitzt. Dieses Gehäuse läßt sich – sofern nicht stark verschmutzt – von unten nach oben drücken, indem man hinter die Stoßstange greift. Mit Schraubenzieher oder Taschenmesser kann man gegebenenfalls am Gehäuserand nachhelfen. Der Gehäuseboden ist zugleich Lampensockel.
Nach Wechseln der Birne muß man dafür sorgen, daß beim Einsetzen des Lampensockels in das Gehäuse die seitlichen KLemmen an den Kontaktzungen richtig anliegen. Diese Zungen, die am Gehäuse wiederum als Halterung dienen, sorgen nämlich für den Massekontakt. Bei nicht brennender Birne ist also hier zuerst zu kontrollieren, ob sich durch entsprechendes Biegen (oder Blankschaben) der eventuell verlorengegangene Kontakt wieder herstellen läßt. Allgemein können hier starke Verschmutzungen innerhalb der Stoßstangenwandung zu Störungen der Leuchtenfunktion führen.

Innenleuchten

Zur Beleuchtung von Innenraum, Motorraum und Kofferraum dienen drei gleichartige Leuchten. Sie sind festgeklemmt und können mit einem Schraubenzieher aus ihrem Sitz gedrückt werden. Die Sofittenlampe ist zwischen den beiden Kontaktzungen ebenfalls nur eingeklemmt.

Zusätzliche Scheinwerfer

Opel rüstet Ihren Wagen auf Wunsch mit Nebelleuchten oder Weitstrahlern aus. Kabelsatz und Relais müssen dazu nachträglich verlegt und angeschlossen werden. Solche Zusatzscheinwerfer sollten aber nicht nur das Auto äußerlich aufwerten, sondern tatsächlich mit der gewünschten Wirkung aufwarten. Letzteres ist nicht bei allen im Handel befindlichen Leuchten der Fall.
Gute und richtig eingestellte Nebelscheinwerfer strahlen kaum Licht nach oben ab, was die berüchtigte Eigenblendung verursachen würde. Sie leuchten den Fahrbahnrand zur Orientierung genügend aus und lassen – bei vernünftiger Fahrweise – Hindernisse noch rechtzeitig erkennen. Den Nebel können sie allerdings nicht durchdringen.
Nebelleuchten dürfen nicht höher als die Hauptscheinwerfer angebaut sein. Am besten ist die Anbringung unter der Stoßstange, wo ihr Licht den am Boden nie so dichten Nebel unterläuft. Weitere Bestimmungen: Beim Anbau weniger als 40 cm vom äußeren Umriß des Wagens entfernt ist Schaltung nur mit Standlicht statthaft. Bei eingeschaltetem Fernlicht müssen Nebelscheinwerfer nicht verlöschen, dürfen jedoch gemeinsam nicht eingeschaltet sein. Ihre Hell-Dunkel-Grenze soll in 10 m Entfernung um 20 cm geneigt sein.
Gelbe Streuscheiben senden zwar ein als angenehm empfundenes Licht aus, verschlucken aber 15 Prozent der Lichtstärke (vergleichbar mit dem Gelbfilter beim Fotoapparat).
Halogen-Nebelscheinwerfer gibt es als fertig vorbereitete Stes mit Kabeln, Relais und Schalter und mit genauer Einbauanleitung. Wir testeten eine Reihe von Nebelscheinwerfern methodisch und haben bei folgend genannten die besten Ergebnisse gewonnen: Bosch 0 305 651 001, Carello Mirage, Hella 192 und Marchal 810.
Es können auch noch Halogen-Fernscheinwerfer zusätzlich montiert werden. Sie dürfen zusammen mit dem Abblend- oder mit dem Fernlicht brennen. Hella 192 Rallye und Bosch 0 305 901 003 verfügen – wie wir feststellten – über die größte Reichweite der gegenwärtig im Handel erhältlichen Leuchten.

Links: Einen Türkontaktschalter kann man nach Herausziehen der Blechschraube abnehmen. Vorsicht, daß bei eventuellem Auswechseln des Schalters nicht das Kabel in die Karosserie zurückrutscht.
Rechts: Zum Auswechseln der Lampe in der Kofferraumleuchte wird letztere einfach aus ihrem Sitz gedrückt. Die Soffittenlampe ist in den beiden Kontaktzungen nur eingeklemmt. Ähnlich ist eine Lampe der Innenbeleuchtung gestaltet.

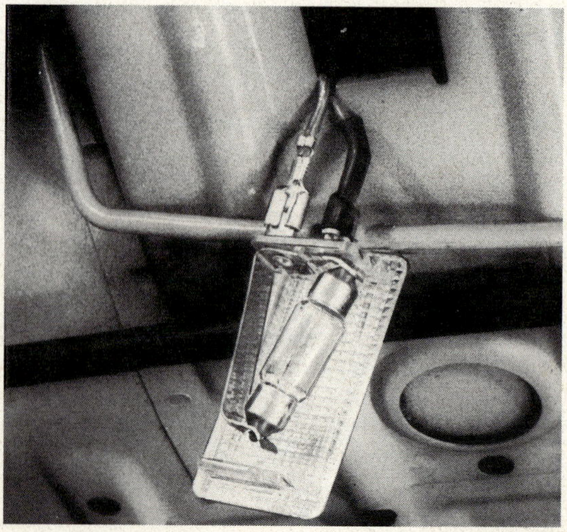

Meldestellen

Die Signaleinrichtungen – Blinkleuchten, Bremsleuchten und Hupe – müssen ebenso wie die übrigen Einrichtungen am Auto ständig funktionsfähig sein. Mit ihnen meldet der Autofahrer seine Absichten an die anderen Verkehrsteilnehmer, aber diese Nachrichtenübermittlung hängt nicht nur von der Einsatzbereitschaft verschiedener Glühlampen oder des Signalhorns ab, vielmehr auch von dem guten Zustand mehrerer elektrischer Anlagen. Störungen daran lassen sich in der Regel sehr schnell beheben, und Hilfe bei der Störungssuche bietet dieses Kapitel.

Die Blinkanlage

Blinkerschalter (links an der Lenksäule), je zwei vordere und hintere Blinkleuchten, Blinkgeber und die grüne Blinkerkontrollampe sind die Bestandteile der Blinkanlage. Sie ist über die Sicherung Nr. 6 geschützt. Stromführend zwischen Sicherung und Blinkgeber ist zuerst das schwarze Kabel nach Klemme 15 am Signalschalter, dann von der gegenüberliegenden Klemme 49 weiterlaufend das blaue Kabel. Vom Blinkgeber führt das schwarz-weiß-grüne Kabel wieder zurück an den Signalschalter Klemme 49 a, wo je nach Hebelstellung eine Brücke nach Klemme 49 a L oder 49 a R gelegt ist. Zu den Blinkern der rechten Seite führen schwarz-grüne Kabel, die der linken Wagenseite sind mit schwarz-weißen Kabeln verbunden, gleichfarbige Kabel zweigen zur Kontrollampe ab.
Das Aussetzen einer Blinkleuchte macht sich durch wesentlich schnelleres Aufleuchten des Kontrollichtes als üblich bemerkbar, oder die Kontrolleuchte blitzt nur einmal auf und bleibt dann dunkel. Eine ausgefallene Blinkerbirne muß baldmöglichst ersetzt werden. Es kann jedoch sein, daß die betreffende Lampe nur locker in ihrer Fassung sitzt oder einen oxydierten Sockel hat oder daß korrodierte Kabelanschlüsse den Stromfluß hemmen. Wie die Birnen der Blinkleuchten ausgewechselt werden, ist im Kapitel »Scheinwerfer und Leuchten« beschrieben. Von der vorgeschriebenen Wattzahl der Birnen hängt auch der richtige Schaltrhythmus des Blinkgebers ab. Schalten die Blinkerlampen auf »Dauerlicht«, ist im Blinkerrelais wahrscheinlich ein Defekt.
Dieses Relais, auch als Blinkgeber bezeichnet, ist unterhalb des Sicherungskastens zugänglich. Sein Ticken, wenn die Blinker eingeschaltet sind, hilft die Suche nach dem Relais erleichtern. Es handelt sich um ein rechteckiges Gerät, zu dem drei Kabel herangeführt sind. Der Blinkgeber läßt sich nach unten abziehen.

Die Warnblinkanlage

Durch Druck auf den roten Knopf rechts an der Lenksäulenverkleidung wird die Warnblinkanlage in Betrieb gesetzt. Die gemäß der Zulassungsordnung installierte Anlage ist über die Sicherung Nr. 3 an die ständige Stromzufuhr (über Klemme 30 am Anlasser) angeschlossen.
Es ist naheliegend, daß die Warnblinkanlage in jeder Notsituation einsatzbereit sein muß. Obwohl sie sozusagen ein erweitertes Teil der Blinkanlage darstellt, besitzt sie einen eigenen Stromkreis. Ihre besondere Kontrollampe ist mit den im

Die Hupe des Ascona B wird zugänglich, wenn man das Frontgitter entnommen hat, wie es im Bild Seite 37 gezeigt ist.

Signalschalter überbrückbaren Schaltungen über das schwarz-rote Kabel verbunden.

Das Bremslicht

Beide Bremsleuchten erhalten ihren Strom von der Sicherung Nr. 6. Von dort führt ein schwarz-rotes Kabel zum Bremslichtschalter, der mit dem Bremspedal in Berührung steht und den Strom über ein sich gabelndes Kabel an die Bremsleuchten weiterleitet. Die Bremslichtleitung steht nur bei eingeschalteter Zündung unter Strom.

Da die Leuchten über einen gemeinsamen Anschluß am Bremslichtschalter verfügen, muß man bei Nichtaufleuchten nur einer Birne vermuten, daß diese durchgebrannt ist. Eventuell hat sie nur mangelhaften Massekontakt oder ihre Fassung hat sich gelockert.

Wenn beide Bremsleuchten bei Betätigung der Bremse nicht ansprechen und die Sicherung ist in Ordnung, kontrolliert man zunächst, ob bei eingeschalteter Zündung am Bremslichtschalter Spannung vorhanden ist. Dazu zieht man einen der beiden Flachstecker ab und berührt mit ihm eine blanke Stelle an dem anderen Stecker. Auf diese Weise läßt sich herausfinden, ob der Fehler im Schalter oder in den Kontakten oder Leitungen liegt. Die Anordnung der Kabel an den Schalteranschlüssen ist gleichgültig; Massekontakt benötigt der Schalter nicht. Etwas Fett macht einen schwergängigen Schalterstift wieder beweglicher.

Der Bremslichtschalter (2) sitzt beim Opel über dem auf dem Bild nach unten ragenden Bremspedalhebel. Zum Fahrer hin sind am Bremslichtschalter die Kabel aufgesteckt. Links auf der Platte sitzt der Schalter für die Kupplungskontrollampe (1), die dann aufleuchtet, wenn die Kupplung nachgestellt werden muß.

Ein defekter Schalter muß auf schnellstem Wege ausgetauscht werden. Nachdem man beide Kabel abgezogen hat, hält man die Mutter oberhalb der Befestigungsplatte mit einem Gabelschlüssel fest und dreht die Mutter unterhalb der Platte los. Danach kann man den Schalter nach oben herausziehen.
Der neue Schalter muß so eingestellt werden, daß die Bremslichter beim geringsten Niedertreten des Pedals aufleuchten. Probeweise wird der Schalter mit angeschlossenen Kabeln und bei eingeschalteter Zündung in die Bohrung der Halteplatte eingeführt, währenddessen ein Helfer das Aufleuchten und Verlöschen der Bremslichter beobachtet. Der Schalterstift muß durch den Hebel des in Ruhestellung befindlichen Pedals in den Schalter gedrückt werden und soll nach etwa 1 cm Pedalweg – am Pedal gemessen – die Bremsleuchten in Funktion setzen. Die obere Mutter dient zum Justieren des Schalters, die untere Mutter wird nach gefundener Einstellung festgezogen.

Das Signalhorn

Die Hupe ist bei Ascona und Manta in der Lufteintrittsöffnung der Wagenfront, links vom Kühler, angebracht. Sie ist mit einer Blechlasche als Halter durch eine Schraube am Karosserieblech befestigt.
Die Tonhöhe einer sonst noch brauchbaren Hupe kann man einstellen, wenn man die auf der flachen Rückseite der Hupe befindliche Schraube vorsichtig verdreht. Zunehmenden (heller werdenden) Ton erzeugt man durch Drehen der Tonstellschraube rechts herum, links herum Drehen läßt den Ton abfallen.
In gleicher Weise kann ein Horn, das nur noch krächzt, wieder zu einer vernünftigen Tonlage gestimmt werden. Voraussetzung ist natürlich, daß die Hupe nicht durch übergroße Verschmutzung oder andere Einflüsse derart gelitten hat, daß ihre Membrane nicht mehr richtig arbeitet. Reparaturversuche lohnen sich meist nicht mehr, defekte Hupen tauscht man aus.
Durch Niederdrücken der Signalhorntaste in Lenkradmitte wird die Hupe zum Tönen gebracht. Ihr Stromkreis wird von der Sicherung Nr. 8 geschützt, die über das schwarz-gelbe Kabel direkt mit dem Signalhorn verbunden ist. Das andere, braun-schwarze Kabel an der Hupe hat Massefunktion und führt an die Minusklemme am Signalschalter.
Zum Schutz gegen Korrosion sind über die Kabelanschlüsse an der Hupe Gummikappen gesteckt. Bei Ausfall der Hupe an einem älteren Wagen sollte man zunächst hier untersuchen, ob die Flachstecker gut mit den Kontaktzungen verbunden sind.

Die Lichthupe

Der Signalhebel links am Lenkrad muß gezogen werden, wenn man Lichtzeichen geben will. Das geschieht dann mittels des Fernlichts. Aus dem Schaltplan der hinteren Buchklappe geht hervor, daß am Signalschalter ein von Sicherung 3 stromführendes rotes Kabel zur Klemme 30 führt. An der Klemme 56 liegt nur Strom, wenn der Lichtschalter entsprechend eingeschaltet ist, und wegführend zum Abblendlicht (Klemme 56 b) und zum Fernlicht (Klemme 56 a) können die genannten Kontakte innerhalb des Schalters miteinander verbunden werden. Unabhängig davon ist es jedoch möglich, durch Anziehen des Abblendhebels auf die Klemme 56 a am Signalschalter direkt Strom von der Klemme 30 mit stets bereitem Batteriestrom zu geben.

Stets zu Diensten

Anzeigegeräte und Kontrolleuchten befinden sich nicht umsonst im Blickfeld des Fahrers. Falscher Zeigerausschlag eines Instruments, durchgebrannte Glühbirne einer Warnleuchte – aller Aufwand ist umsonst und ein Ungemach droht, das mit üblen Folgen verbunden sein kann. Kaum weniger schlimm ist es, wenn unterwegs etwa der Scheibenwischer bei Regen oder Schneetreiben streikt. Die nächste Werkstatt liegt nicht immer auch an der nächsten Ecke, und kostenlos hilft man dort ohnehin nicht weiter.

Die Instrumententafel

In der Standardausführung erhält die Instrumententafel links ein Kombiinstrument mit Kraftstoffanzeige, Ladekontrolleuchte, Handbrems- und Kupplungskontrolleuchte sowie Blinkerkontrolleuchte. Die ebenso gestaltete rechte Anzeige gibt Auskunft über die Kühlmitteltemperatur und besitzt Kontrolleuchten für Fernlicht, Warnblinkanlage und Öldruck. Zwischen diesen beiden Anzeigekombinationen sitzt das Tachometer mit Kilometerzähler. Diese Anordnung ist bei Ascona und Manta gleich.

Instrumentenrahmen ausbauen

Wenn man eine der Kontrolleuchten ersetzen muß, kommt man nicht ohne weiteres an sie heran, weil eine Verglasung den Zugriff verhindert. Diese Scheibe ist mit dem Rahmen verbunden, in dessen seitlichen Leisten links diverse Schalter untergebracht sein können und rechts die Bedienungshebel der Heizung sitzen. Den Rahmen mit Scheibe kann man aber nur ausbauen, nachdem darunter der Heizscheiben- und der Gebläseschalter demontiert worden sind. Dazu führt man mit einem Drahthaken (kleiner Dietrich) in die Öffnung, die in der Versenkung des jeweiligen Symbols für den Schalter oben vorhanden ist, und zieht den Schalter heraus. Anschlußkabel und Leuchtenfassung werden von dem Schalter abgezogen. Dann wird die Schalterleiste ausgebaut, dazu ist in den Ausschnitten der eben entnommenen Schalter je eine Kreuzschlitzschraube her-

Nach Ausbau des Instrumentenrahmens werden die Kontrolleuchten zugänglich: 1 – Ladekontrolle, 2 – Handbrems- und Kupplungskontrolle, 3 – Blinkerkontrolle, 4 – Fernlichtkontrolle, 5 – Warnblinkkontrolle, 6 – Öldruckkontrolle. Der Pfeil zeigt auf die Steckverbindung für die im Rahmen sitzenden Instrumentenleuchten.

auszudrehen. Die Schalterleiste läßt sich abnehmen, wenn man dabei den unteren Rahmen der Instrumententafel etwas hochdrückt. Von dem eventuell vorhandenen Parkleuchtenschalter kann man danach die Anschlußkabel abziehen. Als nächstes muß die Hutze über den Instrumenten entfernt werden. Sie ist hinter ihrem oberen Rand mit zwei Schrauben befestigt, die man herausdrehen muß. Zusätzlichen Halt empfängt die Hutze durch je eine Metallklammer an den hinteren Ecken und bei Hochdrücken löst sie sich aus ihrem Sitz. Die jeweils entnommenen Schrauben sind von unterschiedlicher Größe.

Das Glas mit Rahmen über den Instrumenten ist links und rechts mit je zwei Blechschrauben befestigt. Wenn diese herausgedreht sind, zieht man die eventuell vorhandenen Schalter aus der linken senkrechten Leiste und löst die Anschlüsse. Des weiteren wird der Lichtschalter von dieser Leiste abgenommen. Dazu ist der Schalter so weit wie möglich aus seinem Sitz zu ziehen, wobei man die seitlichen Halteklammern mit einem schmalen Schraubenzieher andrückt. Der Schalter hat einen Kabelstecker, der später nicht verkehrt herum aufgesteckt werden kann. Am rechten Rahmenrand zieht man die beiden Griffe der Bedienungshebel nach vorne ab. Schließlich muß noch die Steckverbindung für die Instrumentenbeleuchtung links am Rahmen getrennt werden, dann kann man den Rahmen abnehmen.

Links: 1 – Bohrung für die (hier bereits abgenommene) Schalterleisten-Befestigungsschraube. 2 – Untere Blechschraube zur Befestigung des Instrumentengehäuserahmens mit Glas. 3 – Obere Blechschraube. Der Schraubenzieher im Bild ist auf eine der vier Schrauben zur Befestigung der Instrumentenplatte angesetzt. Rechts: Der ausgebaute Lichtschalter. Um ihn aus dem Instrumentengehäuse herausziehen zu können, drückt man die seitlichen Halteklammern (Pfeile) mit einem schmalen Schraubenzieher an und zieht zugleich am Schalter.

Kontroll- und Instrumentenleuchten wechseln

Es muß sehr beachtet werden, daß man nicht durch Ungeschicklichkeit die jetzt freiliegenden Zeiger der Instrumente verbiegt. Die Lampen der Kontrolleuchten sind in den Fassungen nur eingesteckt, sie lassen sich ohne Schwierigkeiten

Ausgebauter Instrumentenrahmen mit Leuchten. Eine Fassung mit Lampe ist entnommen und liegt zur Demonstration auf dem Rahmen, die andere Fassung ist darunter im Rahmen eingebaut. Pfeil: Halteklammer für die Lampenfassung.

auswechseln. Es handelt sich um 1,2-Watt-Lampen mit dem Sockel W 2 × 4,6 d, mit Ausnahme der Ladekontrollampe mit 3 Watt und Sockel W 2,1 × 4,6 d. Der Zusammenbau geschieht in umgekehrter Reihenfolge der beschriebenen Arbeitsgänge. Beim Anschrauben der Schalterleiste muß man dieselbe etwas nach oben drücken.
Die Instrumentenleuchten sind an der ausgebauten Hutze erreichbar. Die Lampen sind durch ein Kabelband, das von der seitlichen Steckverbindung heranführt, in Reihe verbunden. Die Lampe am Ende des Kabels ist mit ihrer röhrenförmigen Fassung nur seitlich an der Hutze eingesteckt, während die beiden anderen Lampen in je einer rechteckigen Halterung sitzen, die von einer hakenförmigen Nase festgehalten wird. Zum Lampenwechsel drückt man diese Nase an und zieht die Halterung samt Lampe aus ihrem Sitz heraus (Lampe: 1,2 W, Sockel: W 2 × 4,6 d).

Instrumente ausbauen

Der Ausbau der Instrumente kann nach erfolgter Demontage des Instrumentenrahmens vorgenommen werden. Die Anzeigegeräte sind jeweils mit zwei Kreuzschlitzschrauben auf der sogenannten Leiterplatte befestigt, die ohne Zuhilfenahme von Kabeln mit einer gedruckten Schaltung die Stromverbindung zu den Geräten herstellt. Nach Herausdrehen der Befestigungsschrauben können die Instrumente von der Leiterplatte abgezogen werden. Am Tachometer ist die Tachometerwelle an der Rückseite des Instruments unter dem Anschluß von einer Feder gehalten, die beim Ausbau angedrückt werden muß.
In der SR-Ausführung bzw. beim Manta GT/J sind links auf der Instrumententafel jeweils zwei Geräte zusammen mit drei Schrauben befestigt: Voltmeter und Kraftstoffanzeige, daneben Öldruckmesser und Fernthermometer. Soll eins der unteren Instrumente ersetzt werden, muß auch das obere abgeschraubt werden. Beim Drehzahlmesser sind drei Schrauben herauszudrehen.
Die Leiterplatte kann ausgebaut werden, nachdem die Instrumente abgebaut und die Halteschraube rechts über dem mittleren Instrument herausgedreht wurde. Dann kann die Leiterplatte nach rechts – bis zum Anschlag – geschoben und abgenommen werden.

Die Öldruckkontrolle

Die Schmierstellen des Motors müssen ständig mit Öl versorgt werden. Je nach Motordrehzahl ist der Druck, mit dem das Öl herangeführt wird, unterschiedlich hoch. Um überprüfen zu können, ob der Minimaldruck entwickelt wird, ist in den Ölkreislauf ein Druckschalter eingebaut. Mit diesem ist die rote Öldruckkontrolllampe in der Instrumententafel verbunden, und zwar durch das blau-grüne Kabel. Der Stromkreis für die Lampe wird von dem schwarzen Kabel vom Zündschloß, Klemme 15, geschlossen.
Der Öldruck ist bei kaltem Motor und daher zähem Motoröl höher, so daß die Lampe schon bei geringen Motordrehzahlen erlischt. Beim Wiederstarten eines im Hochsommer heißgefahrenen Motors mit dementsprechend dünnflüssigem Motoröl ist der Öldruck geringer, weshalb die Öldruckkontrolleuchte erst bei höheren Drehzahlen erlischt oder manchmal sogar bei langsamer Fahrt aufleuchten kann.
Brennt die rote Lampe während der Fahrt, so ist das grundsätzlich ein Alarmzeichen. Natürlich kann die Ursache dazu harmlos sein, weil der Öldruckschalter defekt ist oder weil das Kabel zwischen Kontrollampe und Druckschalter irgendwo Kurzschluß zur Masse hat. Aber in der Regel zeigt das Aufleuchten, daß der notwendige Öldruck zur Schmierung aller Motorteile aus irgendeinem Grund nicht aufgebaut wird, manche Teile demnach ohne Schmierung laufen und bei sorgloser Weiterfahrt schnell schwere Schäden am Motor auftreten können.

Der Öldruckschalter sitzt am Motor rechts unten.

Deshalb muß man zuerst den Ölstand prüfen. Es ist immerhin möglich, daß sich das Motoröl auf den letzten Kilometern Straße verteilte, weil beispielsweise die Ölablaßschraube nicht fest sitzt. Ebenso kann eine Schmierstelle defekt sein, so daß das Motoröl ohne Widerstand aus dem defekten Lager läuft. Der Fehler kann auch an einer schadhaften Ölpumpe liegen, was allerdings ein seltener und kaum plötzlich auftretender Fall wäre. Wenn sich der Fehler nicht unterwegs als harmlos erweist, ist womöglich das Abschleppenlassen zur nächsten Werkstatt unumgänglich.

Der Öldruckschalter ist vorn am Motor unten rechts eingeschraubt. Eine Kontrolle über den tatsächlichen Öldruck bildet er leider nicht, dazu bedarf es eines Öldruckmessers. Ob überhaupt die Warnlampe funktioniert, kann man feststellen, indem man bei eingeschalteter Zündung das Kabel vom Öldruckschalter abzieht und gegen Masse hält. Die Lampe muß aufleuchten.

Bessere Auskunft bietet der Öldruckmesser der SR-Ausführung. Bei betriebswarmem Motor soll der Öldruck $0{,}5 \times 10^5$ Pa (= 0,5 kp/cm^2) nicht unterschreiten, und bei höheren Drehzahlen müssen wenigstens 2×10^5 Pa (= 2,0 kp/cm^2) erreicht sein.

Vom Öldruckschalter läuft ein Kabel zur Kontrollampe, das andere zum Anzeigeinstrument, das über ein an der Leiterplatte angeschlossenes braunes Kabel Masse erhält.

Störungsbeistand

Öldruckanzeige

Die Störung	– ihre Ursache	– ihre Abhilfe
A Lampe leuchtet beim Einschalten der Zündung nicht auf	1 Steckkontakte locker?	Kabelsteckverbindungen überprüfen
	2 Kontrollampe defekt?	Lampe austauschen
	3 Öldruckschalter defekt?	Austauschen
B Lampe leuchtet während der Fahrt auf	1 Ölmangel?	Motoröl auffüllen
	2 Kurzschluß am Kabel zwischen Lampe und Druckschalter?	Kabel auf Scheuerstellen untersuchen. Anderes Kabel zwischenschalten
	3 Ölkreislauf unterbrochen?	Zur nächsten Werkstatt, Motor wird nicht mehr geschmiert
	4 Öldruckschalter undicht?	Schalter auswechseln
C Lampe verlischt erst bei Vollgas	1 Öldruck zu niedrig?	
	2 Ölpumpe schadhaft?	Untersuchen lassen

Die Störung	– ihre Ursache	– ihre Abhilfe
D Lampe leuchtet bei heißem Motor im Leerlauf auf	1 Ansprechdruck des Öldruckschalters zu hoch?	Heißes, dünnflüssiges Motoröl bringt weniger Druck als kaltes Öl. Kein Grund zur Sorge.

Die Kraftstoffanzeige

Ein Geber im Tank und das Anzeigegerät in der Instrumententafel sorgen für Unterrichtung über die vorhandene Benzinmenge. Beide Teile sind durch ein blauschwarzes Kabel verbunden. Innerhalb des Instrumentengehäuses erhält die Meßuhr den Strom über den Spannungsstabilisator, der auf der +-Seite über das schwarze Kabel an Klemme 30 des Anlassers hängt. Der Geber im Tank hat ebenfalls Verbindung zur Masse. Er sitzt auf einer demontierbaren kleinen Platte am Tank, siehe Bild Seite 101.

Im Geber der Kraftstoffanzeige befindet sich ein elektrischer Widerstand, über dessen Wicklungen ein mit dem Schwimmer des Gebers verbundener Schleifkontakt läuft. Im Anzeigegerät sitzt ein elektrisch aufgeheiztes Bimetall-Thermogerät. Wenn sich der Tankinhalt neigt, schaltet der Schwimmer und mit ihm der Schleifkontakt den Widerstand des Gebers zunehmend ein. Es kann dann nur wenig Strom durch die Anlage fließen, das Bimetall wird nicht oder nur wenig aufgeheizt und der Zeiger hat keinen oder nur einen geringen Ausschlag. Je mehr der Tank gefüllt ist, um so kleiner hält der höher stehende Schwimmer den eingeschalteten Widerstand. Dadurch kann mehr Strom durch die Anlage fließen, das stärker aufgeheizte Bimetall gibt dementsprechend dem Zeiger einen stärkeren Ausschlag. Da zum Aufheizen des Bimetalls etwas Zeit notwendig ist, bringt der im Tank schwappende Kraftstoff den Zeiger nicht zum ständigen Hin- und Herpendeln.

Falsche Kraftstoffanzeige

Nur bei leerem oder vollem Tank kann man mit ziemlicher Sicherheit am Zeigerausschlag erkennen, ob Benzinstandanzeige und Geber richtig arbeiten. Im Zwischenbereich ist die Menge des Kraftstoffvorrates nicht genau zu ermitteln. Stimmt jedoch die Angabe bei leerem oder vollem Tank nicht oder zeigt die Meßuhr gar nichts an, so kann der Fehler sowohl im Anzeigegerät wie auch im Geber stecken. Man sollte dann auch die Kabelverbindungen überprüfen. Ist nichts daran zu entdecken, müßten das Instrument oder der Geber ausgebaut werden. Der Geber ist im Kofferraum an der linken Seite des Tanks oben zugänglich. Vor dem Ausbau ist die Batterie abzuklemmen. Der Kabelanschluß auf der Geberplatte wird gelöst, dann dreht man die fünf Befestigungsschrauben heraus. Falls die Platte festsitzt, hilft ein seitlich angesetzter Schraubenzieher zum Lockern. Die Platte wird mit Schwimmer und Widerstand aus dem Tank genommen.

Am ausgebauten Geber zuerst prüfen, ob der Schwimmer ein Loch hat (schwappt beim Schütteln Kraftstoff darin?). Wenn nicht, kann man zur Justierung den langen Schwimmerarm zweckentsprechend biegen. Diese Heimwerkerei ist allerdings nur sinnvoll, wenn man sorgfältig arbeitet und Ersatzteile, besonders eine neue Dichtung für die Geberplatte, zur Hand hat. Zweifellos kann sie aber billiger sein als ein voreiliger, von der Werkstatt vorgeschlagener Austausch des Gebers oder gar des Anzeigeinstrumentes.

Beim Einbau des Tankmeßgerätes sind die Dichtung des Deckels und auch die ersten Gewindegänge der fünf Schrauben mit benzinfester Dichtungsmasse zu bestreichen. Diese erhält man im Zubehörhandel oder auch bei Opel unter der Katalog-Nr. 1504 402. Der weitere Zusammenbau erfolgt in der umgekehrten Reihenfolge wie eben beschrieben.

Am Ansaugkrümmer vorn ist der Temperaturfühler eingeschraubt.

Die Kühlwasseranzeige

Der Motor besitzt einen Wärmefühler zur Aufnahme der Kühlwassertemperatur. Er befindet sich vorn rechts am Ansaugkrümmer (siehe Bild oben). Diese Temperaturfühler geben ihre Meldung über das blaue Kabel dem Anzeigeinstrument weiter. Wenn die Anzeige nicht funktioniert, können nur der Fühler, die Kabelanschlüsse oder das Gerät der Temperaturanzeige defekt sein.
Zeigt das Kühlmittel-Fernthermometer falsche Werte an, läßt es sich mit Heimwerkermitteln nicht prüfen, woran der Fehler liegt. Im übrigen ist es aber Werkstattsache, dem Übel auf den Grund zu gehen.
Ein neuer, auch als Geber bezeichneter Fühler, darf nur nach Einstreichen seines Gewindes mit Dichtungsmasse eingebaut werden, damit kein Wasserverlust eintritt.

Das Tachometer

Im Tachometer sind Geschwindigkeitsmesser und Kilometerzähler vereinigt. Das Gerät wird zwar nicht elektrisch betrieben, doch beruht die Wirkung des Geschwindigkeitsmessers auf den erzeugten Wirbelströmen eines ringförmigen Magneten, von der Tachowelle angetrieben, die ihrerseits die Tachonadel mit sich zu ziehen versuchen.
Die Tachometerwelle bedarf keiner besonderen Pflege. Ist sie gebrochen oder macht sie durch eine zitternde Tachonadel darauf aufmerksam, daß sie bereits einen Knick hat und bald brechen wird (Ursache für die zitternde Tachonadel kann aber auch eine verschlissene Antriebsschnecke am Getriebe sein), muß die Welle baldmöglichst ausgetauscht werden. Das sollte man der Werkstatt überlassen, denn bei ungeübtem Einbau wird sie leicht wieder geknickt, was bereits der Anfang zum erneuten Bruch der Welle ist. Sie darf beim Einbau auch nicht gezerrt oder in zu engem Radius verlegt werden.
Wenn außer der Tachonadel auch der Kilometerzähler ausfällt, liegt die Schuld sicher an der Tachowelle. Es ist dann zu kontrollieren, ob der Anschluß der Welle am Instrument richtig eingerastet ist oder ob sich eventuell die Welle am Getriebe gelöst hat.
Weil die Kilometerangabe auf dem Tacho beim Verkauf des Wagens als Dokument gewertet wird – es soll ja über die zurückliegende Beanspruchung des Wagens aussagen –, darf man natürlich nicht mit gelöster Tachowelle fahren. Auch den Umtausch eines eventuell defekten Tachometers läßt man sich mit den entsprechenden Kilometerangaben von der Werkstatt bestätigen. Plombiert ist die Welle bei Opel nicht.
Zum Herausziehen der Tachometerwelle aus dem Tachometer muß an dessen Rückseite die Haltefeder angedrückt werden.

Der Drehzahlmesser

Als Sonderausstattung ist ein Drehzahlmesser eingebaut. In den Kapiteln »Prüfen ohne Werkzeug« und »Des Motors Innenleben« wurde dargelegt, weshalb es ratsam sein kann, die Motordrehzahl zu überwachen. Am Plus-Anschluß ist der Drehzahlmesser über das schwarze Kabel an Klemme 30, am Minus-Anschluß über das braune Kabel an Masse geschlossen. Die Impulse vom Zündverteiler kommen über das grüne Kabel.
Ein solches elektrisches Gerät kann man auch nachträglich einbauen. Das hat besonders dann einen Sinn, wenn man gern und häufig hochtourig fährt. Man sollte sich dann für eines der im Handel anzutreffenden Rundinstrumente entschließen (z. B. von Moto Meter, Daimlerstraße, 7250 Leonberg, oder VDO, Adolf Schindling AG, Sodener Straße 9, 6231 Schwalbach; mit Montageerläuterungen). Ausreichende Größe, die gutes Ablesen ermöglicht, ist wertvoll. Anbringung des Instruments in der Nähe des vielleicht vorhandenen Radios ist wegen möglicher Empfangsstörungen zu vermeiden.

Das Voltmeter

Ein solches Instrument vermittelt Auskunft über die Spannung im Bordnetz. Wenn der Zeiger während des Startens nicht unter 10 Volt absinkt, ist die Batterie noch in Ordnung. Während der Fahrt sollte sich der Zeiger oberhalb der 12-V-Anzeige bewegen. auch bei eingeschalteten Verbrauchern darf der Zeiger nicht unter die 12 fallen. Bei dauernder Anzeige unter 12 Volt liefert die Lichtmaschine nicht genügend Strom oder der Regler arbeitet nicht richtig. Es kann dann auch ein Kurzschluß vorliegen, der sich eventuell mit Hilfe des Instrumentes einkreisen läßt, wenn man einzeln die Verbraucher abschaltet und beobachtet, wann der Zeiger zur normalen Anzeige springt.
In einer Elektrowerkstatt kann dieses zur Sonderausstattung gehörende Gerät überprüft, normalerweise aber nicht repariert werden.
Wenn man in seinem Opel ein solches Instrument aber nicht besitzt und dennoch gerne den Stromhaushalt überwachen will, kann man sich zusätzlich ein Amperemeter am Armaturenbrett anbauen. Die oben genannten Hersteller liefern Amperemeter zusammen mit einem verständlichen Schaltplan.

Der Spannungsstabilisator

Für eine genaue Funktion der Instrumente ist es erforderlich, daß sie bei stets gleichbleibender Spannung arbeiten. Eine solche Regulierung besorgt der Spannungsstabilisator, der als kleines Kästchen an der Rückseite der Instrumententafel aufgesteckt ist. Er erhält den Strom bei eingeschalteter Zündung über Klemme 15 vom Zündschloß. Bei Ausfall dieses Gerätes ist es entweder möglich, daß Kühlmitteltemperatur und Kraftstoffstand überhaupt nicht angezeigt werden oder aber, daß der Zeiger in jenen Instrumenten pendelt und somit falsche Werte angibt. Bei Wagen mit Sonderausstattung sind dann auch noch die zusätzlichen Instrumente in Mitleidenschaft gezogen.

Funktion des Scheibenwischers prüfen

Pflegearbeit Nr. 39

Alte Wischerblätter können nur noch schlecht für gute Sicht sorgen. Ebenso unangenehm macht sich eine verschmierte Windschutzscheibe bemerkbar, die mit einem verfetteten Fensterleder bearbeitet wurde. Silikonhaltige Lackpflegemittel hinterlassen auf dem Glas die vor allem bei Dunkelheit störenden Schlieren, die das Licht brechen. Eine solche Scheibe kann man versuchen mit Spiritus oder Sidol zu reinigen, brüchige Wischerblätter müssen erneuert werden.
Die Wischerblätter sollten auch von Zeit zu Zeit gereinigt werden, denn an ihnen setzen sich Rückstände von Qualm, Fett und Insekten ab. Man reibt die Wischerblätter am besten mit einer festen Nylonbürste (Nagelbürste) und einer starken Waschmittellösung oder auch Brennspiritus ab. Benzin oder Lackverdünner darf man nicht nehmern.

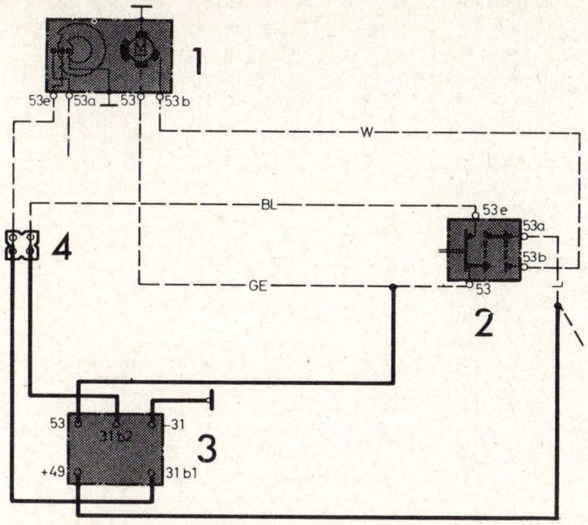

Schaltplan des Scheibenwischer-Intervallschalters. Es bedeutet: 1 – Scheibenwischermotor, 2 – Scheibenwischerschalter, 3 – Scheibenwischer-Intervallschalter. 4 – Lüsterklemme.

Die Scheibenwischerlager sind gelegentlich für einen Tropfen Öl dankbar, der bei zurückgeklapptem Wischerarm und laufendem Wischermotor an die Scheibenwischerwelle gegeben wird.
Der Scheibenwischer hat eine Zweistufenschaltung, die zwei Geschwindigkeiten ermöglicht. Nach dem Ausschalten des Wischermotors wird bewirkt, daß die Wischerblätter nicht sofort stehenbleiben, sondern in ihre Ausgangsstellung zurücklaufen. Dies ist ein besonderer Schalteffekt, durch den der Motor noch so lange Strom erhält, bis die Wischerblätter in Ruhelage stehen. Die Endstellung funktioniert nicht, wenn die Zündung ausgeschaltet wird und die ganze Wischeranlage keinen Strom mehr erhält.
Bleiben jedoch die Wischerblätter, etwa bei Schneetreiben, Frost oder durch trockene Reibung, außerhalb ihrer Ruhestellung stehen, während die Zündung eingeschaltet ist, verschmort womöglich die Ankerwicklung des Wischermotors, auch wenn der Wischerschalter ausgeschaltet wurde. Denn durch den Endstellungs-Schalteffekt bleibt der Wischermotor trotzdem unter Strom, kann sich aber nicht drehen. Abhilfe: Wischerblätter sofort von der Windschutzscheibe abheben, damit sie in Ruhestellung laufen können.
Abgesichert ist der Scheibenwischer durch die Sicherung Nr. 4, die über das lila Kabel mit dem Motor direkt Verbindung hat. Das andere lila Kabel ab der Sicherung läuft zum Scheibenwischerschalter, wo auch Scheibenwascherrelais und -pumpe angeschlossen sind. Bleibt der Scheibenwischermotor nach dem Ausschalten nicht stehen, dann hat sich an einem Aggregat dieser Anlage (Schei-

Der Ausbau des Scheibenwischermotors wird auf der nächsten Seite beschrieben. Der Pfeil ist auf den Anschluß des Massekabels gerichtet.

Die elektrische Scheiben-
waschanlage der L-Ausstattung mit Pumpe auf dem Wasserbehälter.

benwischermotor, Intervallschaltgerät, Hebelschalter an der Lenksäule, Scheibenwaschpumpe) ein Massekontakt eingeschlichen. Man kann dann zur Not, falls es nicht mehr regnet, die Sicherung herausnehmen, weil durch sie – über das andere orangefarbene Kabel – nur noch die Startautomatik am Vergaser abgesichert ist.

Der Scheibenwischermotor

Zum Ausbau des Scheibenwischermotors – er sitzt im Motorraum oberhalb der Servobremse – ist zuerst die Kurbel des Wischergestänges abzuschrauben. Dazu dreht man die Sechskantmutter von der Welle des Motors. Dann werden die drei Befestigungsschrauben des Motors von der Halteplatte gelöst, und der Motor läßt sich abnehmen. Der Mehrfachstecker hat an der Flachseite eine Klammer, die durch Druck entriegelt werden kann.
Beim Einbau müssen sich die Scheibenwischerarme in Ruhestellung befinden. Die Wischerblätter haben dabei bestimmte Abstände von der unteren Gummidichtung der Frontscheibe: links 45 ± 5 mm, rechts 50 ± 5 mm. Die Mutter auf der Kurbelwelle ist mit 8 bis 10 Nm anzuziehen.

Funktion der Scheibenwaschanlage prüfen
Pflegearbeit Nr. 40

Das Kapitel »Winterschutz« behandelt auch die Füllung der Scheibenwaschanlage. Diese Anlage besteht aus mechanischer oder elektrischer Wasserpumpe, dem Wasserbehälter, den Verbindungsschläuchen und den Spritzdüsen. Die mechanische Pumpe der Standardausführung sitzt im Fußraum ganz links. Statt dessen kann auch eine Fußkontaktpumpe eingebaut sein, die bei Betätigung die Wischer in Funktion setzt.
Zur Verbindung zwischen Scheibenwaschschalterkontakt und Pumpe dient das lila Kabel, das zugleich am Wascherrelais angelegt ist. Die Anlage ist über die Sicherung Nr. 4 geschützt.
Die Scheibenwascherdüsen können durch Verschmutzung von außen oder durch unreine Waschfüllung verstopfen. Wenn die Pumpe Schmutz ansaugt, ist deren Schädigung möglich. Ein handelsüblicher Kraftstoffilter (z. B. Mann WK 31/2), in die Saugleitung vor der Waschpumpe eingebaut, verhindert solches Übel.

Scheinwerfer-Wischer- und Waschanlage

Auf Wunsch können die Wagen mit einer Anlage zum Wischen und Waschen der Hauptscheinwerfer ausgerüstet sein. Sie ist dann elektrisch mit der eben beschriebenen Anlage verbunden, wobei statt des einfacheren Scheibenwascherrelais ein Relais für die Scheiben- und Scheinwerferwascher eingebaut ist. Außerdem gehört dazu noch ein Magnetventil, installiert zwischen Relais und den beiden Scheinwerfer-Wischermotoren. Diese zusätzliche Anlage ist im Schaltplan in der hinteren Buchklappe enthalten und ihre Kabelverbindungen können dort verfolgt werden.

Die heizbare Heckscheibe

Die eingebaute heizbare Heckscheibe ist mit dem schwarzen Kabel direkt mit Klemme 87 an ihrem Relais verbunden. Der Heizdraht der Scheibe hat Massekontakt. An der Klemme 30 erhält das Relais über das rote Kabel Strom von Sicherung Nr. 7 (16 Ampere). Zwischen dem Schalter für die Heizscheibe und dem Relais verläuft das braun-weiße Kabel. Masse für den Schalter und seine Kontrollampe liefert das braune Kabel.
Es kann vorkommen, daß ein Heizfaden in der Heckscheibe durch äußere Einflüsse beschädigt wird und somit der Stromkreis an dieser Stelle unterbrochen ist. Solche Schäden lassen sich wieder instand setzen. Reparatursets für die aufgedampften Heizfäden liefert die Firma Sekurit Glas Union GmbH, Mauritiuswall 64–66, 5000 Köln 1, über den Zubehörhandel.

Elektrische Schalter

Im Abschnitt »Die Masse behüten« auf Seite 191 wurde beschrieben, wie man die Funktion eines Schalters überprüfen kann, wenn man seiner Wirkungsweise nicht mehr sicher ist. Ferner sind einzelne Licht- und Geräteschalter innerhalb der betreffenden Kapitel abgebildet und erläutert. Man muß aber unterscheiden zwischen der Einsatzbereitschaft eines Stromverbrauchers und des für ihn zuständigen Schalters. Beim Opel ist es allerdings nicht schwer, sich von der Arbeit der Schalter zu vergewissern: Wird einer der Schalter betätigt, muß unmittelbar damit die entsprechende Reaktion eintreten. Beim Öldruckschalter z. B. ist man freilich nicht absolut sicher, ob er richtig arbeitet, weil er selbsttätig wirkt; wie man sich von dessen Funktion unterrichtet, ist im Abschnitt »Die Öldruckkontrolle« dargestellt.
Schließzylinder und Kontaktteil des Zünd-Anlaß-Schlosses lassen sich ohne Ausbau des Lenkrades ersetzen. Da dies dennoch Arbeiten für den Opel-Service sind, sei hier nicht näher darauf eingegangen. Ebenso verhält es sich mit dem Ausbau des Signalschalters, zu dem das Lenkrad abgezogen werden muß. Das ist nur mit einer Abziehvorrichtung möglich, deren Klauen bei dem Vorgang nach außen zeigen müssen.

Links: Heizscheibenschalter, aus seinem Sitz gezogen.
Rechts: Gebläseschalter, Lampe ist aus dem Sitz der Fassung gezogen.
Die Schalter zieht man mittels Drahthaken heraus.

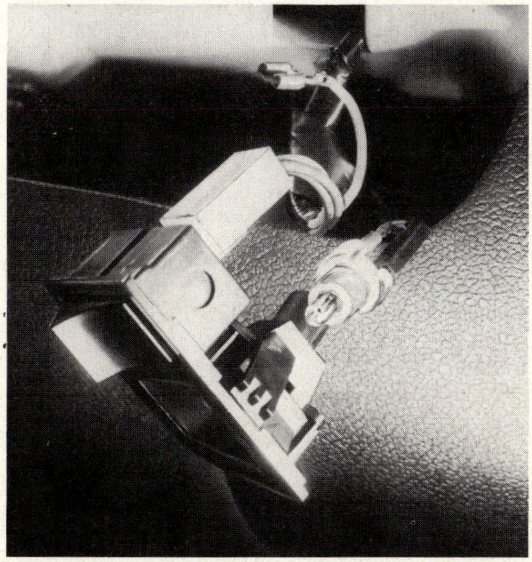

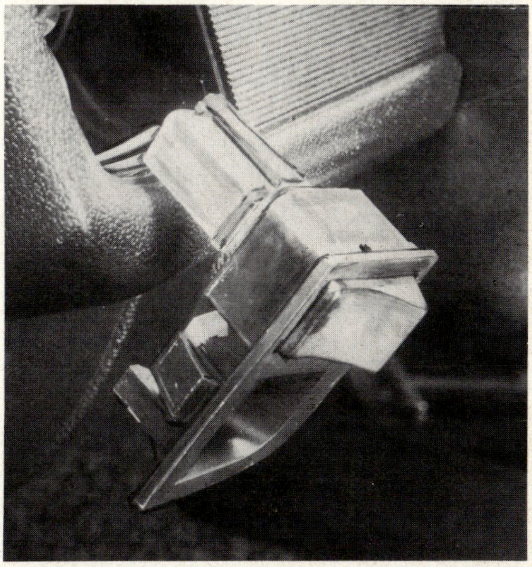

Zahlen und Werte

Unter dem Begriff »Technische Daten« sind alle jene Angaben zu verstehen, die sich in bezug auf ein Automobil in Zahlen ausdrücken lassen. Darin eingeschlossen sind Kurzbezeichnungen und -beschreibungen einzelner Teile von Motor, Fahrgestell und Karosserie. Gewissermaßen stellen diese Angaben den Steckbrief zu dem Auto dar. Zugleich sind sie Bestandteil der Allgemeinen Betriebserlaubnis (ABE), und nachträglich darf an dem Wagen nichts geändert werden, was in irgendeiner Weise die angegebenen Werte betreffen würde. (Änderungen der nachstehenden Angaben auf Grund von Verbesserungen durch das Werk vorbehalten.)

Motor

Typ		13 N	13 S
Bauart		Viertakt-Reihenmotor, wassergekühlt, Quereinbau	
Zylinderzahl		4	4
Bohrung	mm	75	75
Hub	mm	73,4	73,4
Hubraum effektiv	ccm	1297	1297
Hubraum			
nach Steuerformel	ccm	1281	1281
Hubraumleistung	kW/l	34	41,5
Höchstleistung	kW (PS)	44 (60)	55 (75)
bei Drehzahl	min⁻¹	5800	5800
Größtes Drehmoment	Nm (kpm)	94 (9,6)	98 (10,0)
bei Drehzahl	min⁻¹	3400–3800	3800–4600
Verdichtungsverhältnis		8,2	9,2
Oktanbedarf	ROZ	91	98
	MOZ	82	88
Kurbelwellenlager		5	5
Ventiltrieb		Obenliegende Nockenwelle, Antrieb durch Zahnriemen, hängende Ventile	
Ventilspiel		Hydraulischer Ventilspielausgleich	
Ventilsteuerung			
Einlaß öffnet vor OT		24°	24°
Einlaß schließt nach UT		73°	78°
Auslaß öffnet nach UT		66°	68°
Auslaß schließt nach OT		30°	36°
Schmiersystem		Druckumlaufschmierung durch Zahnradpumpe (Sichelpumpe) mit Ölwechselfilter im Hauptstrom	
Kühlung		Wasserumlaufkühlung mit Flügelradpumpe, thermostatisch geregelt	
Lüfter		Starr, Anordnung der 5 Flügel unsymmetrisch	
Keilriemen			
Keilwinkel		40°	40°
Länge	mm	960	960
Breite	mm	9,5	9,5
Kraftstoffpumpe		Mechanisch	
Förderdruck	kPa	18–24 bei 2000/min	
Luftfilter		Papierelement	
Kraftstoffsystem		Vergaser	
Vergaser, Bauart		Fallstrom	Fallstrom
Hersteller		Solex	GMF
Typ		35 PDSI	Varajet II
Luftklappe		Manuell	Automatisch
Zusatzsystem		Umgemisch	–

Elektrische Anlage

Zündung		Batterie-Zündung, 12 V Spannung	
Batterie	Ah	36 oder 45	36 oder 45
Generator		Bosch K 1 – 14 Volt 45 A 20 oder Delco Remy	
Regler		Im Generator	
Spannung	V	Bosch 13,8, Delco Remy 14,6	
Anlasser		Bosch DF 0,7 kW oder Delco Remy	
Zündverteiler		Bosch oder Delco Remy	
Schließwinkel		50 ± 3°	50 ± 3°
Schließzeit		56 ± 3°	56 ± 3°
Kontaktabstand	mm	0,4	0,4
Zündeinstellung vor OT		10°	10°
Fliehkraftverstellung maximal			
Bosch oder DR	°KW	25–31	19–25
Zündspule		Bosch DF 0,7 kW 12 V oder Delco Remy 12 YDR 502	
Zündfolge		1 – 3 – 4 – 2	
Zündkerzen, ab Werk		AC R 42 XL 5	
vergleichbar mit		Bosch 175 TR 30	
Gewinde		M 14 × 1,25	
Elektrodenabstand	mm	0,7–0,8	

Kraftübertragung

Kupplung		Opel Einscheiben-Trockenkupplung mit Belleville-Feder	
Kupplungsbelag			
Außen-/Innen-durchmesser	mm	190/134	190/134
Scheibendicke	mm	9,15 ± 0,25	9,15 ± 0,25
Schaltgetriebe		Schrägverzahntes, voll- und sperrsynchronisiertes Zahnrad-Vorlegegetriebe	
Getriebeübersetzungen			
1. Gang		3,640	3,640
2. Gang		2,120	2,120
3. Gang		1,336	1,336
4. Gang		1,000	1,000
R.-Gang		3,522	3,522
Automatisches Getriebe		–	–
Kardanwelle		Einteilige Rohrgelenkwelle	
Hinterachsgetriebe		Hypoidverzahnter, geräuscharmer Kegelantrieb	
Achsübersetzung		4,375	4,30

Fahrwerk

Vorderachse		Einzelradaufhängung mit Querlenkern oben und unten, verschränkte Lenkerachsen der Querlenker, Drehstabilisator, Schraubenfedern	
Hinterachse		Deichselachse mit Zentralgelenk, zwei Längslenker und ein Querlenker, Drehstabilisator, Schraubenfedern mit progressiver Rate	
Stoßdämpfer			
vorn und hinten		Teleskop	
Radsturz unbelastet		–1° bis +0° 30′	
Nachlauf unbelastet		+3° bis +5° 30′	
Vorspur unbelastet		0° 30′ bis 0° 50′ = 3 bis 5 mm	
Lenkung		Gedämpfte Zahnstangenlenkung mit Schrägverzahnung, Gitterrohrlenksäule mit Teleskopspindel und Abreißschlitten	
Wendekreis			
Außendurchmesser	m	10,10	
Innendurchmesser	m	4,50	
Lenkgetriebe			
Übersetzung		20,0	
Lenkradumdrehungen von Anschlag zu Anschlag		ca. 4	
Bremsanlage		Hydraulische Zweikreis-Vierradbremse mit Bremskraftverstärker	
Bremskraftregler		Im hinteren Bremskreis	
Fußbremse vorn		Scheibenbremsen mit festem Bremssattel, zwei gegenüberliegende Bremskolben je Scheibe, oder Schwimmsattelbremsen mit je einem Bremskolben	
Fußbremse hinten		Simplex-Trommelbremsen mit schräg abgestützten Gleitbacken	
Bremsscheibe			
Durchmesser	mm	244	
Dicke	mm	12,7	
Bremstrommel			
Nenndurchmesser	mm	230	230
Wirksame Gesamtbremsfläche	cm^2	553	553

Felgen	5 J x 13 oder 5½ J x 13	5 J x 13 oder 5½ J x 13
Reifen	165 R 13 82 S	165 R 13 82 S
Sonderausstattung	185/70 R 13 84 S	185/70 R 13 84 S 195/70 R 13 88 S

Reifenluftdruck (in bar)

	Bei Belastung bis 3 Personen		Bei maximaler Belastung	
Reifen	vorn	hinten	vorn	hinten
165 R 13 82 S	1,7	1,7	2,0	2,3
185/70 R 13 84 S	1,6	1,6	1,8	2,0
195/70 R 13 88 S	1,6	1,6	1,8	2,0

Füllmengen

		13 N	13 S
Kühlsystem, Schaltgetriebe	Liter	5,8	5,8
Motor, ohne Filterwechsel	Liter	2,5	2,5
Motor, mit Filterwechsel	Liter	2,75	2,75
Motor, Nachfüllmenge	Liter	1,0	1,0
Bremssystem	Liter	0,4	0,4
Schaltgetriebe	Liter	1,1	1,1
Hinterachse	Liter	1,1	1,1
Kraftstoffbehälter	Liter	50	50
Scheibenwaschanlage	Liter	1,5	1,5
bei Scheinwerferwasch-anlage	Liter	5,0	5,0

Wagenabmessungen

		Ascona	Manta
Radstand	mm	2518	2518
Spurweite vorn	mm	1380	1380
hinten	mm	1375	1375
(bei Leichtmetallfelge jeweil +)	mm		14
Bodenfreiheit	mm	184	178
Spurkreis ∅	mm	9300	9300
Wendekreis ∅	mm	10100	10300
Länge über alles			
ohne Stoßstangenhörner	mm	4321	4445
mit Stoßstangenhörnern	mm	4359	4488
Breite über alles	mm	1670	1670
Höhe über alles, unbelastet	mm	1380	1330

Gewichte		Ascona 2türig	Ascona 4türig	Manta	Manta CC	Manta GT/J
Zulässiges Gesamtgewicht	kg	1320	1320	1295	1375	1310
Zulässige Hinterachslast	kg	765	765	730	780	760
Leergewicht	kg	895	915	925	935	940
Zuladung	kg	425	405	370	440	370
Zulässige Dachlast	kg	60	60	60	60	60
Zulässige Anhängelast						
ungebremst	kg	458	458	500	500	500
gebremst	kg	1000	1000	1000	800	1000

Fahrwerte und Kraftstoffverbrauch

Höchstgeschwindigkeit	km/h	145	145	150	160	160
Beschleunigung von 0 auf 100 km/h	s	18,0	18,0	18,0	15,5	15,5
Kraftstoffverbrauch						
Stadtzyklus	Liter	10,2	10,2	10,7	9,8	9,8
bei 90 km/h	Liter	7,0	7,0	6,7	6,2	6,2
bei 120 km/h	Liter	9,5	9,5	8,9	8,3	8,3

Entwicklungsjahre

Diese Aufstellung gibt einen Überblick auf die Entwicklung der Opel-Modelle Ascona und Manta. Für die hierbei auch erwähnten Modellreihen A und B mit den verschiedenen Versionen der Motorgrößen 1,2, 1,6, 1,9 und 2,0 (Liter Hubraum) sind in der Buchreihe »Jetzt helfe ich mir selbst« besondere Handbücher erschienen. Die ab 1979 hinzugekommenen Wagen mit dem neuen 1,3-Liter-Triebwerk gehören zu den weiterhin produzierten Baureihen Ascona B und Manta B.

Im Laufe der Produktionsjahre erfolgen Änderungen innerhalb der Serie, die sich auf neue Gesichtspunkte in der technischen Entwicklung und auf Erfahrungen der Praxis stützen. Ausführliche technische Daten enthält das vorangegangene Kapitel.

1970–1975

Produktion des Opel Ascona A und Manta B in vier verschiedenen Leistungsstufen: Typen 12 S (60 PS), 16 (68 PS), 16 S (80 PS) und 19 S (90 PS). Die Motoren der drei letztgenannten Modelle erfuhren im März 1975 wegen der Abgasbestimmungen eine geringe Leistungsminderung.

1975

August: Produktionsbeginn des Opel Ascona B und Manta B. Gegenüber dem Vorgänger verbesserte unabhängige Radaufhängung vorn: Ungleiche Querlenker (oberer Lenker trapezförmig, unterer schmal mit angeschweißtem Ausleger), Horizontalachsen der oberen Lenker gegeneinander verschränkt (Anti-Drive); Schraubenfedern, Stabilisator. Hintere Starrachse nahezu unverändert: Zwei Längslenker, ein Querlenker, Drehstabilisator und Schraubenfedern. Vorn und hinten Teleskopstoßdämpfer.
In der Konzeption vom Modell A übernommene Vierzylindermotoren: Ein 1,2-l-Motor mit 60 PS (Typ 12 S), zwei 1,6-l-Motoren mit 60 PS (Typ 16 N) und mit 75 PS (Typ 16 S) sowie ein 1,9-l-Motor mit 90 PS (Typ 19 S), dazu beim Manta ein 105 PS leistender Einspritzmotor (GT/E). Beim 12 S von den anderen Typen abweichendes Schaltgetriebe, die auch wahlweise mit automatischem Getriebe ausgerüstet sein können. Vorn Scheibenbremsen, hinten Trommelbremsen, Bremskraftverstärker, Gürtelreifen obligatorisch.
Neue Karosserie als zwei- und viertürige Limousine mit Einfachscheinwerfern, wahlweise mit Halogen-Licht. Kombi-Version nicht vorgesehen. Alle Modelle mit heizbarer Heckscheibe, neu gestaltete Vollschaumsitze. In der L-Ausführung sind Kopfstützen und Automatikgurte für die Vordersitze serienmäßig.
Für alle Typen SR-Ausstattung möglich: Design-Lackierung, Sportlenkrad, Zusatzinstrumente. Wahlweise auch straffere Fahrwerkabstimmung und direkte Lenkübersetzung.

1976

August: Neuer 1,2-l-Motor mit 55 PS (Typ 12 N) für Betrieb mit Normalbenzin, abgeleitet vom 52 PS starken Kadett-Motor, jedoch anderer Zündverteiler und Auspuffkrümmer mit Zwillingsauslaß.
Neuer 1,9-l-Motor mit 75 PS (Typ 19 N), ebenfalls für Normalbenzin, anstelle des nicht mehr hergestellten gleichstarken Typ 16 S.

1977

September: Zusätzlicher 2-Liter-Motor. In Ascona und Manta 20 S mit neuem Vergaser GMF Varajet II und Manta E sowie GT/E anstelle des 1,9-Liter-Triebwerks (wie bisher mit Bosch-L-Jetronic). Motor 20 S mit 100 PS und Motor 20 E mit 110 PS.

1978

Februar: Auslieferungsbeginn des Ascona 20 N, Motor gegenüber 20 S mit niedrigerer Verdichtung und 90 PS, Betrieb mit Normalbenzin.
September: Produktionsbeginn des Manta CC (Combi-Coupé) mit 1,6-Liter- bis 2-Liter-Motoren. Geänderte Heck- und Dachpartie mit großer Heckklappe.
Einführung der GMF-Schwimmsattelbremsen, Ausrüstung ab Werk anstelle der bisherigen Festsattelbremsen möglich.
Vorstellung des Ascona 2,0 D (Diesel) mit 43 kW (58 PS).

1979

Februar: Neuer 1,3-Liter-Querstrom-Motor ersetzt den bisherigen 1,2-Liter-Motor: OHC-Triebwerk mit Hydrostößeln, zunächst in Ascona und Manta mit 44 kW (60 PS), Aluminium-Zylinderkopf, je fünffach gelagerte Kurbelwelle und Nockenwelle, letztere mit Zahnriemenantrieb.
April: Neue ATE-Schwimmsattel-Scheibenbremse, Ausrüstung der Wagen anstelle der bisherigen Bremsentypen an den Vorderrädern möglich.
Präsentation des Ascona J mit preiswerter Zusatzausstattung.
Juli: Beim Manta neu gestaltete Vordersitze mit mehr Sitzkomfort. Vordere Blinkleuchten in den Stoßfänger integriert. Als Sonderausstattung Reifen 195/50 VR 15 (Pirelli P 7) auf neuen Leichtmetallfelgen 6 J × 15.

1980

März: Einführung des 55 kW (75 PS) starken OHC-Motors 13 S im Manta GT/J.
August: 13 S-Motor für Ascona und Manta gleichermaßen verfügbar.

Pfadfinder

Erläuterungen zum Schaltplan in der hinteren Buchklappe

Kabelfarben

bl = blau
br = braun
ge = gelb
gn = grün
gr = grau
hbl = hellblau
li = lila
rt = rot
s = schwarz
w = weiß
WID = Widerstandskabel

Bezeichnungen

A – Anlasser
B – Batterie
CB – Drehstrom-Lichtmaschine (Bosch)
CD – Drehstrom-Lichtmaschine (Delco Remy)
C_1 – Regler
C_2 – Ladekontrolleuchte
D – Zündschloß
E – Sicherungskasten
F – Blinkgeber
F_1 – Blinkleuchte vorn links
F_2 – Blinkleuchte vorn rechts
F_3 – Blinkleuchte hinten links
F_4 – Blinkleuchte hinten rechts
F_5 – Blinkerkontrolleuchte
F_6 – Warnblinkkontrolleuchte
G – Gebläse
G_1 – Gebläseschalter
H – Signalhorn
J – Innenleuchte
J_1 – Türkontakt links
J_2 – Türkontakt rechts
K – Kraftstoffmeßgerät
K_1 – Kraftstoffanzeige
L – Lichtschalter
L_1 – Scheinwerfer links mit Fern- und Abblendlichtlampe (innen), Standlichtlampe (außen)
L_2 – Scheinwerfer rechts mit Fern- und Abblendlichtlampe (innen), Standlichtlampe (außen)
L_3 – Weitstrahler links
L_4 – Weitstrahler rechts
L_5 – Weitstrahler-Relais
L_6 – Nebelscheinwerfer links
L_7 – Nebelscheinwerfer rechts
L_8 – Nebelscheinwerferschalter mit Kontrolleuchte
L_9 – Nebelscheinwerfer-Relais
L_{10} – Nebelschlußleuchte
L_{11} – Fernlichtkontrolleuchte
L_{12} – Nebelschlußleuchtenschalter mit Kontrolleuchte
L_{13} – Parkleuchte links
L_{14} – Parkleuchte rechts
L_{15} – Parkleuchtenschalter
M – Motorraumleuchte
M_1 – Kofferraumleuchte
M_2 – Kofferraumleuchtenschalter
M_3 – Leuchte für Handschuhkasten, Zeituhr und Zigarrenanzünder
M_4 – Instrumentenleuchten
N – Kennzeichenleuchte
O – Öldruckschalter
O_1 – Öldruckkontrolle
P – Bremslichtschalter
P_1 – Brems- und Schlußleuchte links
P_2 – Brems- und Schlußleuchte rechts
P_3 – Handbrems- und Kupplungskontrolleuchte
P_4 – Handbremskontrolleuchtenschalter
P_5 – Kupplungskontrolleuchtenschalter
P_6 – Rückfahrleuchte links
P_7 – Rückfahrleuchte rechts
P_8 – Rückfahrleuchtenschalter
Q – Heizscheibe
Q_1 – Heizscheibenschalter mit Kontrolleuchte
Q_2 – Heizscheiben-Relais
R – Radio
S – Scheibenwischermotor
S_1 – Scheiben- und Scheinwerferwascherrelais
S_2 – Scheiben- und Scheinwerferwascherpumpe
S_3 – Signalschalter mit Scheibenwascherschalter
S_4 – Magnetventil der Scheinwerferwaschanlage
S_5 – Scheinwerfer-Wischermotor links
S_6 – Scheinwerfer-Wischermotor rechts
T – Zigarrenanzünder
U – Instrumente
V – Vergaser-Starterklappenvorwärmung
W – Temperaturgeber
W_1 – Fernthermometer
X – Wählhebelschalter
X_1 – Wählhebelleuchte
Z – Zündspule
Z_1 – Zündverteiler
Z_2 – Zündkerzen
Z_3 – Spannungsstabilisator
Z_4 – Zeituhr

← – Masseanschluß

Genormte Klemmenbezeichnungen im Schaltplan

Die nachstehenden Klemmenbezeichnungen sind im Schaltplan in der hinteren Buchklappe an den betreffenden Stellen eingedruckt als auch auf den meisten Bauteilen im Auto eingeprägt. Diese Klemmenbezeichnungen sind übrigens allgemeinverbindlich für alle Kraftfahrzeuge genormt.

Klemme	Kabel von – zu	Klemme	Kabel von – zu
1	Primärstrom Zündspule – Verteiler (Unterbrecher)	51	Lichtmaschine (+-Pol) – Reglerschalter – Ladeanzeige
4	Sekundärstrom Zündspule – Verteiler	53	Wischerschalter – Wischermotor Betriebsstrom
15	Strom bei eingeschalteter Zündung	53 a	Wischerschalter – Wischermotor Endabstellung
	Zündschloß – Zündspule	53 b	Wischerschalter – Wischermotor 2. Stufe
30	Stets stromführende Leitungen	56	Stromführend bei gedrücktem Lichtschalter:
	Batterie + – Anlasserschalter – Reglerschalter		Lichtschalter – Abblendhebel am Lenkrad
	Klemme B + – Zündschloß	56 a	Abblendhebel – Scheinwerfer-Fernlicht
	Zündschloß – Abblendhebel, Strom für Lichthupe	56 b	Abblendhebel – Scheinwerfer-Abblendlicht
	Reglerschalter Klemme B + – Lichtschalter	58	Standlichtschalter
30/51	Relais	D +	Lichtmaschine Ankerwicklung – Reglerschalter
31	Masseanschluß – Leitungen	D –	Reglerschalter – Lichtmaschine Masse
31 b	Endabstellung Wischermotor – Wischerschalter	DF	Lichtmaschine Feldspulen – Reglerschalter
49	Blinker-Relais	B +	Batterie + -Pol – Reglerschalter
49 a	Blinker-Relais – Blinkerhebel am Lenkrad	P	Nur bei ausgeschalteter Zündung:
50	Anlaß-Strom Zündschloß – Anlasser		Zündschloß – Blinkerhebel (Parklicht-Strom)